Dr. med. vet. Ina Gösmeier

AKUPUNKTUR beim Pferd

Müller Rüschlikon

Einbandgestaltung: R2 I Ravenstein, Verden
Titelfoto und Fotos auf den Klappen: Sabine Heüveldop

Bildnachweis: Africa Studio - stock.adobe.com (S.4 u., 24-25, 66-67), cascoly2 - stock.adobe.com (S. 55), Comugnero Silvana - stock.adobe.com (S. 7), Gulien Diavel - stock.adobe.com (S.45), hjschneider - stock.adobe.com (S. 61, 63), DragonImages - stock.adobe.com (S. 3u., S. 17, 21), Dr. Ina Gösmeier (S. 22, 23, 79, 108, 132), Tina Keller (S. 77), lichtreflexe - stock.adobe.com (65 u.), Britta Liebig (S. 78, 155), 135pixels - stock.adobe.com (S. 46), Rita Kochmarjova - stock.adobe.com (S. 4 o.), Галина Сандалова - stock.adobe.com (S. 16), ulza - stock.adobe.com (S. 15 M.), Monika Wisniewska - stock.adobe.com (S. 15 u., 42), yurchello108 - stock.adobe.com (S.27), E. Zacherl - stock.adobe.com (S. 41), zhengzaishanchu - stock.adobe.com (S. 15 o.), zhikun sun - stock.adobe.com (S. 19). Alle übrigen Fotos stammen von Sabine Heüveldop.

ISBN 978-3-275-02240-3

Postfach 103743, 70032 Stuttgart
Ein Unternehmen der Paul Pietsch Verlage GmbH & Co. KG

1. Auflage 2022

Sie finden uns im Internet unter www.mueller-rueschlikon-verlag.de

Lektorat: Claudia König
Innengestaltung: Sabine Heüveldop
Druck und Bindung: Appel & Klinger, 96277 Schneckenlohe
Printed in Germany

Inhalt

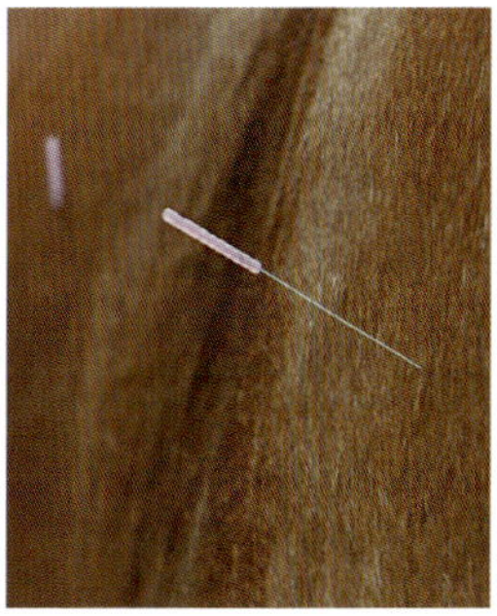

Gedanken zu diesem Buch

Akupunktur ist ein Teil der Traditionellen Chinesischen Medizin (TCM), einer Lehre, die auf Grundlage der Erkenntnisse und Erfahrungen von Tausenden von Jahren praktiziert wird und verschiedene Therapieformen umfasst.

Die Traditionelle Chinesische Tiermedizin ist nahezu so alt wie die TCM und beruht auf den gleichen Grundsätzen. Erste Hinweise auf die Behandlung von Tieren finden sich in den Riten des Zhou, einer Schrift, die schätzungsweise zwischen 475 und 220 v. Chr. entstand. Auf Grundlage der TCM können funktionelle Störungen im Körper und in der Psyche frühzeitig erkannt und behandelt werden, bevor es zu pathologischen Veränderungen kommt. Der Überlieferung nach wurden im alten China die Ärzte bezahlt, so lange der Mensch gesund blieb. Kam es zu einer Erkrankung, hatte der Arzt im traditionell chinesischen Verständnis versagt und seine Leistung wurde nicht entlohnt.

Seine Aufgabe war die Prophylaxe und Gesunderhaltung von Mensch und Tier. Aus diesem Grund sollten Reiter und Pferdebesitzer nicht warten, bis eine Erkrankung oder ein Schmerzgeschehen chronisch wird, sondern rechtzeitig das Pferd untersuchen und behandeln lassen.

Beim Kennenlernen der TCM ist zu berücksichtigen, dass sich die chinesischen Medizinbegriffe nicht 1:1 auf unsere westlichen anatomischen Begriffe übertragen lassen und die chinesische Krankheitsbestimmung keine präzise anatomische Diagnose im Sinne der westlichen Medizin darstellt. Das lässt sich auf die unterschiedliche Entwicklung beider Medizinrichtungen zurückführen.

Akupunktur kann Gestörtes regulieren, aber keine Zerstörungen rückgängig machen.

Grundlage des traditionell chinesischen Medizinverständnisses ist die Ansicht, dass alles Leben Bestandteil des Universums ist, sich in permanenter Abhängigkeit und einem ständigen Kreislauf befindet. Zudem betrachten die Chinesen ein Lebewesen immer als Einheit von Körper und Geist und in Abhängigkeit zu seiner Umwelt. Durch diese Betrachtungsweise ist den Chinesen bis heute eine ganzheitliche Sicht erhalten geblieben, während sich die westliche Medizin mit Zunahme der Hightech-Möglichkeiten Mitte des 19. bis Mitte des 20. Jahrhunderts in eine symptom-orientierte Behandlungsweise entwickelte.

In der westlichen Medizin fand die TCM erst in den letzten Jahrzehnten Anerkennung – seitdem die Wissenschaft in der Lage ist, die über 2000 Jahre alten Grundsätze der

chinesischen Heilkunst wissenschaftlich zu belegen.
Die Akupunktur ist jedoch kein Allheilmittel. Grenzen sind der Akupunktur zum Beispiel dort gesetzt, wo Körperstrukturen zerstört sind. Der Grundsatz lautet: Akupunktur kann Gestörtes regulieren, Akupunktur kann Zerstörungen nicht rückgängig machen.
Oftmals besteht die erfolgreiche Behandlung eines Patienten in der sinnvollen Kombination aus Schulmedizin und Akupunktur.
Während meiner Fortbildungen in China und in über 35 Jahren Praxiserfahrung habe ich die TCM mehr und mehr schätzen gelernt.
Pferde leben heute selten in einem Herdenverband, sondern sind vielfältigen Umwelteindrücken und Leistungsanforderungen ausgesetzt, die oft nicht einfach zu verkraften sind. Die Traditionelle Chinesische Medizin hilft den Pferden und jeder anderen Tierart, sich anzupassen und gesund zu bleiben. Durch die schnelle Ansprechbarkeit des Fluchttieres Pferd auf die Behandlung durch Akupunktur bei Schmerzen und chronischen inneren Erkrankungen wächst die Nachfrage nach dieser Behandlungsform stetig. Durch die Erweiterung der Behandlung mit chinesischen Kräutern kann der Behandlungserfolg beschleunigt und ausgedehnt werden.
Die gesamte Lehre der TCM in einem Buch dieses Umfangs zu vermitteln kann nicht gelingen. Ich hoffe jedoch, dass ich Ihnen mit diesem Buch die chinesische Heilkunst und die Anwendbarkeit für Ihr Pferd etwas näher bringen kann und wünsche Ihnen viel Spaß bei der Lektüre.

Dr. med. vet. Ina Gösmeier

EINFÜHRUNG IN DIE TRADITIONELLE CHINESISCHE MEDIZIN

1

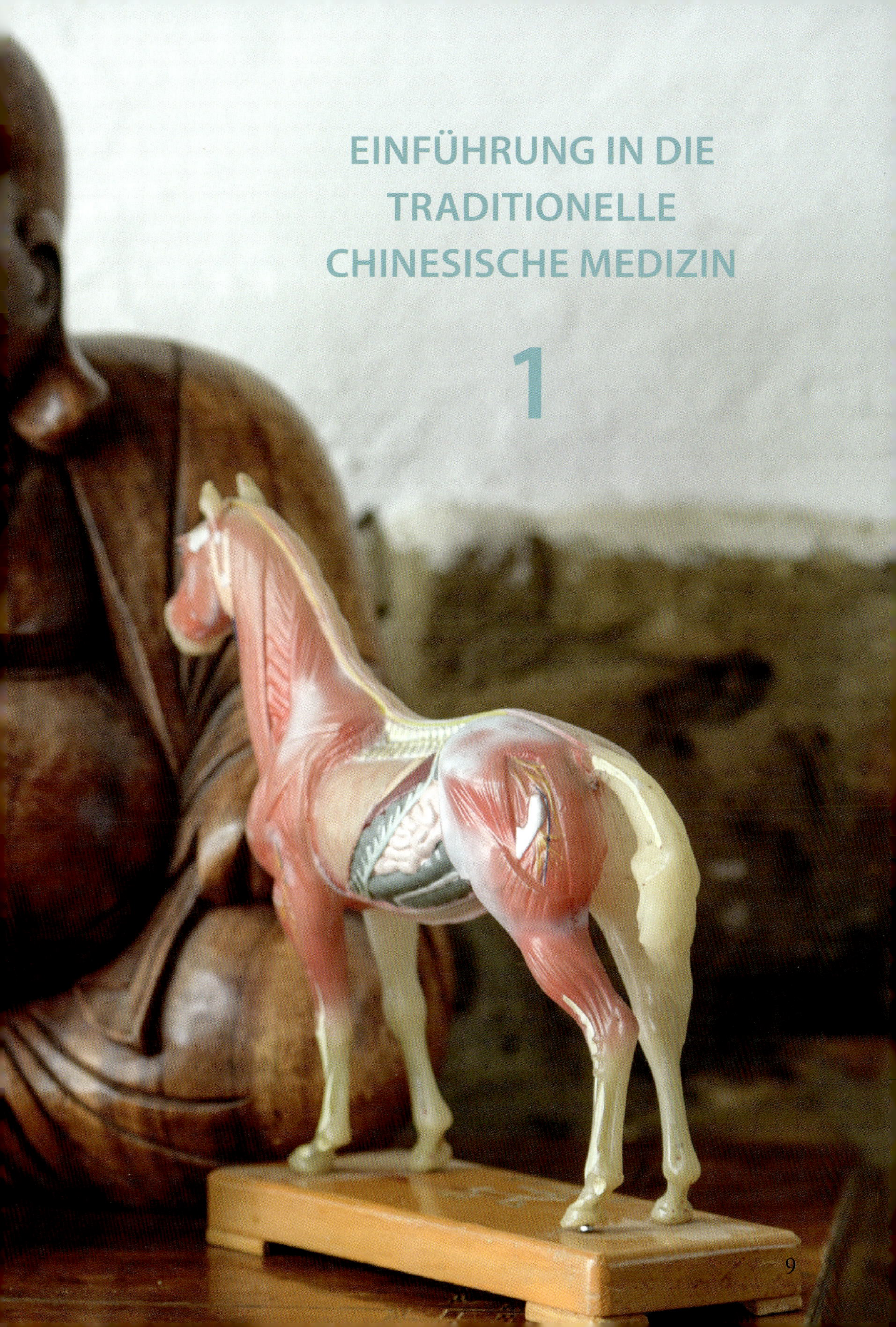

Möglichkeiten und Grenzen der Traditionellen Chinesischen Medizin (TCM)

Die alten chinesischen Heilmethoden erfreuen sich immer größerer Beliebtheit. Dabei stehen Pferdebesitzer, Reiter, Züchter, die an alternativen Behandlungsformen interessiert sind, oftmals vor der Frage: »Wann hilft meinem Pferd eine Behandlung mit traditionellen chinesischen Heilmethoden?«

Dieses Buch gibt dem Pferdebesitzer, Reiter und interessierten tiermedizinischen Laien einen Einblick in ein medizinisches System, das auf Erfahrungen Tausender von Jahren zurückgreift.

Die Traditionelle Chinesische Medizin (TCM) umfasst Akupunktur, Akupressur, Kräuterkunde, Ernährungsmedizin und Bewegungstherapien. Zu ihren Einsatzgebieten gehören die Vorbeugung von Erkrankungen, die Behandlung von chronisch erkrankten Pferden, die Therapie von Rückenschmerzen und den damit verbundenen Lahmheiten. Dazu gehören ebenfalls die Turnierbegleitung, die Nachsorgebehandlung nach Operationen und Verletzungen sowie die Kombinationsbehandlung mit der westlichen Medizin, zum Beispiel bei akuten Infektionen. Ein weiterer Schwerpunkt der TCM ist die Vorbeugung von Erkrankungen. Der Akupunktur sind immer Grenzen gesetzt, wenn mechanische Blockaden oder irreparable Zerstörungen an Geweben und Organen vorliegen.

Der ganzheitliche Ansatz

Der ganzheitliche Aspekt der TCM beruht auf der Annahme, dass ein gesunder Körper in allen Anteilen, das heißt sowohl körperlich wie geistig und gefühlsmäßig, im Gleichgewicht sein muss. Die TCM behandelt daher nicht allein das erkrankte Organ oder die Krankheitssymptome, sondern betrachtet jeden Organismus mit all seinen Eigenschaften, seinen Anlagen und seinem Immunsystem als Ganzes.

Die chinesische Lehre hat ein System entwickelt, das es ermöglicht, das kranke Pferd anhand vieler Faktoren wie beispielsweise Schmerzhaftigkeit von Akupunkturpunkten, Puls, Schleimhautfarbe und Psyche zu beurteilen. So gelingt es, Imbalancen schon zu erkennen, bevor sichtbare Krankheitsbilder auftreten. Jeder Patient, jedes Pferd muss dabei einzeln und vollständig untersucht werden, da jede Behandlung individuell festgelegt wird.

Es gibt Erkrankungen, die eine Behandlung durch westliche Medizin erfordern und Krankheiten, die eher für eine Behandlung durch östliche Medizin geeignet sind. Der Therapeut muss individuell abwägen, welcher Therapie der Vorzug zu geben ist oder ob eine Kombinationsbehandlung für das kranke Pferd die besten Heilungschancen darstellt.

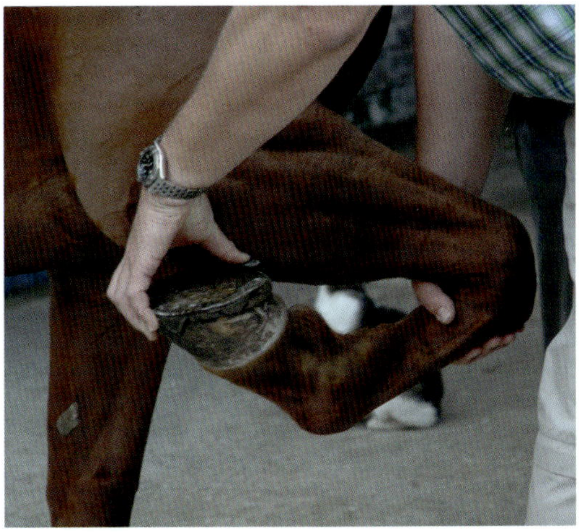

Akupunktur kann den Genesungsprozess bei Lahmheiten und den Muskelaufbau unterstützen.

Bei Atemwegsinfektionen kann das Immunsystem durch Akupunktur gestärkt werden.

Betrachten wir zum Beispiel eine Erkrankung des Bewegungsapparates.

Ein Pferd wird mit einer Lahmheit vorgestellt; Ursache ist ein Chip im Gelenk. Dieses Pferd gehört zuerst in die Hand eines Chirurgen. Nach der Operation kann der Akupunkteur das Pferd optimal unterstützen.

Die Akupunktur kommt in diesem Fall zum Einsatz, um Muskelabbau und -verspannungen entgegenzuwirken und den Muskel aufzubauen.

Durch die Lahmheit und das lange Stehen in der Box nach der Operation werden Muskeln abgebaut. Zudem führt die einseitig schonende Belastung der betroffenen Gliedmaße zu einer asymmetrischen Bemuskelung und Körperbelastung, die oftmals Muskelverspannungen nach sich zieht. Dieser Zustand hat Auswirkungen auf die gesamte Biomechanik des Pferdes. Beginnt der Reiter nach dem Heilungsprozess wieder mit dem Aufbautraining, kann das Pferd seine Gliedmaßen und seinen Rücken nicht gleichmäßig einsetzen, sondern wird entsprechend der entstandenen Asymmetrie einseitig vermehrt Gewicht aufnehmen. Ohne Akupunkturbehandlung, die dieser Entwicklung entgegenwirkt, entsteht erneut die Grundlage für einen Schmerzzustand, der wieder eine Lahmheit zur Folge haben kann. Diesen entstehenden Teufelskreis kann der Akupunkteur unterbrechen und dem Pferd langfristig zur Gesundheit verhelfen.

Die TCM kann aber auch zur Therapie innerer Erkrankungen eingesetzt werden. Eine akute bakterielle Atemwegsinfektion mit Fieber, Husten und gelbem Schleim wird von einem westlich orientierten Tierarzt mit Antibiotika, effektiv behandelt. Hustet das Pferd nach der Behandlung aber immer wieder oder bekommt es jeden Winter erneut eine Infektion, ist es in der Hand eines versierten TCM-Tierarztes gut aufgehoben. Dieser wird das Immunsystem des Pferdes stärken und seine Lungenfunktion unterstützen.

Keine Angst vor Fachchinesisch

Um in der TCM Fuß zu fassen, werden in diesem Buch zuerst einige Grundlagen erklärt. So bekommt der Leser eine Vorstellung, wie die Traditionelle Chinesische Medizin (TCM) arbeitet und welche Bedeutung traditionelle chinesische Begriffe wie Wind und Meridiane haben. Damit der Leser eine chinesische Diagnose besser verstehen kann, werden die Grundlagen der TCM-Diagnose erklärt und Behandlungsansätze beschrieben.

Akupunktur wird am Fohlen, am erwachsenen Pferd und beim alten Pferd angewendet. Die Indikationen dafür werden im Kapitel **Akupunktur in der Praxis** erklärt.

Durch das Kapitel **Pferdetypen** wird jeder Leser sein Pferd einem der fünf Pferdetypen zuordnen können. Dadurch kann er Stärken und Schwächen erkennen, aber auch Störungen frühzeitig entgegenwirken, da viele Erkrankungen das Wohlbefinden und Verhalten der Pferde verändern, lange bevor die Krankheit zutage tritt.

Im Kapitel **Akupressur** werden praktische Anweisungen für die Behandlung des eigenen Pferdes gegeben.

Im **Anhang** finden sich die Meridiane und einige wichtige Akupunkturpunkte. Diese Punkte können in der Akupunktur und Akupressur angewendet werden.

Hat ein Pferd nach langer Erkrankung zu wenig Energie, um auf die Akupunktur zu reagieren oder ist ein Pferdepatient sehr alt, können chinesische Kräuter die Behandlung unterstützen. Die Geschichte der Kräuterkunde, das Erstellen von Rezepten und die Grundlagen der Anwendung chinesischer Kräuterrezepturen werden ab Seite 16 beschrieben.

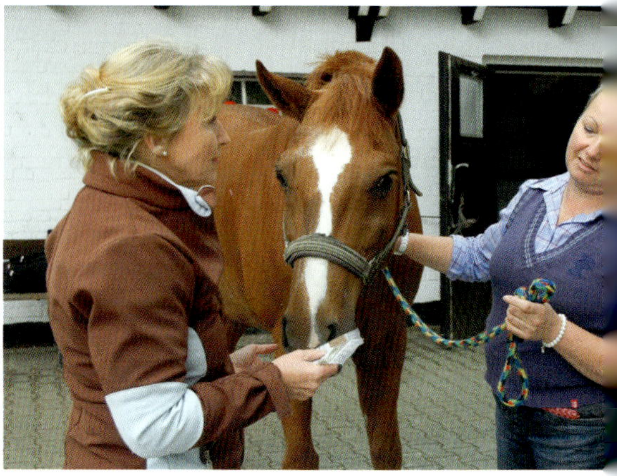

Die Erklärungen der chinesischen Diagnose und Therapie klingen oft ungewohnt fabulös.

Das gesunde Pferd aus Sicht der Traditionellen Chinesischen Medizin

Gesund ist ein Mensch oder ein Tier aus der Sicht der westlichen Schulmedizin, wenn der Arzt keinerlei krankhafte Veränderungen während der klinischen Untersuchung und durch zusätzliche Maßnahmen, wie Blutbild, Röntgen, Computertomorgrafie etc. findet.

Die pauschale Aussage: »Das Pferd ist krank oder das Pferd ist gesund« gibt es nicht, sondern es gibt alle Arten fließender Übergänge an Störungen innerhalb des Energieflusses im Pferd.

Eine Diagnose kann durch Veränderungen im Puls, der Zunge und anhand von Druckempfindlichkeiten von Akupunkturpunkten gestellt werden. Der TCM-Arzt erkennt beginnende Ungleichgewichte sehr früh und kann diese rechtzeitig behandeln.

Die Aufgabe der TCM besteht im Lösen und Abbauen dieser Ungleichgewichte und Energiestauungen mit dem Ziel der Harmonisierung und Heilung.

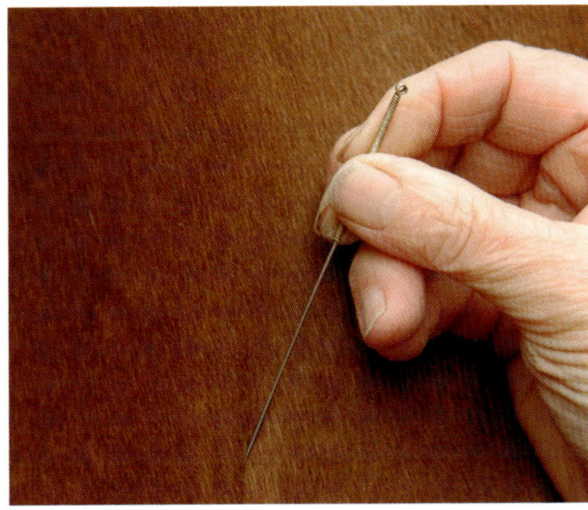

Nur ein Drittel der Patienten wird in China ausschließlich mit Akupunktur behandelt. Vorwiegend erfolgt die Therapie durch Kombination von Akupunktur, Akupressur und Kräuterkunde.

Unterschiede in der Sichtweise der westlichen und Traditionellen Chinesischen Medizin

Unsere westliche Schulmedizin geht von der Vorstellung aus, unser Körper funktioniere wie ein optimal aufeinander abgestimmtes Uhrwerk. Sind einzelne Teile defekt, werden sie repariert oder ausgetauscht. Arbeitet der behandelnde Arzt dabei korrekt und sorgfältig, funktioniert das System wieder.
Dieses funktioniert auch häufig in der Tiermedizin so. Akute Infektionen, massive orthopädische Verletzungen oder Erkrankungen wie Koliken erfordern Operationen und eine gezielte schulmedizinische Behandlung.
Betrachten wir den Krankheitsverlauf drei verschiedener Pferde:
Arcos, ein fünfjähriger Schimmel lahmt seit Kurzem. Ein Chip wird als Ursache festgestellt und dem Pferd in einer Tierklinik operativ entfernt. Danach ist er lahmfrei und kann sein ursprüngliches Bewegungsvermögen wieder entwickeln.
Mara, eine achtjährige Rappstute, liegt mit einer Kolik im Stall und wird von dem Haustierarzt an eine Klinik überwiesen. Die Diagnose dort lautet: Dünndarmverschluss. Das Leben des Tieres kann nur durch eine Notoperation gerettet werden.
Merkur, ein neunjähriger brauner Wallach erkrankt an einer fiebrigen Infektion der Atemwege. Seine akute bakterielle Bronchitis wird mit Antibiotika bekämpft und das Pferd wird wieder gesund. Doch nach drei Monaten beginnt der Wallach erneut zu husten.

Warum eine uralte chinesische Medizin?

Bleiben wir bei den zuvor beschriebenen Beispielen. Arcos geht sehr erfolgreich auf Turnieren. Mara wird jeden Tag von ihrer Reiterin ins Gelände geritten und hat keine weiteren Koliken. Beide Pferde sind vital und gesund. Der Wallach Merkur hustet immer mal wieder und seine Leistung lässt deutlich nach. Eine erneute Behandlung führt zu keinem Erfolg.

Alle klinischen Untersuchungen sind unauffällig. Tierärzte und Besitzer entscheiden sich für eine Akupunkturbehandlung.
Merkur wird in meiner Praxis vorgestellt, und die TCM-Untersuchung ergibt ein Ungleichgewicht im Organ- und Meridiansystem.
Es besteht eine Qi-Schwäche der Lunge durch Einwirkung des exogenen pathogenen Faktors Feng (Wind) auf den Funktionskreis Lunge-Dickdarm.
Merkurs Immunsystem, sein Abwehr-Qi, ist geschwächt. Die Akupunktur wird fünfmal durchgeführt. Danach hustet das Pferd nicht mehr und ist wieder leistungsbereit.
Durch die Infektion hatte die Widerstandskraft des Wallachs gelitten. Die Akupunktur hat das Immunsystem des Pferdes gestärkt und die Lungenfunktion normalisiert. Dadurch konnte der Wallach mit der Infektion endgültig fertig werden.

Ziele der TCM

Das Ziel einer jeden traditionellen chinesischen Therapie ist die Wiederherstellung des energetischen Gleichgewichtes des Pferdes.
Der TCM-Arzt ist einerseits für die Therapie von Erkrankungen zuständig, andererseits umfasst sein Aufgabengebiet Prophylaxe, Früherkennung und Nachsorge.
Ist eine Erkrankung völig ausgeheilt, braucht sie keine Nachbehandlung. Häufig besteht nach der Heilung einer Erkrankung ein energetisches Ungleichgewicht. Die Symptome sind verschwunden, aber wie im Fall von Merkur, dessen akute Bronchitis zwar erfolgreich behandelt wurde, aber die optimale Funktion der Lunge noch nicht wieder vorhanden und die Immunabwehr des Abwehr-Qi geschwächt war. In Fällen wie diesen kann die Akupunktur hervorragend eingesetzt werden, um die Selbstheilungskräfte und Vitalität der Pferde zu stärken.

Zhen-Jiu

Zhen stellt die Behandlung von Erkrankungen mithilfe von Gold-, Silber- oder Metallnadeln dar. Diese werden in ausgewählte Hautareale (Akupunkturpunkte) gestochen. Die elektrische Leitfähigkeit in diesen Arealen ist stark erhöht, der Hautwiderstand erniedrigt.
Jiu kennzeichnet eine gezielte Energie- und Wärmezufuhr auf Akupunkturpunkte durch Verglühen von getrockneten Beifußblättern (*Artemisia vulgaris*). Diese Behandlungsform ist als Moxibustion bekannt.

Die drei Säulen der TCM

Die Traditionelle Chinesische Medizin stellt einen Oberbegriff dar, unter dem drei Therapie-Säulen zusammengefasst sind:

1. **Chinesische Kräutertherapie – Phytotherapie**

Die Pflanzenheilkunde hat lange Tradition in China. Sie wird zur Behandlung, aber auch zur Vorbeugung und Stärkung des Organismus eingesetzt.

2. **Diätetik, Bewegungs- und Atemtherapie**

Zur ärztlichen Therapie gehört eine spezielle Diät. Atemübungen wie Qi-Gong oder Tai-Chi-Chuan (Schattenboxen) lernen die meisten Chinesen.
Eine diätetische Fütterung findet zum Beispiel bei Pferden mit wiederholt auftretenden Koliken oder bei Pferden mit Hautallergien ihre Anwendung.

3. **Akupunktur**

Die in der westlichen Medizin als »Akupunktur« bezeichnete chinesische Heilmethode wird in China seit Jahrtausenden unter dem Begriff des »Zhen-Jiu«, das heißt Stechen und Brennen, angewendet. Ein gestörter Energiefluss wird durch Stimulation der auf den Meridianen liegenden Akupunkturpunkten behoben und der ungestörte Fluss des Qui soll wiederhergestellt werden.

Ziel der traditionellen Therapie ist die Wiederherstellung des energetischen Gleichgewichts.

Für chinesischen Kräuterrezepturen kommen pflanzliche, tierische und mineralische Substanzen zum Einsatz.

Das Ziel des Qi Gong ist es, mit Bewegungen und Atemtechnik die eigene Gesundheit zu erhalten und so das Leben zu verlängern.

Bei der Akupunktur wird die therapeutische Wirkung durch Nadelstiche an bestimmten Punkten des Körpers erzielt.

Einführung in die chinesische Kräutermedizin

Die Geschichte der Heilpflanzenkunde reicht zurück bis in die Anfänge der Menschheitsgeschichte. Eine Wundversorgung durch Blätter, Harze oder Rinden war wahrscheinlich die erste angewandte Maßnahme bei Verletzungen. In allen uns bekannten alten Kulturen gab es Heilkundige, die vom Volke verehrt wurden. Ethnologische Untersuchungen weisen nach, dass schon Primitivvölker eine Auswahl von Pflanzen hatten, die schmerzstillende, abführende, brechreizerregende oder blutstillende Wirkung hatten.

In Indien wurden bereits 3000 v. Chr. Kräutergärten angelegt und noch heute sind die ältesten Quellen, die Schriften von Susruta (1000–200 v. Chr.) und Caraka (100–200 n. Chr.) in der indischen Medizin von Bedeutung. In diesen Schriften werden 715 Stoffe beschrieben, davon 600 pflanzlicher Herkunft. Sie stellen die Grundlage der Arjuveda-Medizin dar.

Die Azteken hatten vor Eintreffen der Spanier im Jahre 1519 heilkundiges Wissen und legten sehr viel Wert auf die Gesundheitsvorsorge. In der afrikanischen Volksheilkunde wurden Heilpflanzen durch Medizinmänner angewendet. Die Verwendung der Heilpflanzen in dieser Zeit beruhte auf Erfahrungen und Beobachtungen. Das Wissen wurde meist an einzelne, auserwählte Personen weitergegeben.

Moderne Pflanzenheilkunde

Im 20. Jahrhundert erlangte die Standardisierung der Arzneipflanzen in der wissenschaftlichen Heilkräuterkunde eine große Bedeutung. Dadurch wurde gewährleistet, dass zum Beispiel in Europa jede Arzneipflanzenzubereitung einen vorgeschriebenen Wirkstoffgehalt aufweist. Der französische Arzt Henri Leclerc (1870–1955) führte den Begriff der **Phytotherapie**, das heißt der Pflanzenheilkunde, ein.

Die Pflanzenheilkunde oder Phytotherapie, also die Lehre der Heilpflanzen, gehört zu den ältesten medizinischen Therapien und ist auf allen Kontinenten und in allen Kulturen beheimatet.

Wissenschaftlich wurden die Inhaltsstoffe der Pflanzen untersucht und isoliert. Statt der ganzen Pflanze verabreichte der Arzt einen Einzelwirkstoff, wie zum Beispiel das aus dem Fingerhut gewonnenen Digitalis. Dieses Medikament wird zur Behandlung von Herzerkrankungen eingesetzt.

In den letzten Jahren gewinnen die Heilpflanzen in der Öffentlichkeit wie in der Wissenschaft immer mehr an Interesse. Die Analyse der einzelnen Pflanzenbestandteile wird immer präziser. Inzwischen wird versucht, die Einzelwirkstoffe synthetisch herzustellen, leider wird dabei vergessen, dass die ganze Pflanze mit der Gesamtheit ihrer Wirkstoffe oft erfolgreicher heilend wirkt, auch wenn es dafür manchmal keine wissenschaftliche Erklärung gibt. Umwelt, Klima, Erntezeit, Trocknung und Lagerung führen zu einer individuellen Wirkung der Heilkräuter. Die Natur lässt sich nicht ohne Weiteres standardisieren. Es gibt über 600 000 Pflanzen, wovon im Moment nur ca. 5 % intensiver erforscht sind.

Die Zusammenstellung chinesischer Kräuterrezepturen erfordert umfassendes Wissen.

Geschichte der chinesischen Kräutermedizin

In ihrem Buch »Traditionelle Chinesische Medizin für Hunde und Katzen« beschreibt Cheryl Schwartz eine alte chinesische Legende, in der die Pferde dem Menschen den Nutzen der Heilpflanzen zeigen.

Nach dieser Erzählung musste ein berühmter chinesischer General zur Zeit der Han-Dynastie mit seinen Truppen in einem unbewohnten Landstrich die Lager aufschlagen. Es gab keine Nahrung und die Soldaten hatten Hunger und Durst. Nach einiger Zeit fand sich im Urin vieler Söldner Blut. Ein Stallbursche beobachtete, dass seine Pferde kein Blut im Urin hatten. Diese Pferde fraßen vor allem Spitzwegerich. Nachdem der General diese Beobachtung gehört hatte, befahl er sofort Spitzwegerich zu sammeln und zu kochen. Alle Soldaten nahmen das Getränk zu sich und wurden gesund. Die Pferde wurden als Retter gepriesen.

Schon im Altertum gab es in China eine Orakel- und Dämonenmedizin, die auch Heilpflanzen gegen böse Geister einsetzte. Die früheste schriftliche Abhandlung über die medizinische Anwendung von Kräutern ist **Die Klassik der Inneren Medizin des Gelben Kaisers.**

Im 1. und 2. Jh. n. Chr. erschien ein weiteres klassisches Werk: *Die klassische Medizinsammlung des landwirtschaftlichen Kaisers.* Darin werden 365 pflanzliche, tierische, und mineralische Substanzen beschrieben, die in Kombination zur Behandlung von 170 Erkrankungen eingesetzt werden.

Im 8. Jh. erschien das Werk **Huang-ti nei-ching** mit einer Zusammenfassung über das Drogenwissen vom Altertum bis zu jener Zeit.

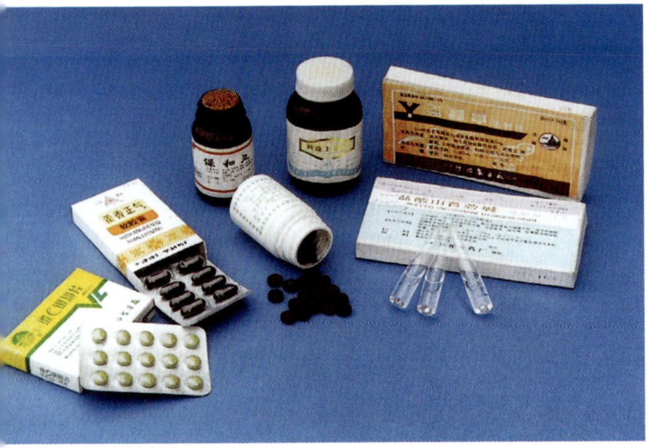

Chinesische Kräuter werden als Tabletten, Kapseln, Pulver oder flüssig angeboten.

Der chinesische Arzt und Gelehrte Li Shizhen (1518–1593) verfasste ein bedeutendes Arzneibuch der Traditionellen Chinesischen Medizin, eine Enzyklopädie, die 52 Bände umfasst. 1892 Einzelarzneien werden darin beschrieben mit 11096 Rezepturen. Ebenso wie in der Akupunktur sollte die Behandlung mit Kräutern den Mensch oder das Tier aus einem Zustand der Imbalance in ein Gleichgewicht seines Körpers und Geistes bringen. Die Symptome und die Ursache der Erkrankung werden mit einer individuellen Rezeptur behandelt.

Anwendung der chinesischen Kräuter

Chinesische Kräuter können bei allen Erkrankungen gegeben werden. Pferde, die nach langer Krankheit und Therapie in ihrer Energie schwach sind, können nicht allein mit Akupunktur behandelt werden, sondern brauchen den Zusatz von stärkenden und aufbauenden Kräutern. Alte Pferde werden optimal mit chinesischen Kräutern unterstützt, um die Essenz zu stärken.

Eigenschaften der chinesischen Kräuter

In den Rezepten der Traditionellen Chinesischen Medizin werden nicht nur Kräuter, sondern auch mineralische und tierische Bestandteile verarbeitet. Chinesische Kräuter stellen aber den Hauptanteil dar.

Die TCM beurteilt die chinesischen Kräuter nach ihrem Temperaturverhalten, nach ihrer Wirkungsrichtung, nach ihrer Geschmacksrichtung, nach ihrem Meridianbezug und ihrer Wirkungsart.

Das Temperaturverhalten

Jede Kräuterpflanze hat eine thermische Wirkung. Sie kann heiß, warm, kühlend, kalt oder neutral wirken. Eine kühlende Pflanze lässt den Stoffwechsel verlangsamen, eine heiße Pflanze aktiviert ihn dagegen.

Die Wirkungsrichtung

Die chinesischen Kräuter können eine **aufsteigende** Wirkung entwickeln, dann wird der Kreislauf angeregt und aktive Energien werden entfaltet. Eine **absteigende Wirkung** führt die Energien nach unten und ist eher beruhigend. Eine **verteilende Wirkung** bezieht sich auf eine nach außen gerichtete Richtung.

Die Geschmacksrichtung

Der Geschmack einer Kräuterpflanze wird unterteilt in süß, sauer, scharf, bitter, salzig und neutral. Die Geschmacksrichtung kennzeichnet die Ebene im kranken Körper, in der eine Pflanze wirksam ist. Da diese Eindringtiefe lokalisiert ist und wenig beeinflussbar, wird die Geschmacksrichtung als Yin-Aspekt der Pflanze und das Temperaturverhalten als Yang-Aspekt der Pflanze bezeichnet, weil das Temperaturverhalten zum Beispiel durch kochen verändert werden kann.

Der Meridianbezug

Kräuter haben zu einem oder mehreren Meridianen und Organen einen besonderen Bezug.

- Süße Kräuter stärken und haben einen Bezug zu Milz/Pankreas und Magen.
- Saure Kräuter wirken beruhigend und aufbauend auf alle Schleimhäute der Atemwege, der Verdauungsorgane und der Ausscheidungsorgane Blase und Niere. Sie werden der Leber zugeordnet.
- Scharfe Kräuter mobilisieren Energie, regen den Kreislauf an und helfen zu schwitzen. Sie haben einen Bezug zum Lungen-Meridian.
- Bittere Kräuter wirken trocknend und entgiftend. Sie haben einen Bezug zum Herz- und Leber-Meridian.
- Salzige Kräuter wirken in der Tiefe erweichend und lösend. Sie können Zubildungen und Tumore reduzieren. Ihr Bezug ist der Nieren-Meridian.
- Neutrale Kräuter regulieren den Flüssigkeitshaushalt und fördern die Ausscheidung. Ihre Bezugs-Meridiane sind die Milz und der Magen.

Traditionelle Strategien

In der Qing-Dynastie ordnete der Arzt Cheng Zhong-Ling in seinem Buch *Medical Relevation* (*Yi xue xin wu*) die vielen praktizierten, unterschiedlichen Behandlungsmethoden in China, in ein vereinfachtes Schema mit acht Behandlungsmethoden. Schwitzen, Erbrechen, Nach-unten-Ableiten, Harmonisieren, Wärmen, Beseitigen, Reduzieren, Tonisieren.

Das Wissen um die Traditionelle Chinesische Medizin wurde in alten Büchern überliefert.

Dieses Strategieschema nannte er die *Acht Methoden*. Diese acht klassischen Einteilungen hatten großen Einfluss auf die traditionelle Medizin. Auch wenn zusätzliche Kategorien gebildet wurden, sind die acht Methoden heute noch Grundlage für die Behandlung eines Patienten.

Die acht traditionellen Methoden

Schwitzen

Kräuter, die zum Schwitzen führen, werden beim Pferd bei akuten, fiebrigen Atemwegserkrankungen angewendet. Das Lungen-Qi wird stimuliert und die äußeren Poren geöffnet, damit das Pferd schwitzen kann und die innere Hitze ableitet. Außerdem wird dadurch das Abwehr-Qi bewegt und kann gegen den eindringenden pathogenen Faktor kämpfen.

Erbrechen

Kräuter, die zum Erbrechen führen, leiten giftige Substanzen aus. Da Pferde nicht erbrechen können, sind diese Kräuter in der Therapie nicht einsetzbar.

Nach-unten-Ableiten

Diese Kräuter werden bei Verstopfung eingesetzt. Da sie sehr intensiv wirken, dürfen sie nicht über einen längeren Zeitraum angewendet werden.

Harmonisieren

Harmonisierende Kräuter regulieren die Funktionen der einzelnen Organe und ihre Beziehung untereinander. Sie sind besonders bei chronischen Erkrankungen einzusetzen.

Wärmen

Schmerzen, die durch Kälte im Inneren oder durch Kälte in den Meridianen entstehen und sich bei kaltem Wetter verschlimmern, werden durch wärmende Kräuter aufgehoben.

Beseitigen

Diese Kräuter werden als klärende Kräuter bezeichnet. Sie werden hauptsächlich zur Kühlung von Hitze eingesetzt. Blutungen im Verdauungsapparat oder in den Atemwegen können ebenso wie Infektionen behandelt werden.

Reduzieren

Reduzierende, verteilende oder sedierende Kräuter gehören zu dieser Kategorie. Sie behandeln alle Arten von Stagnation. Dazu gehören Qi-Stagnation, Blut-Stase, Schleimbildung, Parasiten und Verstopfung. Bei Tumoren werden diese Kräuter eingesetzt.

Tonisieren

Tonisierende, anregende Kräuter stärken und vitalisieren die Meridiane und Organe im Körper, die schwach sind. In der Tiermedizin werden diese Kräuter sehr häufig angewendet.

Bei vielen Erkrankungen wird nicht eine Methode allein angewendet, sondern verschiedene kombiniert. In der Tiermedizin werden häufig **adstringierende**, das heißt straffende Kräuter angewendet, die den Verlust von Körperflüssigkeit, zum Beispiel bei Durchfall oder bei einer offenen, blutenden Wunde, vermindern.

Rezepte für chinesische Kräuter

Die meisten der chinesischen Kräuter werden nicht einzeln, sondern in einer speziell auf den Krankheitsfall abgestimmten Kräuterrezeptur gefüttert.

Zusammensetzung der Rezepte

In der TCM werden Rezepte nicht einfach als Sammlung einiger Arzneien gesehen, deren Wirkungsweise sich potenziert. Jede Medizin hat ihre Stärken und Schwächen. In einem TCM-Rezept werden die Arzneien sorgfältig aufeinander abgestimmt, um ihre Stärken zu betonen und ihre Nebenwirkungen so gering wie möglich zu halten.
In der traditionellen chinesischen Gesellschaft war der gesellschaftliche Rang ausgesprochen wichtig. Am wichtigsten waren der Kaiser und sein Hofstaat. Die Wichtigkeit der Arzneien in einem Rezept werden deshalb entsprechend der kaiserlichen Gesellschaft benannt.

TCM-Rezept

Der **Kaiser** ist der Bestandteil, der hauptsächlich auf die Erkrankung ausgerichtet ist und die größte Wirkung erzielt.
Der **Minister** hat zwei Funktionen: Er unterstützt den Kaiser bei seiner Wirkung auf die Haupterkrankung. Zusätzlich kann er als

Für eine optimale Wirkung werden chinesische Kräuterrezepturen individuell zusammengestellt.

Hauptarznei auf eine gleichzeitig auftretende Erkrankung eingesetzt werden.

Der **Adjudant** wird auch als Assistent bezeichnet und hat drei unterschiedliche Funktionen. Erstens kann er die Wirkung des Kaisers oder Ministers auf die Erkrankung verstärken. Zweitens vermindert oder eliminiert er die Nebenwirkungen der Kaiser- oder Ministerarznei. Drittens kann er eine dem Kaiser entgegengesetzte Wirkung darstellen bei sehr schweren und lang andauernden Krankheiten.

Der **Gesandte** wird auch als Botschafter bezeichnet. Er richtet die Wirkung eines Rezeptes auf einen bestimmten Meridian oder ein bestimmtes Organ. Außerdem harmonisiert er und vereinigt die Wirkung der anderen Arzneien. Nicht alle Rezepte weisen die gesamten Bestandteile auf. Manche Rezepte haben nur einen Kaiser mit zwei Ministerarzneien und keinen Adjudanten. Je schwerwiegender und langwieriger eine Erkrankung, umso komplexer wird das Rezept gestaltet.

Darreichungsform und Dosierung der Arzneien

Die Arzneien können frisch, getrocknet, als Pulver schockgefroren, als gemahlenes Pulver, als Tinktur, Tee, Sirup, in Pillenform oder als Kapseln eingenommen werden. Die meisten Rezepte werden zweimal täglich verabreicht. Viele Pferde fressen sie in Pillenform aus der Hand, anderen verfüttert man die Rezeptur in angefeuchteter Kleie.

Dekokte

Die Arzneien werden als Tee oder Aufguss gekocht und dem Pferd verfüttert. Man gibt die Rezeptbestandteile in einen Ton- oder Keramiktopf. Die zusätzlich benötigte Wassermenge variiert von Rezept zu Rezept. Als Faustregel gilt: Die Wasseroberfläche sollte

Dekokt

Tinktur

vier Zentimeter über den Kräutern sein oder 300 ml Wasser pro 30 g Arzneien. Nachdem das Wasser aufgekocht ist, wird bei verringerter Hitze 20–30 Minuten weitergeköchelt. Die Zeiten können rezeptabhängig variieren. Anschließend wird die Flüssigkeit vom Satz getrennt und dem Pferd verabreicht. Ein Dekokt wirkt schnell bei akuten Erkrankungen. Es ist aber sehr zeitaufwendig in der Zubereitung.

Tinkturen

Arzneien können in ein Lösemittel (Alkohol oder Glycerin) eingelegt werden. Die Wirkstoffe verteilen sich in der Flüssigkeit und werden dem Tier verabreicht.

Pulver

Diese Darreichungsform wird beim Pferd am häufigsten angewendet. Die Arzneimittel werden in loser Pulverform, zu Pillen gedreht oder in Kapseln gefüllt abgegeben. Die Vorteile eines Pulvers gegenüber einem Dekokt sind die praktische Darreichungsform und die lange Haltbarkeit.

Zeitdauer der Anwendung

Wie lange eine Rezeptur angewendet wird ist abhängig vom Krankheitsverlauf und muss mit dem Therapeuten abgesprochen werden.

Nebenwirkungen der TCM-Rezepturen

Es muss eine korrekte Diagnose vor der Abgabe der Rezeptur gestellt werden und die angegebene Dosierung sollte nicht überschritten werden, um Nebenwirkungen zu verhindern. Im Turniersport werden regelmäßig Dopingproben durchgeführt. Es muss beachtet werden, dass die chinesischen Arzneimittel unterschiedlich intensiv und andauernd wirken.

Westliche Kräuter kontra chinesische Kräuter

Im Westen wurde die Kräuterheilkunde lange Zeit vernachlässigt und sogar verspottet. Die TCM hat seit Jahrhunderten chinesische Arzneien angewendet. Beim Gebrauch der chinesischen Rezepturen kann man deshalb auf ausreichende Erfahrungswerte zurückgreifen. Aber wir leben hier im Westen und deshalb ver-

Pulver

suchen Kollegen und ich, die heimischen Pflanzen unter den Gesichtspunkten der TCM zu beurteilen und in die Therapie einzugliedern. In den nächsten Jahren werden Kräuterrezepte für Erkrankungen beim Pferd zunehmend eingesetzt werden. Die Resultate werden in Zukunft veröffentlicht werden.

Praxisbeispiel:
Mescalero, ein neunjähriges Dressurpferd, wird zur Untersuchung vorgestellt. Das Pferd hustet seit drei Jahren ohne Leistungseinschränkungen. Eine Bronchoskopie hat ergeben, dass Mescalero ein chronisches Lungenproblem hat, deshalb erhält er in der turnierfreien Zeit Medikamente.

Vor vier Wochen ist ein neues Problem aufgetreten. Mescalero hat Urticaria, das heißt er hat Nesselsucht mit Quaddeln am ganzen Körper. Sobald er Cortison erhält, verschwinden die Hautveränderungen, tauchen aber sofort wieder auf, wenn das Medikament abgesetzt wird. Die Reiterin beschreibt ihr Pferd zunehmend als müde und lustlos.

Mescalero steht im Mischtyp Leber-Milz. Die Komponente Leber (*Gan*) gibt dem Pferd ein gutes Immunsystem mit schneller Heiltendenz mit. Deshalb konnte Mescalero trotz der chronischen Bronchitis lange Leistung bringen. Puls und Zungenbefund weisen auf eine Schwäche von Wei Qi hin. Wei Qi ist aus Sicht der Traditionellen Chinesischen Medizin die Abwehrkraft.

Die Lunge herrscht über Qi und die Atmung, kontrolliert die Meridiane sowie die Blutgefäße und kontrolliert Haut und Haare. Die zunehmende Schwäche des Lungen Qi hat zu einer Schwächung des Funktionskreises Lunge/Dickdarm geführt, die sich in der Hauterkrankung äußert. Hauterkrankungen lassen sich selten allein durch Akupunktur heilen. Es müssen ergänzend traditionell chinesische Kräuter gegeben werden.

Mescalero wird an folgenden Punkten akupunktiert:

- **Lu7** (Lie Que) hilft das Lungen-Qi zu verteilen und bewegt das Wei Qi.
- **KG 17** (Shan Zhong) Meisterpunkt des Thorax.
- **Ma 36** (Zu San Li) Stärkt Qi und Blut und unterstützt die Milz.

Die Reiterin akupressiert täglich einmal Lu 7. Das Pferd erhält täglich »Bu Zhong Yi Qi Tang«, ein traditionell chinesisches Kräuterrezept, das aus traditioneller Sicht die Mitte stärken und die Dinge an ihrem Platz halten sowie Qi und Xue bilden soll. Mescalero wird nach 14 Tagen wieder vorgestellt. Er ist vitaler und hat keine Hautveränderung mehr. Die Reiterin hat aber auch erkannt, dass sie Rücksicht auf seine Lunge nehmen muss und passt die Haltung dahingehend an.

THEORETISCHE GRUNDLAGEN DER AKUPUNKTUR

2

Die Geschichte der Akupunktur

Das älteste und bedeutendste Werk der chinesischen Humanmedizin entstand 2697–2596 v. Chr., das *Huang-di Nei-jing* oder auch *Innerer Klassiker des gelben Fürsten*. Das Buch besteht aus Fragen des Gelben Kaisers und den Antworten seines Leibarztes. Das nachfolgende Schrifttum bezieht sich immer auf diese Grundlage, diskutiert und erweitert sie. Die ersten schriftlichen Dokumente zur Tiermedizin entstanden um das 16.–11. Jahrhundert vor Christus. Die Behandlung bestand zu dieser Zeit jedoch mehr aus einer magischen Geistermedizin.

Das Pferd hatte als Zug- und Reittier im Krieg zu dieser Zeit große Bedeutung und seine Gesunderhaltung oberste Priorität, hing doch von ihr oft Leben und Tod des Reiters bzw. Kriegers ab. Die Behandlung führten sogenannte Wuma, traditionelle Pferdepriester oder Pferdebeschwörer, durch. Angewendet wurden schamanistische Techniken wie Gesänge, Beschwörungen und Tänze, die zur Leistungssteigerung und Gesundung der Tiere beitragen sollten. Die Behandlungstechniken wurden nur an auserwählte Schüler weitergegeben und diese verpflichteten sich zur Geheimhaltung.

Erste schriftliche Aufzeichnungen gab es etwa 900 v. Chr. In der westlichen Chou-Dynastie legte der legendäre Reitergeneral Sunyang Bai Le ein Buch der Oden mit detaillierten Angaben und Vorschriften zur Pferdebehandlung an.

In der Tang-Dynastie (600–900 n. Chr.) erlebte die Tiermedizin eine Blütezeit. Tierärztliche Lehranstalten am kaiserlichen Hof wurden eingerichtet und der Pferdezucht große Aufmerksamkeit geschenkt. In den nachfolgenden Dynastien entstanden die ersten staatlichen tierärztlichen Apotheken sowie Literaturzusammenfassungen mit Beschreibungen der Meridianpunkte und Behandlungsanweisungen.

Die Verbreitung des chinesischen Medizinwissens fand im Altertum über die Handelswege statt. Genauere Kenntnisse der Behandlungsmethoden gelangten erst nach der Renaissance nach Frankreich, dann nach Wien und weiter nach Berlin.

Die Körperakupunktur fand in den letzten 50 Jahren zunehmend Interesse in Europa. Geschichten über Wunderheilungen und unrealistische Erwartungen führten jedoch zu vielen Missverständnissen und zu harten Konfrontationen zwischen der sogenannten Schulmedizin und der chinesischen Medizin. Heute findet die Akupunkturbehandlung bei Mensch und Tier großen Anklang und hat sich erfolgreich etabliert.

Die Theorie von Yin und Yang

Das Erlernen der Akupunktur erfordert das Kennenlernen einiger Begriffe: Nach der Theorie von Yin und Yang besteht alles in der Welt

Die bekannte Monade der Traditionellen Chinesischen Medizin ist das Symbol für die Einheit von Yin und Yang.

aus den gegensätzlichen Aspekten Yin und Yang. Es gibt die dunkle Nacht (Yin) und den hellen Tag (Yang) als Gegensatz dazu.
Wir haben aus Erfahrung gelernt, dass Feuer heiß ist, den Gegenpol dazu stellt das kalte Eis dar. Erst das Wissen über den Gegensatz eines Phänomens oder einer Empfindung ermöglicht uns dieses zu benennen. Die TCM bezeichnet diese Gegensatzpaare also als Yin und Yang.
Zwischen Yin und Yang besteht ein dynamisches Verhältnis. Der Tag ist zum Beispiel Yang und hat sein maximales Yang um zwölf Uhr am Mittag. Von da ab nimmt das Yang kontinuierlich ab und das Yin zu. Um fünf Uhr am Nachmittag ist das Yin im Yang schon zu bemerken, da es dämmrig wird. Um Mitternacht ist das maximale Yin erreicht und Yang wird wieder aufgebaut.

Gesundheit und Krankheit
Auch im Körper stehen Yin und Yang in Abhängigkeit. Zum Beispiel ist die Struktur des Herzens Yin, der Herzschlag ist Yang; der Darm ist Yin, die Darmfunktion Yang; die Niere ist Yin, die Filterfunktion der Niere ist Yang; die Struktur der Leber ist Yin, die Speicher- und Entgiftungsfunktion Yang.
Harmonieren alle Gegensatzpaare im Körper, ist das Pferd gesund. Überwiegt einer der polaren Aspekte, entsteht ein Ungleichgewicht im Verhältnis Yin und Yang, dann ist das Pferd krank.

Es existieren vier mögliche Ungleichgewichte zwischen Yin und Yang:

- Yang überwiegt absolut,
  weil zu viel Yang da ist.
- Yin überwiegt,
  weil absolut zu viel Yin da ist.
- Yang überwiegt relativ,
  weil zu wenig Yin da ist.
- Yin überwiegt relativ,
  weil zu wenig Yang da ist.

Diese Ungleichgewichte werden erkannt und in das medizinische Verständnis der TCM eingeordnet, damit eine TCM-Diagnose gestellt werden kann.

Ziel der traditionellen Therapie ist das harmonische Zusammenspiel von Yin und Yang.

Die vitalen Substanzen

Nach Auffassung der TCM basieren alle Vorgänge in Körper und Seele bei Tier und Mensch auf dem Zusammenspiel der vitalen Substanzen: Qi (Lebenskraft), Xue (Blut), Jing (Essenz), Shen (Geist) und den Jin Ye (Körperflüssigkeiten). Das Pferd ist gesund und vital, wenn alle diese Lebenskräfte optimal entstehen und erhalten werden. Die Grundlage aller Substanzen ist Qi. Ohne Qi kann keine weitere vitale Substanz gebildet werden.

Die vitalen Substanzen

Qi	>	Lebensenergie
Xue	>	Blut
Jin Ye	>	Körperflüssigkeiten
Jing	>	Essenz
Shen	>	Geist

Gesund ist ein Organismus im Sinne der TCM, wenn er mit sich und seiner Umwelt in völligem energetischen Gleichklang steht.

Qi (Lebensenergie)

Eine Übersetzung des chinesischen Begriffs Qi in eine westliche Sprache ist eigentlich unmöglich. Energie, Lebensenergie, Lebenskraft, Äther, Dampf sind zwar gängige deutsche Übersetzungen, aber keine Bezeichnung trifft den Charakter von Qi vollständig. Wir müssen versuchen, das Konzept von Qi zu verstehen. Einige chinesische Philosophen haben sich zu diesem Thema geäußert: Qi in Energieform findet sich nach der chinesischen Vorstellung im ganzen Universum. Durch Umwandlung von dieser Energie in Materie entsteht ein Lebewesen.

Das Qi fließt in Leitbahnen durch den Körper eines Lebewesens. Innerhalb dieses Körpers gibt es unterschiedliche Fließrichtungen von Qi. Außerdem weist jedes Organ im Körper ein eigenes, typisches Organ-Qi mit speziellen Eigenschaften auf.

In der chinesischen medizinischen Lehre muss der Arzt also mit den allgemeinen Bedingungen des Qi umgehen. Er kann nur erfolgreich behandeln, wenn er in der Lage ist, die unterschiedlichen Formen und Funktionen von Qi im Körper und in den zugehörigen Organen zu beurteilen. Zum Beispiel kann eine Bronchitis des Pferdes durch einen Mangel an Lungen-Qi entstehen. Möglicherweise ist aber ebenso das Nieren-Qi betroffen, und es müssen zusätzlich Akupunkturpunkte zur Stärkung des Nieren-Qi genadelt werden, sonst tritt keine Heilung ein.

Zu Beginn erscheinen die einzelnen Qi-Begriffe diffus und schwer erlernbar. Sie entsprechen aber einem logischen System.

Bildung von Qi

Um ein besseres Verständnis für Qi zu bekommen, betrachten wir zuerst das Schema zur Bildung von Qi.

Qi wird durch unsere Einatmung und durch unsere Nahrung als Sammel-Qi im Brustkorb gebildet. Die Niere unterstützt diesen Bildungsprozess und es entsteht das normale

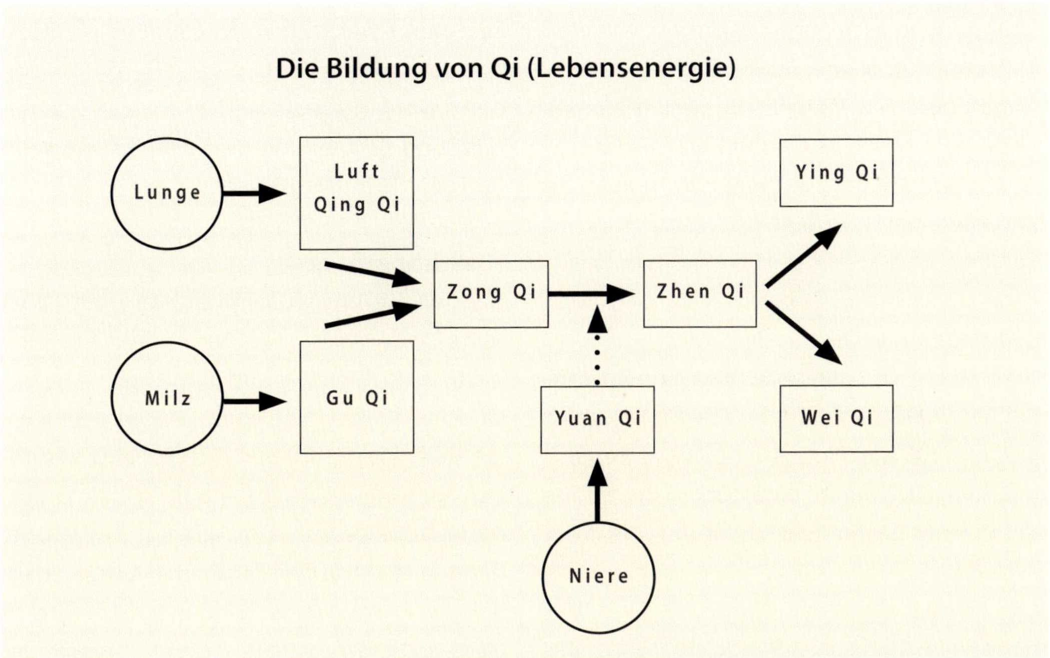

oder wahre Qi. Dieses normale Qi fließt als Ying Qi in den Leitbahnen, den Meridianen, und nährt den Körper. Die Akupunktur beeinflusst über die Nadelung der Akupunkturpunkte, die auf den Meridianen liegen, direkt dieses Ying Qi. Ein weiterer Anteil des normalen Qi zirkuliert als Abwehr-Qi oder Wei Qi unter der Hautoberfläche, außerhalb der Meridiane und entspricht der Funktion des Immunsystems. Das Wei Qi erwärmt und befeuchtet sowohl Haut als auch Muskeln und reguliert das Öffnen und Schließen der Poren. Die Zirkulation des Wei Qi ist vom Lungen-Qi abhängig. Eine Lungen-Qi-Schwäche kann deshalb auch zu einer Wei-Qi-Schwäche mit spontanen Schweißausbrüchen und Anfälligkeit auf äußere pathogene Faktoren führen, das heißt ein Pferd wird gegenüber Krankheitserregern anfälliger.

Durch das Einatmen entsteht das Atem-Qi in der Lunge (Fei). Die Ernährung bildet die Grundlage des Nahrungs-Qi (Gu Qi), welches in der Milz gebildet wir. Das Gu Qi aus der Milz (Pi) verbindet sich mit dem Atem-Qi aus der Lunge zu Sammel-Qi, Thorax-Qi oder Zong Qi. Zusätzlich kommt aus der Niere (Shen) das von den Elterntieren ererbte Qi, das Ursprungs-Qi (Yuan Qi). Alle drei bilden das normale Qi oder wahre Qi (Zhen Qi).

Das Wahre-Qi oder Zhen Qi nimmt zwei verschiedene Formen an:

- Ying Qi (Nähr-Qi), welches den Körper nährt und in den Meridianen fließt.
- Wei Qi (Abwehr-Qi), welches außerhalb der Meridiane unter der Hautoberfläche zirkuliert. Für die Qi-Bildung wird das aus der Nahrung gebildete Nahrungs-Qi oder Gu Qi

benötigt. Bei schlechter Nahrung, wie verschimmelter Silage, feuchtem Hafer oder staubigem Heu, kann im Körper des Pferdes kein harmonisches Qi gebildet werden. Daher wird in der TCM so viel Wert auf eine gesunde und ausgeglichene Ernährung gelegt.

Funktionen von Qi

Unabhängig von den verschiedenen Zuständen hat Qi folgende allgemeine Funktionen:

1. Qi fließt in ausreichender Menge, frei und ungehindert in einem bestimmten Rhythmus und in einer bestimmten Richtung durch die Leitbahnen.
2. Qi schützt den Körper gegen äußere pathogene (disharmonisierende) Faktoren. Damit erfüllt Qi die Funktion der Körperabwehr bzw. des Immunsystems.
3. Qi erwärmt den Körper und versorgt ihn mit Energie.
4. Qi bewahrt die morphologische Ordnung der inneren Organe.

Erfüllt Qi alle diese Funktionen, ist das Pferd gesund. Kann es dies nicht, treten einzelne Symptome wie Schmerzen, Lahmheiten, Hautveränderungen, Husten, Verhaltensänderungen oder Unrittigkeit auf. Die genaue Feststellung und Beurteilung dieser Veränderungen führt zur TCM-Diagnose.

Fließrichtung von Qi

Sehr wichtig im Zusammenhang mit Qi ist seine Fließrichtung. Jede Form von Qi hat seine bestimmte Funktion und damit auch eine bestimmte Aktionsrichtung. So ist zum Beispiel die Aktivität des Magen-Qi nach abwärts gerichtet, um den Mageninhalt in den Dünndarm zu befördern. Die Aktivität des Milz-Qi dagegen nach aufwärts, um den Körper zu ernähren, Körperwasser umzuwandeln und zu transportieren sowie Blut und Organe an ihrem Platz zu halten.

Ändert sich die Qi-Richtung entgegen der jeweils gewöhnlichen Fließrichtung, entstehen Störungen. Fließt das Magen-Qi nach oben, entgegen seiner normalen Richtung nach unten, kommt es beim Menschen beispielsweise zum Erbrechen. Ein Beispiel soll die Wichtigkeit der Funktion und Richtung der einzelnen

Organ	Chinesische Bezeichnung	Fließrichtung des Qi
LUNGEN	FEI	nach unten
HERZ	XIN	nach unten
MAGEN	WEI	nach unten
MILZ	PI	nach oben
LEBER	GAN	in alle Richtungen im ganzen Körper

> Je länger eine Krankheit dauert, umso komplexer wird das Geschehen und erfordert dann eine umfangreiche Diagnose.

Organ-Qi zeigen. Anhand der unterschiedlichen Symptome des erkrankten Pferdes kann man Rückschlüsse auf das betroffene Organ-Qi ziehen.

Bei einer **akuten Atemwegsinfektion** des Pferdes kann das Lungen-Qi seine Richtung nach unten nicht einhalten. Durch die Umkehr nach oben entsteht Husten. Eine Behandlung des Lungen-Qi kann ausreichen, um eine Heilung zu erreichen.

Zu der Transportfunktion des Milz-Qi gehört, die Feuchtigkeit im Pferdekörper in Bewegung zu halten. Wird die Milz durch schlechte Nahrung wie beispielsweise schimmeliges Heu überlastet, kann sie ihrer Aufgabe nicht mehr gerecht werden. Es sammelt sich Feuchtigkeit in der Lunge, die sich zu Schleim verdichtet. Aus einem einfachen Husten entwickelt sich eine Bronchitis mit gelbem Schleimauswurf und einem tiefen, feuchten, vollen Husten.

Statt der Milzstörung kann aber auch ein Problem in der Niere (Shen) vorliegen, deren Aufgabe es ist, das von der Lunge herabführende Qi aufzunehmen. Eine geschwächte Niere kann dieser Aufgabe nicht nachkommen und der nachfolgende Husten, der durch das blockierte Lungen-Qi entsteht, ist trocken und gequält. Je länger eine Krankheit andauert, umso komplexer wird das Geschehen und erfordert eine umfangreiche Diagnose.

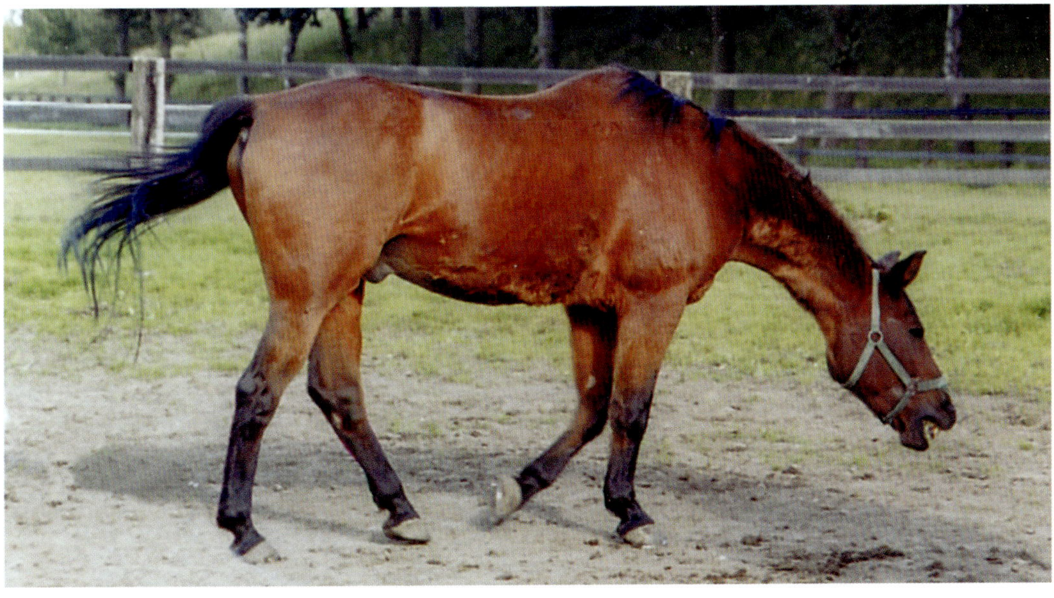

Im Sinne der Traditionellen Chinesischen Medizin erfordern Atemwegsinfektionen immer eine umfassende Diagnose und eine darauf abgestimmte individuelle Therapie.

Xue (Blut)

Blut oder Xue im chinesischen Sinn unterscheidet sich von unserer westlichen Auffassung von Blut. Die TCM bezeichnet Xue als eine sehr verdichtete, materielle Form von Qi. Xue fließt zusammen mit Qi in den Leitbahnen, den Meridianen. Qi ist für die Vitalisierung von Xue zuständig, ohne Qi wäre das Blut nur eine träge Flüssigkeit.

Xue entsteht hauptsächlich aus Gu Qi, der von der Milz gebildeten Nahrungsenergie. Das Lungen-Qi bewegt Gu Qi zum Herzen, wo es zu Blut transformiert wird. Dieser Umwandlungsprozess ist abhängig vom Yuan Qi der Niere und Nieren-Jing der Essenz.

Funktionen von Xue

Qi und Xue fließen zusammen frei und ungehindert in den Meridianen, wenn das Pferd gesund ist. Beide Substanzen ergänzen sich und brauchen einander. Xue hat zu jedem Organ eine Beziehung. Die chinesische Lehre sagt: »Im Herzen wird Xue gebildet, deshalb regiert das Herz das Blut (Xue) und die Blutgefäße.« Die Milz ist für die Bildung von Xue mitbestimmend und hält Xue in den Blutgefäßen. Die Leber speichert Xue und reguliert sein Volumen. Nachts und in Ruhe kehrt Xue in die Leber zurück, um zu regenerieren. Pferde, die in einem Herdenverband nicht akzeptiert und gejagt werden, finden nicht genügend Schlaf, um Xue regenerieren zu lassen. Sie magern ab und werden infektionsanfällig. Bei Bewegung fließt Xue durch die Gefäße, um die Muskeln und Sehnen zu ernähren. Erhalten die Sehnen zum Beispiel kein ausreichendes Xue, kann es zu einem Sehnenschaden kommen. Lungen-Qi bewegt Xue in den Blutgefäßen.

Die Bildung von Xue (Blut)

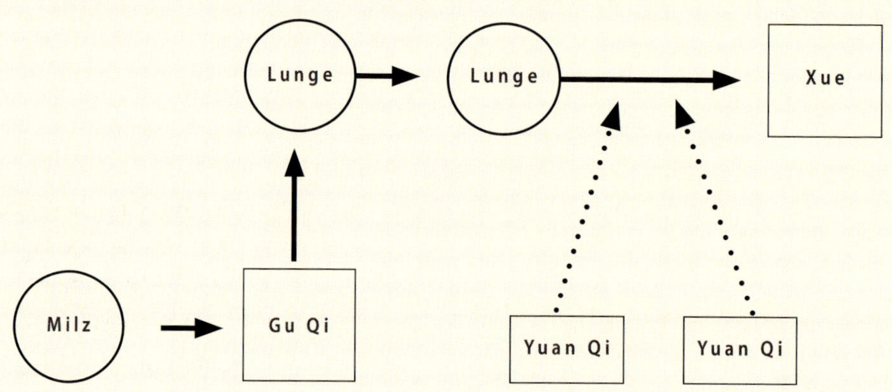

Die allgemeinen Funktionen von Xue

- Xue ist zusammen mit Qi für die energetische Ernährung des ganzen Körpers verantwortlich. Die ernährende Funktion des Blutes ist stark von Qi abhängig, da es durch Qi bewegt wird und so alle Gewebe und inneren Organe erreichen kann.
- Xue befeuchtet und kühlt den Körper. So befeuchtet Leber-Blut die Augen, damit diese sehen können und die Bänder und Sehnen, damit diese beweglich bleiben.
- Xue ist die materielle Basis für den Shen (Geist). Der Shen ist im Blut verankert. So werden Pferde, die im Sinne der TCM unter Blutleere leiden, rastlos, deprimiert, ängstlich und unruhig.

Jin Ye (Körperflüssigkeiten)

Jin Ye repräsentieren alle Flüssigkeiten des Körpers: Tränen, Schweiß, Urin, Speichel, Magensäfte und Gelenkflüssigkeiten. Sie stellen den Wasserhaushalt des Körpers dar.

Jin bedeutet Feuchtigkeit oder Speichel, **Ye** bedeutet Flüssigkeit. Bei Jin handelt es sich um klare, reine, bei Ye um dichtere, trübere Flüssigkeiten. Die Niere trennt beide Fraktionen und hilft, die trüben Körperflüssigkeiten auszuscheiden. Die Aufgabe der klaren Körpersäfte ist es, die Gewebe zu ernähren und zu befeuchten.

Die Verteilung der Körpersäfte im Körper erfolgt über die Leitbahnen des Dreifachen Erwärmers, des San Jiao. Dieser ist der Meridian im Körper, der keinem spezifischen Organ zugeteilt ist, sondern spezielle Aufgaben erfüllt. Er besteht aus drei Anteilen. Vom Kopf bis zum Zwerchfell wird das Pferd vom Oberen Erwärmer versorgt. Für den mittleren Teil bis zum Becken ist der Mittlere Erwärmer zuständig und für das hintere Drittel der Untere.

Bildung der Jin Ye

Die Körperflüssigkeiten werden aus der Nahrung gewonnen und von der Milz umgewandelt und unterteilt. Die klare, leichte Fraktion der Flüssigkeiten wird zum Oberen Erwärmer transportiert, von wo die Lunge einen Teil an die Haut und einen anderen Teil zur Niere weiterleitet.

Die trübe, schwere Fraktion fließt weiter zum Dünndarm und wird dort wieder in klare und trübe Bestandteile aufgeteilt. Die klare Fraktion fließt zur Blase, die trübe zum Dickdarm. Auch die Blase transformiert ihre Flüssigkeiten und trennt sie in klare und trübe Fraktionen auf. Die klaren Flüssigkeiten fließen aufwärts und an die Körperoberfläche. Dort wird aus ihnen Schweiß gebildet. Die trüben Flüssigkeiten werden als Urin ausgeschieden. Die Transfor-

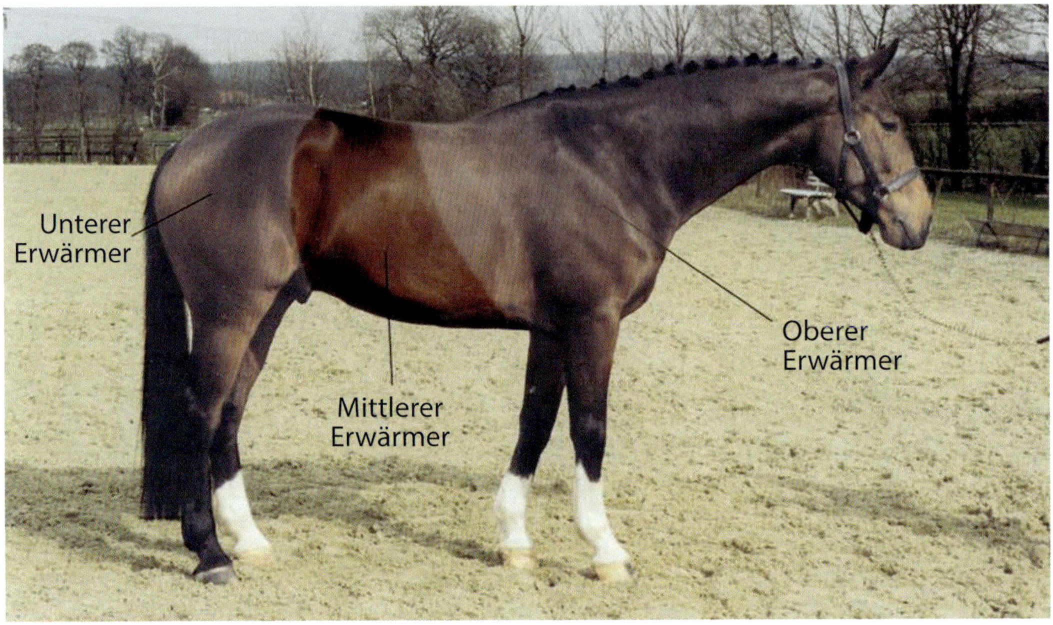

Die Verteilung der Körpersäfte erfolgt über den Dreifachen Erwärmer.

mation der Flüssigkeiten in der Blase ist vom Nieren-Yang abhängig.

Die Bildung der Körperflüssigkeiten ist somit das Resultat einer Serie von Reinigungsvorgängen. Die Flüssigkeiten werden mehrmals in reine und unreine Fraktionen aufgespalten, wobei die klaren Anteile nach oben und außen, die trüben nach unten weiterfließen.

Shen (Geist)

Shen wird mit Verstand, Geist oder Bewusstsein übersetzt. Ebenso wie bei der Übersetzung von Qi findet sich aber kein wirkliches Synonym. Shen gehört nach chinesischer Vorstellung genauso zum Körper wie beispielsweise der Darm oder die Leber, nur in einer sehr verfeinerten, reinen Form. Shen befähigt einen Menschen oder ein Tier zu denken, zu entscheiden und hat großen Einfluss auf sein Wesen. Shen bestimmt zum Beispiel die Persönlichkeit eines Pferdes.

Die Verwechslung mit dem chinesischen Begriff für Niere, die auch mit Shen bezeichnet wird, ist möglich. In der Regel ist aber aus dem logischen Zusammenhang zu erkennen, was gemeint ist.

Der Ursprung von Shen

Shen wird einesteils von den Eltern vererbt, andernteils von Jing und Qi gebildet.

Im Gegensatz zur westlichen Anschauung ist der Geist (Shen) im Herzen verankert. Da im Herzen Blut produziert wird, ist Blut die Basis von Shen. Deshalb können sich bei Blutleere im Pferd Störungen des Shen, wie Rastlosigkeit, Ängstlichkeit, Gedächtnisschwächen oder, in schweren Fällen, Bewusstlosigkeit entwickeln.

Die vier pathologischen Qi-Syndrome

- Qi-Leere oder Qi-Mangel
- sinkendes Qi
- gestautes Qi
- rebellierendes Qi

Ein Pferd mit plötzlich auftretenden Panikattacken wird in der TCM oft über das Herz behandelt.
Das Wissen über den Aufbau und die Funktionen der vitalen Substanzen der TCM ist Grundvoraussetzung, um eine Erkrankung am Pferd erkennen und behandeln zu können. Wie oben beschrieben, handelt es sich bei den vitalen Substanzen um verschiedene Ausdrucksformen von Qi.
Shen ist die reinste, klarste und leichteste Form mit Yang-Charakter. Qi kommt in verschiedenen Reinheitsgraden vor. Jing ist schon materieller, hat aber noch sehr viel Energiecharakter. Xue ist noch materieller und Jin Ye sind ziemlich substanziell mit ausgeprägtem Yin-Charakter.

Krankheitsbilder von Qi (Lebensenergie)

Im vorangegangenen Kapitel haben wir die Grundlagen von Qi kennengelernt. Qi soll ungehindert und frei durch die Meridiane fließen, um die Gesundheit zu erhalten. Kann Qi dieser Aufgabe nicht nachkommen, können vier krankhafte (pathologische) Syndrome entstehen. Unter einem Syndrom versteht man die Zusammenfassung verschiedener Symptome. Husten, Schnupfen und Fieber sind beispielsweise Symptome einer Infektion.

Qi-Leere

Qi kann seinen Funktionen der Energieversorgung, Erwärmung und Körperabwehr nicht nachkommen. Ausdruck dieser Disharmonie sind die Symptome: Müdigkeit, Mattigkeit, Lustlosigkeit, allgemeine Energielosigkeit, Infektanfälligkeit, spontanes Schwitzen, Absondern von der Herde, schleppender Gang, sehr triebig beim Reiten, Appetitlosigkeit.
Bei einer Qi-Leere werden alle Symptome durch Bewegung verschlimmert, weil Qi durch Aktivität verbraucht wird.

Sinkendes Qi

Eine Sonderform des Qi-Mangels stellt das absinkende Qi dar. Wenn zu wenig Qi da ist, kann die Funktion der Lagestabilisierung innerer Organe nicht gewährleistet werden. »Alles drängt nach unten.« Die Symptome sind Sehstörungen, Enddarm- und Gebärmuttervorfall sowie Blutungen.

Qi-Leere und sinkendes Qi entstehen:

- durch lange schwere Krankheiten.
- infolge hohen Alters.
- durch ungenügende Ernährung.
- durch Überarbeitung oder Stress.

Das Wissen über die vitalen Substanzen ist eine Grundvoraussetzung, um Erkrankungen zu erkennen.

Gestautes Qi

Um den Körper versorgen zu können muss Qi ungehindert fließen können. Kommt es zu einer Qi-Stagnation, entsteht Schmerz. Da Qi zusammen mit Blut (Xue) durch die Meridiane fließt, kommt es zusätzlich sehr rasch zu einem Blutstau.

Die Symptome, die beim Pferd dabei entstehen, sind Spannungsschmerzen mit wechselnder Lokalisation, zum Beispiel durch Blähungen (Koliken). Das gestaute Qi bewirkt eine lokale Fülle. Das Schmerzempfinden bleibt nicht an einer Stelle lokalisiert, sondern die Schmerzen wandern. Im Gegensatz zur Qi-Leere wird die Qi-Stagnation durch Bewegung verbessert. Die TCM betrachtet weiche, bewegliche Tumore oder Schwellungen, die entstehen und wieder verschwinden, als Qi-Stagnation.

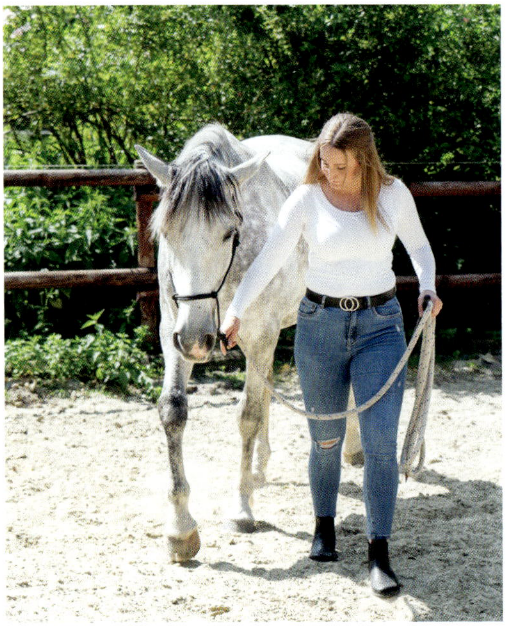

Eine Lahmheit, die sich durch Bewegung verbessert, wird als Qi-Stagnation bezeichnet.

Schmerz ist das Leitsymptom der traditionellen chinesischen Diagnose Qi- und/oder Blutstau.

Eine Qi-Blockade ist häufig das Resultat von:

- psychischen Faktoren wie Ärger. Die harmonisierende, Qi verteilende Funktion der Leber ist gestört.
- Eindringen von exogenen pathologischen Faktoren.
- Zerrungen und Prellungen.

Rebellierendes Qi

Qi bewegt sich in verschiedene Richtungen innerhalb des Körpers. Jedes der inneren Organe bewegt sein Qi in eine bestimmte Richtung, um bestimmte Funktionen zu erfüllen. Das rebellierende Qi bewegt sich in die Gegenrichtung. Das Magen-Qi soll nach unten fließen. Rebelliert das Qi, fließt es nach oben und Symptome wie Übelkeit oder Sodbrennen treten auf.

Das Lungen-Qi soll nach unten fließen. Rebellierendes Qi fließt nach oben. Symptome wie Husten, Auswurf oder Atemnot treten auf. Ursache kann das Eindringen eines exogenen pathogenen Faktors oder die Ansammlung von Schleim in der Lunge sein.

Krankheitsbilder von Xue (Blut)

Damit das Pferd vital ist und sich problemlos bewegen kann, muss das Blut frei und ungehindert zusammen mit Qi durch die Meridiane fließen. Ebenso wie beim Qi gibt es Krankheitssyndrome, die entstehen können.

Die drei pathologischen Xue-Syndrome

- Blutleere
- Blutstauung
- Hitze im Blut

Blutleere

Bei Blutleere kann das Blut seinen Aufgaben, den Körper zu nähren und zu befeuchten, nicht mehr nachkommen. Symptome sind: Zittern, Schlaflosigkeit, Müdigkeit, Durchblutungsstörungen, blasse und trockene Schleimhäute, stumpfes Fell mit Haarausfall, trockener Kot, Sehstörung und lang andauernder Leistungsabfall. Blutleere kann infolge von Blutverlust oder als Resultat einer Milz-Magenschwäche entstehen. Besteht Qi-Mangel über längere Zeit, kommt es sehr häufig zu Blutmangel. Zum Beispiel können nach wiederholtem, extremen Schwitzen, welches das Qi erschöpft, Symptome des Blutmangels auftreten.

Die Abhängigkeit von Qi und Blut kennzeichnen folgende Lehrsätze der TCM:

- Qi hält das Blut.
- Qi ist der Befehlshaber des Blutes.
- Blut nährt das Qi.
- Blut ist die Mutter des Qi.

Blutstauung

Blutstauung wird von exogenen pathogenen Faktoren oder Qi- und Blutmangel ausgelöst. Wie bei der Qi-Stagnation entsteht Schmerz, der aber stechend ist und lokalisiert, das heißt er wandert nicht.

Die TCM sieht harte unbewegliche Tumore und Organschwellungen als Blutstauung an. Die Ursachen für Blutstauungen sind äußere Einflüsse wie Schlagverletzungen, exogene pathogene Faktoren wie Hitze und Kälte oder auch Qi-Leere oder Qi-Stauung.
Hitze im Blut wird in der TCM als Sonderform der Blutstauung betrachtet.

Hitze im Blut

Infolge von äußeren und inneren Hitzezuständen, insbesondere von der Leber ausgehend, kann es zu Hitze im Blut (Xue) kommen.
Eine Aufgabe des Bluts ist die Kühlung und Befeuchtung des Körpers. Beim Syndrom »Hitze im Blut« kann diese Aufgabe nicht mehr erfüllt werden. An der Haut entstehen Juckreiz, punktförmige Blutungen, Ekzeme und Rötungen. Die Pferde zeigen Unruhe, die sich von Nervosität bis Panik steigern kann.

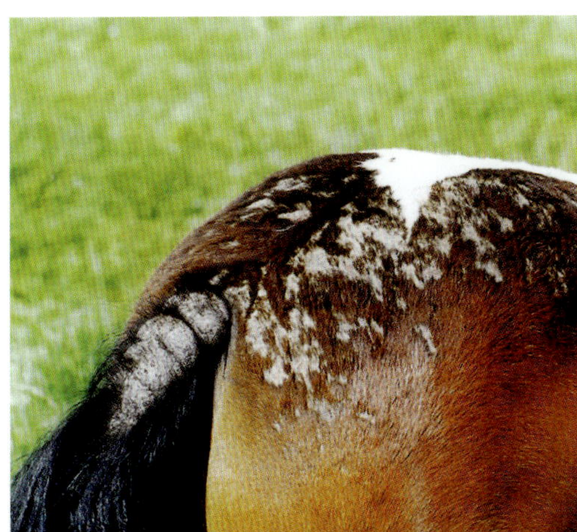

Die chinesische Diagnose »Hitze im Blut« beschreibt beispielsweise eine Form des Sommerekzems, die mit Juckreiz, Blutungen und Haarausfall einhergeht.

Krankheitsbilder der Jin Ye (Körperflüssigkeiten)

Jin Ye stehen in enger Verbindung zu Qi und Blut. Qi wandelt die Flüssigkeiten um und transportiert sie. Außerdem hält Qi die Flüssigkeiten im Körper.

Entsteht Qi-Mangel, kann es zu spontanem Schwitzen (Lu-Qi-Mangel), Harninkontinenz (Nieren-Qi-Mangel) oder Scheidenausfluss (Milz-Qi-Mangel) kommen.

Es gibt drei krankhafte (pathologische) Syndrome der Körperflüssigkeiten.

Die drei pathologischen Syndrome der Jin Ye

- Mangel an Körperflüssigkeiten
- Ödem
- Schleim

1. Mangel an Körperflüssigkeiten

Ein Mangel an Körperflüssigkeiten führt zur Trockenheit. Betroffen sind vor allem Lunge, Magen, Niere und der Dickdarm.

Trockenheit in der Lunge zeichnet sich durch trockenen Husten und trockene Haut aus. Der Mangel an Jin Ye im Magen ist an einer trockenen Zunge mit horizontalen Rissen kombiniert mit einem trockenen Maul zu erkennen. Das Pferd hat sehr wenig Durst und trinkt in kleinen Schlucken. Die Niere reagiert mit vermindertem Harnfluss, trockener Kehle und trockenen Schleimhäuten auf einen Mangel. Der Dickdarm kann keinen normalen Kot produzieren, das Pferd hat extrem trockenen Kot.

Mangel an Jin Ye entsteht durch:

- übermäßiges Schwitzen.
- durch mangelhafte Umwandlung von Flüssigkeiten aus der Nahrung. (Der Magen ist die Quelle der Körperflüssigkeiten und es kommt bei Magen-Qi- oder Magen-Yin-Mangel zu Jin-Ye-Mangel.)
- durch lang andauerndes Erbrechen.
- durch lang andauernden Durchfall.

2. Ödeme

Dieses Syndrom entsteht durch einen Füllezustand der Jin Ye in Lunge, Milz und Niere. Alle drei Organe sind für Umwandlung und Transport der Körperflüssigkeiten verantwortlich. Werden diese Aufgaben nicht erfüllt, lagern sich Flüssigkeiten unterhalb der Haut ab.

3. Schleim (Tan)

Schleim (Tan) wird als eine veränderte Form der Körpersäfte Jin Ye verstanden. Es tritt eine Erhöhung der Viskosität auf. Schleim (Tan) ist ein sehr häufig vorkommendes Krankheitsbild. Es gibt zwei Arten von Schleim:

1. Substanzhafter oder sichtbarer Schleim
   Dieser zeigt sich, zum Beispiel als Sekret aus der Lunge beim Abhusten.
2. Substanzloser oder unsichtbarer Schleim
   Dieser kann sich unter der Haut als (unsichtbare) Knoten ablagern, zum Beispiel Lymphknotenschwellungen, Schilddrüsenvergrößerung oder Fettgeschwülste.

Die Körperflüssigkeiten stehen in enger Verbindung zu Qi und Blut.

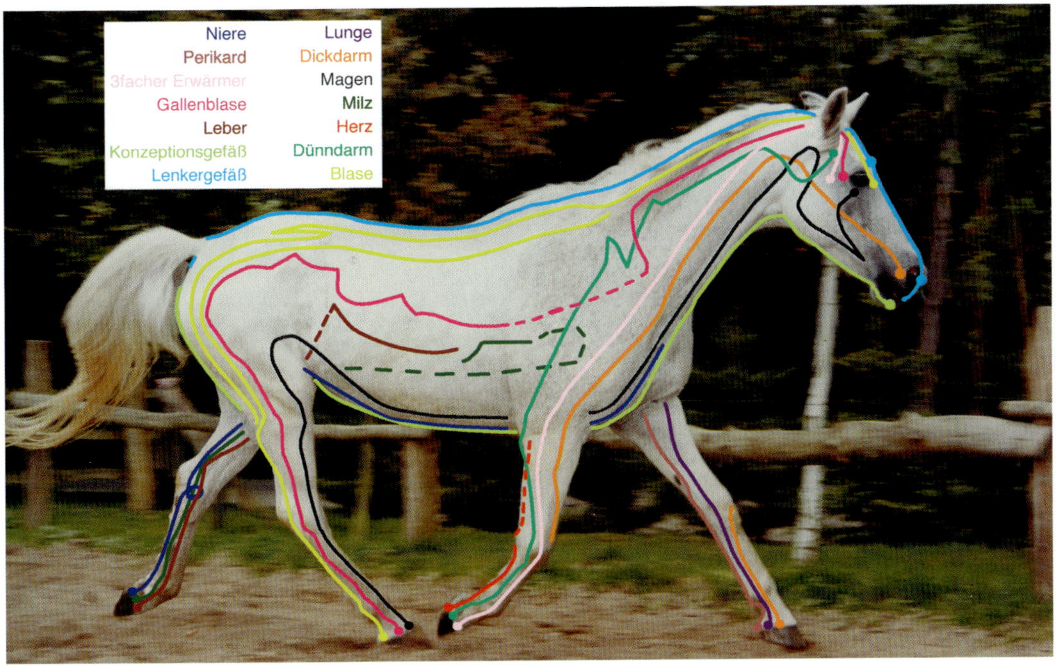

Die einzelnen Meridiane überziehen den Körper wie ein Flusssystem.

Die Meridiane – Leitbahnen der Energie

Die Ausführungen über die Entstehung von Qi und seine Aufgaben hat gezeigt, dass ein intaktes Qi Voraussetzung für die Gesunderhaltung von Mensch und Tier ist.

Qi bewegt sich nicht willkürlich im Körper, sondern fließt nach chinesischer Vorstellung im Organismus von Mensch und Tier durch ein vernetztes System von Haupt- und Nebenkanälen. Diese Wege des Qi werden Jing Luo genannt. Die westliche Übersetzung lautet Leitbahn oder auch Gefäß, jedoch hat sich bei uns die Bezeichnung Meridian eingebürgert.

Es gibt zwölf Hauptmeridiane, die untereinander verbunden sind. Bei Störungen innerhalb des Meridiansystems werden entsprechende Akupunkturpunkte schmerzhaft und erlauben so dem Untersuchenden eine Diagnose.

Die zwölf Hauptleitbahnen sind symmetrisch angelegt, sodass jeder Meridian mit seinen Akupunkturpunkten auf der linken wie auf der rechten Körperseite einmal vorhanden ist. Jeder Meridian ist entweder Yin oder Yang zugeordnet. Es gibt sechs Yin- und sechs Yang-Meridiane. Jeweils ein Yin- und Yang-Meridian bilden ein Paar. Der Magen-Meridian (Yang) ist mit dem Milz-Meridian (Yin) gekoppelt.

Das Meridiansystem verhält sich wie ein großes verzweigtes Flussnetz. Entsteht durch Schmerzen oder eine Erkrankung ein Stau im Meridian, entspricht das einem Stau in einem größeren Flussarm. Als Folge erhalten viele kleine Verzweigungen hinter der Blockierung kein Wasser, während sich davor das Wasser in die größeren Flussarme zurückstaut.

Die Akupunkturpunkte liegen auf den Meridianen.

Auf unsere Meridiane bezogen bedeutet dieses, dass viele Punkte druckempfindlich werden, da mehrere Flussabzweigungen durch den Stau betroffen sind. Tatsächlich liegt aber nur eine Hauptstörung vor. Staue oder löse ich jetzt an den vielen Stellen, bringe ich unter Umständen das ganze Flusssystem völlig durcheinander, ohne die Hauptblockade zu erkennen und zu beseitigen.
Aus diesem Grund muss immer die Primärerkrankung abgeklärt werden, dann folgt die Entscheidung, welcher Meridian betroffen ist und welche Punkte genadelt werden müssen.
Auf den Meridianen liegen die Akupunkturpunkte, über die man die Energie im Meridian und den zugehörigen Organen beeinflussen kann.
Die Meridiane weisen neben ihrem Verlauf an der Körperoberfläche noch Verbindungen zu einem inneren Organbereich auf. Der Lungen-Meridian hat zum Beispiel eine Verbindung zur Lunge. Das bedeutet, bei einer Atemwegserkrankung kann über Akupunkturpunkte des Lungen-Meridians die Lunge behandelt werden.
Da alle Leitbahnen entlang den Gliedmaßen verlaufen und die Gelenke überqueren, können Blockaden des Energieflusses dort zu Schmerzen und damit zu Lahmheiten führen.
Der Gallenblasen-Meridian verläuft über die Hüfte. Bei einer Hüftlahmheit ist dieser Meridian betroffen und sollte durch eine Akupunktur behandelt werden.

Meridiane – die Leitbahnen
Meridiane werden als Leitbahnen angesehen, durch die Energie, Qi, wie in einem Flussbett fließt.
Meridiane verlaufen in der Nachbarschaft von Blut-Lymphgefäßen und Nervenbahnen. Alle Meridiane zusammen bilden ein vernetztes Kanalsystem an der Körperoberfläche sowie im Körper.
Qi bewegt sich innerhalb der Meridiane und hilft Xue und Körperflüssigkeiten zu verteilen.
Eine Ausnahme stellt das Abwehr-Qi oder Wei Qi dar. Es fließt nicht innerhalb der Meridiane, sondern zirkuliert unter der Haut.

Die Organuhr
Die Ärzte im alten China stellten im Ablauf eines Tages wechselnde Qi-Konzentrationen im Körper fest. In einem 24-Stunden-Zyklus zirkuliert Qi einmal durch jeden Organbereich und jeden Meridian. Aus der Organuhr ist zu ersehen, zu welchem Zeitpunkt der jeweilige Organbereich und seine Leitbahnen mit einem Maximum an Qi gefüllt sind. Treten Krankheitsanzeichen immer zu einer bestimmten Zeit auf, lässt das Rückschlüsse auf Störungen im jeweiligen Organbereich zu.
Der Verlauf der Meridiane und die Lage der Akupunkturpunkte werden ab Seite 123 beschrieben.

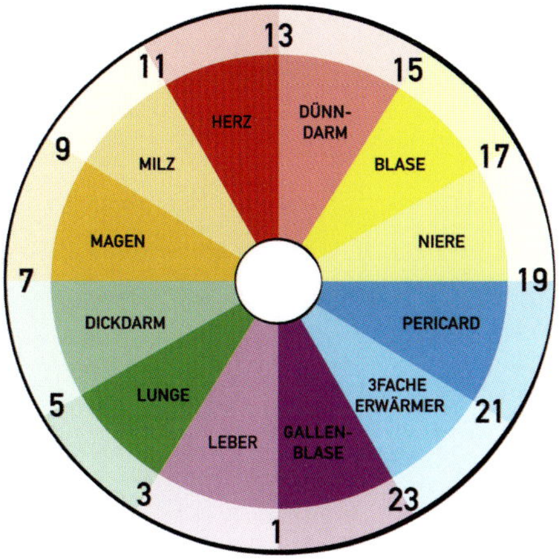

Auf der Organuhr kann man ablesen, zu welcher Tageszeit der entsprechende Organbereich und dessen Leitbahnen maximal mit Qi gefüllt sind.

Der Akupunkturpunkt

Jeder Meridian hat Öffnungen, die an der Hautoberfläche liegen. Die elektrische Leitfähigkeit in diesen Arealen ist stark erhöht, der Hautwiderstand erniedrigt. Diese Punkte stellen Zugänge dar, über die Einfluss auf den Energiefluss der jeweiligen Leitbahn und den Energiezustand des zugehörigen Organbereiches genommen werden kann. Sie werden als Akupunkturpunkte bezeichnet und können sowohl durch Nadeln als auch Fingerdruck stimuliert werden.

Die meisten Akupunkturpunkte liegen auf den Meridianen. In den alten chinesischen Behandlungsbüchern über Pferde wird aber zusätzlich eine verhältnismäßig große Anzahl von Akupunkturpunkten angegeben, die nicht auf einem Meridian liegen. Diese traditionellen Punkte liegen auf dem Pferdekörper verteilt, ohne einen Bezug zu einem speziellen Meridian aufzuweisen. Sie haben eine sehr intensive Wirkung und sollten bei einer Akupunkturausbildung zusätzlich erlernt werden.

Auffinden des Akupunkturpunktes

Die Lage der einzelnen Akupunkturpunkte ist genau festgelegt und erfordert vom Akupunkteur ein präzises Wissen über die Anatomie des Tieres. Die meisten Punkte liegen in kleinen Vertiefungen und beim Abtasten fühlt man eine veränderte Konsistenz der Haut. Diese Punkte verändern sich bei Erkrankungen und reagieren bei der Untersuchung schmerzempfindlich. Normalerweise sind diese Punkte druckunempfindlich.

Da es für Laien oftmals schwierig ist, einen Akupunkturpunkt zu erfühlen, haben viele ein regelrechtes Aha-Erlebnis, wenn sie zum ersten Mal einen Akupunkturpunkt aufgespürt haben.

Auf dem Markt existieren Punktsuchgeräte, die beim Auffinden der Akupunkturpunkte helfen sollen, sodass der Akupunkteur nicht die Lage aller Akupunkturpunkte lernen muss. Beim Menschen funktioniert ein Punktsuchgerät hervorragend. Da der Akupunkturpunkt einen verminderten Hautwiderstand aufweist, kann das Gerät mit einer gewissen Sicherheit bei der Bestimmung der Punkte eingesetzt werden.

Die Tiere sind im Gegensatz zum Menschen behaart und es entstehen deshalb durch verschiedene Einflüsse wie Regen, Nässe oder Aufregung Faktoren, die den Hautwiderstand erhöhen oder erniedrigen und die Ergebnisse verfälschen. Lediglich an der haarlosen Innenseite des Ohres kann das Punktsuchgerät allerdings effektiv angewendet werden.

Das Cun – eine Maßeinheit
Die Chinesen wenden das Cun oder das Körperzoll an, um Entfernungen am Körper abzumessen. Die Breite des Endglieds des Daumen entspricht einem Cun. Die Hand in Höhe der nahe dem Handteller gelegenen Fingergelenke entspricht drei Cun. Stimmen die Proportionen des Arztes mit denen des Patienten überein, kann mit dem Cun des Arztes gemessen werden. Bei deutlichen körperlichen Unterschieden, zum Beispiel bei Kindern, muss mit der Hand der Kinder gemessen werden. Beim Pferd geht man von einer mittelgroßen Hand aus.

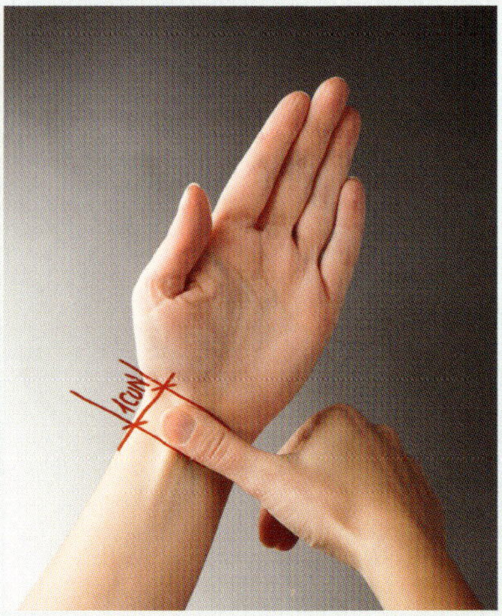

Die Namen der Akupunkturpunkte

Jeder Meridian hat eine unterschiedliche Anzahl von Punkten. Auf dem Herz-Meridian liegen beispielsweise neun Akupunkturpunkte, der Blasen-Meridian ist mit 67 Punkten die Leitbahn mit den meisten bekannten Punkten. Alle Akupunkturpunkte haben einen chinesischen Namen. Die Übersetzung gibt Aufschluss über Lage, Wirksamkeit und Bedeutung des Punktes. Im Westen werden die Punkte anhand des Meridians, auf dem die Punkte liegen, benannt. Außerdem sind die Punkte nummeriert, zum Beispiel liegt Di 4 als vierter Punkt auf dem Dickdarm-Meridian.

Funktionen der Akupunkturpunkte

Jeder Akupunkturpunkt hat mehrere Funktionen. Er wirkt als lokaler Schmerzpunkt direkt auf seine unmittelbare Umgebung. Ferner haben viele Punkte Wirkung auf Schmerzen entlang des zugehörigen Meridians sowie auf Erkrankungen der entsprechenden Organe. Als Fernpunkt beeinflusst der Akupunkturpunkt weiter entfernt liegende Regionen.

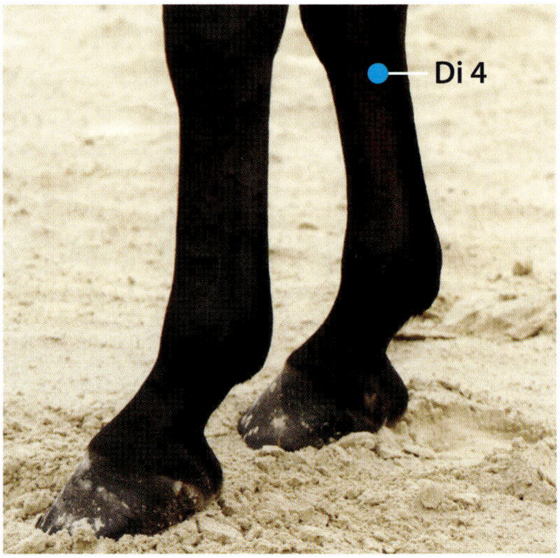

Der Punkt Di 4 heißt auf chinesisch Hegu. Er ist einer der stärksten schmerzlindernden Punkte, wird aber auch bei akuten Virusinfektionen akupunktiert.

Akupunkturpunkt-Kategorien

Zahlreiche klassische Akupunkturpunkte lassen sich entsprechend ihrer Eigenschaften in bestimmte Punktkategorien gliedern.

Shu-Punkte	Zustimmungspunkte. Sie liegen am Rücken auf dem Blasen-Meridian. Sie werden bei Störungen im Meridiansystem druckschmerzhaft und daher zur Diagnose und Therapie eingesetzt.
Mu-Punkte	Alarmpunkte. Sie werden zur Diagnose und Therapie bestimmter Organe verwendet.
Xi-Punkte	Akutpunkte. Sie dienen zur Behandlung akuter Erkrankungen.
Tonisierungspunkte	Energiefördernde Akupunkturpunkte.
Sedierungspunkte	Beruhigende Akupunkturpunkte.
Hui-Xue-Punkte	Meisterpunkte. Die acht Punkte haben intensiven Einfluss auf bestimmte Gewebe oder Organe.
Kardinalpunkte	Schlüssel- oder Öffnerpunkte regulieren und öffnen die außerordentlichen Meridiane. Diese Sondermeridiane werden bei chronischen inneren Erkrankungen behandelt.
Antike Punkte	Die fünf antiken Punkte liegen unterhalb des Ellbogens und des Knies. Es gibt fünf antike Punkte. Jeweils ein antiker Punkt ist einem Element der fünf Wandlungsphasen (Holz, Feuer, Erde, Metall, Wasser) zugeordnet.
Ting-Punkte	Erste antike Punkte. Sie sind die Anfangs- und Endpunkte der Meridiane an den Beinen des Pferdes. Sie liegen direkt über dem Kronsaum oder zwischen den Hufballen.
Yuan-Punkte	Quellpunkte. Der dritte antike Punkt wird in Kombination mit dem Luo-Punkt zum Energieausgleich zwischen zwei gekoppelten Meridianen genadelt.
Luo-Punkte	Verbindungspunkt. Der Durchgangspunkt schickt Energie aus dem eigenen Meridian zum Yuan-Punkt des schwächeren gekoppelten Meridian.

Die fünf Wandlungsphasen

Die chinesische Medizin greift bei ihrer Lehre immer wieder auf Naturabläufe zurück. Hat man diesen Ansatz verstanden, stellt sich die medizinische Anwendung leichter dar.
Die vier Jahreszeiten werden als zyklisch verlaufende Elemente angesehen. Auf jeden Winter folgt ein Frühjahr, das in den Sommer übergeht, zum Herbst wird und wieder im Winter endet.
Die alten chinesischen Denker betrachteten eine Erkrankung und deren Eigenschaften und versuchten, sie den Jahreszeiten zuzuordnen. Alle kalten Eigenschaften werden mit Winter, Nacht und Norden in Verbindung gebracht. Alle heißen Eigenschaften werden dem Sommer, Tag und Süden zugeordnet.

Die chinesische Medizin greift bei ihrer Lehre immer wieder auf Naturabläufe zurück.

Alle in Wandlung begriffenen Eigenschaften werden mit Frühling, Morgen, Osten verbunden. Alle stagnierenden Eigenschaften mit Herbst, Nachmittag und Westen.
Die harmonisierenden und sammelnden Eigenschaften ordnen die Gelehrten dem Spätsommer zu, sodass aus vier Jahreszeit-Elementen fünf wurden.
Durch weiteres genaues Beobachten und Beschreiben von Naturabläufen und Erkrankungen wurde dieses System erweitert und auch Farben, Geruch, Verhaltensweisen etc. dem jeweiligen Element bzw. der Jahreszeit zugeordnet.

Der Sheng-Zyklus

Die fünf einzelnen Elemente werden in einer Kreisform dargestellt. Dieser Zyklus der Elemente wird als Förderungs- oder Sheng-Zyklus bezeichnet und stellt sich folgendermaßen dar:
Holz wird dem Frühjahr und Wind zugeordnet.
Feuer verbrennt das Holz und gehört deshalb zum Sommer und zur Hitze.
Erde entsteht aus der verbrannten Asche und gehört zu Spätsommer und Feuchtigkeit.
Metall wird unter Bergen, die sich aus der Erde erheben, gefunden und wird deshalb dem Herbst und der Trockenheit zugeordnet.
Wasser trennt Erde und Metall; es entspricht dem Winter und der Kälte. Das Wasser stellt wieder die Grundlage für neues Wachstum des Holzes dar und ein neuer Zyklus beginnt.

Der Ko-Zyklus

Da die Förderung für das Funktionieren eines solchen Systems allein nicht ausreicht, sondern auch eine Kontrolle existieren muss, gingen die chinesischen Philosophen von der Existenz eines Kontroll- oder Ko-Zyklus aus, der das Gleichgewicht zwischen den Elementen erhält.
Die Kontrolle erfolgt über das Feuer, welches Metall schmelzen lässt. Die metallene Axt spaltet das Holz, welches als gefällter Baum die Erde blockiert. Die Erde kann als Damm Wasser aufstauen. Das Wasser löscht das Feuer.
Die Eigenschaften der Elemente sind komplex und vielseitig, der Kreislauf ist zudem nicht statisch, sondern in fortwährender Veränderung. Daher spricht man heute auch von den fünf Funktionskreisen oder den fünf Wandlungsphasen. Alle Bezeichnungen finden sich in der Literatur und werden synonym verwendet.

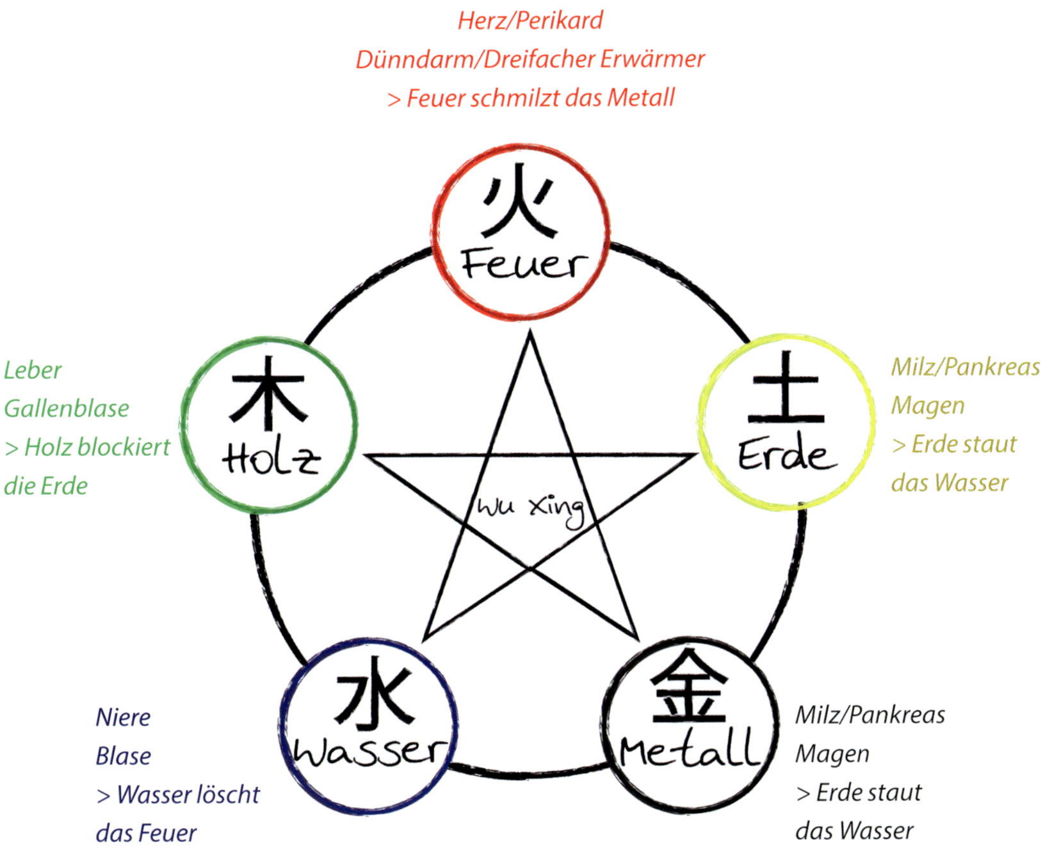

Der Zyklus der Förderung (Sheng-Zyklus) verläuft im Kreis. Der Zyklus der Kontrolle (Ko-Zyklus) bewahrt das Gleichgewicht zwischen den Elementen.

Die fünf Wandlungsphasen mit ihren Organentsprechungen

Der Vorstellung folgend, dass unser Körper wie die Natur einem Regelkreis folgt, ordnete die Traditionelle Chinesische Medizin jedem Element ein Organpaar zu. Ein Organ besteht aus fester, kompakter Struktur, wie zum Beispiel die Milz (Pi), während das Partnerorgan, der Magen (Wei) ein Hohlorgan darstellt. Die kompakten Organe werden dem Yin, die Hohlorgane dem Yang zugeordnet.

Um Erkrankungen erkennen und behandeln zu können, ist das Wissen über weitere Zuordnungen zu den Elementen erforderlich. Jedes Element entspricht einer bestimmten Jahreszeit, einer Tageszeit, einer Farbe, einem Sinnesorgan, einer Geschmacksrichtung, gewissen Körperschichten, verschiedenen Lautäußerungen und – ganz besonders wichtig – speziellen Verhaltensweisen.
Zusätzlich wird jedem Element ein Organpaar zugeordnet.

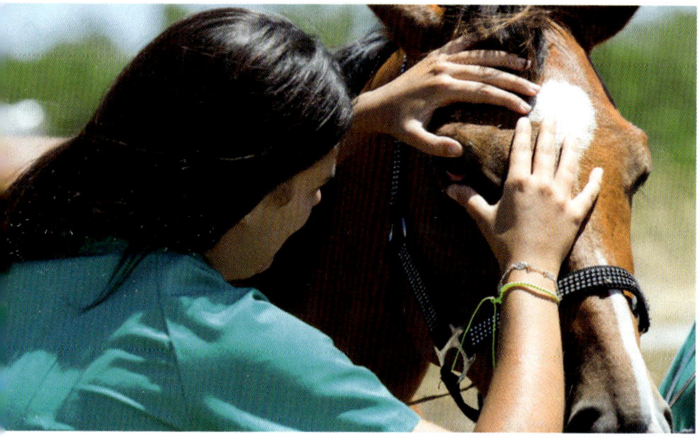

Ein Beispiel zeigt, wie wichtig diese Zuordnungen sind: Bekommt Ihr Pferd jedes Jahr im Frühjahr eine Bindehautentzündung am Auge und ist in dieser Zeit besonders reizbar oder ärgerlich, so ist die Holzphase (Frühling) betroffen und die Konjunktivitis wird über den Leber-Meridian mit dem Punkt Le 3 behandelt.

Die fünf Elemente und ihre wichtigsten Entsprechungen

	Holz	**Feuer**	**Erde**	**Metall**	**Wasser**
Yin-Organ	Leber	Herz	Milz	Lunge	Niere
Yang-Organ	Gallenblase	Dünndarm	Magen	Dickdarm	Blase
Sinnesorgan	Augen	Zunge	Lippen	Nase	Ohren
Körperliches Gewebe	Sehen	Gefäße	Fleisch	Haut	Knochen
Gefühle	Zorn	Freude	Grübelei	Trauer	Angst
Stimmlicher Ausdruck	Schreien	Lachen	Singen	Weinen	Stöhnen
Entwicklungsstufe	Geburt	Wachstum	Umwandlung	Ernte	Speicherung
Yin-Yang	kleines Yang	mächtiges Yang	Mitte	kleines Yin	mächtiges Yin
Himmelsrichtung	Osten	Süden	Mitte	Westen	Norden
Jahreszeit	Frühling	Sommer	Spätsommer	Herbst	Winter
Tageszeit	Morgen	Mittag	Nachmittag	Abend	Nacht
Klimatischer Einfluss	Wind	Hitze	Nässe	Trockenheit	Kälte
Farbe	grün	rot	gelb	weiß	schwarz
Geruch	ranzig	verbrannt	aromatisch	metallisch	faulig
Geschmack	sauer	bitter	süß (neutral)	scharf	salzig

Die Organe aus Sicht der TCM

Die Organe werden in der Traditionellen Chinesischen Medizin als Zang Fu bezeichnet. Wie im vorangegangenen Abschnitt beschrieben, ordnet die TCM dabei die Organe den fünf Wandlungsphasen oder fünf Elementen zu. Die Organe haben teilweise Funktionen, die unserer westlichen Medizin entsprechen. Die Leber hat zum Beispiel sowohl in der Vorstellung der TCM als auch in der westlichen Medizin eine Entgiftungsfunktion. Die TCM hat eine viel umfassendere Art der Betrachtung eines Organs als die westliche Medizin.

Eine Lebererkrankung in der westlichen Medizin bedeutet, dass das Organ Leber erkrankt ist, und der westlich orientierte Arzt wird seine Behandlung auf die Veränderungen in der Leber richten.

In der Traditionellen Chinesischen Medizin bedeutet eine Lebererkrankung dagegen eine Disharmonie in der Wandlungsphase Leber/Gallenblase, die möglicherweise durch zu viel Ärger verursacht wurde. Denkbare Beschwerden sind ausgeprägte Muskelverspannungen an Genick und Hals, da das Leber-Qi für den reibungslosen Verlauf von Qi und für die Muskulatur zuständig ist.

Die Beachtung des unterschiedlichen Verständnisses in der westlichen Medizin und in der TCM ist wichtig, damit keine Missverständnisse auftauchen, wenn man von einer Lebererkrankung spricht.

Die Sicht der TCM beschränkt sich nicht allein auf den anatomischen Bau der Organe, sondern betrachtet die Organe als Zusammenspiel von Funktionen verschiedener Organsysteme. Aus diesem Grund wird zum Beispiel die Kombination Leber/Gallenblase als Funktionskreis Leber/Gallenblase bezeichnet. Diese Sichtweise lässt Laien manchmal ungläubig staunen, es ist aber wichtig, diese Vorstellungen zu kennen, da sonst keine Heilung beim Einsatz der Akupunktur erzielt werden kann.

Die TCM-Organ-Funktionskreise

Yin-Organ (Zang-Organ)	**Yang-Organ (Fu-Organ)**
Leber (Gan)	Gallenblase (Dan)
Lunge (Fei)	Dickdarm (Dachang)
Milz (Pi)	Magen (Wei)
Herz (Xi)	Dünndarm (Xiaochang)
Niere (Shen)	Blase (Pangguan)

Im Sinne der ganzheitlich ausgerichteten TCM gibt es immer einen körperlichen Anteil und einen psychischen Aspekt eines Organs. Psychischen Veränderungen wird sehr viel Beachtung geschenkt, weil sie häufig die ersten Anzeichen einer entstehenden Störung sind. Auch in der westlichen Medizin wissen wir, dass Stress Krankheit erzeugt, differenzieren diese Emotionen aber nicht auf einzelne Organe. Die Speicher- oder Zang-Organe gehören zu Yin und haben immer eine Kopplung mit einem Hohl- oder Fu-Organ, das Yang zugehörig ist.

Aufgrund der Vorstellung von den fünf Wandlungsphasen gibt es in allen Organen eine stetige Umwandlung und gegenseitige Beeinflussung. Wie beschrieben erfolgt über den Sheng-Zyklus eine Förderung und über den Ko-Zyklus eine Kontrolle.

Die Behandlung der Organe erfolgt über die Akupunkturpunkte auf den Meridianen, da die Leitbahnen eine Verbindung zu den inneren Organbereichen haben. Zum Beispiel hat der Lungen-Meridian eine Verbindung zur Lunge. Ein Pferd mit einer Bronchitis wird durch Nadelung der Akupunkturpunkte des Lungen-Meridians behandelt.
Da alle Leitbahnen entlang den Gliedmaßen verlaufen und die Gelenke überqueren, können Blockaden des Energieflusses dort zu Schmerzen und damit zu Lahmheiten führen. Der Magen-Meridian verläuft über das Knie. Bei einer Knielahmheit ist dieser Meridian betroffen und sollte durch eine Akupunktur behandelt werden.
Jedes Organ wird durch Qi versorgt und hat ein eigenes Organ-Qi mit speziellen Funktionen. Wie im Abschnitt über die Organuhr nachzulesen ist, gibt es für jedes Organ eine bestimmte Uhrzeit, in der das Qi für dieses Organ am aktivsten ist (Maximalzeit). Symptome, die in bestimmten Stunden stärker werden, deuten auf eine Schwächung das Organs hin, das in dieser Zeit seine maximale Qi-Aktivität aufweist.

Die Leber (Gan) ist für gesunde Hufe verantwortlich. Störungen im Hornwachstum weisen auf ein gestörtes Energiegleichgewicht hin.

Die Leber
- speichert das Blut.
- sorgt für einen reibungslosen, geschmeidigen Qi-Fluss.
- kontrolliert die Sehnen.
- zeigt sich in der Konsistenz der Hufe.
- spiegelt sich im Auge.

Wandlungsphase Holz (Leber/Gallenblase)

Die Leber (Gan)

Die Leber verbindet sich als Yin-, Speicherorgan (Zang) mit seinem Yang-Partner, dem Hohlorgan (Fu) Gallenblase zu einem Funktionskreis und gehört zum Holzelement. Der Zustand der Leber zeigt sich in der Lebhaftigkeit des Pferdes und dem Glanz seiner Augen. Die Leber ist ein überaus wichtiges Organ, weil sie Blut speichert und dafür sorgt, dass den Muskeln bei allen Aktivitäten genügend Blut und damit Energie zur Verfügung steht. Außerdem ist die Leber für die harmonische Verteilung des Qi im ganzen Organismus zuständig. Das schließt ein reibungsloses Funktionieren der übrigen Organe genauso ein wie den freien Fluss der Gefühle. Zu ihrem Einflussbereich gehören ferner die Sehnen und Bänder, aber auch das Hufhorn. Die Leber ist empfindlich gegen Wind und anfällig im Frühjahr. Ihre Maximalzeit liegt zwischen ein und drei Uhr.

Störungen der Organenergie äußern sich in vielfältiger Form. Probleme im Bereich der Sehnen und Gelenke führen zu Steifheit. Bröselige Beschaffenheit des Hufhorns kann Lahmheiten zur Folge haben. Bindehautentzündungen treten häufig im Frühjahr zu Beginn der Weidesaison auf. Ein Leber-Qi-Stau kann sich in einer Überempfindlichkeit des Pferdes beim Striegeln und Putzen äußern oder durch Muskelverspannungen manifestiert werden.
Gerät die Leber aus dem Gleichgewicht, treten Stauungs-, Hitze- und Trockenheitssymptome auf. Häufig sind die ersten Anzeichen einer Leber-Disharmonie psychische Veränderungen, wie Unrittigkeit, Wehren gegen die reiterlichen Hilfen und Aggressionen gegen andere Pferde. Kein Organ zeigt diese psychischen Imbalancen so deutlich wie die Leber, noch bevor körperliche Symptome entstehen. Da die Leber eine immens wichtige Funktion im Organismus einnimmt, sollte auf diese psychischen Veränderungen unbedingt geachtet werden.

Die Gallenblase (Dan)

Auch wenn dem Pferd die Gallenblase (Dan) fehlt, sind die Funktionen dieses Organbereichs gemäß chinesischer Auffassung vorhanden. Dazu gehört in Kombination mit der Leber die Versorgung der Sehnen mit Qi, um ihre Beweglichkeit und Flexibilität zu sichern. Ein wichtiger psychischer Aspekt, der von einer harmonisch entwickelten Gallenblasenfunktion abhängt, ist die Fähigkeit, Entscheidungen zu treffen und diese gezielt umzusetzen. Die Maximalzeit liegt zwischen 23 und 1 Uhr Störungen der Organenergie werden beim Pferd besonders dann sichtbar, wenn es ihm an Entschlusskraft fehlt oder es nicht genügend Kontrolle über schwierige Bewegungsabläufe aufbringt. Nachschleifen der Hinterhand und unkoordinierte Bewegungen, wie ataktisches Laufen, gehören zu Störungen der Gallenblase. Geht ein mutiges und entschlossenes Springpferd die Hindernisse im Parcours plötzlich zögerlicher an, deutet das auf einen Energiemangel in der Gallenblase hin.
Im Verlauf der Leitbahn liegen so wichtige Bereiche wie das Genick und das Hüftgelenk. Mangelnde Durchlässigkeit im Genick sowie fehlende Schubentwicklung oder Schwierigkeiten bei der Lastaufnahme können daher die Folge von Blockaden im Gallenblasen-Meridian sein.

Wandlungsphase Metall (Lunge/Dickdarm)

Die Lunge (Fei)

Die Lunge ist neben den Verdauungsorganen das wichtigste energieliefernde Organ. Sie nimmt reines Qi aus der Luft auf und scheidet unreines Qi aus. Die Lunge beherrscht somit das Qi, die zur Verfügung stehende Menge sowie das kontinuierliche Fließen. Sie leitet das Qi zusammen mit Feuchtigkeit in den Körper hinab, um die Gewebe zu ernähren und alle Lebensabläufe zu unterstützen. Um den Körper gegen krankheitsauslösende Einflüsse mit einer Schutzhülle zu umgeben, verteilt sie Qi und Feuchtigkeit auch an der Körperoberfläche. Die Nase ist der Öffner der Lunge.
Zusammen mit ihrem Yang-Partner, dem Dickdarm, bildet die Lunge die Wandlungsphase Metall. Diese ist dem Herbst zugeordnet und es treten besonders im Herbst Atemwegsprobleme auf.
Die Maximalzeit der Lunge liegt zwischen 3.00 und 5.00 Uhr.

Die Leber

- speichert das Blut.
- sorgt für einen reibungslosen, geschmeidigen Qi-Fluss.
- kontrolliert die Sehnen.
- zeigt sich in der Konsistenz der Hufe.
- spiegelt sich im Auge.

Die Lunge ist besonders empfindlich gegen Trockenheit und wird der Emotion Traurigkeit zugeordnet.

Eine verminderte Lungenenergie äußert sich besonders durch Störungen im gesamten Bereich der Atmungsorgane wie Erkältungen und Husten. Außerdem treten Mangelerscheinungen der Haut und des Haarkleides auf, die eine trockene Haut und ein stumpfes Fell zur Folge haben. Auch eine schüttere Mähne kann die Folge einer Energieleere der Lunge sein. Energieblockaden im Meridianverlauf können Lahmheiten der Vorhand verursachen. Pferde, deren Lungenenergie geschwächt ist, zeigen wenig Leistungsbereitschaft.

Pferde, die ein starkes Lungen-Qi haben, werden mit jeder Infektion in kurzer Zeit fertig, dagegen kämpfen Pferde mit schwachem Lungen-Qi schon bei geringradigen Erkältungen lange mit der Erkrankung und neigen zu erneuten Infektionen.

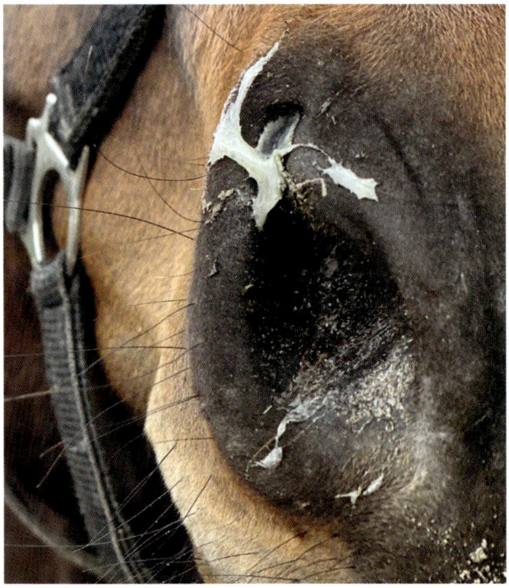

Klarer bis eitriger Nasenausfluss weist im Sinne der TCM auf eine Störung des Lungen-Qi hin.

Der Dickdarm (Dachang)

Der Dickdarm ist das letzte Organ, in dem Nährstoffe aufgenommen werden, bevor die Ausscheidung des nicht verwertbaren Futteranteils erfolgt. Ein fest-feuchter, gut geformter Kot weist auf einen gesunden Dickdarm hin. Die Maximalzeit liegt zwischen 5.00 und 7.00 Uhr morgens.

Ein Mangel an Organenergie kann sich sowohl in Verdauungsstörungen als auch Hauterkrankungen äußern.

Probleme im Dickdarm werden insbesondere mit Hitze, fehlgeleiteter Feuchtigkeit und Stauungen in Verbindung gebracht.

Außerdem sind eine Vielzahl von Erkrankungen im Leitbahnverlauf möglich. Dazu gehören Lahmheiten der Vorhand oder auch Entzündungen im Oberkiefer- und Nasenbereich, denn der Dickdarm-Meridian verläuft am Vorderbein, seitlich vom Hals zur Nase, obwohl sein zugehöriges Organ im unteren Teil des Körpers liegt.

Praxisbeispiel: Wallach, 9 Jahre
Vorbericht: Das Pferd hatte im Winter vor vier Jahren eine Virusinfektion mit anschließender schwerer Bronchitis durchgemacht. Eine Behandlung mit Antibiotika und schleimlösenden Medikamenten verlief erfolgreich. Im darauffolgenden Winter begann das Pferd zu husten und erbrachte keine volle Sportleistung mehr. Eine Behandlung mit ACC und Ventipulmin sowie die Umstellung auf Späne und die Fütterung von nassem Heu verringerte die Hustenanfälle, aber eine vollständige Wiederherstellung der Leistung konnte nicht erreicht werden.
Chinesische Diagnose: Die Untersuchung ergab eine Lungen-Qi-Schwäche aufgrund eines Nieren-Yang-Mangels.
Behandlung: Das Pferd wurde dreimal im Abstand von zehn Tagen behandelt. Nach der zweiten Behandlung setzte reichlicher Nasenausfluss ein. Dieser war zu Beginn zäh und gelblich, wurde aber mit der Zeit flüssiger und weißlich. Das Pferd war unverändert müde und abgeschlagen.
In der dritten Behandlung wurde die Moxibustion eingesetzt, das heißt ein Stück getrocknetes Moxakraut auf die Nadel des Nieren-Shu-Punktes gesetzt und angezündet. Dadurch wird dem Pferd Energie zugeführt.
Zwei Tage nach dieser Behandlung rief der Besitzer an und erzählte, sein Pferd sei wie umgewandelt und würde auf der Weide herumtoben.
Insgesamt erfolgten sieben Behandlungen in immer größeren Zeitabständen. Das Pferd wird wieder erfolgreich im Turniersport eingesetzt und kommt im Herbst regelmäßig zur Kontrolle.

Durch die Moxibustion wird dem Pferd Energie zugeführt.

Wandlungsphase Erde (Milz/Magen)

Die Milz (Pi)

Das Erdelement stellt den zentralen Kern des Körpers dar und wird als Mitte des Körpers bezeichnet. Die Milz (Pi) ist ein Zang-, ein Speicherorgan. Milz und Pankreas werden immer als ein Organ angesehen. Ihre Kopplung erfolgt mit dem Magen. Der Magen ist ein Fu, ein Hohlorgan.
Die Milz gewinnt aus der vom Magen aufbereiteten Nahrung das Nahrungs-Qi und transportiert es zur Lunge. Auch die vom Magen gewonnenen Flüssigkeiten werden von der Milz umgewandelt und im Körper transportiert. Das Milz-Pankreas-System entspricht somit der Verdauungsfunktion des oberen Verdauungstraktes.
Eine der wichtigsten Aufgaben der Milz ist ihr Anteil an der Blutbildung. Sie hält das Blut in seinen Bahnen und die Organe und Gewebe an den für sie vorgesehenen Orten. In der TCM heißt es: »Die Milz regiert das Blut und hält die Dinge an ihrem Platz.« Das Herz ist der Prinz des Kreislaufs, weil es das Blut in den Gefäßen führt.

Die Milz

- hält die Dinge an ihrem Platz.
- kontrolliert das Blut.
- kontrolliert die Muskeln und die vier Gliedmaßen.
- herrscht über Ernährung, Umwandlung und Transport.

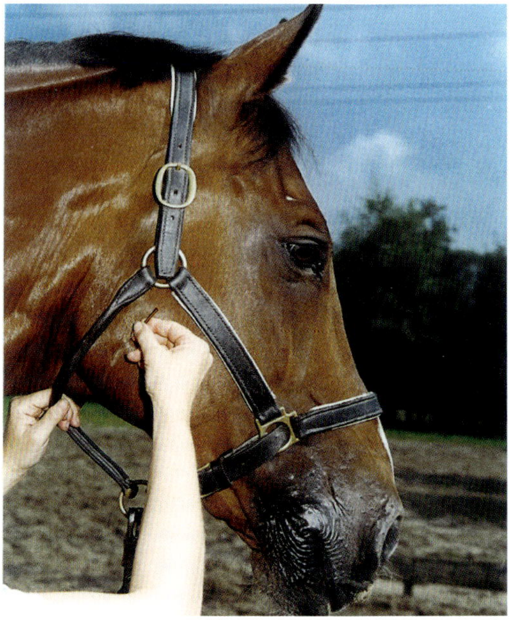

Durch die Akupunktur des Punktes Ma 6 (Yiache) werden Kiefergelenkschmerzen behandelt.

Die Leber ist der General, der den reibungslosen Fluss des Qi bestimmt. Wird diese Form von der Regierung gestört, treten Blutungen unterschiedlicher Form auf. Dazu gehören Lungenblutung beim Pferd, Blut im Urin und Kot sowie extrem leichte Verletzlichkeit der Haut und Schleimhäute, zum Beispiel des Zahnfleisches, ebenso wie Anämie, das heißt Blutarmut.

Über die Versorgung aller Muskeln mit Nahrungs-Qi ist die Milz direkt an der Kraft der Gliedmaßen beteiligt. Pferde mit angelaufenen Beinen, die durch Bewegung dünn werden, haben eine geringgradige Milzschwäche. Die geistige Funktion der Milz beeinflusst das Denken im Sinne des Lernens, der Konzentration und der Merkfähigkeit. Eine auffällig schlaffe Unterlippe kombiniert mit Müdigkeit signalisiert beim Pferd eine Milzschwäche.

Die Milz ist empfindlich gegen Feuchtigkeit und Nässe. Aus diesem Grund reagieren Pi-Typen auf sehr nasse Silage mit Durchfall und angelaufenen Beinen. Ihre Maximalzeit liegt zwischen 9.00 und 11.00 Uhr.

Ein Mangel an Milzenergie hat Einfluss auf alle anderen Organe, da keine ausreichende Ernährung und Versorgung gegeben ist. Es entstehen Probleme wie schlechte Futterverwertung, Blähungen sowie allgemeine Verdauungsprobleme, Durchfälle oder Koliken. Störungen im gynäkologischen Bereich, zum Beispiel Gebärmuttervorfall nach der Geburt, sind auf eine Milzschwäche zurückzuführen. Die Milz hat eine hebende und am Platz haltende Funktion. Beim Uterusvorfall wird über milzstärkende Punkte diese wichtige Haltefunktion wieder hergestellt.

Auch Schleimansammlungen in den verschiedensten Körperregionen, wie etwa in der Lunge, sind auf eine Milzschwäche zurückzuführen. Beschwerden im Verlauf des Milz-Meridians führen zu Lahmheiten der Hinterhand und Empfindlichkeiten im Bereich der Rippenmuskulatur.

Der Magen (Wei)

Der Magen bildet mit der Milz das Nahrungs-Qi, das nach der Geburt vom Körper selbst erzeugt wird. Im Magen wird das Futter fermentiert und gereift. Das schafft die Voraussetzung für die weitere Aufbereitung durch Milz und Dünndarm.

Die Milz hat eine hebende Funktion nach oben, der Magen transportiert Qi nach unten. Eine Umkehr von Magen-Qi führt zu Erbrechen und wird als rebellierendes Qi bezeichnet.

Die Maximalzeit des Magens liegt zwischen 7.00 und 9.00 Uhr.

Ein Mangel an Magen-Organenergie ist die erste Vorstufe zu Verdauungsproblemen.

Der Magen ist sehr empfindlich gegen Trockenheit. Diese kann beispielsweise durch Disharmonien in der Lunge oder der Niere entstehen, da beide den Körper befeuchten sollen. Durch Hitze und Trockenheit im Magen entstehen Magengeschwüre beim Pferd, die sich in Appetitlosigkeit, Müdigkeit und durch Koliksymptome zeigen. Häufig kauen diese Pferde leer, das heißt sie führen Kaubewegungen aus, ohne Futter im Maul zu haben, und gähnen viel.

Im Verlauf der Magenleitbahn machen sich Störungen als Beschwerden der Gesichtsmuskulatur und der Zähne im Oberkiefer bemerkbar. Kiefergelenkschmerzen werden über den Magen-Meridian behandelt.

Meridian-Qi-Blockaden am Kopf und Genick können auch Auslöser von Lahmheiten der Hinterhand sein, die häufig das Kniegelenk betreffen, da der Magen-Meridian über die Kniescheibe zum Huf verläuft. Häufig treten die Symptome diagonal auf, zum Beispiel links Genickschmerz, rechts hinten Lahmheit.

Wandlungsphase Feuer (Herz/Dünndarm)

Zur Wandlungsphase Feuer gehören nicht nur Herz und Dünndarm, sondern auch das Perikard und der Dreifache Erwärmer.

Das Herz (Xi)

Das Herz gilt als das königliche Organ. In der chinesischen Medizin ist es an der Blutbildung beteiligt und führt das Blut durch die Gefäße des Körpers.

Anders als die westliche Medizin betrachtet die TCM das Herz als den Sitz des Geistes. Das Herz beherbergt den Geist (Shen) im Sinne der seelischen, emotionalen und mentalen Äußerungsformen eines Lebewesens. Wie beim Xi-Typ beschrieben, neigen diese Pferde zu hysterischen Reaktionen, wenn sie im Ungleichgewicht sind und schwitzen häufig nach.

Das Herz öffnet sich in die Zunge und reagiert empfindlich auf Hitze. Die Maximalzeit liegt zwischen 11.00 und 13.00 Uhr.

Eine Störung der Organenergie kann bei Pferden dazu führen, dass sie zu unvorhergesehenen Reaktionen neigen. Es ist kein Verlass auf solch ein Pferd. Häufig tritt Unruhe auf, spontanes Schwitzen, beispielsweise bei einer tierärztlichen Behandlung, aber auch beim Aufsitzen oder auf einem Turnier.

Blockaden im Meridian stören den reibungslosen Bewegungsablauf und können zu Lahmheiten der Vorhand führen.

Der Dünndarm (Xiao Chang)

Der Dünndarm ist der Yang-Partner des Yin-Organs Herz. Im Dünndarm wird die von Magen und Milz verdaute Nahrung ebenso wie Flüssigkeiten in reine und unreine Anteile aufgespalten. Die reinen Anteile bleiben dem Kör-

Das Herz

- beherbergt den Geist.
- regiert das Blut und kontrolliert die Blutgefäße.
- kontrolliert das Schwitzen.

per zur Verwertung erhalten und werden zum Dickdarm geschickt. Die unreinen werden zur Ausscheidung weitertransportiert. Die Maximalzeit liegt zwischen 13.00 und 15.00 Uhr.
Da der Dünndarm zur Trennung der Flüssigkeiten eine wichtige Rolle spielt, führt eine gestörte Organenergie zu Verdauungsproblemen wie Durchfällen, zu Entzündungen der Schleimhäute und zu übermäßigem oder eingeschränktem Harnfluss. Beschwerden im Meridianverlauf äußern sich als Lahmheiten der Vorhand. Besonders betroffen ist der Übergang von der Schulter zur seitlichen Brustwand. Bei mangelnder Durchlässigkeit im Genick sollte der Dünndarm-Meridian mit behandelt werden.

Perikard (Jue Yin) und Dreifacher Erwärmer
Das Perikard gilt in der chinesischen Medizin als Beschützer des Herzens. Somit hat es Anteil an allen Aufgaben des Herzens und unterstützt dessen Funktionen. Behandlungen von Störungen des Herzens erfolgen häufig indirekt, meist über Punkte dieses Meridians. Die Maximalzeit liegt zwischen 19.00 und 21.00 Uhr. Störungen der Organenergie äußern sich ähnlich denen, die beim Herzen auftreten. Insbesondere das lange Nachschwitzen nach dem Reiten in der Box ist über die Leitbahn des Perikards zu behandeln. Stauungen im Leitbahnverlauf können zu Lahmheiten der Vorhand führen.
Informationen zum Dreifachen Erwärmer (San Jiao) sind im Abschnitt »Vitale Substanzen« nachzulesen.

Wandlungsphase Wasser (Niere/Blase)

Die Wandlungsphase Wasser wird dem Winter, der Kälte und der Angst zugeordnet. Viele Pferde erkranken im Winter oder bei kaltem Wetter.

Die Nieren (Shen)
Die zur Wandlungsphase zugehörigen Nieren (Shen) haben in der chinesischen Medizin ebenso wie in der westlichen Medizin die Aufgabe eines Ausscheidungsorgans. Auch hier gibt die traditionelle Medizin dem Organ Niere einen viel weiter gefassten Einflussbereich als in der westlichen Medizin. Die Niere speichert das Jing, die Lebensessenz, die auch als Samen des Lebens bezeichnet wird. Sie steuert die Entwicklungsvorgänge des Fohlens hinsichtlich seines Knochenwachstums und des Heranreifens zu einem fortpflanzungsfähigen Pferd.
Der Niere kommt die Aufgabe zu, das von den Lungen herabgeführte Qi entgegenzunehmen und den Körper mit Wärme zu versorgen. Außerdem ist sie an der Qi- und Blutbildung beteiligt und mit für die Verteilung der Körperflüssigkeiten zuständig. Das Sexualverhalten und die Reproduktionsfähigkeit ist die wichtigste Aufgabe der Niere. Schlechte Spermaqualität oder Deckunlust wird über den Funktionskreis Niere/Blase behandelt.

Die Niere

- speichert die Essenz.
- regiert Geburt, Wachstum, Fortpflanzung und Entwicklung.
- regiert das Wasser.
- empfängt das Qi.

Bei einer Schwäche der Niere kommt es zu Infektionsanfälligkeit, Aktivitätsmangel, Müdigkeit, Frieren, Suche nach Wärme und Angst. Angst als Verhaltenweise muss nicht negativ gesehen werden, solange sich diese Angst durch vertrauensvollen Umgang in Selbstbewusstsein umwandeln lässt.

Die Nervenstärke eines Pferdes im Sinne von Furchtlosigkeit ist ebenso Ausdruck von starker Nierenenergie wie üppiges Wachstum der Schweifhaare.

Die Öffner der Nieren sind die Ohren. Die Maximalzeit dieses Organbereichs liegt zwischen 17.00 und 19.00 Uhr.

Störungen der Organenergie äußern sich vielfältig. Es entstehen Entwicklungs- und Fortpflanzungsprobleme, große Ängstlichkeit, Anfälligkeit für Erkältungskrankheiten, chronische Bronchitis und Müdigkeit. Diese Pferde frieren schnell und müssen im Winter eingedeckt werden. Sie neigen zu Knochenwachstumsstörungen und Gelenksentzündungen.

Meridianstörungen zeigen sich vor allem an der Hinterhand am Sprunggelenk in Form von Energieblockaden, die zu Lahmheiten oder Bewegungsbehinderungen führen, wie zum Beispiel Spat, Schale oder Arthrose.

Die Blase (Pang Guan)

Die Blase hat in der chinesischen Medizin außer der Speicherung des Harns und seiner Ausscheidung auch noch die Aufgabe, Flüssigkeit für die Harnbereitung umzuwandeln, wodurch sie an der Nierenfunktion gemäß westlicher Vorstellung beteiligt ist. Eine Blasenentzündung aus westlicher Sicht stellt eine Entzündung durch Bakterien dar. In der TCM wird eine Blasenentzündung als Hitze oder feuchte Hitze verstanden, unabhängig davon, ob Erreger da sind oder nicht.

Die Maximalzeit der Blase liegt zwischen 15.00 und 17.00 Uhr.

Da der Meridian am Auge beginnt und solch stark beanspruchte Körperbereiche des Pferdes wie Genick, Rücken, Kruppe und Hinterhand überquert, werden viele Beschwerden des Bewegungsablaufs und der Muskulatur durch Energieblockaden im Blasen-Meridian hervorgerufen. Auf dem Blasen-Meridian liegen die Zustimmungspunkte der einzelnen Meridiane und Organe.

Pferde mit einer Schwäche der Nierenenergie frieren schnell und müssen im Winter eingedeckt werden.

Pathogene Faktoren – krank machende Einflüsse

Aus Sicht der TCM ist ein Pferd gesund, wenn seine vitalen Grundsubstanzen, das heißt Qi, Xue, Jing, Jin Ye, Shen und Yin und Yang in Harmonie und im Gleichgewicht sind.
Krankheit bedeutet ein Missverhältnis zwischen Yin und Yang oder ein Ungleichgewicht im Aufbau und Ablauf der vitalen Substanzen. Die chinesische Lehre beschreibt äußere und innere Einflüsse, welche die Gesundheit stören können. Diese disharmonierenden Einflüsse werden als pathogene, das heißt krank machende Faktoren beschrieben.
Es gibt Faktoren, die von außen einwirken und Faktoren, die von innen die Gesundheit des Tieres beeinflussen. Nach traditioneller Vorstellung dringen die klimatischen Einflüsse von außen in den Körper ein. Dies kann über den Mund, das Gesicht, die Nase oder die Haut sein, besonders bei einem Wechsel der Temperatur oder der Jahreszeiten. Für die dadurch entstehenden vielfältigen Symptome ist die Stärke des Immunsystems (Wei Qi) von Bedeutung. Die Beschwerden können sehr wechselhaft sein und von einem Faktor in einen anderen übergehen. Zum Beispiel gehen bei einer beginnenden Infektion Kältesymptome wie Frösteln, kalte Gliedmaßen, Blässe und Appetitlosigkeit bei einer zusätzlichen bakteriellen Infektion in innere Hitzesymptome über, die sich in Fieber, Schwitzen und großem Durst äußern.
Der Reiter kennt solche Abläufe bei Atemwegsinfektionen seines Pferdes. Häufig fällt zuerst eine gewisse Müdigkeit und Unlust bei der Arbeit auf. Die Pferde fressen schlecht und das Fell wirkt stumpf und aufgeplustert, dabei zittern sie schnell. Verschlechtert sich die Erkrankung, tritt Fieber auf, das Pferd fühlt sich warm an und schwitzt. Oft entstehen Kombinationen verschiedener Faktoren wie Wind, Feuchtigkeit und Kälte bei schmerzhaften Erkrankungen. Die äußeren Faktoren dringen in die Meridiane ein und führen zu Stagnation, Fülle oder Leere. Je weiter sie ins Innere des Körpers vordringen, umso mehr Schaden richten sie an. Die Therapie soll diese Faktoren ausleiten und das Pferd stärken, damit es sich gegen erneute krank machende Einflüsse wehren kann.
Die sechs äußeren pathogenen Faktoren, die eine Erkrankung auslösen können, sind:

- Wind
- Kälte
- Hitze
- Feuchtigkeit
- Trockenheit
- Sommerhitze

Einerseits sind damit tatsächlich klimatische Einflüsse gemeint wie Kälte im Winter. **Kälte** kann Energieblockaden im Meridiansystem verursachen und damit Schmerzen erzeugen und zu Lahmheiten führen. Anderseits erzeugt der pathogene Faktor **Hitze** beispielsweise fieberhafte, bakterielle Infektionen, bei denen der Körper Hitzesymptome zeigt wie Fieber, ein gerötetes Gesicht (beim Menschen), einen warmen Körper und Schwitzen.
Der pathogene Faktor **Wind** kann wandern, den Juckreiz am Körper auslösen oder zu Muskelverspannungen führen. Jeder weiß, dass Zugluft, wenn man am offenen Fenster sitzt, zu einem steifen Hals führen kann. Die chinesische Diagnose der verspannten Halsmuskulatur würde lauten: Angriff des äußeren pathogenen Faktors Wind.

Die TCM beschreibt immer die zu sehende Symptomatik. Eine gerötete Bindehautentzündung eines geschwollenen Auges ist ein Fülle- und Hitzezustand.
Im Kapitel der vitalen Substanzen wurde eine Form des Qi, das Wei Qi oder Abwehr-Qi, beschrieben. Die Aufgabe des Wei Qi beinhaltet die Körperabwehr gegen krank machende Einflüsse. Es zirkuliert nicht in den Meridianen, sondern unter der Haut. Seine Funktion ist mit der Aufgabe des Immunsystems vergleichbar. Trifft ein äußerer pathogener Faktor auf den Körper, kommt es zur Auseinandersetzung zwischen krank machendem Faktor und dem Abwehr-Qi. Ist das Wei Qi stark, kann es den pathogenen Faktor abwehren.
Jedes Organ im Meridiansystem reagiert auf bestimmte äußere pathogene Faktoren empfindlich. Die Leber reagiert empfindlich auf den pathogenen Faktor Wind, die Milz auf den pathogenen Faktor Nässe.
Ziel der Akupunktur ist das Ausleiten des pathogenen Faktors durch Nadeln bestimmter Akupunkturpunkte, die zum Beispiel Wind oder Hitze aus dem Körper entlassen.

Der äußere pathogene Faktor Wind

Wind hat einen aktiven Charakter, ist also ein Yang-Faktor und wird dem Frühling zugeordnet. Da er Yang-Charakter hat, attackiert er das Yin und das Blut (Xue). Er bewegt den Körper wie der Wind die Äste eines Baumes. Die Krankheitszeichen zeigen eine Wind-Symptomatik:

- Die Erkrankung tritt plötzlich auf, das entspricht dem Aufbrausen des Windes.
- Die Beschwerden können an verschiedenen Körperstellen auftreten. Das entspricht dem Richtungswechsel des Windes.
- Die Krankheit kommt und geht im Wechsel, das entspricht dem Wechsel zwischen Aufkommen und Abflauen des Windes.
- Es können Zittern, Krämpfe und Spasmen auftreten, die besonders den Oberkörper betreffen. Das entspricht der schüttelnden Bewegung, die der Wind in den Baumkronen hervorruft.
- Wind hat die Tendenz nach oben zu steigen.

Juckreiz, Bewegungseinschränkungen und neurologische Ausfälle werden als Folge des pathogenen Faktors Wind bezeichnet.
Ist das Immunsystem, das Wei Qi, nicht stärker als der angreifende pathogene Faktor Wind, kommt es zur Infektion der Atemwege. Eine Erkrankung der Atemwege ohne hohes Fieber, mit dünnem, weißlichem Ausfluss, ohne Schwitzen wird als äußerer pathogener Faktor Wind-Kälte bezeichnet.
Wind kann in die Muskulatur, Sehnen, Gelenkbänder und in die Knochen eindringen. Die Folge ist eine Gelenkentzündung. Typisch für eine Windproblematik ist das Auftreten an verschiedenen Gelenken oder wandernder Schmerzen. Wind ist häufig mit anderen pathogenen Faktoren wie Feuchtigkeit oder Kälte kombiniert. Im Meridiansystem ist die Leber besonders empfindlich gegen Wind.

Wind-Symptomatik

- Plötzliches Auftreten
- Wechselnder Ort
- Tendenz aufsteigend
- Auf- und Abflauen der Erkrankung

Der äußere pathogene Faktor Kälte

Kälte steht im Gegensatz zu Hitze und ist ein pathogener Faktor vom Yin-Typ. Er greift das Yang an und kann zu Yang-Mangel führen. Unter Kälte wird die Witterung verstanden, aber auch Klimaanlagen oder langer Aufenthalt im kalten Pferdehänger führen zum Angriff von Kälte. Kälte führt immer zu einer Verlangsamung des Qi-Flusses. Fließt Qi zu langsam, kommt es zu Stagnation oder Blockaden in den Meridianen. Dadurch treten Schmerzen und Bewegungseinschränkungen auf. Die Bewegungen werden steif und unelastisch. Chronische Gelenksveränderungen, wie beispielsweise Arthrose, können entstehen.

Ein gesundes Qi soll den Körper erwärmen. Durch Eindringen des pathogenen Faktors Kälte kann es seiner Funktion, der Erwärmung des Körpers, nicht mehr nachkommen. Kälteempfindlichkeit wie Frösteln und Schwächung des Abwehr-Qi ist die Folge. Ein schwaches Abwehr-Qi kann sich schlechter gegen weitere äußere pathogene Faktoren durchsetzen, damit nimmt die Infektionsanfälligkeit zu. Der Puls ist dann langsam und gespannt, die Zunge blass.

Im Meridiansystem ist die Lunge besonders empfindlich gegen Kälte.

Der äußere pathogene Faktor Feuchtigkeit

Feuchtigkeit symbolisiert Trägheit, Schwere und Starre und entspricht einem pathogenen Faktor vom Yin-Typ, der das Yang verbraucht. Ein feuchter Stall oder die Unterbringung auf einer nassen Weide können einen disharmonierenden Einfluss haben.

Wenn der Körper völlig durchnässt ist, wird er schwer. Feuchtigkeit hat die Tendenz nach unten zu sinken, während der Wind gerne nach oben steigt. Feuchtigkeit oder Nässe in Kombination mit Wind, Kälte oder Hitze sind für die Entstehung von Schmerzen und Gelenksschwellungen zuständig. Die Gelenke sind dann prall gefüllt mit angeschwollenem Gewebe drumherum und die Pferde bewegen sich langsam. Auch Hustenauswurf kann durch Nässe schmierig und klebrig werden. Feuchtigkeit und Nässe beeinflussen außerdem den Verdauungstrakt. Magen und Milz reagieren besonders empfindlich auf Feuchtigkeit. Es kann zu Durchfällen kommen.

Sammelt sich Feuchtigkeit im Körper, kann es aus Sicht der TCM zur Bildung von Schleim kommen. Dieser Schleim verfestigt sich und bildet Fettgeschwülste. Feuchtigkeit, welche die Haut angreift, führt zu feuchten, schlecht heilenden Hautveränderungen. Der Puls des

Kälte-Symptomatik

- Verlangsamung des Qi-Flusses
- Schmerz
- Frieren
- Geschwächtes Wei Qi
- Gelenksarthrose

Nässe-Symptomatik

- Absinkend
- Stagnation
- Geschwollene Beine und Gelenke
- Schleimbildend
- Verdauungsprobleme

Pferdes ist schlüpfrig, die Zunge klebrig und feucht. Im Meridiansystem ist die Milz besonders empfindlich gegen Feuchtigkeit und Nässe.

Der äußere pathogene Faktor Hitze

Hitze ist ebenso wie der Wind ein pathogener Faktor vom Yang-Typ, der Yin und Xue angreift. Der Hitzefaktor stellt sich in unterschiedlicher Stärke und Form dar – als Sommerhitze und Hitze. Sommerhitze tritt als äußerer krank machender Einfluss auf, der zum Hitzschlag oder Kreislaufzusammenbruch führt. In unseren gemäßigten klimatischen Lagen spielt dieser Faktor keine bedeutende Rolle.

Als Hitzefaktor werden Bakterien bezeichnet. Ein Pferd mit einer akuten Bronchitis, hohem Fieber und warmer Haut leidet unter dem Eindringen des pathogenen Faktors Hitze. Hitze-Symptome sind gekennzeichnet vom Verlangen nach Wasser. Eine Verbesserung tritt durch Kühlen ein, weil die Hitze abgeleitet wird. Außerdem meidet ein Tier mit Hitzesymptomen die Wärme. Deutlicher als das Pferde zeigen dies Hunde, die sich bei einer Hitzesymptomatik gern auf kühle Fliesen legen, obwohl der besorgte Besitzer eine Heizdecke ins Körbchen gelegt hat.

Hitze hat wie Wind aufsteigende Tendenz im Körper. Bei chronischem Verlauf entsteht nach traditioneller Vorstellung eine Schädigung des Herzens. Da das Herz den Geist kontrolliert, entstehen bei Herzdisharmonien psychische Probleme wie Schwindel, Bewusstseinsstörungen und Angstzustände. Der Puls ist schnell, die Zunge rot.

Der äußere pathogene Faktor Trockenheit

Trockenheit ist ein pathogener Faktor vom Yang-Typ. Damit verbraucht er Yin und Xue. Trockenheit kann in heißen, trockenen Gebieten ein klimatischer Faktor sein. In diesen Landstrichen wird Körperflüssigkeit schnell verbraucht und es entsteht ein Mangel, wenn nicht genug getrunken wird.

Gibt es zu wenig Körperflüssigkeiten, wird der Körper ungeschmeidig und trocken. Das zeigt sich in trockener, juckender Haut. Ebenso wie bei Hitze tritt Durst auf, es wird aber meist nur in kleinen Schlucken getrunken. Die Beweglichkeit der Gelenke lässt nach. Trockenheit kann alle Organe betreffen, vor allem Augen, Nase, Verdauungstrakt und Nieren. Die Lunge ist besonders empfindlich gegen Trockenheit. Es kann zu trockenem Husten, kombiniert mit Asthma und Allergien kommen.

Hitze-Symptomatik

- Großer Durst
- Fieber
- Rote Schleimhäute
- Kälte verbessert die Krankheitssymptome

Trockenheits-Symptomatik

- Trockene, juckende Haut
- Trockene Schleimhäute
- Durst
- Bewegungseinschränkungen

Innere emotionale Faktoren

Das System der fünf Wandlungsphasen ordnet den Yin- und Yang-Organen Gefühle und Verhaltensweisen zu. Deutliche Veränderungen der Gefühlsfaktoren werden als »innere« Ursache von Organstörungen gewertet. Das gilt auch für die Pferde. Zu viel Ärger beeinflusst die Leberfunktion und führt zu Muskelverspannungen. Zu viel Angst schwächt die Niere und macht infektionsanfällig. Überforderung beim Lernen der Lektionen belastet die Milz und es können Magengeschwüre entstehen.

Heute sind Akupunkturnadeln aus Stahl gebräuchlich. Diese werden vor dem Einsatz sterilisiert.

Verschiedene Akupunkturtechniken

Die Methoden und Techniken der Akupunktur haben Vorteile und Nachteile. Ausschlaggebend für eine erfolgreiche Therapie ist das Wissen über ihre Anwendung und die Erfahrung des Akupunkteurs. Jede Therapie ist so gut wie ihr Therapeut.

Akupunktur mit Nadeln

Akupunktur mit Gold- oder Silbernadeln war in China schon 202 v. Chr. bis 220 n. Chr. während der Han-Dynastie weit verbreitet. Heute verwendet man zur Akupunktur fast ausschließlich Nadeln aus Stahl.

Alle Akupunkturnadeln werden vor der Anwendung sterilisiert, das heißt keimfrei gemacht, um Infektionen an den Einstichstellen zu vermeiden.

Anstatt Akupunkturnadeln können auch Einmalkanülen verwendet werden. Diese sind jedoch starr und mit ihnen kommt es häufiger als mit elastischen Akupunkturnadeln zu Schmerzreaktionen. Außerdem haben Kanülen im Gegensatz zu Nadeln keine geschlossene Spitze, sondern eine kleine Öffnung, die beim Eindringen ein Hautstückchen herausstanzt, und dieses mit in die Tiefe des Gewebes nimmt. Daher ist diese Methode mit einem größeren Entzündungsrisiko verbunden. Diese Akupunkturnadeln gleiten zwischen den Hautschichten hindurch und üben einen geringeren Entzündungsreiz aus. Weitere Vorteile der Akupunkturnadeln sind ihre Elastizität und Geschmeidigkeit, mit der sie sich den Gewebeschichten anpassen, sodass sie keine Schmerzen verursachen, selbst wenn sich das Pferd während der Behandlung bewegt.

Körperakupunktur

Die meisten Tier-Akupunkteure verwenden handelsübliche Einmalnadeln für Menschen, da die Hautdicke der Tiere unwesentlich von der des Menschen abweicht.

Moxazigarren: Das Moxakraut besteht aus getrockneten Beifußblättern (Artemesia vulgaris).

Diese Nadeln werden nach einmaligem Gebrauch weggeworfen. Einmalnadeln haben den Vorteil, dass sie sehr scharf sind und sehr leicht durch die Haut gleiten. Der Pferdebesitzer ist oft erstaunt, wie friedlich sich sein Pferd bei der Akupunkturbehandlung verhält. Die Akupunkturnadeln sind zwischen einem und dreißig Zentimetern lang und von unterschiedlicher Dicke.

Viele Einmalnadeln haben einen Plastikgriff, der für eine Moxibustion nicht geeignet ist. Bei dieser Behandlungsform wird nach dem Setzen der Akupunkturnadel durch die Haut ein Stück Moxakraut auf den Nadelgriff gesetzt und angezündet. Bei dieser Form der Akupunktur wird dem Körper Energie zugeführt. In Asien wurden zur Akupunktur und zur Durchführung einer Moxibustion Nadeln aus Ganzmetall verwendet. Alle asiatischen Nadeln werden mit der Hand hergestellt und sind dementsprechend teuer. Da man sie für mehrere Behandlungen verwendet, müssen sie nach jeder Akupunktur erneut sterilisiert werden. Außerdem werden sie bei mehrmaliger Anwendung stumpf und müssen mit einem Schleifstein wieder geschärft werden. Ich arbeite ausgesprochen gerne mit dieser Art von Akupunkturnadeln.

Der Vorteil dieser Nadeln in der Pferdepraxis liegt in der Stabilität und Anpassung an Bewegungen des Patienten. Besonders im Rückenbereich kann die Nadel tief in die Muskulatur eingeführt werden. Jeder Akupunkteur bevorzugt seine Art von Nadeln.

In China werden zur blutigen Akupunktur, einer Methode, bei der man an bestimmten Punkten kleine Gefäße bluten lässt, Dreikantnadeln verwendet. Diese werden sehr schnell und nur ganz kurz in den Punkt gestochen. Durch die dreikantigen Spitzen der Nadeln, blutet der Punkt anschließend. Ein Beispiel für die Anwendung einer blutigen Akupunk-

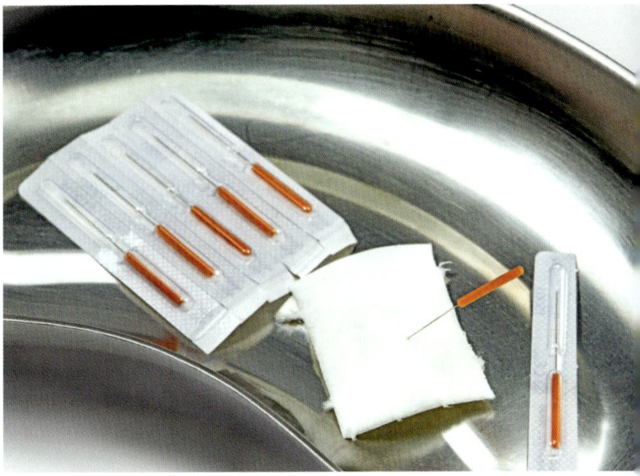

Steril verpackte Einmalnadeln.

tur ist die Rehe-Erkrankung eines Pferdes. Bei dieser Krankheit kommt es zu Entzündungsabläufen im Huf mit Blutstauung. Der Akupunkteur lässt Punkte über dem Kronsaum bluten, um einen Abfluss für das gestaute Blut zu geben. Für diese Art der Akupunktur ist es heutzutage vorteilhafter, mit sterilen, dickeren Kanülen zu arbeiten. Mit deren scharfen Ende wird der Akupunkturpunkt angeritzt und kann so bluten.

De-Qi-Gefühl

Beim Einführen der Akupunkturnadel durch die Haut in tiefere Gewebsschichten entsteht ein Empfinden, das von Menschen als Kribbeln, Hitze- oder Kältegefühl, Druck-, Taubheits- oder Schweregefühl, aber auch als ein elektrischer Schlag beschrieben wird. Häufig zieht sich dieses Nadelgefühl an einem Meridianverlauf entlang. Dieses als De-Qi-Sensation (De-Qi-Gefühl) bezeichnete Gefühl zeigt dem Akupunkteur, dass seine Akupunkturnadel am richtigen Ort und in der richtigen Tiefe liegt. Stimuliert der Akupunkteur den Akupunkturpunkt durch Heben und Senken oder Drehen der Nadel, kann er das De-Qi-Gefühl erneut auslösen. Das Pferd kann dieses Gefühl nicht beschreiben, aber es reagiert oft mit einer plötzlich nicht zu übersehenden Entspannung nach dem Setzen der Nadel.

Moxibustion

Bei der Moxibustion werden Akupunkturpunkte durch Abbrennen von getrockneten Blättern der Pflanze *Artemisia vulgaris* (Beifuß) angewärmt. Die Moxibustion hat wie die Akupunktur eine jahrtausendealte Tradition. Beim Pferd wird auf den Griff der Akupunkturnadel ein Stück Moxarolle gesteckt und angezündet. Die Hauptanwendungsgebiete der Moxibustion sind chronische Erkrankungen, sogenannte Yin-Erkrankungen, zum Beispiel chronische Bronchitis, chronischer Durchfall, Schwächezustände und Erschöpfungsreaktionen sowie Kältegefühl im Körper.

Die TCM beschreibt Schwächeerkrankungen, die durch eine Schwäche der Lebensenergie Qi gekennzeichnet sind, als Leere-Erkrankungen. Das Anzünden des Moxakrauts führt dem Körper Energie zu.

Moxibustion darf nicht bei Fülle- und Hitzesymptomen angewendet werden, dazu gehören Erkrankungen wie Fieber, akute Infektionen, Blutungen und akute Entzündungen.

Ohrakupunktur

Dr. Paul Nogier aus Lyon steht ohne Zweifel der Verdienst zu, die heutige Form der Ohrakupunktur gegründet zu haben. Er stellte bei einigen seiner Patienten Narben im oberen Ohrbereich fest. Alle diese Patienten hatten an medizinisch nicht beeinflussbaren Rückenschmerzen und Ischialgien gelitten. Deshalb hatten sie bei medizinischen Außenseitern Hilfe gesucht und waren durch Kleinstverbrennungen am Ohr geheilt worden. Nogier ersetzte das Glüheisen durch Nadeln und erarbeitete die Grundlage der Ohrakupunktur. 1957 gelangten seine Arbeiten nach China und wurden dort mit Begeisterung aufgenommen. Man erinnerte sich an das alte, vergessene Wissen und konnte interessante Ergänzungen zu Nogiers Arbeiten anbieten. Der gesamte Körper kann auf der Innenfläche des Ohres als sogenanntes Mikrosystem wiedergefunden werden.

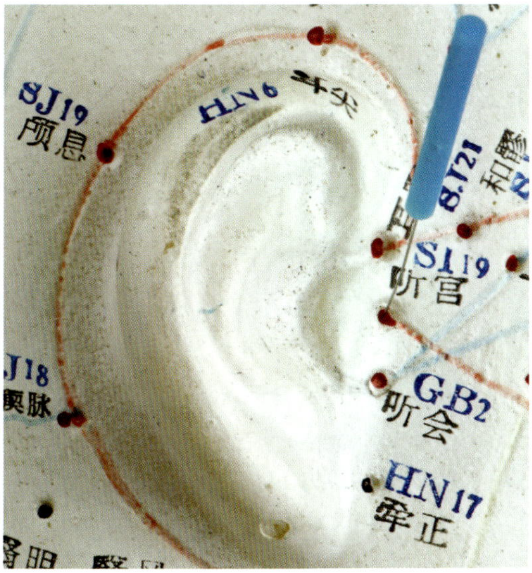

Zu Lehrzwecken werden gekennzeichnete Modelle eingesetzt.

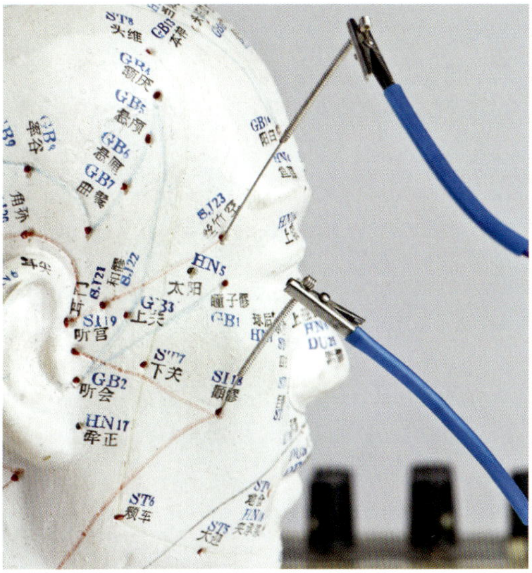

Demonstration der Elektroakupunktur.

Normalerweise zeigt das Ohr keine Akupunkturpunkte an. Erst wenn ein Organ gestört ist oder ein Schmerzgeschehen entsteht, reagieren bestimmte Punkte im Ohr. Diese sind druckempfindlich und weisen einen verminderten elektrischen Hautwiderstand auf. Da das Innenohr nicht behaart ist, kann auch beim Pferd der Punkt mit einem Punktsuchgerät gefunden werden. Dadurch kann das Ohr zur Diagnose und zur Therapie verwendet werden.
Die Ohrakupunktur ist eine sehr wirksame Akupunkturmethode. Sie kann allein oder in Kombination mit der Körperakupunktur angewendet werden.
Bei der Ohrakupunktur werden sehr kurze und dünne Nadeln genutzt. Diese sind am Griff mit einem Pflaster verbunden, dadurch kann die Nadel als Langzeitakupunkturnadel für mehrere Tage am Ohr verbleiben.

Elektropunktur und Elektroakupunktur
Die Elektropunktur wirkt über dosierte, elektrische Impulse auf die Akupunkturpunkte ein. Diese Impulse werden über elektrische Griffel, Elektroden oder sogenannte Rollen vermittelt. Die Elektroakupunktur gibt die elektrische Reizung von Akupunkturpunkten über eingestochene Nadeln weiter. Sie wird in der Abkürzung als EAP bezeichnet. Diese Art der Akupunkturanwendung fand relativ schnell Eingang in die Akupunkturanalgesie, das heißt Schmerzausschaltung.
Zu dieser Art der Schmerztherapie gehört die Anwendung des TENS- bzw. PuTENS-Geräts, das vielen Reitern aus der Rückentherapie ihrer Pferde bekannt ist. TENS bedeutet **T**ranscutane **E**lektrische **N**ervenstimulation bzw. **Pu**nktförmige **T**ranskutane **E**lektrische **N**ervenstimulation. Das TENS-Gerät kann der Besitzer zu Hause anwenden, sollte aber in Verbindung

Akupunkturnadeln für Pferde sind unterschiedlich lang. Sie werden danach ausgewählt, welcher Punkt am Körper stimuliert werden soll.

mit einem Tierarzt oder Akupunkteur verbleiben, der überprüft, wie das Gerät auf lange Sicht eingesetzt werden soll.

Die angelegten Elektroden beeinflussen die Sehnen- und Muskelspindeln direkt. Niedrige Reizstärken tonisieren die Muskulatur und lösen Muskelkontraktionen (Muskelbewegungen) aus. Hohe Reizstärken beruhigen und entspannen die Muskulatur.

Elektroakupunktur und Nadelakupunktur im Vergleich

Die Akupunktur ebenso wie die Elektroakupunktur führen einerseits zu einer verbesserten Durchblutung im Muskel, anderseits über die gezielte Beeinflussung von Reflexketten über die Muskel- und Sehnenspindeln zu einer Normalisierung des Muskeltonus. Das Pferd beginnt seine verkrampfte Muskulatur zu entspannen, wird schmerzfrei und kann wieder über den Rücken arbeiten.

Im Gegensatz zur Elektroakupunktur, die eine reine Schmerztherapie ist, wird die Akupunktur auch bei inneren Erkrankungen eingesetzt.

Injektionsakupunktur

Diese Form der Beeinflussung von Akupunkturpunkten wurde zu Beginn der 1990er-Jahre häufig angewendet. In den Akupunkturpunkt wird dabei ein Arzneimittel gespritzt. Als Injektionslösung können sowohl homöopathische Mittel als auch physiologische Kochsalzlösungen verwendet werden. Die Injektion soll die Akupunkturwirkung verstärken. Dabei ist aber auf die Wirkung der verschiedenen Akupunkturpunkte zu achten. Diese sollte der Wirkungsweise des hömöopatischen Mittels nicht widersprechen. Außerdem kann es mit der Kanüle, wie schon beschrieben, zu einem größeren Entzündungsreiz kommen. Außerdem können diese Injektionskanülen abbrechen, wenn das Pferd unruhig wird.

Laserakupunktur

Der Laser wird zur Behandlung von Akupunkturpunkten am Körper und an den Ohren eingesetzt. Im Handel sind Laserbestrahlungen in Form von Laserduschen zur Behandlung breitflächiger Hautareale erhältlich. Für die Einzelpunktbehandlung gibt es einstrahlige Lasergeräte in unterschiedlichen Frequenzen. Laser bedeutet: ***L**ight **A**mplification by **S**timulated **E**mission of **R**adiation.*

Die Anwendung der Laserstrahlen auf Akupunkturpunkte hat positiven Einfluss auf kranke und gestörte Zellen. Der Laser wird zur Schmerzreduzierung und zur Verbesserung der Wundheilung eingesetzt. Speziell in der Wundheilung werden sehr gute Erfolge verzeichnet.

Der Vorteil des Lasers ist die völlig schmerzlose Anwendung. Bei empfindlichen Tieren oder am Kopf- und im Ohrbereich kann der Laser mühelos eingesetzt werden. Nachteilig sind die häufigeren Behandlungen, da der Laser nicht so intensiv wie die Akupunkturnadeln wirkt.

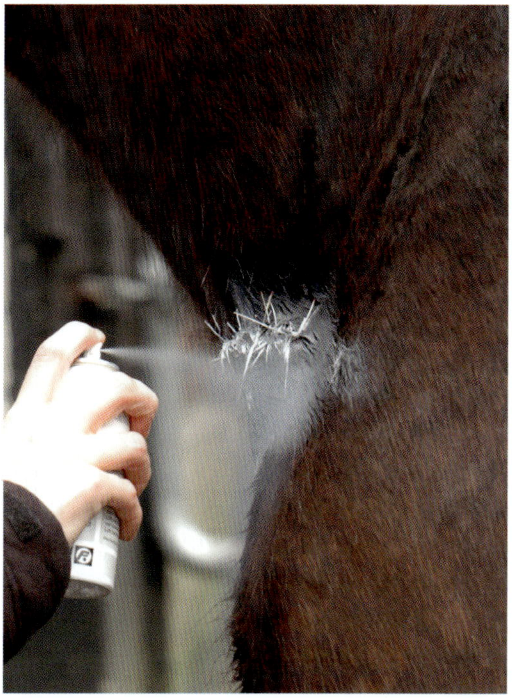

Bei Wunden und Verletzungen kann die Laserakupunktur nach der tierärztlichen Notfallversorgung zur Unterstützung der Wundheilung und Schmerzreduzierung eingesetzt werden.

Die Laserakupunktur hat positiven Einfluss auf kranke und gestörte Zellen.

DIE FÜNF PFERDETYPEN NACH DER TRADITIONELLEN CHINESISCHEN MEDIZIN

3

Verschiedene Typen

Ziel der TCM ist, eine Erkrankung so früh wie möglich zu erkennen. Schon kleine Disharmonien sollten behoben werden, wobei besonders Verhaltensänderungen ernst zu nehmen sind, da sie auf ein beginnendes Problem hinweisen. Die Zuordnung von Gefühlen zu den Wandlungsphasen lässt Disharmonien leicht erkennen. Wie Menschen können auch Pferde ihrem Typ entsprechend nach den fünf Wandlungsphasen eingeteilt werden (siehe Kasten). Die Bestimmung des Konstitutionstyps bedeutet nicht, dass ein Pferd krank ist, sondern ermöglicht eine Zuordnung zu einer Wandlungsphase.

Ein Beispiel: Jeder Reiter weiß, wie unterschiedlich die Pferde beim Ausritt im Wald auf einen unbekannten Gegenstand reagieren. Da gibt es den Ängstlichen, der sofort kehrtmacht, den Zornigen, der nicht einsieht, dass er die Reiterhilfen annehmen muss und sich gegen den Reiter wehrt oder den Gemütlichen, der langsam ohne Aufregung an allem Neuen vorbeigeht.

Dieses individuelle Verhalten lässt Rückschlüsse auf die zugehörige Wandlungsphase zu. Dadurch werden Schwächen, aber auch Stärken des einzelnen Tieres erkannt. Zum Beispiel ist ein im Gan- oder Leber-Typ stehendes Pferd besonders im Frühjahr anfällig für Infektionen, während ein Shen- oder Nieren-Typ eher in der kalten Jahreszeit erkrankt.

Der Pferdetyp wird aber nicht nur durch das Verhalten, sondern auch durch seinen Körperbau und sein Zungenverhalten charakterisiert. Jeder Pferdebesitzer kennt einzelne Pferde, die sich ohne Probleme die Zunge aus dem Maul ziehen lassen und das Spielen mit der Zunge als angenehm empfinden. Meistens ist diese Zunge relativ groß, weich und feucht mit viel Speichel. Häufig haben diese Pferde ein großes weiches Maul mit langer Maulspalte und leicht herunterhängender Unterlippe. Andere Pferde wehren sich mit aller Macht, sobald man versucht ihnen das Maul zu öffnen und die Zunge zu ergreifen. Die Zunge ist klein und fest und schlüpft sofort aus der Hand.

Auch die Beschaffenheit von Gelenken, Hufen und Muskulatur ist von Typ zu Typ verschieden. Wichtig ist, alle Merkmale zu registrieren und anschließend in die Beurteilung einfließen zu lassen.

Die ersten drei Typen sind auch für Laien gut zu erkennen. Für den Herz- und Lungen-Typ ist die Pulsdiagnose wichtig. Eine Typbestimmung kann durch einen erfahrenen Akupunkteur durchgeführt werden. Die Pferdetypen sind häufig vollständig einer Wandlungsphase zugehörig, können aber auch kombiniert auftreten. Ein Leber-Typ kann zum Beispiel auch eine Milzkomponente aufweisen.

Die Zugehörigkeit zu bestimmten Pferdetypen ist unabhängig von der Rasse. Ein gemütlicher Pi-Typ oder ein ängstlicher Shen-Typ tritt ebenso beim Kaltblüter wie beim Shetlandpony auf.

Buchtipp:
Die fünf Pferdetypen in der Traditionellen Chinesischen Medizin
Dr. Ina Gösmeier, 2019
Für ausführlichere Informationen und Anwendungsmöglichkeiten.

Der ängstliche Shen-Typ ordnet sich schnell unter und folgt in der Herde gerne einem dominaten Pferd.

Der Shen- oder Nieren-Typ

Der Shen-Typ wird der Wandlungsphase Wasser zugeordnet. Er ist sensibel und ängstlich, alles Neue verunsichert ihn und wird oft mit aufgeregtem Schnauben und nachfolgender Fluchtreaktion quittiert. Veränderungen in seinem gewohnten Umfeld, etwa ein Blumentopf in der Reithalle oder ein neu gestrichenes Tor am Hofausgang, führen zu großer Aufregung und erscheinen als unüberwindliche Hindernisse.

Diese Pferde suchen eine Anlehnung und folgen lieber einem ruhigen Führpferd durchs Gelände Durch Erfolgserlebnisse wird der Shen-Typ selbstsicherer und lässt sich besser reiten und ausbilden. Deshalb muss das Selbstbewusstsein dieses Typs durch lobende und beruhigende Worte unterstützt und aufgebaut werden.

Die Lernbereitschaft ist ausgeprägt, aber häufig mit Übereifer kombiniert. Alle Lektionen werden schnell begriffen, aber der Shen-Typ neigt dazu das Gelernte durcheinanderzubringen. Er ahnt voraus, welche Anforderung als Nächstes kommt und führt die Lektion aus, bevor die korrekte Hilfengebung kommt. Nur geduldiges Wiederholen lässt ihn ruhiger und gelassener werden. Maulschwierigkeiten während des Reiten, hervorgerufen durch Schmerzen beim Zahnwechsel, finden sich häufig bei diesem Typ.

Ebenso wie beim Menschen hat die Psyche beim Pferd einen großen Einfluss auf das Immunsystem. Wird der eher ängstliche Shen-Typ körperlich und psychisch überfordert, treten Erkrankungen auf.

Pferde im Shen-Typ frieren schnell. Dabei springen sie nicht herum, um sich zu wärmen, sondern bleiben stehen und zittern. Im Winter zeigt sich eine Anfälligkeit für Infektionserkrankungen der Atemwege. Werden diese nicht ausreichend beachtet und therapiert,

Der schüchterne Shen-Typ versteckt sich gerne zwischen seinen Weidekollegen.

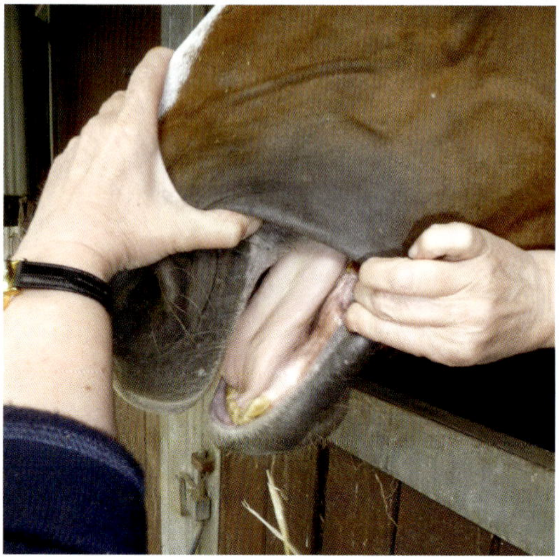

Helle, blasse Schleimhäute und eine kleine Zunge sind typisch für den Shen-Typ.

neigt der Shen-Typ zu chronischen Erkrankungen mit rezidivierendem Verlauf, das heißt er wird jeden Winter wieder krank.

In einer Herde verträgt sich der Shen-Typ sehr gut mit anderen Pferden, da er sich leicht ein- bzw. unterordnet. Wird der Stall oder die Herde gewechselt, muss aufmerksam beobachtet werden, wie das Pferd in der neuen Herde zurechtkommt, da er leicht unterdrückt und drangsaliert werden kann. Jährlinge oder Zweijährige, die im Shen-Typ stehen und in einer Herde unterdrückt werden, erkranken häufiger, dadurch werden die Weichen für später auftretende Gesundheitsprobleme gestellt. Die These: »Der soll sich da mal durchbeißen, das tut ihm nur gut!« gilt niemals für einen Shen-Typ, der immer gestärkt werden muss.

Die Pferde haben relativ helle Schleimhäute und eine kleine, feste Zunge, die sich nicht einfach fassen lässt. Das Maul ist häufig schmal und klein und die Maulspalte kurz. Die Stimme ist nicht großvolumig, sondern erinnert an das Wiehern eines Fohlens.

Der Shen-Typ ist ausgesprochen kontaktfreudig und auf den Menschen bezogen. Wenn er Vertrauen gefasst hat, begrüßt er seinen Reiter mit freudigem Wiehern.

In einer für ihn sicheren Umgebung und mit einem Reiter, der ihm Selbstvertrauen gibt und auf seinen Übereifer eingeht, kann der Shen-Typ jede Leistung erbringen.

Der Shen-Typ

- Wandlungsphase Wasser
- Kleine Zunge, helle Schleimhäute
- Schwacher Puls
- Ordnet sich in der Herde unter
- Ängstlich
- Übereifrig

Der schöne Leber-Gan-Typ präsentiert sich ausdrucksstark und mutig.

Der Gan- oder Leber-Typ

Der Gan-Typ wird der Wandlungsphase Holz zugeordnet. Diese Pferde sind dominant. Sie sind mutig und unerschrocken, aber sie können sich sehr ärgern.

Ein altes Sprichwort sagt: »Mir ist eine Laus über die Leber gelaufen« oder »Mir steigt die Galle hoch«. Diese Beschreibung des zornigen Charakters, den wir auch beim Menschen finden, kennzeichnet den Gan-Typ. Pferde, die diesem Typ zugehören, sind ausgesprochen leistungsfähig. Im Gegensatz zum ängstlichen, schwachen Shen-Typ ist der Gan-Typ nicht schwach, sondern stark. Er muss weniger gefördert, sondern eher ausgeglichen werden.

Der Umgang mit diesen Pferden erfordert viel Geduld und Geschick seitens des Reiters. Einerseits muss der Gan-Typ lernen, sich unterzuordnen, um die reiterliche Hilfengebung zu verstehen und zu akzeptieren und Leistung zu erbringen. Anderseits wird er auf unberechtigtes, zu hartes oder inkonsequentes Strafen mit ausgeprägter Widersetzlichkeit reagieren. Nach der Vorstellung der chinesischen Lehre ist das Ärgern Ursache für das Entstehen eines Gan- oder Leber-Qi-Staus. Dadurch entstehen Muskelverspannungen, die sich beim Pferd in Rücken- und Halsverspannungen ausdrücken. Der Gan-Typ baut schon einen erhöhten Muskeltonus auf, wenn er 24 Stunden neben einem Boxennachbarn steht, den er nicht leiden mag. Stuten sind davon am stärksten betroffen. Deshalb muss auf eine ausgleichende Umgebung geachtet werden. Aufgrund des schnell erhöhten Muskeltonus und einer empfindlichen Haut entsteht häufig eine Empfindlichkeit beim Satteln und Gurten.

Da der Gan-Typ zur Wandlungphase Holz gehört, sind diese Pferde nach dem chinesischen Medizinverständnis anfällig für so genannte Wind-Erkrankungen, das bedeutet anfällig für virale Infektionen im Frühjahr. Typisch sind auch einseitige Bindehautentzündungen der Augen.

Der Leber-Gan-Typ: ärgerlich in Disharmonie.

Schleimhäute und Zunge sind rot und fest.

In einer Herde nimmt ein Gan-Typ immer eine dominante Stellung ein. Wird die Führungsposition nicht ohne Weiteres anerkannt, zum Beispiel in einer neuen Herde, kommt es zu heftigen Rangstreitigkeiten, die zu Verletzungen führen können.

Diese Pferde haben relativ rote Schleimhäute. Die Zunge ist fest und wird nicht aus Angst, sondern aus Ärger dem Untersuchenden entzogen. Sie halten die Maulspalte häufig fest geschlossen und angespannt mit vielen, kleinen Falten. Der Puls ist drahtig und gespannt. Der Gan-Typ kann hervorragende Leistungen bringen, wenn seiner Dominanz und Stärke Rechnung getragen wird. Da er meistens ein außerordentlich gutes Gedächtnis besitzt, merkt er sich unangenehme Situationen sehr lange und widersetzt sich schon früh. Gan-Typen registrieren Fehler ihres Reiters ausgesprochen schnell und nutzen sie aus. Wichtig ist eine konsequente und gerechte Erziehung.

Der Gan-Typ

- Wandlungsphase Holz
- Rote Schleimhäute
- Drahtiger, gespannter Puls
- Neigt zu Muskelverspannungen
- Dominant in der Herde
- Leistungsfähig
- Ärgerlich
- Nutzt Reiterfehler aus

Der Pi-Typ ist gelassen und freundlich.

Der Pi- oder Milz-Typ

Der Pi-Typ gehört zur Wandlungsphase Erde. Ihn bringt so schnell nichts aus der Ruhe. Obwohl er Leistung bringen kann, zieht er ein Leben ohne Anstrengung vor. Sein Appetit ist ausgeprägt, dabei neigt er als guter Futterverwerter zu Übergewicht. Er ist ein Verlasspferd, welches hervorragend für Anfänger geeignet ist. Sobald der Reiter die treibenden Hilfen einstellt, wird der Pi-Typ langsamer oder hält an. Zu Beginn der Reitstunde ist dieser Typ häufig faul und triebig. Er wird erst fleißiger, nachdem er warm geworden ist.

Die Ausgeglichenheit dieser Pferde wird oft mit Sturheit und Unsensibilität verwechselt. Viele Reiter tendieren dazu, mit solchen Pferden grob umzugehen und übersehen dabei die Vorteile dieses Typs.

Der Pi-Typ lernt sehr langsam, aber wenn er eine Lektion verstanden hat, ist sie jederzeit abrufbar. Im Gegensatz zum Gan-Typ, der sich je nach Tagesform verspannt und nicht mitmacht, wird der Pi-Typ die geforderte Lektion zeigen. Diese Ausgeglichenheit des Milz-Typs schlägt bei körperlicher und geistiger Überanstrengung in ausgesprochene Trägheit und Phlegma um.

Werden neue Lektionen zu schnell gefordert oder ist der Milz-Typ von seinem Ausbildungsstand her körperlich noch zu schwach für die Tragearbeit der Hinterhand, wehrt sich der Pi-Typ nicht gegen den Reiter, sondern zieht sich nach innen zurück und reagiert auf reiterliche Hilfen immer langsamer.

Muskulatur und Bindegewebe dieser Pferde sind weich. Es besteht die Neigung zu ödematösen Beinen ohne Lahmheit. In der TCM hält die Milz die Dinge an ihrem Platz und sorgt für den Flüssigkeitstransport im Körper. Kommt sie dieser Aufgabe nicht nach, tritt Flüssigkeit ins Bindegewebe und es kommt zu den angelaufenen Beinen.

Der Pi-Typ ist ein Freund fürs Leben.

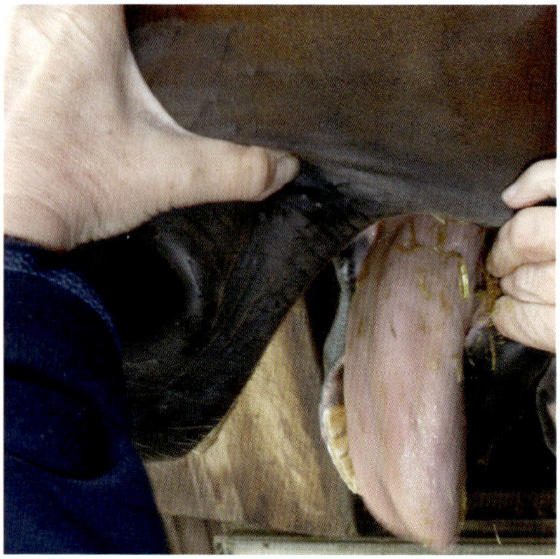

Die Zunge des Pi-Typs: groß, weich und schlapp.

Durch Bewegung in der Koppel oder beim Reiten schwellen die Gliedmaßen ab, sind aber am nächsten Tag erneut angelaufen.
In der Herde steht der Pi-Typ weder ganz oben noch ganz unten. Er streitet sich nicht fortwährend um soziale Rangordnungen, sondern findet meist einen Kumpel, mit dem er zusammen zufrieden grast. Wird er geärgert, wehrt er sich im Gegensatz zu Shen-Typ vehement, wird aber sofort wieder friedlich, wenn er in Ruhe gelassen wird.
Das Maul des Pi-Typs ist groß, weich und weist häufig eine hängende Unterlippe auf. Die Schleimhäute sind rosarot und mit viel Speichel überzogen. Die Zunge ist groß, weich und schlapp. Sie lässt sich ohne Probleme aus dem Maul ziehen und festhalten. Kennt der Pi-Typ dieses Vorgehen, wird es ihm angenehm sein und er lässt gerne mit der Zunge spielen. Der Milz-Typ ist ein freundliches, liebenswertes Pferd, das einem ängstlichen Reiter Sicherheit gibt und Freude bereitet.
Wird im Training auf die Langsamkeit des Milz-Typs Rücksicht genommen und durch verständnisvolles Aufbautraining die Kraftentwicklung unterstützt, wird der Pi-Typ zum ausgesprochenen Verlasspferd im Turniersport.

Der Pi-Typ

- Wandlungsphase Erde
- Hängende Unterlippe
- Weiche Zunge
- Langsamer, voller Puls
- Neigt zu angelaufenen Beinen
- Verlasspferd
- Ausgeglichen
- Zu Beginn der Arbeit faul
- Lernt langsam

Der Xin-Typ ist eher ein Einzelgänger und schließt Freundschaft ausschließlich mit einem Pferd.

Der Xin- oder Herz-Typ

Der Xin-Typ wird der Wandlungsphase Feuer zugeordnet. Dieser Typ kann im Umgang ruhig oder sogar robust wirken.

Im chinesischen Medizinverständnis steht für das Herz die Gefühlsbewegung Freude. Es gibt Xin-Typen, die ausgesprochen kernig und ausgelassen sind. Im Gegensatz zum Gan-Typ, der aus Ärger bockt, lassen diese Pferde ihre Freude an der Bewegung durch Ausgelassenheit und Clownerie heraus. Diese positive Form des Xin-Typs findet sich bei unseren Pferden aber seltener.

Häufig zeichnet sich der normalerweise ruhige Herz-Typ durch plötzlich auftretende Erregungszustände aus, die sich bis zur Hysterie steigern können. Diese Aufregung kann sich dermaßen anfeuern, dass der Xin-Typ regelrecht kopflos wird und nicht mehr auf seine und die Unversehrtheit seines Besitzers achtet und es zu Verletzungen kommen kann.

Ein Herz-Typ wird manchmal mit einem Shen-Typ verwechselt. Aber der Shen-Typ ist generell ängstlich und lässt sich durch beruhigende Worte beeinflussen. Durch Aufbau seines Selbstbewusstseins wird der Shen-Typ immer gelassener, während der Xin-Typ im Normalzustand nicht ängstlich, sondern sogar unsensibel sein kann.

Xin, das Herz, ist nach dem chinesischen Medizinverständnis der Sitz von Geist und Verstand. Kann das Herz den Geist nicht kontrollieren, kommt es zum Beispiel zu epileptischen Anfällen, die über den Herz-Meridian behandelt werden. Xin kontrolliert nicht nur den Geist, sondern auch das Schwitzen. Xin-Typen neigen zum Nachschwitzen. Sie trocknen während des abschließenden Schrittreitens und Absattelns, beginnen aber in der Box wieder zu schwitzen. Schwitzt ein Pferd nach, ist dies immer ein Anzeichen für eine Imbalance und es sollte eine Akupunktur angewendet werden.

Der Xin-Typ schwitzt oft nach.

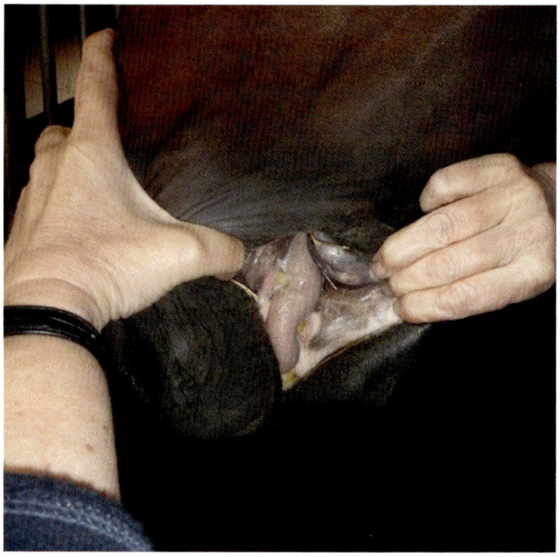

Die Zunge des Xin-Typ schimmert bläulich.

Xin-Typen regen sich über völlig unvorhersehbare Dinge auf. Heute ist es eine Wasserpfütze, morgen die offene Hallentür, übermorgen das Verladen auf den Hänger. Dabei werden sie nicht ärgerlich wie der Gan-Typ, der jeden Tag über die Hallentür genervt ist, aber sie lassen sich auch nicht beruhigen wie der Shen-Typ. Negative Erfahrungen, zum Beispiel beim Hängerfahren, führen beim Xin-Typ schnell zu Panikreaktionen.

Herz-Typen brauchen viel Zuwendung und Erziehungstraining im Normalzustand, damit sie sich in der Erregung an diese erinnern. Je mehr neue Situationen sie ohne Aufregung kennenlernen, umso gelassener und ruhiger werden sie.

In der Herde sucht sich der Herz-Typ meistens einen Partner, an dem er dann später besonders hängt.

Diese Pferdetypen haben einen bläulichen Schimmer auf ihrer Schleimhaut und ihr Puls ist flutend.

Herz-Typen stellen für viele Besitzer aufgrund ihrer Unberechenbarkeit eine Herausforderung dar. Einerseits ist ihr Pferd lieb und freundlich, anderseits spielt es verrückt. Nur durch einen liebevollen Umgang, durch eine konsequente Erziehung in den Ruhephasen und ruhige Konfrontation mit neuen Dingen, kann der Xin-Typ an Gelassenheit und Ausgeglichenheit gewinnen.

Der Xin-Typ

- Wandlungsphase Feuer
- In der Herde hängt er besonders an einem Pferd
- Erregbar, neigt zur Panik
- Bläuliche Zunge
- Flutender Puls

In Vielseitigkeitsprüfungen wird die Klugheit und Übersicht des Lungen-Typs sehr geschätzt.

Der Fei- oder Lungen-Typ

Der Fei-Typ wird der Wandlungsphase Metall zugeordnet. Diese Pferde zeichnen sich durch ein ausgeglichenes, arbeitsfreudiges Temperament aus.

Besonders auffällig ist ihre Übersicht in allen ihren Reaktionen. Im Gegensatz zu dem ängstlichen Shen-Typ, dem ärgerlichen Gan-Typ und dem überschäumenden Xin-Typ neigen sie nicht zu Übertreibungen. Sie kommen jeden Tag aufmerksam aus ihrer Box und arbeiten konsequent mit.

Neuem gegenüber verhält sich der Lungen-Typ vorsichtig. Er reagiert aber nicht ängstlich, sondern selbstsicher.

Der Fei-Typ ist ein eher unauffälliges Pferd und wirkt vom Körperbau selten als Showman, wie häufig der Gan-Typ. Der Körperbau des Lungen-Typs ist durch Trockenheit geprägt. Trockene, klare Gelenke, ruhige Augen, wenig Muskulatur.

Der Fei-Typ gewinnt in der Arbeit und durch seine zuverlässige Arbeitsbereitschaft. Da er mitmacht und versucht sein Bestes zu geben, kann er ständiges Unterordnen schlecht vertragen. Wird er überfordert, zeigt er das weniger im Nachlassen der Mitarbeit als in körperlichen Erscheinungen wie Haut- und Lungenproblemen.

Dabei sind die Hauterkrankungen oft trocken und schuppig mit Haarausfall.

Die traditionelle chinesische Lehre betrachtete die Lunge als Platz der **Körperseele** (Po). Diese wird durch Emotionen wie Trauer oder Kummer beeinflusst. Treten solche Gefühle auf, wird die Körperseele beengt. Das Lungen-Qi wird geschädigt und die Atmung behindert.

Pferde im Fei-Typ neigen zu oberflächlicher und kurzer Atmung. Lungenerkrankungen treten bei ihnen gepaart mit trockenem Husten oder Atemnot auf.

Der Fei-Typ ist sanftmütig

... und immer leistungsbereit.

Fei-Typen ordnen sich in der Herde ein. Ein Herdenwechsel ist für sie im Allgemeinen kein größeres Problem, im Gegensatz zum Shen-Typ. Meistens finden sie sich in der neuen Umgebung schnell zurecht. Auch hier zeigt sich ihre Klugheit und Übersicht.

Die Schleimhäute der Lungen-Typen sind weißlich-rosa und tendieren zur Trockenheit. Die Zunge lässt sich leicht aus dem Maul hervorholen, aber im Gegensatz zum Pi-Typ, der die Zunge dem Anfassenden immer gerne überlässt, ist der Fei-Typ froh, die Zunge wieder zurücknehmen zu können.

Der Fei-Typ ist ein sachliches, kontaktfreudiges Pferd. Um Leistung über lange Zeit erbringen zu können, muss er körperlich langsam aufgebaut werden. Besonderer Wert ist auf die Ausbildung und Stärkung der Muskulatur zu legen. Erkennt der Reiter die Leistungsbereitschaft und die Klugheit seines Fei-Typs an und lobt ihn entsprechend, kann er sich keinen besseren Partner wünschen.

Der Fei-Typ

- Wandlungsphase Metall
- Trockene Schleimhäute
- Oberflächlicher Puls
- Hohe Leistungsbereitschaft
- Klug

Mischtypen

Nur wenige Pferde repräsentieren einen der beschrieben Typen zu 100 Prozent. Die meisten Pferde sind Mischtypen. Dies erschwert es dem Laien in der Praxis, sein Pferd sicher zuzuordnen.

Ein Beispiel: Eine häufig vorkommende Typenkombination ist ein Milz-Nieren-Typ. Die harmonische Typenkombination von Niere und Milz lässt immer gute Rittigkeit entstehen, da die Eifrigkeit und Arbeitsfreude des Nieren-Shen-Typs durch die Gemütlichkeit und Angstfreiheit des Milz-Pi-Typs eine optimale Verbindung darstellt.

Diese Pferde wirken oft mutig, da sie auch auf dem Turnier und im Gelände, wenn sie in Harmonie sind, keine Angst zeigen.

Für den Reiter ist es von Vorteil, dass sie die Dominanz, die sich beim Leber-Gan-Typ zeigen kann, niemals entwickeln. Unsicherheiten können nach dramatischen Situationen wie Unfällen entstehen.

Ein reiner Milz-Pi-Typ würde dadurch keine Angstzustände entwickeln. Bei dem Mischtyp können in Extremsituationen die negativen Seiten eines Typs vorherrschen, nach einem traumatischen Ereignis zum Beispiel die Ängstlichkeit des Nieren-Shen-Typs. Um solche Verhaltensauffälligkeiten einordnen zu können und das Pferd dabei zu unterstützen, zu einem harmonischen Zustand zurückzukehren, ist das Bestimmen des Typs außerordentlich wichtig.

Ist der Pferdetyp für den Reiter oder Pferdebesitzer nicht eindeutig zu erkennen, ist die Pulsdiagnose ausschlaggebend. Diese kann ein Tierarzt durchführen, der in der Traditionellen Chinesischen Medizin versiert ist.

Der Spanier Pequeno repräsentiert die Typenkombination Niere-Milz.

DIE UNTERSUCHUNG UND BEHANDLUNG AUF GRUNDLAGE DER TCM

4

Die traditionelle chinesische Diagnose

Der Vorbericht

Der chinesischen Untersuchung geht immer ein umfassender Vorbericht voraus. Dabei werden durch das Gespräch mit dem Reiter oder Besitzer alle Informationen über die Erkrankung des Pferdes aufgenommen. Dazu gehören alle Untersuchungen und Therapien, die vorher am Patienten durchgeführt wurden sowie der persönliche Eindruck des Reiters von seinem Pferd. Dieser ist sehr wichtig, weil der Reiter das Pferd in seiner gewohnten Umgebung kennt und oftmals schon minimale Veränderungen wahrnimmt.

Das Anfassen der Pferde muss immer konzentriert und behutsam erfolgen.

Die TCM-Ärzte im alten China hatten keinerlei Instrumente oder Hilfsmittel, die ihnen Information über den Patienten geben konnten. Deshalb mussten sie sich ganz auf ihre Sinne und ihre Erfahrung verlassen, wenn sie eine Erkrankung diagnostizieren und heilen wollten. Ein Tierarzt, der heutzutage ein Pferd nach den traditionellen chinesischen Grundlagen untersucht, benutzt ebenfalls alle seine Sinne, um den Zustand seines Patienten zu erfassen. Seine Untersuchung stützt sich dabei auf vier Sinneseindrücke durch:

- anschauen
- anfassen
- hören
- riechen

Anschauen

Schon beim Betrachten des Patienten registriert der TCM-Tierarzt positive und negative Symptome. Er wird das Pferd genau beobachten und dessen Bewegungsablauf, Muskeltonus und Gesamteindruck erfassen. Es gibt Pferde, die müde hinter ihrem Besitzer hertrotten und andere, die mit dem Imponiergehabe eines Stars vortraben. Der Allgemeineindruck ist wichtig für die Einordnung des Patienten in die fünf Wandlungsphasen.

Haarkleid und Bewegungsablauf werden ebenfalls beurteilt. Die Farbe und der Glanz der Haut und des Fellkleides geben Auskunft über den Zustand von Qi und Xue. So steht ein glänzendes Haarkleid für ein intaktes Xue, während Haarverlust auf eine Blutleere oder trockene Haut auf einen Lungen-Qi-Mangel hinweisen.

Anfassen

Bevor das Pferd angefasst und untersucht wird, erfolgt immer eine Begrüßung und Kontaktaufnahme, damit weder Unruhe noch Ängste entstehen. Das Anfassen dient der Beurteilung der Körpertemperatur und der Überprüfung der Beweglichkeit einzelner Körperteile. Schmerzhafte Bereiche werden abgetastet, diagnostische Punkte überprüft und beurteilt. Ein wichtiger Aspekt für die Diagnose ist die Beurteilung von Zunge, Puls und Augen.

Die Shu-Punkte
Sie liegen auf dem inneren Verlauf des Blasen-Meridians eine Handbreit seitlich der Wirbelsäule am Rücken. Diese Akupunkturpunkte werden auch Zustimmungspunkte genannt. Sie werden druckempfindlich, sobald ein Meridian oder ein Organ gestört ist.

Hören und Riechen

Das Volumen der Stimme und der Klang geben Auskunft über die Vitalität eines Pferdes. Außerdem achtet der TCM-Tierarzt auf Atem- und Darmgeräusche.
Jedes Pferd hat einen spezifischen Eigengeruch, der für die Einordnung zu den fünf Wandlungsphasen wichtig ist. Nasen- und Mundgeruch werden mit dem Geruch von allen Körperausscheidungen beurteilt.

Die Shu-Punkte

Die Traditionelle Chinesische Medizin kennt Akupunkturpunkte, die nicht nur für die Behandlung eingesetzt werden, sondern die auch für eine Diagnosefindung wichtig sind – die sogenannten Shu-Punkte.
Die Shu-Punkte haben Verbindung zu den inneren Organen und werden nach den entsprechenden Meridianen und Wandlungsphasen bezeichnet. Zum Beispiel heißt der Shu-Punkt für den Leber-Meridian Gan Shu oder Shu-Punkt der Leber. Da er der achtzehnte Punkt auf dem Blasen-Meridian ist, wird er auch Blase 18 (Bl 18) genannt.
Bl 18 reagiert druckempfindlich, sobald eine energetische Störung im Leber-Meridian vorliegt.
Entsprechend der Anzahl der Meridiane gibt es zwölf Shu-Punkte entlang des Rückens.
Der Shu-Punkt am Rücken wird druckempfindlich, wenn der zugehörige Meridian oder das Organ gestört ist. Entsteht die Störung durch eine Lahmheit oder eine Muskelverspannung, spricht man von einer äußeren Meridianstörung. Der Shu-Punkt wird aber ebenfalls druckempfindlich, wenn ein inneres Organ betroffen ist, zum Beispiel bei einer Bronchitis oder Kolik. Deshalb werden alle Symptome, wie Fieber, Kolikerscheinungen und Lahmheiten bei einer tastbaren Druckempfindlichkeit der Shu-Punkte beachtet. Shu-Punkte werden nicht nur zur Diagnose, sondern auch zur Therapie eingesetzt. Liegt eine Lahmheit vor, kann der zugehörige Shu-Punkt akupunktiert werden. Das Gleiche gilt zum Beispiel für eine Bronchitis, dann kann der zugehörige Shu-Punkt der Lunge, Blase 13, genadelt werden.

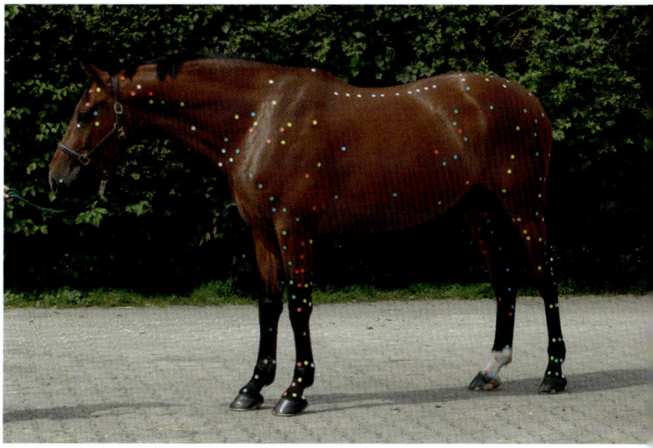

Die Shu-Punkte (weiß) liegen parallel zur Wirbelsäule auf dem Blasen-Meridian.

Die Lage der Shu-Punkte beim Pferd

Zustimmungspunkte	Lage	Meridian/Organ
Blase 13 Fei-Shu	Im 7. ICR* am hinteren Ende des Schulterblatts	Lunge
Blase 14 Jueyin-Shu	Im 8. ICR drei Zentimeter seitlich der Wirbelsäule.	Herzbeutel
Blase 15 Xin-Shu	Im 9. ICR drei Zentimeter seitlich der Wirbelsäule.	Herz
Blase 18 Gan-Shu	Im 13. ICR drei Zentimeter seitlich der Wirbelsäule.	Leber
Blase 19 Dan-Shu	Im 15. ICR drei Zentimeter seitlich der Wirbelsäule.	Gallenblase
Blase 20 Pi-Shu	Im 17. ICR drei Zentimeter seitlich der Wirbelsäule. Von der letzten Rippe gezählt ist dies der erste ICR von hinten.	Milz
Blase 21 Wei-Shu	Hinter der letzten Rippe drei Zentimeter seitlich der Wirbelsäule.	Magen
Blase 22 San-Jiao-Shu	Zwischen den Querfortsätzen des 1./2. Lendenwirbels drei Zentimeter seitlich der Wirbelsäule.	Dreifacher Erwärmer
Blase 23 Shen-Shu	Zwischen 2./3. Querfortsatz der Lendenwirbel. In einer geraden Linie von der letzten Rippe senkrecht nach oben, drei Zentimeter neben der Wirbelsäule.	Niere
Blase 25 Dachang-Shu	Zwischen 5./6. Lendenwirbelfortsatz am vorderen Ende der Darmbeinschaufel drei Zentimeter neben der Wirbelsäule.	Dickdarm
Blase 27 Xiaochang-Shu	Zwischen 1./2. Sakralwirbel, seitlich hinter dem *Foramen lumbosacrale*.	Dünndarm
Blase 28 Pangguang-Shu	Zwischen 2./3. Sakralwirbel drei Zentimeter lateral der Wirbelsäule.	Blase

* Iliosakralgelenk

Anmerkung zur Abkürzung ICR: Als Intercostalraum (ICR, von lat. Spatium intercostale) oder Zwischenrippenraum bezeichnet man in der Anatomie den Raum zwischen zwei benachbarten Rippen.

Zungendiagnose und Pulstastung

Die Traditionelle Chinesische Medizin sieht die Betrachtung der Zunge und die Pulstastung als wichtige Bestandteile bei der Beurteilung eines Patienten.

Zungendiagnose

Dabei werden die Form, die Spannkraft und der Belag der Zunge beurteilt. Während der Mensch auf Kommando die Zunge herausstreckt, ist es beim Pferd relativ schwierig, ein unverfälschtes Zungenbild zu bekommen, da das Ins-Maul-Greifen und das Herausziehen der Zunge dem Pferd Stress bereitet. Für die Typbestimmung geben das Zungenverhalten und die Farbe der Zunge ausreichend Auskunft. Bei inneren Erkrankungen sollte aber auf jeden Fall die Zunge betrachtet werden.

Die Zunge ist ein Spiegelbild des energetischen Zustands des Patienten. Die Form des Zungenkörpers und seine Farbe geben wichtige Hinweise über das Gleichgewicht im Inneren des Körpers.

Die einzelnen Organe korrespondieren mit festgelegten Arealen auf der Zunge. Verändern sich diese Orte in Farbe und Beschaffenheit, ist dies ein Hinweis auf eine Störung im zugeordneten Organ.

Belag der Zunge

Beim Pferd ist der Zungenbelag nicht so deutlich ausgeprägt wie beim Menschen. Der Zungenbelag ist von der Nahrungsaufnahme abhängig. Der Pi-Typ hat immer einen leichten, durchscheinenden Zungenbelag, der Shen-Typ hat eher keinen Belag.

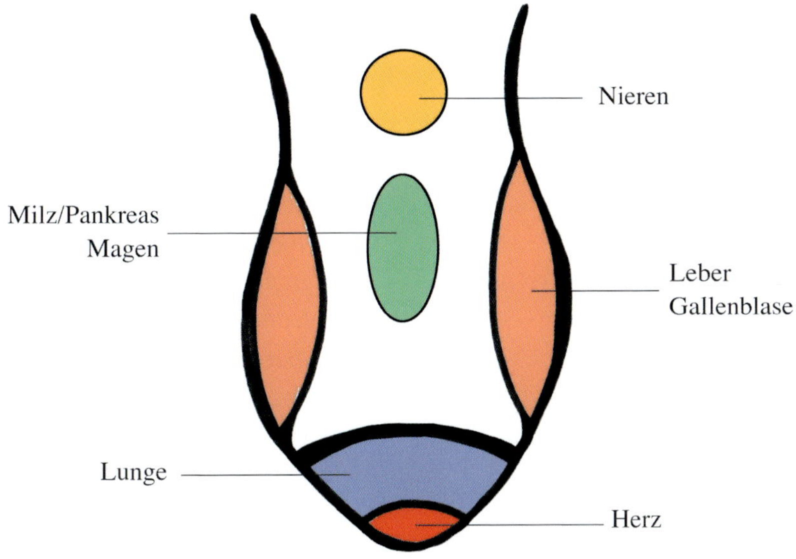

Bestimmte Areale auf der Zunge werden bestimmten Organen zugeordnet. Veränderungen in diesen Bereichen liefern Informationen über den Gesundheitszustand des Pferdes.

Die Zuordnung zu den Organen

Die Zungenspitze wird dem Herz zugeordnet. Wird die Zungenspitze bläulich, rot oder weiß, liegt eine Störung im Herz- und Kreislaufsystem vor.

In der Mitte der Zunge werden der Magen und die Milz betrachtet. Risse in dieser Gegend treten bei Magengeschwüren auf. Im Bereich der Zungenwurzel liegt der Bereich Blase/Niere. Die Seitenbereiche informieren über Leber und Gallenblase. Zwischen Herz und Magen/Milz liegt das Areal der Lunge.

Zungen- und Pulsbefund sind ausschlaggebend für die TCM-Diagnose.

Farbe der Zunge

Die Farbe einer gesunden Zunge ist rosa. Dem jeweiligen Pferdetyp entsprechend variiert sie zum Beispiel beim Gan-Typ ins Rötliche und beim Shen-Typ ins Hellrosa. Dies ist aber kein Krankheitszustand. Erscheint die Zunge jedoch sehr blass, liegt entweder innere Kälte oder ein Mangel an Blut vor.

Größe und Form des Zungenkörpers

Die Zunge sollte bequem im Unterkiefer liegen und weder zu groß noch zu klein wirken. Eine schlaffe, sehr groß erscheinende Zunge mit seitlichen Zahneindrücken weist auf eine gestörte Milz-Pankreas-Funktion hin. Eine zu kleine Zunge kann auf eine Störung im Haushalt der Körperflüssigkeiten oder auf das Eindringen des pathogenen Faktors Kälte hinweisen. Eine sehr dicke, gestaute Zunge tritt bei Leber-Qi-Stau auf.

Pulstastung

In der TCM wird beim Menschen der Puls am Handgelenk, am Hals oder am Fuß gefühlt. Der Puls wird an drei Positionen ertastet und gibt ebenso wie die Zunge Auskunft über den Zustand des Organsystems.

Zuerst fühlt der Arzt den Puls sehr oberflächlich und beurteilt die Yang-Organe. Dann drückt er auf allen drei Positionen tiefer auf den Puls und beurteilt die Yin-Organe. Mit diesen drei Positionen, den zwei Ebenen und beiden Handgelenken, kann er alle zwölf Meridiane abfragen.

Beim Pferd wird der Puls entweder an der *Arteria maxillaris* am Kopf oder an der *A. carotis communis* vor dem Brusteingang getastet. Die Pulsuntersuchung gibt beim Pferd Auskunft über einen Fülle- oder Leerezustand.

In der Traditionellen Chinesischen Medizin ist die Beurteilung des Puls entscheidend für das Erkennen des Pferdetyps. Außerdem ist der Puls ein wichtiger Parameter zum Erheben der traditionell chinesischen Diagnose. Der Akupunkteur entscheidet nach der Beurteilung, ob die Therapie durch Akupunktur oder chinesische Kräuter erfolgt.

Die sieben Entscheidungsschritte zur TCM-Diagnose

Der erfahrene TCM-Tierarzt registriert alle Veränderungen am Pferd und ordnet sie in sieben Entscheidungsschritte. Danach kann er die TCM-Diagnose stellen.

1. Liegt ein Hitze- oder Kältezustand vor?
Es können die Hitze- oder die Kältezustände überwiegen. Bei manchen Pferden liegt aber ein Mischsyndrom aus Hitze und Kälte vor. Entscheidend für die Beurteilung des Zustandes ist das Aussehen der Zunge.
Merke: Bei roter Zunge überwiegt Hitze, bei blasser Zunge Kälte.

2. Liegt ein Fülle-Syndrom oder ein Leere-Syndrom vor?
Bei einem Hitzeüberschwang überwiegt das Yang. Die TCM sagt zu diesem Zustand: Das Yang ist in Fülle, deshalb spricht man von einem Fülle-Hitze-Syndrom. Hitze-Symptome können aber auch entstehen, wenn das Yin zu schwach ist. Dann kommt es zu einem Zustand, der Hitze zeigt, aber in Wirklichkeit auf ein Yin in Leere zurückzuführen ist. Das entstehende Krankheitsbild wird als Leere-Hitze-Syndrom oder Yin-Mangel-Syndrom beschrieben. Entsprechend gibt es bei der Kälte ein Fülle-Kälte-Syndrom und ein Leere-Kälte-Syndrom. Bei Letzterem überwiegt das Yin, weil zu wenig Yang da ist. Es wird deshalb als Yang-Mangel-Syndrom bezeichnet. Da auch Mischsyndrome auftreten können, ist der Pulsbefund entscheidend.
Merke: Bei einem vollen, starken Puls überwiegt die Fülle, bei einem schwachen Puls die Leere.

3. Liegt eine Störung im Äußeren oder im Inneren vor?
Erkrankungen des Meridiansystems, der Haut, der Muskeln und der Sehnen werden als äußeres Syndrom betrachtet. Erkrankungen der Knochen und der Organe sind innere Erkrankungen. Akute Erkrankungen halten sich

Befunde bei Hitze- und Kälte-Symptomen

	Hitze	Kälte
Durst	starker Durst	kein Durst
Temperatur	warm, Schwitzen	Frieren
Stuhlgang	fester Kot, Verstopfung	weicher Kot, Durchfall
Urin	geringe Menge, gelb, dunkel	viel Urin, hell, wässrig
Zunge	roter, gelber oder fehlender Belag	blass, weißer oder kein Belag
Puls	schnell	langsam

Befunde bei Fülle- und Leere-Syndromen

	Fülle	**Leere**
Bewegung	aktiv, unruhig	schwerfällig, passiv
Stimme	lautes Wiehern	leise, schwach
Gemütslage	frech, übermütig	matt, traurig
Konstitution	stark, robust	schwächlich, anfällig
Druckreaktion auf Punkte-Untersuchung	Druck schmerzhaft	Druck lindert

zuerst im Äußeren auf und wandern im chronischen Stadium nach innen.

Ein akuter Sehnenschaden beim Pferd ist eine äußere Erkrankung, während eine chronische Knochenhautentzündung als inneres Syndrom bezeichnet wird.

Der Puls ist bei äußeren Syndromen oberflächlich und bei inneren Erkrankungen tief.

Allgemeine und vollständige traditionelle chinesische Diagnosen

Nach Durchführung der beschriebenen drei Entscheidungsschritte haben wir nach der traditionellen Lehre die **Acht Leitkriterien** oder die **Acht diagnostischen Prinzipien** angewandt und können eine allgemeine traditionelle chinesische Diagnose stellen.

Die praktische Umsetzung

Damit diese theoretischen Überlegungen fassbarer werden, betrachten wir die Umsetzung in der Praxis.

Durch Kombination der acht Prinzipien untereinander lassen sich acht mögliche Syndrome oder Disharmonien bilden, die als Störungen der Lebensenergie (Qi) in den Meridianen und Organen auftreten können. Diese Diagnose ist noch sehr allgemein und bezeichnet nicht den Ort der Erkrankung.

Ein Beispiel: Eine akute Sehnenscheidenentzündung beim Pferd ist ein Äußeres-Fülle-Hitzesyndrom, da die Entzündung außen liegt und das Bein heiß und geschwollen ist. Ein Pferd mit Fieber und schleimigem Husten hat ein Inneres-Fülle-Hitzesyndrom, weil die Erkrankung im Körperinneren lokalisiert ist und mit Fieber (Hitze) sowie Verschleimung (Fülle) einhergeht.

Eine vollständige traditionelle chinesische Diagnose entsteht erst, wenn die oben beschriebenen Syndrome einem Meridian oder einem

Die 8 diagnostischen Prinzipien

YIN	YANG
Innen	Außen
Kälte	Hitze
Leere	Fülle

Augenerkrankungen:	Lebersyndrom
Knirschen mit den Zähnen:	Lebersyndrom
Appetitlosigkeit:	Milz-Qi-Mangel
Bauchschmerzen mit Durchfall:	Dickdarm-Syndrom
Trockener Kot:	Dickdarm-Syndrom
Weicher Kot:	Milz-Syndrom
Müdigkeit, Mattigkeit:	Milz-Qi-Mangel
Muskelschwund:	Milz-Qi-Mangel
Ödeme der Hinterbeine:	Milz-Nässe-Syndrom
Vorzeitiges Altern:	Nieren-Syndrom
Krämpfe:	Leber-Syndrom
Fortpflanzungsstörung:	Nieren-Syndrom

Organ zugeordnet werden. Das bedeutet, dass das lahme Pferd mit der Sehnenscheidenentzündung eine Stagnation in den Meridianen des Vorderbeins hat und diese anhand diagnostischer Punkte und der Schwellung am Bein bestimmt werden muss.
Bei dem Pferd mit Fieber und Husten ist es wichtig festzustellen, ob die Lunge oder nur der Kehlkopf betroffen ist. Werden Lungenpunkte druckempfindlich, so ist das Organ Lunge erkrankt. Deshalb folgen Schritt 4 und 5.

4. Welcher Meridian ist betroffen?
Diese wichtige Feststellung lässt sich anhand der Meridianverläufe beantworten. Bei einer Knielahmheit ist der Magen-Meridian betroffen, da er am vorderen Rand des Hinterbeins über das Knie verläuft. Bei einer Hufrollenerkrankung werden der Perikard-Meridian und der Dreifache-Erwärmer-Meridian akupunktiert. Die Meridianverläufe werden ab Seite 123 beschrieben.

5. Welches Organ ist betroffen?
Im Abschnitt *Die Organe aus Sicht der TCM* werden die Organe mit ihren Aufgaben aus traditionell chinesischer Sicht beschrieben. Damit der Leser eine Vorstellung von den Zusammenhängen bekommt, werden im Folgenden einige Erkrankungen mit der entsprechenden TCM-Diagnose aufgeführt.

6. Welche vitale Substanz ist betroffen?
Auf Seite 28 sind die gesunden Funktionen der vitalen Substanzen Qi (Lebensenergie), Xue (Blut), Jin Ye (Körperflüssigkeiten) und Shen (Geist) sowie auf Seite 100 Jing (Essenz) beschrieben. Verändert sich der gleichmäßige Fluss von Qi, kommt es zu einem energetischen Stau im betroffenen Meridian. Es entsteht Schmerz und das Pferd beginnt zu lahmen oder sich beim Reiten festzuhalten. Verändert sich die Richtung von Qi, kommt es im Inneren zu Erkrankungen. Husten entsteht, wenn die Lunge das Lungen-Qi nicht nach

Genickverspannungen:	Äußere-Wind-Kälte
Plötzliches hohes Fieber und Schwitzen:	Äußere-Wind-Hitze
Entzündungen der Nasennebenhöhlen:	Äußere-Wind-Hitze
Angelaufene Hinterbeine (Ödeme):	Äußere-Wind-Nässe
Häufiges Wasserlassen mit viel klarem Urin:	Innere-Leere-Kälte
Warme Haut, schneller Puls (Schmerzen bessern sich durch Kühlen)	Schmerz-Syndrom Vom Wind-Hitze-Typ
Kühle Haut und langsamer, gespannter Puls (Schmerzen bessern sich durch Wärmen)	Schmerz-Syndrom, vom Wind-Kälte-Typ

unten senden kann. Blutmangel zeigt sich in Durchblutungsstörungen oder durch Trockenheit der Haut mit schuppigen Ekzemen. Auch hier muss ein Meridian oder ein Organ der Funktionsveränderung der vitalen Substanzen zugeordnet werden. Ausnahmen bilden die Syndrome »Hitze im Blut«, Jin Ye-Mangel und Blutverlust, die keinem Organ zugeordnet werden.

Aus meiner Erfahrung sind Pferde, die im Xin-Typ stehen, anfällig für Zustände die als »Schleim-Feuer quält das Herz« bezeichnet werden. Das Herz kontrolliert den Geist (Shen). Kann es dieser Aufgabe nicht mehr nachkommen, rasten diese Pferde völlig aus und müssen über die Wandlungsphase Herz akupunktiert werden.

7. Welcher pathogene Faktor ist vorhanden?

Auf den Seiten 56–60 sind die pathogenen Faktoren ausführlich beschrieben. Anhand der auftretenden Symptome beim Pferd sind hier einige aufgezählt.

Da aus den vorausgegangenen Schritten der Meridian oder das betroffene Organ bekannt ist, wird der pathogene Faktor entsprechend zugeordnet. Für die Erstellung der vollständigen Diagnose bedeutet dieser Schritt eine weitere Differenzierung.

Ein Beispiel: Weicher Kot kann das Zeichen einer Milzstörung sein. Hat ein Pferd einen geruchlosen, dünnen und weichen Kot, wird Nässe-Kälte in der Milz diagnostiziert. Findet der Besitzer stattdessen einen stinkenden, weichen Kot, leidet die Milz an Nässe-Hitze. Wechselt der Kot zwischen harten Ballen und weichem Brei, attackiert die Leber die Milz.

All diese spezifischen Diagnosen verlangen nach einer auf sie abgestimmten Therapie.

Zusammenfassung der Diagnose

- Vorbericht
- Sinneseindrücke erfassen
- Shu-Punkte
- Zungenuntersuchung
- Pulsuntersuchung
- Sieben Entscheidungsschritte

Allgemeine Therapieprinzipien

Nachdem eine traditionelle chinesische Diagnose gestellt wurde, weiß der Behandelnde ob der Patient stark oder schwach ist. Er weiß auch, welche pathogenen Faktoren den Körper angegriffen haben und ob ein Meridian oder sogar ein Organ erkrankt ist. Nachdem der Meridian und das Organ benannt sind, wird eine Therapie nach Prinzipien der TCM durchgeführt.

Bei der Erstellung einer Behandlung sind vier allgemeine Prinzipien zu beachten, damit eine erfolgreiche Therapie durchgeführt werden kann. Diese Prinzipien gelten für die Kräuteranwendung genauso wie für die Akupunktur und Akupressur. Nachfolgend werden die vier Behandlungsprinzipien aufgezählt und einzeln besprochen.

1. Yin-Yang-Harmonisierung
2. Ben-Biao-Behandlung
3. Wei-Qi-Stärkung – den krank machenden Faktor ausleiten
4. Klimafaktoren beachten

Grenzen der Akupunktur

Vorsichtig muss man bei trächtigen Stuten sein. Einige Akupunkturpunkte können frühzeitige Wehen auslösen. Der Akupunktur sind immer Grenzen gesetzt, wenn mechanische Blockaden oder irreparable Veränderungen an Organen vorliegen. Die Akupunktur kann grundsätzlich Gestörtes heilen, aber nicht Zerstörtes rückgängig machen.

Ben Biao

Ben heißt Wurzel und bedeutet Ursache oder Entstehung einer Erkrankung. **Biao** heißt Zweig und bedeutet Symptom einer Erkrankung.

1 .Yin-Yang-Harmonisierung

In der TCM wird entsprechend der Vorstellung, dass jede Erkrankung letztlich auf einem Yin-Yang-Ungleichgewicht beruht, immer eine Yin-Yang harmonisierende Therapie durchgeführt.

Die Akupunktur kann grundsätzlich Gestörtes heilen, aber nicht Zerstörtes rückgängig machen. Es sollten nicht ausschließlich Yang- oder Yin-Meridiane akupunktiert werden, da sonst ein Ungleichgewicht entsteht.

Der TCM-Tierarzt kann sich für unterschiedliche Behandlungsvorgehen entscheiden. Welche Behandlungsform angewendet wird, ist abhängig von der Erkrankung und dem Krankheitsverlauf.

Ben (Wurzel) wird allein behandelt

Diese Form wendet der Akupunkteur bei chronischen Erkrankungen an, wenn die Symptome oder klinischen Erscheinungsformen nicht schwerwiegend sind.

Ein Beispiel: Ein sechs Monate altes Fohlen hatte vor zwei Monaten eine Infektion mit Fieber, die schulmedizinisch behandelt wurde. Seither frisst es wieder, erscheint dem Züchter aber etwas matt. Die gleichaltrigen Fohlen sind größer und vitaler.

Aus Sicht der TCM ist die eigentliche Erkrankung vorüber. Das Fohlen kümmert aber und wächst nicht gut. Vielleicht lag vorher schon eine Abwehrschwäche vor, sonst wäre das Fohlen nicht erkrankt? Die Therapie setzt also an der Wurzel an und wird das Lungen-Qi und Nieren-Qi stärken.

Ben und Biao zusammen therapieren
Diese Form der Therapie wird bei chronischen Erkrankungen mit schwerwiegenden klinischen Erscheinungsformen angewendet. Ein Beispiel: Ein fünfzehn Jahre alter Wallach mit chronischer Bronchitis, die seit fünf Jahren besteht, kommt zur Behandlung. Er kann nicht mehr in der Reitstunde geritten werden, weil er aufgrund heftiger Hustenanfälle immer stehen bleibt. Die Bronchien sind stark verschleimt, aus diesem Grund wird der Wallach mit schleimlösenden Mitteln vorbehandelt. Die Besitzerin beschreibt ihr Pferd als liebenswerten, gutmütigen Kameraden. In den vorangegangenen drei Wochen ist der Besitzerin aufgefallen, dass der Wallach zu frieren scheint und ängstlicher reagiert. Deshalb hat sie ihm zum ersten Mal eine Decke gekauft.
Hier finden sich massive Symptome, da das Pferd vor lauter Husten nicht mehr laufen kann. Eine der allgemeinen Aufgaben von Qi ist die energetische Versorgung und das Erwärmen des Körpers. Der Patient ist alt und friert in der letzten Zeit. Außerdem erscheint er der Besitzerin ängstlicher, was auf eine Disharmonie in der Wandlungsphase Niere/Blase hinweist. In der Therapie wird einmal als Wurzel-Ben-Behandlung die Niere (Shen) gestärkt. Dadurch wird das Pferd vitaler und energiereicher. Zweitens werden als Symptom-Biao-Behandlung Punkte zum Schleimlösen akupunktiert. Nach dieser kombinierten Behandlung erholte sich der Wallach und die Ängstlichkeit verschwand. Die Besitzerin stellt ihn regelmäßig zur Nachuntersuchung vor.

Zuerst nur die Symptome (Biao) und später die Wurzel (Ben)
Eine Erkrankung kann plötzlich, akut auftreten, sodass zuerst die Symptome behandelt werden müssen. Bei einem plötzlichen Reheschub eines Pferdes werden zuerst Punkte akupunktiert, welche die Symptome lindern sollen. Zuerst müssen die Hitze und Fülle und der Schmerz behandelt werden, da das Allgemeinbefinden durch das Schmerzgeschehen extrem beeinträchtigt ist.

3. Wei-Qi-Stärkung – den krank machenden Faktor ausleiten.
Das Wei Qi hat die Funktion des Immunsystems. Wird ein Pferd bei starkem Wei Qi von einem äußeren Faktor angegriffen, reagiert der Körper zum Beispiel mit starkem Husten, ohne dass das Allgemeinbefinden beeinträchtigt wird. In so einem Fall wird der Akupunkteur Punkte zum Ausleiten des krank machenden Faktors nadeln.
Besteht die Erkrankung schon lange, das Pferd hat einen schwachen Husten und ist bereits müde und lustlos, wird zuerst das Wei Qi gestärkt.
Der Akupunkteur entscheidet: Immer wenn das Pferd Schwäche zeigt, muss zuerst das Wei Qi unterstützt werden. Bei einem starken krank machenden Faktor, wird dieser ausgeleitet, weil er sonst mehr ins Innere dringt und größeren Schaden anrichtet.

4. Klimafaktoren beachten

In der TCM wird auch auf geografische und klimatische Einflüsse eingegangen. Im Frühjahr und Sommer wirken krank machende Faktoren eher oberflächlich im Bereich der Haut. Im Winter werden eher tiefergehende Schichten, wie Muskeln und Knochen betroffen. Die Auswirkungen treten oft zeitlich verzögert auf, deshalb ist eine gute Beobachtungsgabe des Pferdebesitzers oder Reiters wichtig. Zum Beispiel wirkt im Winter der Klimafaktor Kälte auf die vitalen Substanzen ein. Kälte wirkt verlangsamend auf Qi und Xue. Durch diese Stagnationen werden Arthrosen wieder aktiv und es entstehen Lahmheiten.

Durch Anwendung der beschriebenen Behandlungsgrundsätze legt der Behandelnde seine Strategie fest.

Behandlungsstrategie

1. Es wird Yin und Yang ausgeglichen.
2. Es werden allein die Ursache (Ben) oder allein die Symptome (Biao) behandelt oder beide miteinander kombiniert.
3. Wei Qi wird gestärkt mit oder ohne Ausleiten des krank machenden Faktors.

Nachdem die Behandlungsstrategie festgelegt ist, werden die entsprechenden Akupunkturpunkte benannt.

Auswahl der Akupunkturpunkte

In der chinesischen Lehre wird derjenige gepriesen, der mit dem Setzen nur einer einzigen Akupunkturnadel eine Erkrankung heilen kann.

Dies widerspricht der Vorstellung vieler Patientenbesitzer. Sie glauben, je mehr Nadeln gesetzt werden, desto besser ist die Heilwirkung. Generell versucht der Akupunkteur mit so wenig Nadeln wie möglich auszukommen. Unter Umständen kann im Einzelfall eine Erkrankung den Einsatz vieler Akupunkturnadeln erfordern.

Zur Erinnerung sei gesagt, dass jeder Akupunkturpunkt mehrere Aufgaben hat und deshalb bei unterschiedlichen Erkrankungen eingesetzt werden kann.

In der Akupunkturbehandlung werden Lokal-, Nah- und Fern-Punkte sowie psychische Punkte stimuliert. Um einen optimalen Behandlungserfolg zu erreichen, wird bei jeder Behandlung eine Kombination dieser Punkte durchgeführt.

Als **Lokal-Punkt** wird jeder auf Druck schmerzhaft reagierende Punkt bezeichnet.

Nah-Punkte vermögen direkt vor Ort und in der Nähe der erkrankten Region beispielsweise Wind oder Hitze auszuleiten. Sie haben sich bewährt bei akuten, schmerzhaften Erkrankungen und in Kombination mit Lokal- und Fern-Punkten.

Fern-Punkte liegen entfernt vom Krankheitsort an den vier Gliedmaßen; dort reagiert das Qi sehr schnell und intensiv. Die Anwendung erfolgt bei akuten und chronischen Erkrankungen. Diese Punkte heben Qi- und Xue-Stagnation auf. Sie leiten Wind, Feuchtigkeit und Kälte aus den Meridianen.

Psychische Punkte haben unterschiedliche Lokalisationen. Die Psyche hat bei unseren Pferden, von denen wir ein hohes Maß an Anpassung und Rittigkeit fordern, fast immer eine Unterstützung nötig.

Shu-Punkte wirken immer auch auf das zugehörige Organ.

Jeder Akupunkteur und Akupresseur sollte so wenige Punkte wie möglich stimulieren. Während der Akupunkteur individuell entscheidet, wie viele Punkte er anwendet, sollte der Akupresseur nicht mehr als fünf Punkte pro Behandlung akupressieren.

Es werden zuerst die Hauptpunkte ausgesucht. Dies sind meistens die Fern-Punkte, die ergänzend durch Lokal- und/oder Nah-Punkte unterstützt werden.

Die Akupunktur zu vieler Yang-Meridian-Punkte führt zu Nervosität und Unruhe. Die Nadelung zu vieler Yin-Meridian-Punkte führt zu Müdigkeit und Leistungsabfall.

Alte und junge Pferde erhalten weniger Nadeln. Wenn ein altes Pferd zu stark stimuliert wird, kann es sich, da schmerzfrei, sehr vital fühlen und sich durch Herumtoben, Bocksprünge und Rennen überfordern. Außerdem besteht die Gefahr, dass bei einer zu rasanten Stimulation der Kreislauf kollabiert.

Bei jeder Akupunktur sollten immer Akupunkturpunkte in die Behandlung einbezogen werden, die das Qi im betroffenen Meridian bewegen.

Kombinationen der Akupunkturpunkte

Jeder Akupunkteur wendet Punktkombinationen an, mit denen er gute Erfahrung gemacht hat. Es ist aber für den Behandlungserfolg wichtig, auf Veränderungen am Patienten zu achten, da sonst falsche Punkte akupunktiert werden. Deshalb erfordert jede Akupunktur eine vollständige Untersuchung.

Es gibt aber auch allgemeine Punktkombinationen, die in fast allen Fällen zu guten Behandlungserfolgen führen. Einige dieser Kombinationen sind hier aufgeführt:

Shu-Mu-Kopplung

Zustimmungspunkte und Alarmpunkte werden kombiniert. Diese Kombination wird bei inneren Erkrankungen eingesetzt.

Meridianakupunktur (Kettenschloss-Kombination)

Akupunktur des gestörten Meridians durch Punkte oberhalb und unterhalb des Schmerzgeschehens. Sie wird häufig bei akuten Lahmheiten oder Verletzungen angewendet.

Vorne-Hinten-Kopplung

Die Meridiane eines Umlaufs mit der gleichen Qualität (Yang-Yang oder Yin-Yin) werden miteinander gekoppelt, Di und Ma oder MP und Lu. Erfolgreich bei äußeren Meridianstörungen.

Außen-Innen-Kopplung

Ein Yin- und Yang-Meridian, die ein Paar bilden (zum Beispiel Lu/Di), werden durch den Quellpunkt (Yuan-Punkt) und Passage-Punkt (Luo-Punkt) gekoppelt. Über das transversale Lo-Gefäß, das die Partner verbindet, kommt es zu einem Energieausgleich.

Starke Lu – schwacher Di

Lu 7 (Luo-Punkt) – Di 4 (Quellpunkt)
umgekehrt
Di 4 (Luo-Punkt) – Lu 9 (Quellpunkt)
Diese Therapieform kann bei Lungenerkrankungen hilfreich sein.

Kontralateraltechnik

Die gesunde Seite wird genadelt. Häufig bei sehr schmerzhaften, akuten Prozessen, um abzuleiten oder sehr langen, chronischen Verläufen, um die gesunde Seite zu stärken.

Akupunkturpunkte, die Qi in den Meridianen bewegen

Blasen-Meridian:	Bl 10, Tian Zhu
	Bl 60, Kun Lun
Nieren-Meridian:	Ni 3, Tai Xi
	MP 6, San Yin Jiao
Magen-Meridian:	Ma 36, Zu San Li
	Ma 1, Cheng Qi
Milz-Meridian:	MP 6, San Yin Jiao
Dünndarm-Meridian:	Dü 3, Hou Xi
Gallenblasen-Meridian:	Ga 20, Feng Chi
Leber-Meridian:	Ga 41, Zu Lin Qi
	Le 3, Tai Chong
Dickdarm-Meridian:	Di 16, Ju Gu
Lungen-Meridian:	Lu 7, Lie Que

Meisterpunkte

Die Meisterpunkte werden zusätzlich akupunktiert, um das ihnen zugeordnete Einzugsgebiet zu erreichen.

Bl 17 – Meer des Blutes
G 34 – Muskeln und Sehnen
Lu 9 – Gefäßsystem
Bl 11 – Knochenmark

Spalt-, Grenz- oder Xi-Punkte

Diese Punkte sind die Sammelstelle des Qi der entsprechenden Meridiane. Sie werden vor allem bei akuten Erkrankungen eingesetzt.

Zeitdauer der Akupunktur

Im Allgemeinen bleiben die Nadeln etwa eine halbe Stunde in den Akupunkturpunkten stecken. Soll das Abwehr-Qi aufgebaut werden, verkürzt sich die Zeit auf etwa 15 Minuten. Generell gilt, je länger die Nadeln wirken, desto stärker ist die entspannende Wirkung. Jedes Pferd reagiert unterschiedlich auf die Akupunktur und deshalb muss die Zeit individuell variiert werden.

Zeit zwischen den Behandlungen

In der Regel wird als Abstand zwischen zwei Behandlungen eine Woche bis zehn Tage angegeben. Die Wiederholung der Akupunktur ist allerdings abhängig von der Diagnose.
Eine Rückenverspannung kann mit zwei bis drei Akupunkturbehandlungen behoben sein.
Eine chronische Bronchitis braucht zwei Behandlungen im Abstand von zehn Tagen und anschließend weitere in größeren Zeitabständen, bis das Pferd gesund ist.
Grundsätzlich wird ein Pferd mit starkem Abwehr-Qi schneller gesund, während ein chronisch kränkelndes wesentlich länger braucht.
Spricht das Pferd auf die Akupunkturbehandlung an, werden die Behandlungsintervalle größer.
Bei inneren Erkrankungen sollte der Patient im Abstand von drei bis vier Monaten nach der Heilung zur Kontrolle vorgestellt werden.
Diese Maßnahme hat sich als sehr sinnvoll herausgestellt. Besonders wenn man den Patienten gut kennt, kann man kleine Störungen schon therapieren, bevor eine Erkrankung wieder ausbricht.

Die Häufigkeit der Akupunkturbehandlungen und der Abstand zwischen zwei Behandlungen ist abhängig von der Erkrankung.

DIE AKUPUNKTUR IN DER PRAXIS

5

Akupunktur zur Gesunderhaltung

Die Akupunktur zählt zu den sogenannten Regulationstherapien und wirkt auf dem Gebiet der Energetik. Da die fernöstlichen Heilmethoden einen ganzheitlichen Ansatz haben, stellt in ihrem Sinne eine Erkrankung immer eine Störung des energetischen Gleichgewichts im gesamten Körper dar. Akupunktur zur Gesunderhaltung hat die Aufgabe, das energetische Gleichgewicht in den Meridianen und Organen zu erhalten.

Erste Anzeichen eines energetischen Ungleichgewichts zeigen sich beim Pferd oft in Verhaltensänderungen und im Fressverhalten. Ein ausgeglichener Shen-Typ, der plötzlich panikartig reagiert, hat ein Problem.

> Eine Hauptaufgabe der TCM ist, Symptome frühzeitig zu erkennen und zu behandeln, noch bevor das Pferd im Sinne der westlichen Medizin erkrankt.

Ein frecher Gan-Typ, der sich durch nichts mehr aus der Ruhe bringen lässt und stumpf in der Arbeit wird, hat eine Leber-Qi-Schwäche. Ein Pi-Typ, der schlecht frisst, hat wahrscheinlich entweder Haken auf den Zähnen oder einen Milz-Qi-Mangel.

Ansonsten muss in der Untersuchung abgeklärt werden, welche Störung im Meridiansystem vorliegt. Ein frühzeitiges Erkennen und Behandeln leichter Befindlichkeitsstörungen oder beginnender Gesundheitsprobleme verkürzt die Behandlungszeit und verhindert schwerere Erkrankungen, die oftmals mit langwierigen Behandlungen, Trainingspausen und Leistungseinbußen einhergehen.

Eine spezielle Gesunderhaltung durch Akupunktur ist die Betreuung der Leistungspferde, die ihr Können auf Turnieren, Distanzritten, Ausstellungen und Shows zeigen. Diese Pferde sollten regelmäßig im Sinne der TCM untersucht werden, da von ihnen nicht nur Gesundheit, sondern Leistung gefordert wird.

Praxisbeispiel: Immunsystem stärken

In einem Reitstall grassiert seit Wochen eine Atemwegsinfektion. Eine Besitzerin, deren Stute seit zwei Tagen schlecht frisst und matt in der Arbeit ist, aber noch kein Fieber hat, will die Abwehrkräfte ihres Pferdes unterstützen. Die neunjährige Stute steht im Pi-Typ. Es wird einmal Lu 7, Ni 3 und Di 4 akupunktiert, danach eine Woche lang Lu 7, MP 6, Ma 36 und Di 4 akupressiert. Das Pferd bekam keine Infektion und brauchte keine weitere Behandlung. Die Lunge stärkt und kontrolliert das Immunsystem (Wei Qi), das unter der Haut zirkuliert. Im Anfangsstadium einer Infektionskrankheit kann das Wei Qi und damit das Immunsystem durch Lu 7 in Kombination mit Di 4 gestärkt werden.

Bei Pferden mit chronischem Husten hilft Lu 7, das Lungen-Qi zur Niere herabzusenken. Die Niere nimmt das Lungen-Qi entgegen und wird durch Ni 3 unterstützt. Bei Pferden, die nicht im Winter, sondern eher im Frühjahr krank werden, wird zusätzlich Gb 20 genadelt, um Wind auszuleiten. Manche Pferde erlernen rasch einzelne Lektionen, kommen aber durcheinander, wenn der Reiter mehrere hintereinander reiten möchte – sie haben Konzentrationsschwierigkeiten. Überfordert der Reiter die Aufmerksamkeit seines Pferdes, entstehen Muskelverspannungen.

Praxisbeispiel: Rückenmuskelverspannungen nach geistiger Überlastung
Livius, ein fünfjähriger, für den Dressursport sehr gut veranlagter Wallach, soll für ein großes Turnier vorbereitet werden.
Obwohl der im Fei-Typ stehende Livius alle Lektionen sehr schnell begriffen hatte, fiel ihm das konzentrierte Durchhalten während einer Dressuraufgabe schwer. Der Reiter hatte deshalb zweimal pro Tag eine halbe Stunde mit ihm gearbeitet und die Aufgabe immer wieder geübt. Nach einer Woche trabt Livius nur noch mit schleppender Hinterhand und verliert an Appetit. Das ständige Wiederholen der Dressuraufgabe stellt für das Pferd eine geistige Überforderung dar, auf die er mit körperlichen Symptomen reagierte.
Livius wurde einmal in Bl 10 akupunktiert.
Bl 10 (Tian Zhu) liegt an der Austrittstelle des Blasen-Meridians aus dem Gehirn. Er stellt einen Sammelpunkt des Qi dar. Dadurch kann er die Konzentration und das Gedächtnis anregen. Der Punkt liegt seitlich am Hals auf dem Atlasflügel des ersten Halswirbels, eine Handbreit unterhalb des Mähnenkamms.

TCM-Diagnose: Der Punkt leitet Wind aus und klärt das Gehirn. Er ist der Punkt des Meeres, des Qi. Er löst Stagnationen im Blasen-Meridian.

Westliche Diagnose: Schmerzen und Schwindel im Kopf mit Sehstörungen, Konzentrationsschwierigkeiten und HWS-Syndrom.
Bei Schmerzen der tiefen Rückenmuskulatur wird B10 angewendet, weil er einen Stau im Blasen-Meridian, der in der Rückenmuskulatur verläuft, lösen kann. Zur Überraschung des Reiters verschwand die Hinterhandproblematik innerhalb von vier Tagen. Die Akupunkturbehandlung wurde dreimal wiederholt. Da Livius im Fei-Typ steht, wurde beim letzten Mal Lu 7 akupunktiert. Livius bekam mehr Zeit in der Ausbildung und geht heute erfolgreich in Dressurprüfungen der Klasse S.
Dieses Beispiel macht deutlich, warum Vorbeugung und Gesunderhaltung wichtig zu nehmen sind. Ohne die Akupunktur wären die Rückenschmerzen und die Schwäche der Hinterbeine zum Problem geworden. Eine klinische Untersuchung hätte sich auf die schmerzhaften Körperpartien konzentriert und Livius wäre ein Rückenpatient geworden.

Akupunktur am Fohlen und heranwachsenden Pferd

Die Akupunktur ist vielen Menschen vorwiegend als Schmerztherapie bekannt. Aus diesem Grund werden wohl auch hauptsächlich erwachsene gerittene und gefahrene Pferde mit Schmerzsymptomatik zur Akupunktur vorgestellt und behandelt.
Die Akupunktur allein oder in Verbindung mit Akupressur und Kräutern wirkt aber ebenso auf das Wachstum, das Immunsystem und die Psyche unserer Pferde und ist deshalb mit gutem Erfolg auch beim Fohlen und beim heranwachsenden Pferd einzusetzen.
Die Akupunktur kann zum Beispiel vorbereitend vor und während der Geburt genutzt werden, um der Mutterstute ein leichteres Abfohlen zu ermöglichen. Eine leichte, stressfreie Geburt schafft beste Voraussetzungen für eine schnelle Regeneration der Mutterstute und erleichtert dem Fohlen den Start ins Leben.

Akupunktur unterstützt Stute und Fohlen.

Einsatzgebiete der Akupunktur

- Lebensschwache Fohlen
- Darmpechverhalten des Fohlens
- Wachstumsstörungen
- Probleme beim Zahnwechsel
- Infektionsanfälligkeit
- Sterilität der Stute
- Probleme bei der Rosse
- Geburtseinleitung
- Schwierigkeiten während der Geburt
- Nachgeburtsverhalten
- Gebärmuttervorfall
- Milchmangel
- Deckunlust beim Hengst
- Qualitätsverbesserung des Spermas

Die Essenz

Unabhängig vom Geburtsverlauf gibt es Fohlen, die unter schlechten Bedingungen geboren werden und aufwachsen, sich aber trotzdem zu gesunden, belastbaren Reitpferden entwickeln.

Fohlen mit starkem Lebenswillen werden mit problematischen Situationen wie Infektionen, ungünstiger Witterung oder Milchmangel der Mutterstute leichter fertig. Sie haben ein intaktes Immunsystem und werden bei Erkrankungen schneller gesund. Lebensschwache Fohlen entwickeln sich in optimaler Umgebung gut, können aber keine ungünstigen und ungesunden Umstände ertragen.

In der Traditionellen Chinesischen Medizin wird die Fähigkeit des Fohlens, mit krank machenden und belastenden Situationen zurechtzukommen, durch die Essenz (Jing) bestimmt. Jing gehört zur Gruppe der vitalen Substanzen, ohne die ein Lebewesen nicht existieren kann.

Die Essenz ist eine spezifische, besonders wertvolle Energie, die sich aus der von den Elterntieren mitgegebenen **Vor-Himmels-Essenz** und der aus der Nahrungsaufnahme entstandenen **Nach-Himmels-Essenz** zusammensetzt. Beide Anteile verbinden sich zur Nieren-(Shen)-Essenz.

Die Vor-Himmels-Essenz

Durch die chromosomale Verbindung von Hengst und Stute trägt das entstehende Fohlen eine Vielzahl der von beiden Elterntieren vererbten genetischen Anlagen. Aus Sicht der Traditionellen Chinesischen Medizin setzt sich

die *Vor-Himmels-Essenz* aus den Erbenergien der Eltern zusammen und wird an den Nachwuchs weitergegeben.
Die Vor-Himmels-Essenz ist die einzige Essenz, die vor der Geburt im Fohlen, welches durch die Gebärmutter ernährt wird, zu finden ist. Die Essenz ist bei jedem Fohlen, selbst bei gleicher Anpaarung, unterschiedlich. Diese Energie wird von den Elterntieren vererbt, das heißt sie vermehrt sich während des Pferdelebens nicht mehr, sondern verbraucht sich mit zunehmendem Alter. Durch lang andauernde Erkrankungen kann die Essenz früh aufgebraucht werden. Dies führt zu vorzeitigem Altern und zu Schwäche. Die Akupunkur hilft die Essenz zu bewahren.

Die Essenz hat folgende Aufgaben:

- Grundlage für Wachstum
- Unterstützung der sexuellen Reifung und Fortpflanzung
- Grundlage der konstitutionellen Stärke und Immunabwehr
- Grundlage des Nieren-Qi

Die Nach-Himmels-Essenz

Die *Nach-Himmels-Essenz* stellt die Energie dar, die aus der Nahrung nach der Geburt aufgenommen wird. Deshalb wird, ebenso wie in der westlichen Medizin, der Aufnahme der Kolostralmilch große Bedeutung zugemessen. Das Fohlen beginnt zu atmen und zu trinken. Die Milz und der Magen bilden aus der Nahrung das Nahrungs-Qi. Dadurch entsteht die Nach-Himmels-Essenz. Sie ist im Gegensatz zur Vor-Himmels-Essenz durch Aufnahme gesunden, wertvollen Futters wieder auffüllbar.

Die Nieren-Essenz (Shen-Essenz)

Die *Shen-Essenz* besteht sowohl aus der Vor- und der Nach-Himmels-Essenz und stellt die individuelle Essenz eines Fohlens dar. Im Gegensatz zu Qi, das im ganzen Körper fließt, findet sich die Essenz hauptsächlich in den Nieren (Shen) und in den acht außerordentlichen Meridianen. Spricht man von der individuellen Essenz eines Pferdes, wird im Allgemeinen keine Bezeichnung vor der Essenz geführt. Es wird vorausgesetzt, dass die Nieren-Essenz gemeint ist.

Essenz-Mangel

Essenz-Mangel zeigt sich in Wachstumsstörungen, die zu Lahmheiten, Gliedmaßenfehlstellungen und Bewegungseinschränkungen führen können.
Durch einen verzögerten Zahnwechsel, kommt es bei Essenz-Mangel zu Schmerzen und reduzierter Futteraufnahme. Bei einer schlechten körperlichen Entwicklung kann das Fohlen sich nicht durchsetzen und es kommt zu psychischen Entwicklungsstörungen des heranwachsenden Pferdes. Jede Verzögerung in der sexuellen Reifung entsteht aus einem Essenz-Mangel.
Die Essenz bildet die Grundlage des Immunsystems, des Abwehr-Qi oder Wei Qi. Wei Qi ist verantwortlich für die Bildung der Abwehrkräfte. Infolge eines Essenz-Mangels kann kein wirkungs-volles Abwehr-Qi entstehen. Dadurch wird das Fohlen krankheitsanfällig.

Die Vor- und Nach-himmels-Essenz bestimmen die Lebensenergie des Fohlens.

Akupunktur in den ersten Stunden nach der Geburt

Das neugeborene Fohlen reagiert sehr gut auf die Akupunktur. In China werden Säuglinge beispielsweise häufig nur mit Akupressur behandelt. Ist der Tierarzt während der Geburt zugegen, kann er die Akupunkturpunkte massieren oder mit einer kurzen, dünnen Nadel für einen Moment stimulieren.

Kommt der Tierarzt erst einen Tag später, kann der Züchter nach der Geburt die Nach-Himmels-Essenz des Fohlens in den ersten Lebensstunden unterstützen, indem er die folgenden Punkte im Abstand von 15 Minuten für 30 Sekunden akupressiert:

Ma 36 (Zu San Li)
zur Bildung der Nach-Himmels-Essenz, stärkt Magen und Milz, regt den Appetit an, fördert die Bildung von Abwehr-Qi.
MP 6 (San Yin Jiao)
tonisiert die Milz, nährt das Blut.

Diese Punkte können auch beim Darmpechverhalten des Fohlens zur Unterstützung akupunktiert oder akupressiert werden.

Die Mutterstute

Die Aufmerksamkeit nach der Geburt gehört nicht nur dem Fohlen, sondern auch der Stute. Bei einer stressfreien, normalen Geburt kann ein optimaler Energieausgleich der Stute durch eine Akupunktur in den ersten vierzehn Tagen nach der Geburt erreicht werden, da die Akupunktur die Normalisierung der Gebärmutter und die Milchbildung unterstützt.

Hier einige Akupunkturpunkte, die man nach einer normalen Geburt akupunktieren kann:

MP 21 (Da Bao)
kontrolliert das Netz der kleinen Blutgefäße, lindert generalisierten Schmerz.
Di 4 (He Gu)
lindert Schmerzen und ist einer der stärksten Schmerzpunkte.

Ni 3 (Tai Xi)
unterstützt das Nieren-Qi.
Gb 41 (Zu Lin Qi)
harmonisiert das Fließen des Leber-Qi.
MP 6 (San Yin Jiao)
verbindet die drei Yin-Meridiane, stärkt durch Beeinflussung der Milz die Mitte des Pferdes. Der Züchter kann zusätzlich zur Akupunktur, diese Punkte in den folgenden Tagen einmal täglich akupressieren.

Akupunktur im ersten Lebensjahr

Ein gesundes Fohlen auf der Weide zu beobachten ist interessant und spannend. Einige Tage nach der Geburt wird genauer erkennbar, was für ein Typ das Fohlen ist. Manche Fohlen verhalten sich tollpatschig, andere eher zurückhaltend. Einige Fohlen sind von Natur aus vorsichtig, andere regelrechte Draufgänger. Das Verhalten der Mutterstute prägt zusätzlich das Verhalten des Fohlens. Eine ängstliche und misstrauische Stute hat eher einen zurückhaltenden Nachwuchs.

Ein vitales, aufgewecktes, gesundes Fohlen braucht keine TCM-Behandlung. Seine Energien sind harmonisch und ausgeglichen. Treten aber Infektionen, Erkrankungen, Verletzungen oder Verhaltensänderungen wie Unsicherheit und Ängstlichkeit auf, ist eine Akupunktur angebracht.

In der Akupunkturbehandlung beim Fohlen werden die gleichen Punkte wie beim erwachsenen Pferd angewendet. Es sollten aber weniger Punkte genadelt und die Akupunkturnadeln nach 15 Minuten entfernt werden.

Praxisbeispiel:
Wiederholte Erkrankung beim Fohlen

Fredo, ein sechs Monate altes Fohlen, hat eine Lungenentzündung und wird seit Wochen mit wechselnden Antibiotika behandelt. Er reagiert zwei Tage nach dem Absetzen der Antibiotika mit verschlechtertem Allgemeinbefinden, Fieber und Atemproblemen. Das Fohlen hatte mit zwei Wochen eine offene Verletzung am linken Vorderbein. Vier Wochen danach trat zum ersten Mal eine Lungenentzündung auf. Da Fredo in der letzten Zeit zusätzlich schlecht frisst und mit den Zähnen knirscht, hat der Tierarzt den Verdacht, dass ein Magengeschwür entsteht und um eine Kombinationsbehandlung gebeten. Das Fohlen zeigt weißliche Schleimhäute und einen leeren, schwachen Puls. Es wirkt matt und gehunlustig. Das Fohlen hat eine Milz-Qi- und eine Lungen-Qi-Schwäche, hervorgerufen durch eine ungenügende Ausbildung oder Schwächung des Abwehr-Qi in den ersten vierzehn Tagen seines Lebens.

Die Akupunktur behandelt die Wurzel, indem Bl 17 (Meer des Blutes) und Bl 20 (Shu-Punkt der Milz) genadelt werden.

Nach sieben Tagen wird in der zweiten Akupunktursitzung Ma 36 Zu San Li zur Stärkung von Qi und Blut und Unterstützung der Milz-Funktion akupunktiert. Wieder eine Woche später empfängt mich der kleine Fredo kernig und übermütig und bleibt beim Akupunktieren nicht mehr ruhig stehen. Zusätzlich zu Bl 17 wird Lu 7 akupunktiert. Die Antibiotika werden abgesetzt. Fredo bleibt fieberfrei und entwickelt sich gut. Er braucht bei den anschließenden Kontrolluntersuchungen keine weitere Akupunktur.

Trennung von der Mutter

Die Trennung von der Mutterstute verkraften manche Fohlen sehr schlecht. Sie beginnen zu kümmern und werden infektionsanfällig. In diesen Fällen sollten Bl 11 und Bl 23 genadelt werden.

Hat das Fohlen die Trennung von der Mutterstute gesund überstanden, muss es sich in der Herde vor Gleichaltrigen beweisen. Der Züchter achtet in dieser Entwicklungsphase auf körperliche Zeichen des Unwohlseins. Manche Fohlen mit hervorragendem Körperbau sehen als Jährlinge oft unharmonisch aus. Dies ist eine normale Entwicklung des unterschiedlichen Wachstums der Knochen und der Muskulatur. Sondert sich ein Jährling aus der Gruppe ab oder zeigt mangelnde Spielbereitschaft mit den anderen Jährlingen, sind das Anzeichen für eine ungesunde Entwicklung.

Appetitlosigkeit und Abmagerung können auf einen Wurmbefall hinweisen, können aber auch andere Ursachen haben und müssen untersucht und behandelt werden.

Gesundheitsvorsorge für die nächsten Jahre

Alle heranwachsenden Tiere reagieren intensiv und schnell auf die Akupunktur und Akupressur. Deshalb werden in dieser Zeit Energien ausgeglichen und gestärkt. Übersieht der Aufzüchter die Zeichen, die das Fohlen gibt, dann entstehen Schwächen und es verfestigen sich Anfälligkeiten, die im späteren Pferdeleben zu gesundheitlichen Einbußen und Leistungsabfall führen.

Die optimale Aufzucht für Fohlen erfolgt in einer gemischtaltrigen Herde.

Akupunktur am erwachsenen Pferd

Um dem Reiter einen Überblick zu geben, bei welchen gesundheitlichen Problemen seines Pferdes eine Akupunkturbehandlung helfen kann, sind nachfolgend die verschiedenen Anwendungsgebiete zusammengestellt.
Da Schmerzen, Atemwegserkrankungen und Kolikanfälligkeit sowie Leistungsabfall zu den häufigsten Krankheitsbildern unserer Pferde gehören, werden diese im Folgenden aus Sicht der TCM ausführlich vorgestellt.

Bi-Syndrom (Schmerzgeschehen)

Schmerzen äußern sich beim Pferd oft in Lahmheiten und Bewegungseinschränkungen, die sich auf eine Gliedmaße beschränken, aber auch an mehreren Beine auftreten können. Häufig ist zum Beispiel der Hals- und Rückenbereich mit seiner kompakten Muskulatur von Schmerzen betroffen. Solche Geschehen können sowohl mit scharfen oder dumpfen Schmerzen als auch mit Gefühllosigkeit von Muskulatur, Sehnen oder Gelenken einhergehen. Die betroffenen Pferde fallen durch Bewegungsunlust, Beweglichkeitseinschränkungen und Steifheit auf.
Diese in der westlichen Medizin als Myofasziale-Schmerz- und Dysfunktionssyndrome bezeichneten Schmerzzustände, werden in der TCM als Bi-Syndrom angesehen.
Lahmheiten sind aus Sicht der TCM energetische Disharmonien in den Meridianen und ihren Verbindungen an der Körperoberfläche. Erst wenn ein Schmerzgeschehen chronisch wird, wandert es ins Körperinnere.
Entscheidet sich der Reiter für eine TCM-Behandlung, muss nach Kriterien der TCM eine Diagnose gestellt werden. Der pathogene Faktor und die betroffenen Meridiane sind zu bestimmen und die Therapie danach auszuwählen.

Das Bi-Syndrom

Es entsteht durch ein schmerzhaftes Stauungssyndrom von Qi und Xue in den Meridianen. Auslöser ist das Eindringen der pathogenen Faktoren Wind in Kombination mit Kälte, Hitze, und/oder Nässe.
Beim **Wind-Bi** findet sich ein heller Schmerz in Muskeln, Sehnen oder Gelenken. Der Ort der Entzündung kann wechseln. Die Lahmheit tritt plötzlich auf, oft ist keine Schwellung zu sehen oder zu fühlen. Ein Beispiel für solch ein Schmerzsyndrom ist eine akute Hufgelenksentzündung. Eine Lahmheit, die in Intervallen auftritt, hat Wind-Charakter.
Kommt zum Wind-Bi **Hitze-Bi** dazu, verstärkt sich der Schmerz und die betroffenen Gelenke oder Muskeln sind heiß und geschwollen, wie es zum Beispiele bei Gelenkentzündung nach einer stumpfen Schlagverletzung, nach einer Infektion, einer Muskelentzündung oder einem Nierenverschlag beim Pferd der Fall ist.
Das **Kälte-Bi** wird durch Kälte oder die Kombination Wind/Kälte hervorgerufen. Kennzeichen sind ein starker, einseitiger Schmerz in einem Gelenk oder Muskel. Da Kälte den Qi-Fluss weiter verlangsamt, kommt es zu Bewegungseinschränkungen. Dieses kann beispielsweise eine akute Muskelverhärtung im Rücken sein, verursacht durch Zugluft oder Hängerfahrten ohne das verschwitzte Pferd einzudecken.
Im Kapitel über die krank machenden Einflüsse wurden die pathogenen Faktoren beschrieben, die aus Sicht der Traditionellen Chinesi-

schen Medizin in die Leitbahnen eindringen und dort zu Stau und Stagnation führen können. Daraus entwickelt sich ein Schmerzgeschehen für das Pferd. Dabei kann nur ein einzelner Meridian betroffen sein, meistens entsteht aber ein komplexes Schmerzgeschehen, das mehrere Meridiane erfasst.

Die Schmerztherapie

Die Schmerztherapie besteht nicht nur in einer ausleitenden Behandlung. Alle Meridiane, die die Schmerzregion durchlaufen, werden bei der Behandlung erfasst. Häufig muss zusätzlich der Pferdetyp ausgleichend genadelt und das Immunsystem unterstützt werden. Durch diese Therapie erhält das Pferd die Kraft, sich mit den pathogenen Faktoren auseinanderzusetzen und eine Heilung einzuleiten.

Bei der Behandlung jedes Schmerzgeschehens ist immer zu bedenken und mit dem Reiter zu besprechen, welche Anforderungen noch an das Pferd gestellt werden können. Nach einer ausgeheilten Lahmheit kann ein Freizeitpferd beispielsweise noch jahrelang geritten werden, während dagegen ein Sportpferd mit der gleichen Problematik unter Umständen die sportlichen Ansprüche nicht mehr erfüllen kann.

Schmerzauslösende Ursachen wie ein unpassender Sattel müssen beseitigt werden.

Praxisbeispiel: Hinterhandlahmheit

Ein zehnjähriges Springpferd wird zur Akupunktur vorgestellt. Das Pferd ist gehfreudig und in guter Kondition. Am Tag nach einem Turniereinsatz tritt regelmäßig eine Lahmheit hinten rechts auf. Sie verschwindet wieder nach fünf Tagen Ruhe, unabhängig davon, ob das Pferd Entzündungshemmer bekommt oder nicht. Röntgen- und Ultraschalluntersuchungen ergaben keinen krankhaften Befund. In der Szintigrafie wurden kleine Veränderungen im Hals festgestellt, die aber die Lahmheit nicht erklären.

Bei der chinesischen Untersuchung fällt eine schmerzhafte Druckreaktion am linken Genick am Punkt Gallenblase 20 auf und eine extreme Druckempfindlichkeit am Shu-Punkt Bl 18.

Die chinesische Diagnose lautet: Leber-Qi-Stagnation mit Wind, der zu der wechselnden Lahmheit führt. Die Behandlung erfolgt an den Akupunkturpunkten Ga 20 zur Windausleitung auf der linken Seite, auf der rechten Seite durch Bl 60 als Fernpunkt für Genick und Hals und chronische Lahmheiten und Le 8 zur Stärkung des Qi und Yin der Leber, damit die Leber harmonisch fließen kann.

Nach fünf Behandlungen ist die Druckempfindlichkeit der Akupunkturpunkte verschwunden und die Lahmheit tritt nicht mehr auf. Der Reiter kommt alle zwei Monate zur Akupunkturbehandlung, um einem Rezidiv vorzubeugen.

Akutes Schmerzgeschehen
Ein akutes Schmerzgeschehen wird im Allgemeinen durch ein Wind-Bi oder eine Kombination von Wind und Hitze oder Wind und Kälte ausgelöst. Bei einer akuten Lahmheit wird entweder zuerst Biao (Symptom) und dann Ben (Wurzel) behandelt oder beide in einer Akupunktursitzung therapiert. Bei einer Vorderbeinlahmheit sind andere Meridiane betroffen als bei einer Hinterhandlahmheit. Nachdem die pathogenen Faktoren abgeklärt sind, wird daher untersucht, welcher Meridian gestaut ist. Dies erfolgt zum Beispiel über das Abtasten der Shu-Punkte und die Lokalisation des Schmerzes.
Die Therapieintervalle sollten bei akuten Erkrankungen möglichst in einem Abstand von zwei bis fünf Tagen liegen.

Praxisbeispiel: Vorderbeinlahmheit
Lara, eine 14 Jahre alte Haflingerstute, wird mit einer akuten Lahmheit vorne rechts vorgestellt. Sie lebt in einer Herde in einer Offenstallhaltung und die Reiterin hat Lara am Tag zuvor lahm von der Weide geholt. Lara ist die Anführerin in ihrer Herde und verteidigt ihren Anspruch auf diese Führungsposition in Abständen immer wieder durch ihr sehr dominantes Auftreten.
Die Untersuchung ertrug Lara, die im Gan-Typ steht, nur widerwillig. Die Muskulatur am Vorderbein ist außen unterhalb des Schultergelenks handtellergroß, heiß und angeschwollen.

Nässe-Bi
Dabei entstehen Schwellungen der Muskulatur und angelaufene Gliedmaßen sowie dicke Gelenke ohne Hitzesymptome. Der Schmerz ist an einen bestimmten Ort, zum Beispiel ein Gelenk, gebunden. Teilweise können Taubheitsgefühle der Gliedmaßen auftreten. Feuchtes Wetter verstärkt die Einschränkung der Bewegung und erhöht den Schmerz.

Von den Shu-Punkten sind der Zustimmungspunkt der Leber (Gan) und der Zustimmungspunkt des Dickdarms schmerzhaft.
Die akute Lahmheit ist durch eine Schlagverletzung auf der Weide von einem anderen Pferd entstanden. Die Symptome am Vorderbein zeigen Fülle-Hitze im Dickdarm-Meridian.
Zur Therapie wird eine Kettenschloss-Akupunktur auf dem Dickdarm-Meridian durchgeführt, das heißt es werden Punkte über und unter der Schwellung akupunktiert. Am gesunden Bein wird der Punkt Dreifacher Erwärmer 5, der alle pathogenen Faktoren ausleitet, genadelt. Am Hinterbein erfolgt die Akupunktur von Le 3 (Tai Chong) zum psychischen Ausgleich der Stute. Die Reiterin wird aktiv in die Behandlung ihres Pferdes einbezogen und akupressiert den Punkt Le 3 (Tai Chong).
Eine chronische Lahmheit kann ein Schmerzgeschehen sein, das scheinbar in Intervallen immer wieder auftritt oder eine Lahmheit, die zu Beginn der Bewegung des Pferdes deutlich ist und während des Reitens oder Führens verschwindet – das Pferd läuft sich ein.

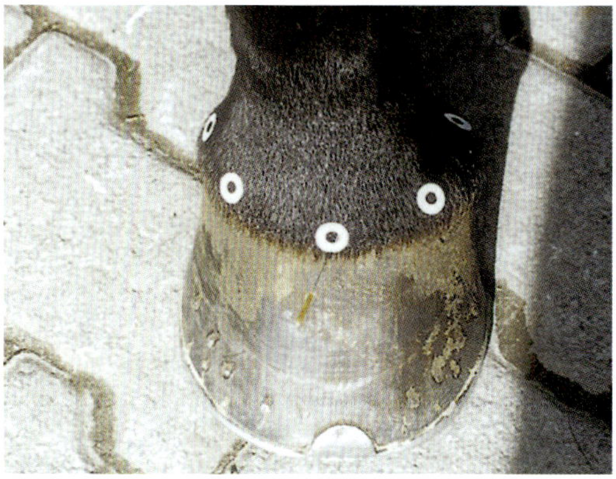

Die Anfangs- und Endpunkte der Meridiane liegen direkt oberhalb des Kronsaums. Sie werden als Ting-Punkte bezeichnet.

Eine akute Lahmheit, die sich nicht bessert oder sich sogar verschlechtert, entwickelt sich zu einem chronischen Schmerzzustand.

Aus Sicht der traditionellen Medizin findet sich zu Beginn einer akuten Lahmheiten meistens ein Wind-Bi. Bei der Entwicklung eines chronischen Schmerzgeschehens treten fast immer alle beschriebenen pathogenen Faktoren Wind, Kälte, Hitze und Nässe zusätzlich auf, allerdings mit unterschiedlich starker Ausprägung.

Sobald Gelenke angeschwollen sind ohne sich heiß anzufühlen, haben wir es mit dem Nässe-Bi zu tun.

Praxisbeispiel:

Liselotte, ein 19 Jahre altes Pony, wird als Kinderlehrpferd eingesetzt. Liselotte ist eine sanftmütige Stute, die von allen Kindern geliebt wird. In der letzten Zeit bleibt sie aber immer häufiger stehen und will nicht vorwärts laufen. Sie wirkt mürrisch und schnappt nach den Kids.

Die Untersuchung ergibt eine Arthrose in beiden Krongelenken. Der Tierarzt behandelt beide Gelenke und rät zu einer vierwöchigen Pause.

Nach vier Wochen trabt Liselotte gut, wirkt aber immer noch ärgerlich und möchte nicht geputzt werden. Liselotte steht im Lungen-Typ. Sicherlich hatte sie schon lange Schmerzen und ist trotzdem, wie es der Lungen-Typ macht, für die Kinder gelaufen.

Die chinesiche Leber ist für den harmonischen Qi-Fluss zuständig und verhindert Qi-Stagnationen. Sie sind Ausdruck von Schmerzen und führen zu psychischen Disharmonien.

Die Traditionelle Chinesische Medizin betrachtet immer Körper und Seele. Also ist durch die Bildung der Arthrosen eine Leber-Qi-Stagnation entstanden und hat zum veränderten, missmutigen Verhalten von Liselotte geführt.

Es werden sechs Akupunkturbehandlungen an Le 3 beidseitig und Di 4 beidseitig alle vier Tage angewandt. Danach werden Bl 17 und Bl 20 akupunktiert.

Liselotte ist die Freundin der Kinder.

Knochen-Bi
Entsteht durch ein lang andauerndes, chronisches Schmerzgeschehen.
An Gelenken und Knochen entstehen Arthrosen und Zubildungen.
Es kann zu Muskelschwund in der betroffenen Region kommen.

Akupressur wird täglich angewendet:

Ma 36	unterstützt die Qi-Bildung, wirkt aufbauend.
MP 6	stärkt die Mitte.
Le 3	harmonisiert das Leber-Qi
Ni 3	tonisiert die Essenz und kräftigt Nieren-Yin und -Yang.

Während dieser Zeit wird Liselotte nur wenig bewegt, hat aber Weidegang. Ihr Verhalten ändert sich und nach insgesamt acht Wochen haben die Kinder ihre alte sanftmütige Liselotte wieder.

Überlegung

Wie sehr ein Schmerzgeschehen das Allgemeinbefinden stören kann, ist bekannt. Dies trifft auch auf unsere Pferde zu. Bei Liselotte hatte ein örtliches Schmerzgeschehen das ganze Verhalten verändert. Die Akupunkturtherapie bestand weniger im Ausleiten des Schmerzes, sondern vielmehr in der Stärkung des Patienten. Ich erlebe immer wieder, wie wichtig die Stärkung der Wurzel ist, da sonst die Akupunktur nur kurzfristig wirkt.

Praxisbeispiel:
Arthrose im Halswirbelbereich

Fango, ein zehnjähriger Fuchswallach, ist erfolgreich in Dressurprüfungen bis Klasse M. Die Besitzerin hat Fango vierjährig gekauft, und schon damals war ihr eine gewisse Steifheit im unteren Halsbereich aufgefallen. Aus diesem Grund wird der Wallach am Hals geröntgt. Die Röntgenbilder zeigten aber keine Auffälligkeiten.
Die Lektionen bis zur Klasse M hat Fango leicht gelernt, nur Traversalen fallen ihm schwer. Die Reiterin möchte über den Winter Pirouetten und Tempiwechsel üben. Dabei versucht sie Fango mehr in der Hinterhand zu setzen. Nach 14 Tagen bleibt der Wallach während des Trainings plötzlich stehen und weigert sich mehrere Minuten lang vorwärts zu gehen. Zuerst hat die Reiterin versucht, das Pferd mit Strenge unter Kontrolle zu bekommen, aber Fango wird von Tag zu Tag triebiger und lässt sich immer schlechter durchs Genick reiten. Hinzu kommt Appetitlosigkeit, die für Fango, der im Pi-Typ steht, sehr ungewöhnlich ist. In diesem Zustand wurde mir der Wallach vorgestellt.
Die Besitzerin nimmt eine Blockade im Kreuzdarmbeingelenk an, deshalb soll eine osteotherapeutische Behandlung durchgeführt werden. Die Untersuchung ergibt ein gesundes Kreuzdarmbeingelenk, aber eine starke Schmerzhaftigkeit und eine Bewegungseinschränkung am Hals im Bereich des fünften bis siebten Halswirbels.
Auf meinen Ratschlag hin wird Fango in einer Tierklinik vorgestellt und eine neue Röntgenaufnahme der Halswirbelsäule vorgenommen. Im Gegensatz zur früheren Aufnahme sieht man eine massive Arthrose zwischen dem fünften und sechsten Halswirbel.

Bei einer Entzündung oder Arthrose der Halswirbelsäule darf keine osteotherapeutische oder chiropraktische Behandlung angewendet werden, da die Manipulation schwere Schmerzzustände und Bewegungsstörungen hervorrufen kann. Die Klinik überweist Fango ohne weitere Behandlung an meine Praxis zurück.

Die Veränderungen der Halswirbel waren sicher nicht plötzlich entstanden, sondern chronisch. Durch seine Rittigkeit hat der Wallach bisher alle Lektionen gelernt. Seine Reiterin erzählt, dass der Wallach immer besser aussähe als er sich anfühlen würde. Deshalb hat sie den steifen Hals kompromissbereit ignoriert und erst mit dem Ziel S-Dressur versucht Fango richtig durchzureiten.

Die TCM-Diagnose lautet: Knochen-Bi im Dickdarm-Gallenblasen- und Magen-Meridian. Das Schmerz- und Stressgeschehen durch die übermäßige reiterliche Anforderung lässt das Bi-Syndrom nach innen wandern. Der gierige Fango zeigt mit der eingeschränkten Nahrungsaufnahme einen Milz-Qi-Mangel.

Fango wird viermal im Abstand von einer Woche akupunktiert. Die Therapie leitet die pathogenen Faktoren aus und stärkt durch einmalige Moxibustion von Bl 20 die Milz.

Nach dieser intensiven Akupunkturbehandlung kann die Reiterin Fango wieder ohne Probleme reiten. Nach jeder Reitstunde akupressiert sie eine Minute lang MP 6.

Im folgenden Jahr startet sie erfolgreich in S-Dressurprüfungen. Sie hat die Rittigkeit von Fango ausgenutzt und vorsichtig und ohne Zwang die neuen Lektionen beigebracht. Trotzdem wird der Wallach etwa alle drei Monate akupunktiert. Die sportliche Belastung lässt immer wieder mal leichte Schmerzen entstehen, die aber behoben werden können. Eine Appetitlosigkeit hat Fango nie mehr gezeigt.

Muskelverspannungen und Schmerzen im Genick

Viele Pferde haben Probleme, wenn sie durchs Genick gehen sollen. Die Symptome variieren vom sogenannten Herausheben und Kopfhochhalten bis zum Steigen und Durchgehen. Bei Genickschmerzen ist es besonders wichtig, den Zustand von Zähnen und Gebiss des Pferdes abzuklären. Haken auf den Zähnen sowie Zahnfehlstellungen und Entzündungen führen zu Maul- und Genickproblemen beim Reiten. Auch eine nicht passende oder nicht korrekt verschnallte Trense kann zu Genickproblemen führen.

Hat sich ein Pferd beim Anbinden in sein Halfter gehängt oder ist mit dem Genick zum Beispiel an einen Balken gestoßen, sollte es mindestens 14 Tage ein mit Fell gepolstertes Nackenstück tragen, damit die Prellung ohne Rückstände heilt.

Leichtere Genickprobleme treten oft einseitig auf. Die Pferde weichen dem Schmerz im Genick aus, indem sie sich beim Reiten verwerfen oder mit dem Kopf schlagen.

Für die Akupunkturbehandlung ist es wichtig zu unterscheiden, ob das Genickproblem eine rein lokale Verspannung ist oder die Folgeerscheinung einer Rückenverspannung darstellt. Eine leichte lokale Genickstörung entsteht durch einen Stau in einem oder mehreren Meridianen, die über das Genick verlaufen. Es wird mit Nah- und Fernpunkten behandelt. Bei einer Folgestörung muss zusätzlich der Auslöser behandelt werden.

Einige Akupunkturpunkte, die infrage kommen:

- **Gb 20 (Feng Chi)** leitet Wind aus und beseitigt lokale Schmerzen. Er wirkt unter anderem bei einseitigem Schmerz und bei akuten Rückenschmerzen.
- **Bl 10 (Tian Zhu)** löst Blockaden im Blasen-Meridian. Er leitet Wind aus, das bedeutet, er wirkt schmerzstillend.
- **Di 4 (He Gu)** wirkt als Fernpunkt auf alle Schmerzzustände im Körper.
- **Dü 3 (Hou Xi)** wirkt ebenfalls als Fernpunkt auf das Genick und die kleinen Wirbelgelenke ein.

Rückenschmerzen – Muskelverspannung

Rückenschmerzen sind lediglich ein Symptom. Für einen effektiven und langfristigen Behandlungserfolg muss den Ursachen für diese Verspannungen auf den Grund gegangen werden.

Eine häufige Ursache sind beispielsweise unpassende oder schlecht aufliegende Sättel. Jede Lahmheit verhindert einen normalen Bewegungsablauf des Pferdes und es treten als Folge Verspannungen der Rückenmuskulatur auf. Ein korrekter Hufbeschlag ist daher einmal mehr von großer Wichtigkeit.

Auch innere Erkrankungen können zu Problemen im Rückenbereich führen. Eine chronische Bronchitis lässt das Pferd nicht richtig durchatmen und führt über das Zwerchfell ebenfalls zu einem Festhalten im Rücken.

Es zeigt sich somit, dass ganz unterschiedliche Ursachen zu ein und demselben Symptom führen können und eine reine Symptombehandlung nicht ausreicht. Deshalb muss eine individuelle Akupunktur durchgeführt werden.

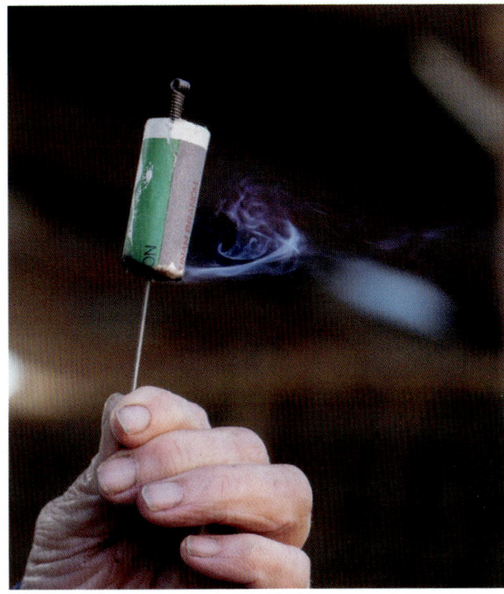

Die Moxibustion ist optimal geeignet, um Rückenprobleme infolge von Nieren-Qi-Mangel zu behandeln.

Praxisbeispiel: Probleme beim Anreiten

Ein vierjähriger Wallach wird angeritten. Das Auftrensen lernt der Wallach schnell und lässt sich innerhalb kürzester Zeit ohne Schwierigkeiten longieren.

Beim ersten Versuch, einen Sattel aufzulegen und zu gurten, gerät der Wallach in Panik. Nach mehreren Versuchen lässt der Wallach sich nicht mehr im Rückenbereich putzen.

MP 21 und Bl 23 werden genadelt und der Reiter akupressiert 14 Tage lang MP 21 mit der linken Faust und putzt das Pferd gleichzeitig mit der rechten Hand. Ab dem 15. Tag beginnt er dem Wallach den Longiergurt aufzulegen, akupressiert aber immer dabei MP 21. Nach weiteren sieben Tagen lässt sich der Wallach den Sattel ohne Probleme anlegen und kann longiert werden.

Praxisbeispiel: Schwierigkeiten beim Galopp
Montevideo, ein zehnjähriger Wallach, hat Probleme beim Linksangaloppieren. Sobald die Hilfe zum Galopp gegeben wird, verliert Montevideo seine Gehfreudigkeit und lässt sich schwer durchs Genick stellen.
Die Einnahme von Schmerzmitteln zeigt keinen Erfolg. Eine osteotherapeutische Behandlung führt zu einer Verbesserung der Situation, die Reiterin muss aber immer noch sehr geschickt reiten, um links angaloppieren zu können. Es liegt ein Leber-Qi-Stau und eine Stagnation im Gallenblasen-Meridian vor.
Montevideo wird zweimal an den Punkten Dü 3, Bl 60 (chronischer Rückenschmerz), Bl 10 (entstaut den Blasen-Meridian), Ga 20 (leitet Wind aus dem Gallenblasen-Meridian) und Le 3 (entspannt die Muskulatur, löst den Leber-Qi-Stau und beruhigt) akupunktiert.
Dem Wallach fällt das Angaloppieren danach wesentlich leichter.
Über einen Zeitraum von sechs Monaten wird Montevideo regelmäßig alle drei Wochen akupunktiert. Seither gibt es keine Probleme mehr.

Nachsorge nach Verletzungen und Operationen

Ein Chirurg ist zufrieden, wenn er korrekt operiert hat, die Wunde ohne Komplikationen verheilt und die Beweglichkeit des Patienten wieder hergestellt ist. Die Arbeit des Chirurgen kann der Akupunkteur nicht ersetzen. Aber es besteht nach einer gelungenen Operation möglicherweise eine Stagnation in den Meridianen, die über die Wunde laufen.
Die Wahrscheinlichkeit einer Störung in der Wandlungsphase Leber ist groß und bei lang andauerndem Klinikaufenthalt muss die Mitte der Pferde immer unterstützt werden. Die Nachsorge ist für das Pferd genauso wichtig wie die Vorsorge. Das betrifft nicht nur Verletzungen oder Lahmheiten, sondern auch innere Erkrankungen.

Einige Punkte, die zur Nachsorge angewendet werden können:

- **Le 3** unterdrückt das Leber-Yang, fördert aber den Leber-Qi-Fluss. Seine Wirkung ist ausgleichend.
- **Di 4** hat schmerzstillende und beruhigende Wirkung.
- **MP 6** wird bei Gliedmaßenoperationen akupunktiert.
- **San Yin Jiao** stärkt die Mitte und festigt die Muskulatur.
- **Di 16** hat Einfluss auf die Gelenke.
- **Dü 3** beeinflusst Schmerzen und Verspannungen in der Muskulatur und Sehnen.

Behandlung innerer Erkrankungen

In den vergangenen Jahren hat sich mehr und mehr das Bewusstsein durchgesetzt, dass die TCM nicht nur in der Schmerztherapie effektiv eingesetzt werden kann, sondern auch bei inneren Krankheiten sehr gute Heilungserfolge erzielt. In vielen Fällen kann ausschließlich mit Akupunktur behandelt werden, oftmals ergibt aber eine Kombination aus Schulmedizin und Akupunktur die besten Heilungserfolge. Die Behandlungsabstände variieren sehr stark und sind vom Krankheitsverlauf abhängig.

Atemwegserkrankungen

Jeder Reiter und Pferdebesitzer kennt das Problem Atemwegserkrankungen. In fast jedem

Stall gibt es ein, meist sogar mehrere Pferde, die kontinuierlich husten oder Atemprobleme haben.
Die Akupunktur kann sowohl bei akuten als auch chronischen Formen von Atemwegserkrankungen angewendet werden.

Akute Virusinfektion – Wind und Kälte schädigen die Lunge

Eine beginnende Virusinfektion zeigt sich im eingeschränkten Allgemeinbefinden der Pferde. War das Pferd gestern noch kernig und hat gut mitgearbeitet, steht es am anderen Tag matt und lustlos in der Box, frisst nicht oder nur langsam. Das Fell wirkt stumpf und steht leicht von der Haut ab. Der Bewegungsablauf ist träge.
Während dieser Phase einer beginnenden Infektion tritt meistens noch kein Husten auf. Übersieht der Reiter diesen Anfang einer Atemwegsinfektion und fordert sein Pferd zu stark, statt ihm Ruhe zu gönnen, breitet sich die Erkrankung aus.
Aus Sicht der TCM ist dieses Erkrankungsstadium eine Attacke von Wind und Kälte auf das Organ Lunge. Ist das Abwehr-Qi des Pferdes stark, kann es sich in wenigen Tagen erholen. Deshalb wird zu Beginn einer Infektion der pathogene Faktor ausgeleitet und das Immunsystem des Pferdes gestärkt.
Kann das Immunsystem die Infektion nicht abfangen, wandelt sich die Kälte in Hitze und es entsteht Fieber.

Praxisbeispiel:
Beginnende Atemwegsinfektion

Lucius, ein fünfjähriger Wallach, wird zur Behandlung vorgestellt. Der Wallach wurde

Akute und chronische Atemwegsprobleme können erfolgreich mit Akupunktur behandelt werden.

schon einige Male zur allgemeinen Kontrolle untersucht, aber bisher brauchte er keine Akupunktur.
Der Besitzer akupressiert Lucius an Le 3, wenn er glaubt, viel gearbeitet zu haben, damit kein Muskelkater entsteht.
Seit drei Tagen erscheint ihm der Wallach etwas müde und lustlos bei der Arbeit. Da im Stall eine fiebrige Infektion grassiert, möchte der Pferdebesitzer eine Untersuchung seines Pferdes.
Da ich Lucius, der im Gan-Typ steht, kenne, fällt als Erstes auf, wie ruhig und gelassen er die Untersuchung über sich ergehen lässt. Sein Puls ist normalerweise oberflächlich und gespannt und seine Schleimhäute sind rot. Diesmal hat er weißliche Schleimhäute und einen oberflächlichen, gespannten Puls mit langsamer Frequenz. Ansonsten kann keine Veränderung festgestellt werden.

Hier wird deutlich, wie vorteilhaft es für den Akupunkteur ist, wenn er den Patienten im Normalzustand kennt. Lucius befindet sich am Anfang einer Infektion, aber die Symptome sind minimal. Der langsame Puls und die weißlichen Schleimhäute sowie die Müdigkeit bei der Arbeit sind die einzigen Anzeichen der eindringenden Infektion.
Die einmalige Akupunktur der Akupunkturpunkte Lu 7 (Lie Que) hilft der Lunge im Verteilen des Lungen-Qi und bewegt das Abwehr-Qi. Damit stärkt es das Immunsystem des Pferdes. Gb 20 (Feng Chi) leitet Wind aus und hilft gegen Virusinfektionen. Ni 3 (Tai Xi) stärkt das Abwehrsystem der Pferde. So erholt sich Lucius und tobt zwei Tage später wieder über die Weide. Die Kontrolluntersuchung nach zehn Tagen macht keine weitere Behandlung nötig. Dieses Beispiel soll Reiter und Pferdebesitzer bestärken, sich bei gesundheitlichen Veränderungen ihres Pferdes auf ihr Gefühl und ihre Beobachtungen zu verlassen.

Praxisbeispiel:
Kehlkopfentzündung mit Atembeschwerden
Ein achtjähriger brauner Wallach bekommt immer wieder Kehlkopfentzündungen, die mit Atemnot einhergehen, sobald er durchs Genick geritten wird.
In der ersten Akupunkturbehandlung werden über 3E 5 und Lu 11 die pathogenen Faktoren ausgeleitet und durch Nadelung von Le 3 und MP 6 das Leber-Qi bewegt und Blutstasen beseitigt. Der Wallach kann ein Jahr ohne Probleme geritten werden, bis eine akute Atemwegserkrankung auftritt. Danach zeigt er dieselben Symptome wieder. Die Akupunkturbehandlung ergibt, zu denselben Punkten die Punkte Lu 7 und Bl 23 zur Stärkung der Niere zu akupunktieren. Bisher sind keine Rückfälle aufgetreten. Es ist aber anzunehmen, dass bei einer erneuten Atemwegsinfektion mit einem Rückfall zu rechnen ist. Aus diesem Grund wird der Wallach alle vier Monate zur Untersuchung vorgestellt.

Bronchitis – Schwäche des Lungen-Qi
Nasennebenhöhlenentzündungen, Kehlkopfentzündungen, Lungenentzündungen und Asthma sowie Allergien entstehen infolge einer Schwäche des Lungen-Qi. Ein schwaches Lungen-Qi bildet die Grundlage vieler Erkrankungen der oberen und unteren Atemwege. Durch die verminderte Widerstandskraft des Abwehr-Qi wird die Infektion nicht begrenzt. Es erfolgt eine Ausbreitung der Infektion in tiefere Regionen, Bronchien und Lunge werden angegriffen. Die Pferde husten, sind kurzatmig und nicht mehr voll belastungsfähig. Begleitend kann Ausfluss mit gelbem Sekret auftreten.
Die Schwäche des Lungen-Qi entsteht zum Beispiel durch schlechte Haltungsbedingungen, chronische Erkrankungen anderer Organe, hohes Alter, übermäßige reiterliche Anforderung und übergangene Infekte.
Der Akupunkteur fördert das Lungen-Qi und kann positiven Einfluss auf die anderen Organsysteme nehmen. Steht eine bakterielle Infektion im Vordergrund, muss der Tierarzt das Pferd mit Antibiotika behandeln.

Praxisbeispiel:
Leistungsschwäche eines Grand-Prix-Pferdes
Cosar, ein zehnjähriges Dressurpferd, ist bis auf Grand-Prix-Niveau ausgebildet.

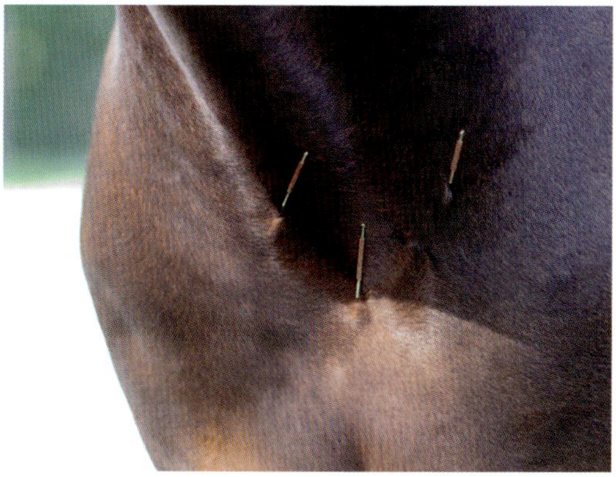

Das Lungen-Qi wird durch KG17 (Mitte) und NI 27 (rechts und links) harmonisiert.

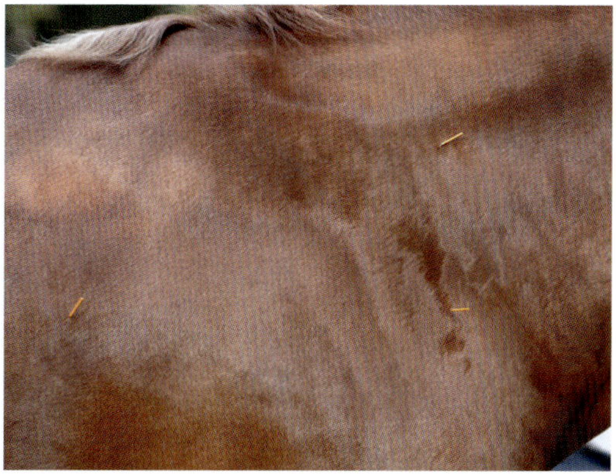

Schulterakupunkturpunkte beeinflussen die Atmung und sind schmerzstillend.

Das Pferd hustet schon lange und in der letzten Zeit lässt die Leistung merklich nach. Der Reiter muss das Pferd regelrecht durch die Prüfung tragen. Die Untersuchung in einer Klinik ergibt sehr schlechte Gaswerte in der Lunge. Es liegt aber keine Verschleimung der Bronchien vor. Der Wallach muss inhalieren und bekommt Medikamente. Das Befinden bessert sich, wird aber mit Absetzen der Therapie wieder schlecht. Cosar zeigt ein gutes Allgemeinbefinden. Aufgrund der Verbesserung unter Medikamentengabe kann von einer guten Reaktionslage des Pferdes ausgegangen werden. Ohne Unterstützung war Cosars Lungen-Qi aber nicht stark genug. Außer der Stärkung der Lungen wurden der Niere und der Milz durch Akupunktur geholfen.

Einige der Punkte:

- **Kg 17 (Shan Zhong)** ist der Meisterpunkt der Lunge.
- **Kg 22 (Tian Tu)** befreit den Rachen, normalisiert die Funktion der Lunge und reguliert die Feuchtigkeit in der Lunge.
- **MP 6 (San Yin Jiao)** stärkt die Mitte und hilft Schwächezustände zu überwinden.
- **Ma 36 (Zu San Li)** stärkt Qi und Blut und unterstützt die Milzfunktion.

Die Behandlung findet alle 14 Tage statt und dauert über ein halbes Jahr. Nach vier Monaten haben sich die Blutgaswerte normalisiert. Die Lungenpunkte sind immer noch druckempfindlich. Cosar wird deshalb weiter akupunktiert.

Erst nachdem er keine energetische Schwäche auf der Grundlage der TCM mehr zeigt, wird die Behandlung beendet. Cosar ist ohne Behandlung ein Jahr lang leistungsstark. Dann erkrankt er an einer akute Infektion der Atemwege. Der Besitzer nimmt die Erkrankung ernst und stellte sein Pferd in der Tierklinik vor. Cosar erhält eine kombinierte Therapie aus Schulmedizin und Akupunktur. Vier Wochen später ist er wieder leistungsbereit. Ein Pferd mit einer lange bestehenden Lungen-Qi-Schwäche bleibt immer gefährdet und muss bei einer akuten Infektion sofort behandelt werden.

Chronische Bronchitis – Schleim blockiert die Lunge

Viele Pferde neigen während einer Bronchitis zur vermehrten Schleimproduktion, die sich in schleimigem Auswurf äußert. Der Schleim kann weißlich, aber auch gelb oder grünlich sein.

Wird die Bronchitis nicht auskuriert, entsteht eine chronische Lungenerkrankung. Die Pferde lassen in ihrer Leistungsfähigkeit nach. Dabei können Rittigkeitsprobleme auftreten, da das Pferd nicht mehr tief durchatmet und sich deshalb im Rücken festhält. Manche Pferde husten, andere haben keinen Hustenreiz, zeigen aber eine erschwerte Atmung. Meistens sind diese Pferde nach einer Behandlung mit schleimlösenden Mitteln eine Zeit lang symptomfrei. Ab März wird der Husten wieder besser und verschwindet über den Sommer, beginnt im Winter aber wieder aufs Neue.

Pandur steht im Pi-Typ. Er interessiert sich hauptsächlich für sein Futter und ist übergewichtig. Beim Reiten ist er liebenswert, aber nicht besonders eifrig. Seine Hinterbeine laufen über Nacht an, werden beim Reiten aber wieder dünn. Sein Puls ist tief und schwach.

Obwohl die Besitzerin meint, eine Bronchioskopie sei nicht nötig, weil Pandur keinen Schleim abhuste und deshalb schleimfrei sei, lässt sie sich überreden, zur Klinik zu fahren. Ihre Bestürzung ist groß, als sie durch das Bronchioskop erfährt, dass Pandurs Bronchien voller klebrigem, zähem Schleim sind.

Da keine bakterielle Infektion vorliegt, wird allein eine Akupunkturbehandlung durchgeführt. Pandurs Krankengeschichte steht hier für viele Pferde, die über einen langen Zeitraum chronische Atemwegserkrankungen haben. Die Akupunktur kann in diesen Fällen sehr gute Dienste leisten und den Teufelskreislauf immer wieder auftretender Erkrankungen durchbrechen.

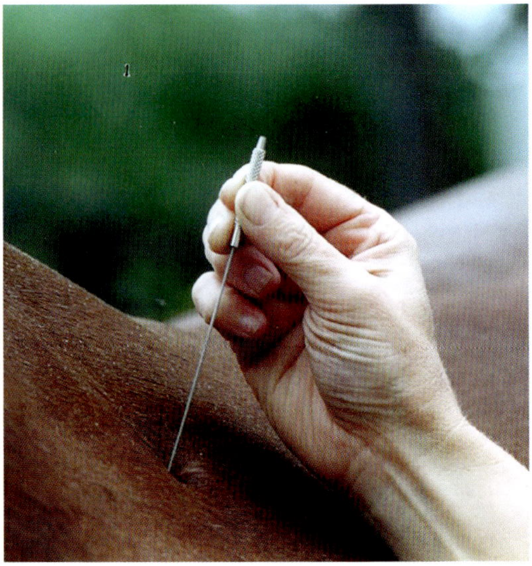

Der Punkt Bl 13 bewegt das Lungen-Qi und stärkt das Wei Qi.

Pandurs Erkrankung wird nach der TCM-Diagnose als »Schleim blockiert die Lunge« bezeichnet. Zusätzlich besteht aber eine Schwäche des Nieren-Yang, die durch das Frieren und das vermehrte Wasserlassen deutlich wird. Die Therapie muss einerseits den Schleim lösen, anderseits das Nieren-Yang stärken. Der Schleim wird mit Ma 40 und KG 22 behandelt. Die Kältesymptome werden durch Moxibustion auf Blase 23 therapiert. Pandur kam zweimal im Abstand von zehn Tagen zur Akupunkturbehandlung. In diesem Zeitraum beginnt er nach dem Reiten Schleim abzuhusten. Es folgten noch drei Behandlungen im Abstand von 20 Tagen.

Die Besitzerin akupressiert einmal täglich zur

Nierenstärkung Ni 3 und für die Lunge Lu 7. Ende Januar wird Pandur bronchoskopiert. Seine Bronchien sind schleimfrei. Im nächsten Jahr erhält Pandur im November eine Moxibustionbehandlung, um sein Immunsystem zu mobilisieren. Er übersteht den Winter ohne Erkrankung.

Erkrankungen des Verdauungsapparats

Kolik

Jede Art von Schmerzen im Bauch sollte zuerst durch eine rektale Untersuchung vom Tierarzt untersucht und abgeklärt werden.

Liegt zum Beispiel eine Kolik mit Darmverschluss vor, muss ein operativer Eingriff vorgenommen werden. Treten aber Koliken in kürzeren Abständen auf oder kommt es immer wieder zu Verstopfungen, kann in Kombination mit der westlichen Medizin und der Akupunktur ein Therapieplan erstellt werden. Die Akupunktur beeinflusst die Verdauungstätigkeit des Darms und dessen Bewegungen.

Der Akupunkturpunkt Dazhui harmonisiert alle Yang-Organe, stützt den Du Mai und leitet Wind aus.

Praxisbeispiel:

Stute mit wiederholt auftretenden Koliken

Cara, eine imposante neunjährige Fuchsstute, zeigt alle 10 bis 14 Tage Koliksymptome.

Sie nimmt kein Futter an und wird völlig matt. Einige Male hat eine krampflösende Spritze geholfen, aber meistens wird eine Fahrt in die Klinik notwendig.

Die Stute zeigt bei der Vorstellung eine Druckschmerzhaftigkeit im Pi-Shu und fühlt sich am ganzen Körper sehr kühl an. Die Gliedmaßen sind extrem kalt. Cara leidet an einer Milz-Yang-Schwäche. Die Akupunktur stärkt die Milz und eliminiert die Kälte.

Cara wird im Abstand von sieben Tagen dreimal vorgestellt und bleibt danach vier Wochen kolikfrei. Die Besitzerin ist überglücklich, besonders, weil die Stute ihre Lebenslust und ihre Vitalität wiedergefunden hat.

Vier Wochen später tritt erneut eine Kolik auf. Cara wird behandelt und mir kurz darauf vorgestellt. Es zeigt sich das gleiche Bild wie zuvor. In Absprache mit der Besitzerin wird Cara zweimal akupunktiert und erhält zusätzlich einmal täglich ein homöopathisches Medikament. Cara hatte seither über ein Jahr keine Kolik mehr.

Appetitlosigkeit – Milz-Qi-Schwäche

Appetitlosigkeit kann durch Infektionen, schlechte Haltungsbedingungen, chronische Erkrankungen, Stress, durch reiterliche Überforderung oder Rangkämpfe innerhalb der

Herde, durch Zahnprobleme und schlechte Futterqualität hervorgerufen werden.
Appetitlosigkeit betrachtet die TCM als Schwäche der Milz. Diese ist zuständig für die Bildung von Qi und Blut. Kann die Milz dieser Aufgabe nicht nachkommen, entstehen weitere Schwächesyndrome an anderen Organen. Es entsteht Blutarmut, Muskelschwäche, Allergiebereitschaft, Durchfall, Darmentzündung, Magengeschwüre und Kolikanfälligkeit. Die Akupunktur kann hier sehr früh vorbeugend eingesetzt werden und sollte bei dem Auftreten von Appetitlosigkeit immer angewendet werden, bevor weitere Erkrankungen entstehen.

Ein Auswahl der Akupunkturpunkte:

- **Ma 36 (Zu San Li)** stärkt Qi und Blut und unterstützt die Milzfunktion.
- **MP 6 (San Yin Jiao)** stärkt den Magen und die Milz.
- **Bl 20 (Pi Shu)** Zustimmungspunkt der Milz.
- **Le 13 (Zang Men)** Meisterpunkt der Zangorgane.

Praxisbeispiel: Winterlahmheit

Socki, ein zwölf Jahre altes Welshpony, wird im Januar zur Untersuchung vorgestellt, da das Pony seit drei Jahren immer in der kalten Jahreszeit lahmt. Die besorgten Besitzer haben das Pferd mehrfach dem Tierarzt vorgestellt, und es wurde eine umfassende Diagnostik durchgeführt. Die verschiedenen Verfahren haben aber keine Ursache für die Lahmheit gezeigt und an Sockis Bewegungsapparat waren keine Veränderungen zu erkennen. Auffällig ist, dass Socki im Sommer keine Probleme hat. Aus Sicht der Traditionellen Chinesischen Medizin steht Socki im Nieren-Shen-Typ. Er ist zierlich mit kleiner Maulspalte und kurzem feinen Fell.
Bei der Arbeit reagiert er eifrig, sogar übereifrig. Seine Besitzer erzählen lachend, dass er anscheinend immer schon wisse, was der Reiter wolle und eine Lektion ausführt, obwohl noch keine Hilfengebung erfolgt ist. Mutig sei er nicht, sondern würde lieber beim Führen hinterherlaufen. Diese Eigenschaften entsprechen dem Nieren-Shen-Typ.
Bei meiner Untersuchung fällt auf, dass Socki eine kleine helle Zunge und einen schnellen Puls hat. Seine Rückenpartie im Lendenbereich ist deutlich kälter als der Rest des Körpers. Auf Nachfrage erzählen die Besitzer, dass Socki nach dem Reiten immer schnell in die Box muss, sonst würde er auf die Stallgasse pinkeln.
Der Winter mit seinen kalten Temperaturen führt bei Socki zu einer Nieren-Yang-Schwäche. Seine Besitzer wollten ihn im Winter nicht eindecken, da er ein Pony sei.
Folgende Punkte werden viermal im Abstand von einer Woche akupunktiert:

- **Bl 23** Moxibustion
- **Lu 7** (Lie Que), bildet Lungen-Qi.
- **Ma 36** (Zu San Li) Stärkt Qi und Blut und unterstützt die Milz.
- **Le 3** (Taichong) bewegt das Leber-Qi und löst Stagnationen.
- **Ni 3** (Taixi) kräftigt Nieren-Yin und -Yang.

Außerdem bekommt Socki eine Decke und wird an Ni 3 und Le 3 einmal täglich akupressiert. Vier Wochen später ist Socki lahmfrei. Seither kommt er immer zu Beginn des Winters und wird mit Moxibustion behandelt.

Erkrankungen, die mit Akupunktur behandelt werden können

Augen	Konjunktivitis (Bindehautentzündung) Ulcus (Hornhautdefekt)
Atemwege	Alle Infektionen der oberen und unteren Atemwege wie Nasennebenhöhlenentzündung, Kehlkopfentzündung, Bronchitis, Lungenentzündung, Allergien.
Schmerz	Myalgien (Muskelentzündung), Halswirbelsyndrom, Lumbago (Verschlag), Arthrosen der Gelenke der Gliedmaßen: Spat, Schale, Verkalkung der Bizepssehne. Schwellungen der Weichteile nach stumpfen Schlagverletzungen. Rittigkeitsprobleme infolge von Schmerz.
Rücken	Alle schmerzhaften Prozesse im Bereich des Rückens infolge von Entzündungen oder Arthrosen der Wirbelgelenke und die damit verbundenen Lahmheiten und Rittigkeitsprobleme wie Kissing Spines, Muskelverspannungen und Rückenmuskelentzündungen.
Verdauungsapparat	Rezidivierende (wieder auftretende) Kolik, schlechte Futteraufnahme, Magenschleimhautentzündung, Magengeschwür, Kotwasser.
Verhalten	Alle extremen Verhaltensänderungen, Angst, Panik, Ärger.
Leistung	Leistungsabfall, Müdigkeit, Rittigkeitsprobleme.
Harnapparat	Blasenlähmung, rezidivierende Blasenentzündung.
Immunsystem	Infektionsanfälligkeit, Neigung zu langwierigen Heilungsprozessen, Neigung zu chronischen Erkrankungen.
Haut	Wiederkehrende Hautentzündungen, Pilzerkrankungen, Allergien.
Nervensystem	Akute Nervenentzündungen, Nervenschädigungen nach Verletzungen, Headshaking, Bewegungsstörungen, Ataxie.

Akupunktur am alten Pferd

Wann ist ein Pferd alt?

Es gibt grundsätzlich keine feste Altersgrenze, die bestimmt, wann ein Pferd als alt zu bezeichnen ist.

Al Pacino ist 15 Jahre alt und fährt am liebsten jedes Wochenende aufs Turnier. Sobald er eingeflochten wird, wiehert er bei jedem Hänger in der Annahme, dass es endlich losgeht. Al Pacino wirkt vital, lebensfroh und jung.

Mandoline ist erst zwölf Jahre alt und möchte ihre Box nicht mehr verlassen. Sie hat Arthrose in beiden Fesselgelenken und will nicht mehr laufen. Ihr Fell ist stumpf und struppig und sie sieht alt und gebrechlich aus.

Der Alterungsprozess

Die Essenz ist die Grundlage für die Entwicklung des Knochenwachstums und der sexuellen Reifung. Jedes Pferd hat seine individuelle Essenz. Während des Lebens der Pferde wird die Essenz allmählich weniger und dadurch beginnt das Pferd zu altern.

Hat ein Pferd eine starke Essenz und außerdem noch eine artgerechte Umgebung, wird es relativ spät alt erscheinen. Ein Pferd mit einer schwachen Essenz, das vielleicht unter ungünstigen Bedingungen lebt, wirkt dagegen möglicherweise schon mit zehn Jahren alt. Durch eine ausgewogene, gute Ernährung kann man die Nach-Himmels-Essenz beeinflussen und damit die Essenz stärken.

Praxisbeispiel: Husten bei starkem Immunsystem

Fips, ein 24-jähriges kleines Pony, hüstelt seit einigen Wochen beim Reiten. Der Husten ist trocken und rau. Er bereitet dem Pony aber keine weiteren Probleme. Bei der Untersuchung finden sich keine Auffälligkeiten, außer dass zwei traditionelle chinesische Punkte, die nicht auf den Meridianen liegen, eine Druckveränderung zeigen. Fei Men und Fei Pan sind Lungen-Punkte. Diese Punkte nehme ich immer sehr ernst, wenn sie ein Lungenproblem anzeigen.

Fips wird an Lu 7, Lu 9, Ma 40, Ma 36 und Bl 23 genadelt. Zwei Tage später hustet er gelblichen Schleim ab. Die Akupunktur wird noch zweimal im Abstand von vierzehn Tagen durchgeführt. Danach hustet Fips nicht mehr. Der Husten von Fips war so geringradig, dass niemand eine Verschleimung der Bronchien angenommen hat. Die alten traditionellen chinesischen Punkte zeigen aber zuverlässig an, dass ein Lungenproblem vorliegt.

Bei der Diagnose von inneren Erkrankungen beweist sich immer wieder, wie wichtig diese Punkte beim Pferd sind. Fips ist ein altes Pony mit einer starken Essenz und einem sehr starken Abwehr-Qi.

Ein schwächeres Pony hätte sicherlich mit massivem Husten oder sogar mit Mattigkeit reagiert. Die Akupunktur unterstützt das Wei Qi, sodass Essenz und Pferd schnell regenerieren.

Vorsorge für das alte Pferd

Stärkung des Immunsystems, Unterstützung im Fellwechsel, Bewegungseinschränkungen und Steifheiten abbauen und das Allgemeinbefinden verbessern sind typische Themen, wenn es um die Behandlung von alten Pferden geht, die mit Akupunktur behandelt werden können. Viele Besitzer von älteren Pferden stellen ihr Pferd regelmäßig alle vier bis fünf

Monate zur TCM-Untersuchung vor. Es muss keine Behandlung durchgeführt werden, wenn das Meridiansystem kein energetisches Ungleichgewicht aufweist. Aber durch diese Kontrolluntersuchungen lerne ich die Pferde sehr gut kennen und beurteilen. Veränderungen im Puls, an den Schleimhäuten oder in der Druckempfindlichkeit von Akupunkturpunkten lassen somit bei Bedarf ein sehr frühes Behandeln zu.

Das alte Pferd wird durch die TCM sehr gut unterstützt. Viele ältere Pferde reagieren besonders empfindlich auf Witterungseinflüsse wie Feuchtigkeit, Nässe und Kälte. Sie neigen zu Steifheiten und Verspannungen im Bewegungsapparat. In der Akupunktur muss man ein sehr altes Pferd genau untersuchen und darf nicht zu intensiv nadeln, um den Körper keinesfalls zu überfordern. Wie beim jungen Fohlen setzt man nur wenige Nadeln.

Alte Pferde sind sehr dankbar und entspannen sich bei der Akupunktur. Dies erkennt man an dem gelösten, entspannten Gesichtsausdruck, der immer schneller eintritt, sobald das Pferd den ausgleichenden Effekt der Akupunktur kennengelernt hat. Trotzdem reagiert der Gesamtorganismus des alten Pferdes träger auf die Akupunktur als der eines jungen Tiers. Deshalb muss häufiger akupunktiert werden.

Praxisbeispiel: Nieren-Yang-Mangel

Lucky, ein 18-jähriger, vitaler und springfreudiger Fuchswallach, geht im Sommer regelmäßig mit seinem Reiter aufs Turnier. Im Herbst beginnt er plötzlich im Stall zu frieren und muss häufig Urin lassen – eine Befindlichkeitsstörung, der die westliche Medizin erst einmal keine Bedeutung beimessen würde.

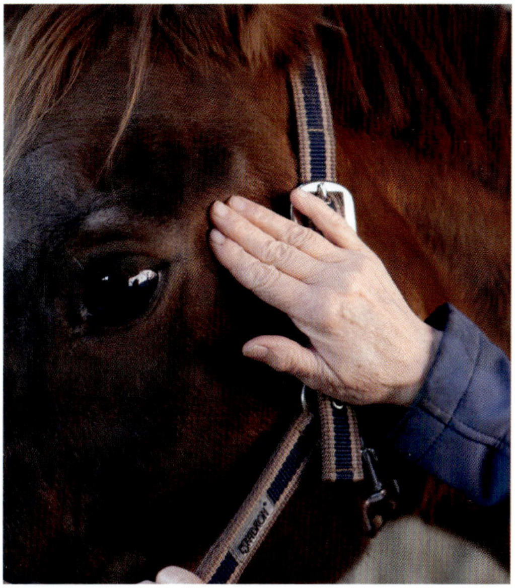

Das Pferd soll entspannt sein, wenn der TCM-Puls gefühlt wird.

Eine durchgeführte Blut- und Urinuntersuchung war in Ordnung.

Lucky steht im Gan-Typ mit Milz-Anteil. Die Untersuchung ergibt einen schwachen Puls und sehr weißliche Schleimhäute. Von den Shu-Punkten reagiert Bl 23, der Zustimmungspunkt der Niere, deutlich.

Eine Nieren-Yang-Schwäche führt zu Kältesymptomen. Bei Lucky äußert sich das durch das Frieren und das häufige Wasserlassen mit viel Urin. Die Therapie besteht aus einer Behandlung durch Moxibustion von Bl 23 zweimal im Abstand von zehn Tagen. Alle Symptome verschwinden und Lucky ist wieder der Alte.

Dieses Beispiel zeigt sehr deutlich, dass ein Pferd für einen Tierarzt, der traditionell chinesisch behandelt, schon krankhafte Symptome aufweisen kann, während die westliche Medizin dieses Pferd als gesund einschätzt.

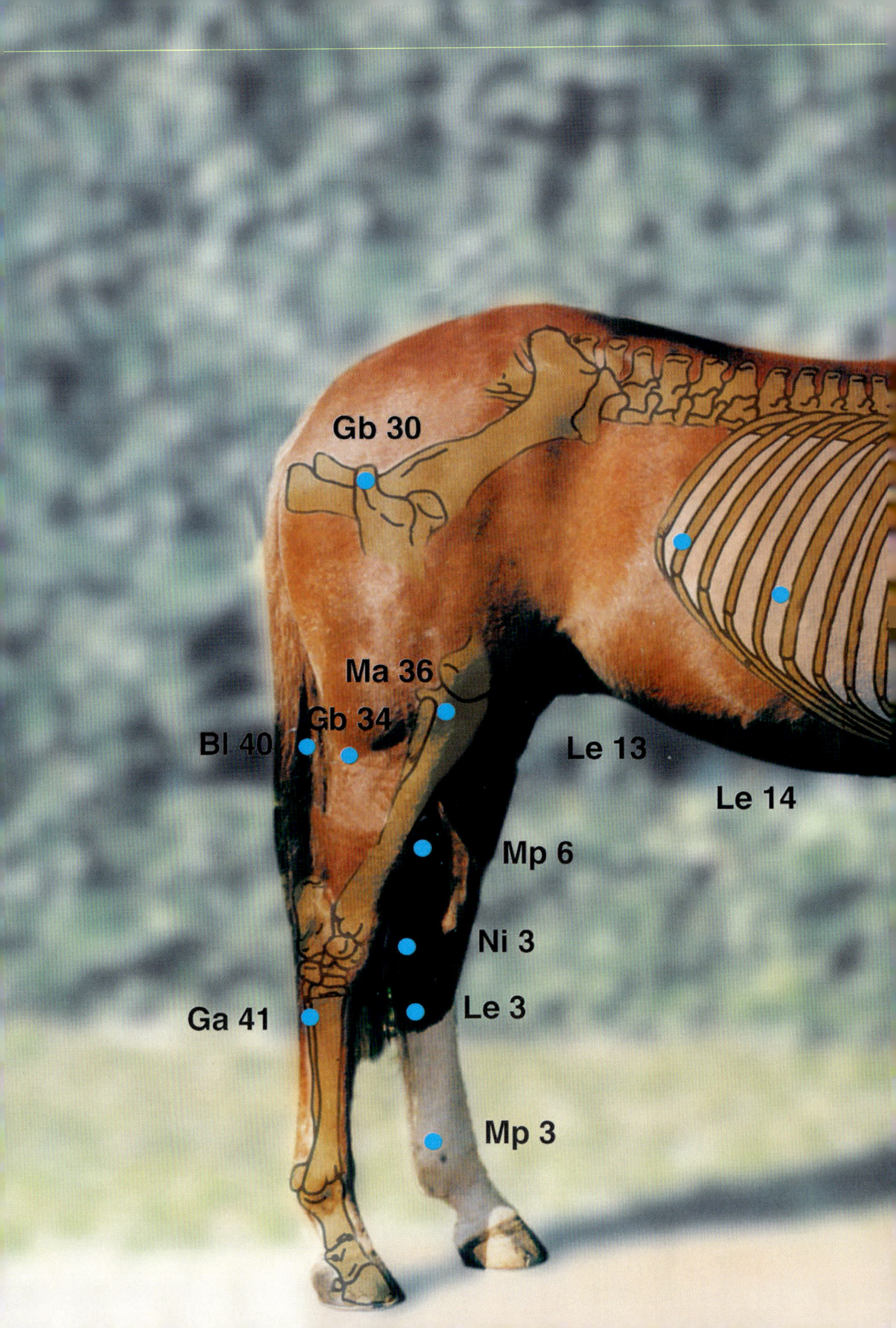

Gb 30
Ma 36
Gb 34
Bl 40
Le 13
Le 14
Mp 6
Ni 3
Le 3
Ga 41
Mp 3

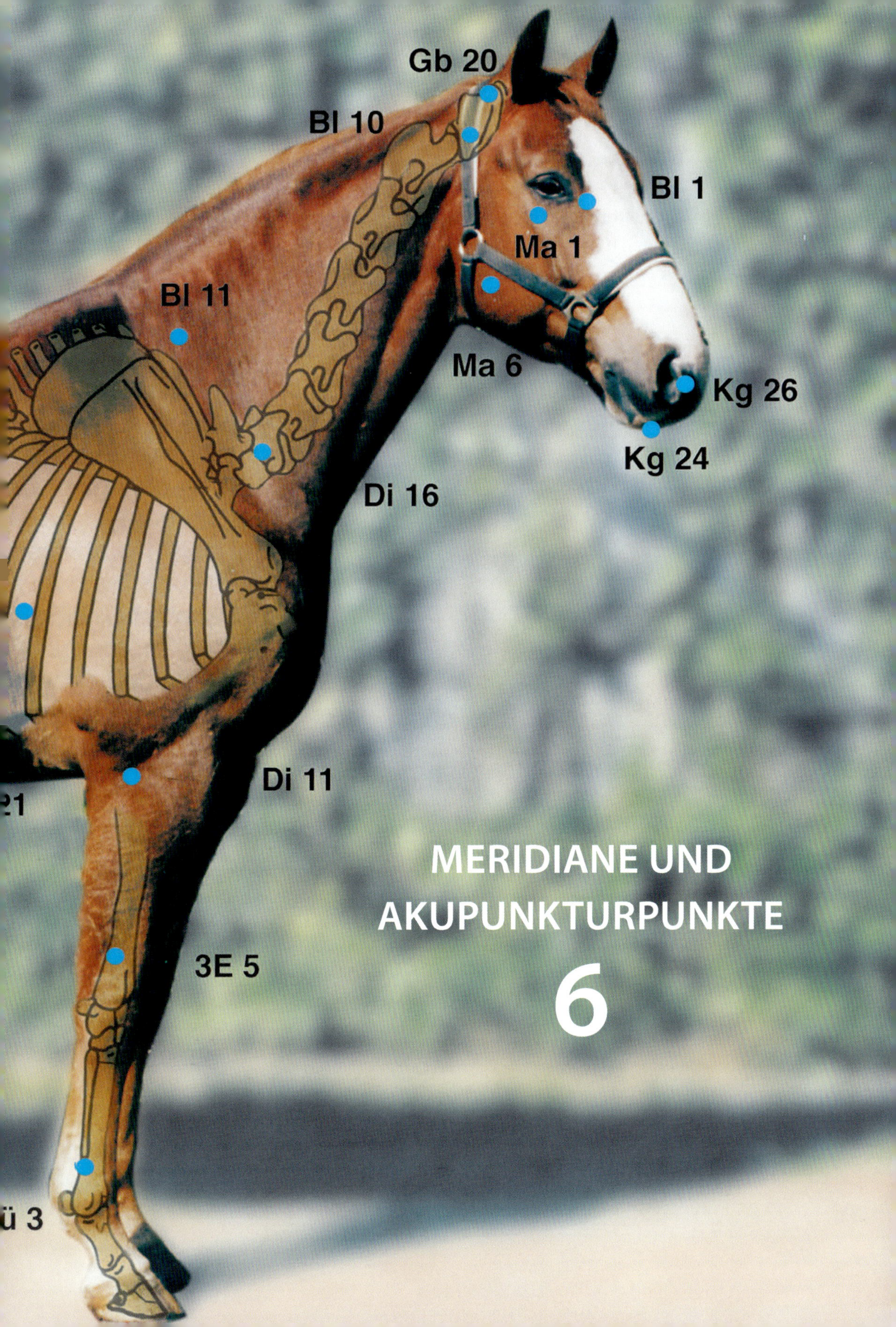

MERIDIANE UND AKUPUNKTURPUNKTE

6

Hier wird der unterschiedliche äußere und innere Verlauf der einzelnen Meridiane beschrieben. Beim äußeren Verlauf werden die Anfangs- und Endpunkte angegeben.
Die Lage der Akupunkturpunkte wird aus den Angaben ersichtlich. Unter **TCM** wird die Wirkung des Akupunkturpunktes unter traditionellen chinesischen Gesichtspunkten erklärt und im Abschnitt **WD** die westlichen Diagnosen für die Anwendung des Punktes aufgeführt.
Im Folgenden werden wichtige Akupunkturpunkte fürs Pferd beschrieben. Leser, die ihr Pferd gerne akupressieren möchten, können diese Akupunkturpunkte in der Akupressur benutzen.

1. Lungen (Lu)-Meridian

Äußerer Verlauf
Beginn: Lu 1 an der Brustwand in Höhe der dritten Rippe.
Verlauf: An der Innenseite des Vorderbeins entlang der gedachten Mittellinie bis zum Kronsaum vor dem inneren Ballen zu Lu 11.

Innerer Verlauf
Entspringt dem Mittleren Erwärmer, verbindet sich mit dem Dickdarm und Magen und verläuft zur Lunge (Fei).

Zustimmungspunkt	*(Shu)*	*Bl 13*
Alarmpunkt	*(Mu)*	*Lu 1*
Quellpunkt	*(Yuan)*	*Lu 9*
Passagepunkt	*(Luo)*	*Lu 7*

Lu 1 (Zhong Fu)
Der Alarmpunkt der Lunge liegt im ersten Zwischenrippenraum hinter dem Schultergelenk.
TCM: Harmonisiert und fördert das Absteigen des Lungen-Qi, wandelt Schleim um.

WD: Bronchitis, Lungenentzündung, Asthma, Husten, Brustödeme. Jede Art von Schmerzen im Schulter- und Brustbereich.

Lu 5 (Chi Ze)

Wird die Vordergliedmaße leicht angebeugt, liegt der Punkt auf der Ellbogenfalte.

TCM: 4. Antiker Punkt (He-Punkt), auch als Wasserpunkt bezeichnet. Chi Ze kühlt die Hitze der Lunge und wird als Sedierungspunkt bei Fülle und Hitzeerkrankungen in der Lunge und der Haut akupunktiert.

WD: Chronische Bronchitis mit gelbem Auswurf, Asthma, Blutspuren im Schleim, nässende Ekzeme, Schmerzen im Ellbogen.

Lu 7 (Lie Que)

Der Punkt liegt innen am Vorderbein, eine Handbreit über dem Vorderfußwurzelgelenk am hinteren Rand des Radius, auf gleicher Höhe wie die Kastanie.

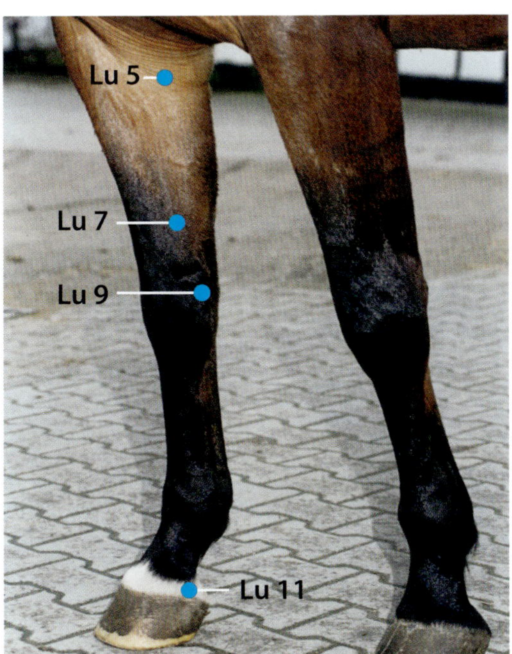

TCM: Unterstützt die Lunge im Verteilen und Herabführen des Lungen-Qi und stärkt das Abwehr-Qi. Stellt als Luo-Punkt die Verbindung zum Funktionskreis Dickdarm her und öffnet die Konzeptionsgefäße (Ren Mai). Verteilt die Flüssigkeit der Haut (öffnet die Poren zum Schwitzen) und eliminiert äußere pathogene Faktoren von der Hautoberfläche.

WD: Jede Art von Erkrankung der Atemwegsorgane, Immunschwäche, Schmerzen im Nacken und Halswirbelbereich sowie Gelenksentzündung im Fesselgelenk und Sehnenscheidenentzündung, Schulterlahmheiten und Ödeme am Kopf und an den Vordergliedmaßen.

Lu 9 (Tai Yuan)

Die Gliedmaße wird gebeugt, dann liegt der Punkt innen an der Karpalgelenkfalte unter dem *Proc. Styloideus medialis radii*.

TCM: Lu 9 ist der Meisterpunkt, das heißt der einflussreichste Punkt für die Blutgefäße. Er ist der Yuan-Punkt von Di 6 und Tonisierungspunkt. Er vertreibt Wind und transformiert Schleim. Er stärkt das Lungen-Qi und das Lu-Yin.

WD: Erkrankungen der Atemwege und alle Gefäßerkrankungen. Beim Pferd jede Art von Blutung (Lungenblutung, Gefäßblutung).

Lu 11 (Shao Shang)

Der Endpunkt (Ting-Punkt) liegt innen am Kronsaum vor dem inneren Ballen.

TCM: Der Ting-Punkt leitet Hitze aus, macht alle Sinnesorgane frei und bewegt das Lu-Qi.

WD: Akute Notfälle mit Zusammenbruch des Pferdes, Fieber, Krämpfe und Erkrankungen des Rachens und des Kehlkopfes.

2. Dickdarm (Di)-Meridian

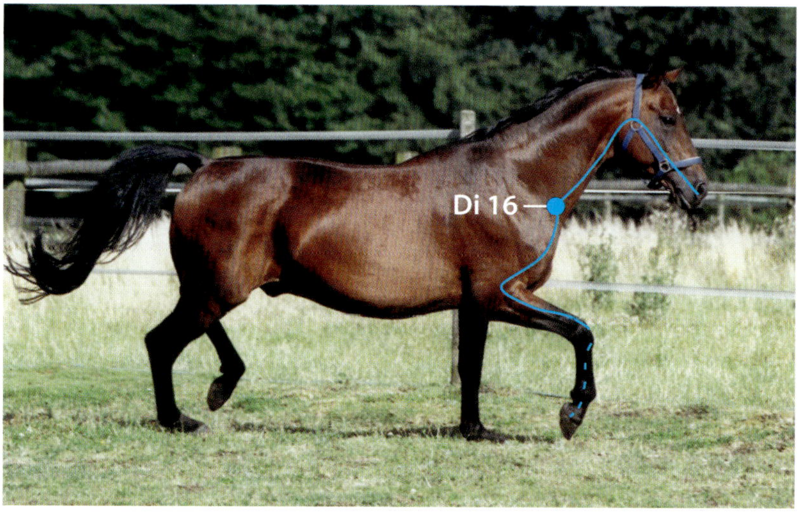

Äußerer Verlauf

Beginn: Di 1 knapp drei Fingerbreit seitwärts und innen von der Mittellinie des Vorderhufs über dem Kronsaum.

Verlauf: An der Innenseite des Fesselbeins, des Fesselgelenks, des Röhrbeins nach oben-vorne über das Vorderfußwurzelgelenk und außen entlang des Vorderbeins über das Ellbogengelenk, zum vorderen Buggelenksbereich, seitlich den Hals entlang über den Kehlkopf und den Unterkiefer bis zum unteren Rand der Nüsternflügel zum Endpunkt Di 20.

Innerer Verlauf

Vor der Schulter von Di 15 in die Tiefe zum Lenkergefäß und zur Lunge (Fei).

Zustimmungspunkt	*(Shu)*	*Bl 25*
Alarmpunkt	*(Mu)*	*Ma 25*
Quellpunkt	*(Yuan)*	*Di 4*
Passagepunkt	*(Luo)*	*Di 6*

Di 1 (Shang Yang)

Der Punkt liegt innen, neben der Mittellinie auf dem Kronsaum.

TCM: Er vertreibt Wind, Hitze und Kälte.

WD: Hohes Fieber, akute Schmerzen und Schwellungen in Rachen und Nase, Zahnschmerzen.

Di 4 (He Gu)

Hinter dem inneren Griffelbeinköpfchen ist der Meisterpunkt für Gesicht, Augen und Maul gut aufzufinden.

TCM: Er vertreibt äußeren und inneren Wind, Kälte, leitet Hitze aus und beseitigt Blockaden in den Meridianen. Dabei unterstützt er die Lunge in ihrer verteilenden Funktion von Qi und der Stärkung von Abwehr-Qi. Die Körperoberfläche wird geöffnet und es besteht ein intensiver Einfluss als Fernpunkt auf den Kopfbereich. He Gu stärkt das Qi und harmonisiert das Aufsteigen des Yang und Absteigen des Yin.

WD: In der Humanmedizin einer der am häufigsten verwendeten Akupunkturpunkte. Akute Erkältungskrankheiten, Schmerzerkrankungen des Bewegungsapparats und Schmerzen im Kopfbereich. Faszialislähmung, Allergien, allergische Bronchitis, allergische Ekzeme.

Erklärung:
Di 4 ist ein intensiv wirkender Schmerzpunkt bei allen akuten und chronischen Schmerzzuständen. Als Fernpunkt wirkt er auf Genickverspannungen schmerzlindernd. Ängstliche Pferde können durch Akupunktur von Di 4 zusammen mit den Punkten Le 3 und LG 24 beruhigt werden. Di 4 in Kombination mit Ma 36 (stärkt das Qi und Blut) wirkt immunstimulierend und wird als Infektionsvorbeugung eingesetzt.

Di 11 (Qu Chi)
Wenn man das Vorderbein aufhebt und anwinkelt, bildet sich außen eine Ellbogenfalte.

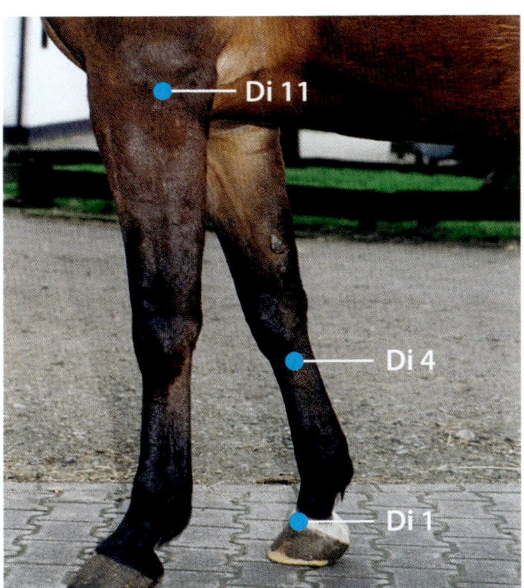

Der Punkt befindet sich an deren Ende in einer Vertiefung vor dem äußeren *Epicondylus humeri*.
TCM: Der He-Punkt leitet Wind, Hitze und Feuchtigkeit aus und harmonisiert das Qi. Er kühlt Blut und stärkt das Wei Qi.
WD: Immunsystem stimulierender Punkt bei allergischen, infektiösen und fiebrigen Erkrankungen. Hormonelle Störungen und Kolikschmerzen sowie Schmerzen im Ellbogen.

Di 16 (Ju Gu)
Der Punkt liegt vor der Schulter des Pferdes, wenn die menschliche Hand den *Musculis brachiocephalicus* von unten umfasst und den abgespreizten Daumen in die Tiefe drückt.
TCM: Ein diagnostischer Punkt, hilft beim Absenken des Lungen-Qi und bewegt Qi und Blut, er löst Stagnationen im Dickdarm-Meridian.
WD: Kehlkopfentzündung, Schulterlahmheit, Schulterlähmung.

Erklärung:
Ju Gu löst Verspannungen örtlich im Schulter- und Halsbereich. Zusätzlich hilft er den Dickdarm-Meridian zu entstauen und hat Einfluss auf die Funktion der Gelenke. Aus diesem Grund wird Di 16 in Kombination mit Di 4 und MP 6 zur Nachbehandlung von Gelenkoperationen eingesetzt. Bei Pferden mit chronischer Bronchitis wird er einseitig genadelt und unterstützt die Lunge beim Absenken des Qi.
Der Akupunkteur drückt langsam und mit stetig wachsendem Druck in die Tiefe des Halsansatzes. Dieser Druck muss vorsichtig und konstant ausgeübt werden, sonst reagiert das Pferd mit übermäßigem Anspannen der Muskulatur und Abwehrbewegungen und der diagnostische Wert geht verloren.

3. Magen (Ma)-Meridian

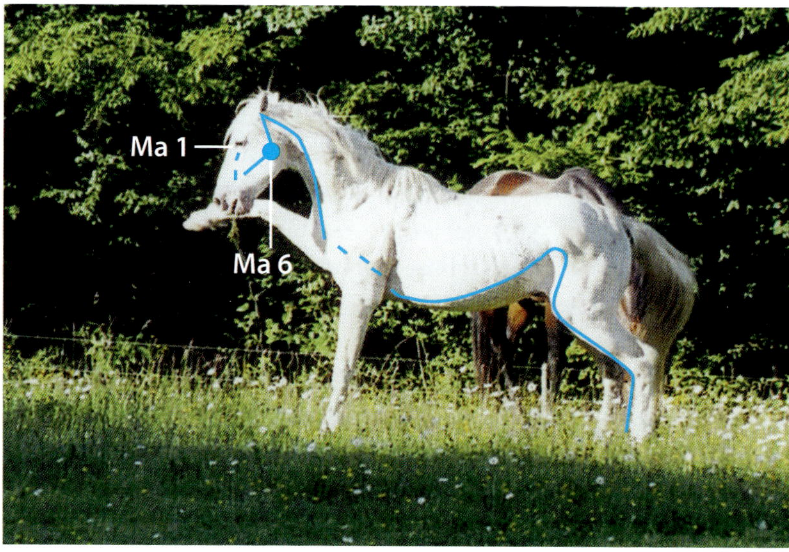

Äußerer Verlauf
Beginn: Ma 1 in der Mitte unterhalb des Auges.

Verlauf: Entlang dem Oberkiefer bis zur Lücke zwischen den Schneidezähnen und dem ersten Backenzahn, wendet sich zurück und überquert den großen Kaumuskel und das Kiefergelenk. Entlang am Unterhals über die seitliche Vorderbrust und die Unterseite des Bauches, ca. eine Handbreit seitlich von der Mittellinie bis zum Leistenkanal. Über die Kniefalte, außen über das Knie, dann abwärts an der vorderen Außenseite der Hinterhand bis zum Kronsaum ca. einen halben bis einen Zentimeter seitlich-außen von der Mittellinie zu Ma 45.

Innerer Verlauf
Seitlich vom Nasenflügel (D 20) zum Augenwinkel (Bi 1) über das Zahnfleisch des Oberkiefers kreisförmig um die Maulwinkel. Ein weiterer Ast durch das Zwerchfell zum Magen.

Zustimmungspunkt	*(Shu)*	*Bl 21*
Alarmpunkt	*(Mu)*	*KG 12*
Passagepunkt	*(Luo)*	*Ma 40*

Ma 1 (Cheng Qi)
Der Punkt liegt in der Mitte des unteren Lidrandes.
TCM: Leitet äußeren und inneren Wind aus und reduziert Tränenfluss. Der Punkt verbindet sich mit dem Wundermeridian, Yang Qiao Mai.
WD: Bindehautentzündungen des Auges.

Ma 6 (Jia Che)
In Höhe des Unterkieferwinkels auf dem .
TCM: Leitet Wind aus und beseitigt Meridianblockaden.
WD: Zahnschmerzen, Lähmungen am Kopf, Tetanus, Kiefergelenkentzündung, Schwierigkeiten durchs Genick zu gehen.

Ma 36 (Zu San Li)

Am äußeren Hinterbein, eine Handbreit unterhalb des Knies seitlich der *Crista Tibia*.

TCM: Vertreibt Wind, Nässe und Kälte. Stärkung von Qi und Blut unterstützt dabei gleichermaßen Magen und Milz und harmonisiert das Nähr-Qi und das Abwehr-Qi. Löst Ödeme auf, behebt Verdauungsprobleme und regt den Appetit an.

Erklärung:
Ma 36 ist ein stark wirkender Punkt. Ein erschöpfter Läufer soll nach der Akupunktur von Ma 36 drei Dörfer weiter laufen können. Im Pferderennsport wird Ma 36 häufig kurz vor dem Rennen genadelt, um eine größere Leistungsfähigkeit zu erreichen.
Der Magen bildet zusammen mit der Milz das Nach-Himmels-Qi. Wird nicht genug Qi gebildet, wird das Pferd müde und schwach, deshalb wird bei chronischen Atemwegserkrankungen und Appetitlosigkeit Ma 36 akupunktiert. Einen heilenden Einfluss auf das Auge hat Ma 1 unterhalb des unteren Augenlids. Bei beginnenden Infektionskrankheiten kann Ma 36 in Kombination mit Di 4 das Abwehr-Qi unterstützen und damit das Immunsystem stärken. Ma 36 in Kombination mit MP 6 kann Pferden mit angelaufenen Beinen helfen, die Ödeme auszuleiten.

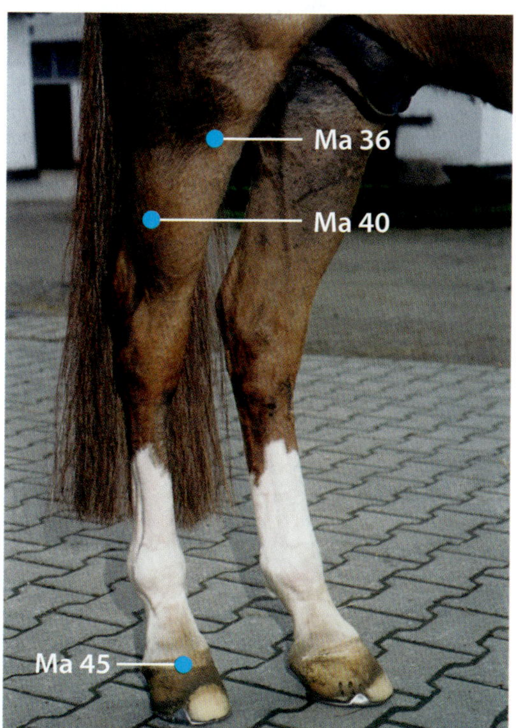

Ma 40 (Feng Long)
Der Luo-Punkt liegt außen an der Hintergliedmaße in der Mitte der *Tibia*.
TCM: Löst Feuchtigkeit und Schleim und beruhigt den Geist (Shen).
WD: Übermäßige Schleimproduktion bei chronischer Bronchitis, Magen-Darm-Erkrankungen, Kolitis, Benommenheit, Schwindel, Phlegmone.

Ma 45 (Hou Ti Tou)
Am Kronsaum des hinteren Hufs in den Medianen liegt der Ting-Punkt.
TCM: Löst Stau im Magen-Meridian, leitet Hitze aus, beruhigt den Geist und klärt die Augen. Nahrungsstagnation in Magen/Milz wird beseitigt.
WD: Spastische Koliken, Hufrehe und Hufentzündungen, Augenentzündung, Fesselgelenkentzündung.

4. Milz-Pankreas (MP)-Meridian

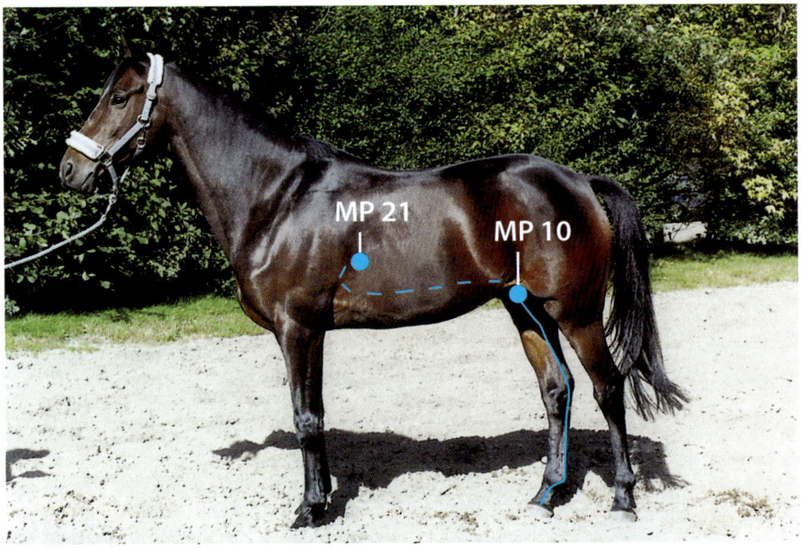

Äußerer Verlauf
Beginn: Er entspringt auf dem Kronsaum vor dem inneren Ballen des Hinterhufs.

Verlauf: An der hinteren Mitte der Innenseite von Fessel, Röhrbein, Sprunggelenk, Unterschenkel und Kniegelenk aufwärts. Wendet zur vorderen Mitte auf dem inneren Oberschenkel zur Leistengegend. Überquert die Bauchunterseite zur vierten Rippe, wendet sich nach hinten und endet an der Rückseite der vierzehnten Rippe bei M 21.

Innerer Verlauf
Eine innere Verbindung führt zur Milz und verläuft weiter aufwärts bis zum Zungengrund.

Zustimmungspunkt	*(Shu)*	*Bl 20*
Alarmpunkt	*(Mu)*	*Le 13*
Quellpunkt	*(Yuan)*	*MP 3*
Passagepunkt	*(Luo)*	*MP 4*

MP 1 (Yin Bai)
Vor dem inneren Hufknorpel am Kronsaum liegt MP 1 als Ting-Punkt.
TCM: Der Erdpunkt beruhigt den Geist und stärkt außer Blut und Qi die Milz und den Magen.
WD: Stoppt Blutungen in Blase, Gebärmutter, Darm und im Huf.

MP 3 (Tai Bai)
Der Punkt liegt unterhalb des inneren Griffelbeinknöpfchens am Hinterbein.
TCM: MP 1 ist der Meisterpunkt, um die Milz zu stärken und der Yuan-Punkt zu Ma 40. Er beseitigt Nässe und Schleim.
WD: Durchfall, Verstopfung mit angespanntem Bauch, jede Art von Schwäche und Gelenk- sowie Sehnenentzündungen.

MP 4 (Gong Sun)
Der Passagepunkt liegt am Hinterbein, innen unterhalb des Griffelbeinköpfchens, in einer

kleinen Vertiefung über der tiefen Beugesehne.
TCM: MP 4 ist der Öffnungspunkt des Chong Mai und fördert Magen und Milz.
WD: In Kombination mit MP 6 entzündungshemmend. Durchfall, Magenverstimmung und Gelenks- und Sehnenentzündungen. Einfluss auf die Blasenfunktion.

MP 6 (San Yin Jaiao)
Psychischer Ausgleichspunkt für den Pi-Typ. Der Meisterpunkt des hinteren Bauch- und Urogenitaltrakts liegt innen am Hinterbein, am Hinterrand der *Tibia*, drei Zentimeter über dem inneren *Malleolus* des Sprunggelenks.
TCM: In MP 6 kreuzen die drei Yin-Meridiane der Hinterhand (Milz-, Nieren-, Leber-Meridian). Der Punkt tonisiert die Milz, beseitigt Nässe, nährt Qi und Blut, bewegt Blut und löst Blutstasen auf.
WD: Bei allen Problemen im Verdauungstrakt, Harnwegen und Geschlechtsorganen, insbesondere bei Störungen im Körperflüssigkeits- und Blut-Haushalt. Bei Hinterhandlahmheiten.

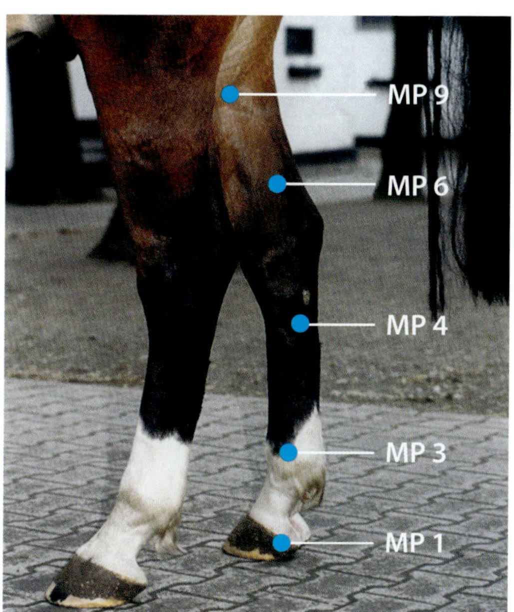

MP 9 (Yin Ling Guan)
Der Wasserpunkt liegt in einer Vertiefung auf dem unteren Rand des inneren Tibiakopfes, gegenüber von Gb 34.
TCM: Löst Feuchtigkeit und Hitze auf.
WD: Ödeme werden aufgelöst, Harnverhalten und Durchfall reguliert. MP 9 ist ein lokaler Punkt für Kniegelenksarthrose und Schmerzen im Kniegelenk.

MP 10 (Xu Chai)
Der Punkt liegt innen auf dem Muskel über dem Kniegelenk, zwei Cun über dem Kniescheibenrand.
TCM: MP 10 stärkt das Blut und reguliert Blutstagnation und vertreibt Nässe.
WD: Wichtiger antiallergischer und das Immunsystem stimulierender Punkt bei Allergien, Infektionserkrankungen und Hauterkrankungen. MP 10 beeinflusst alle Arten von Zyklusstörungen und Gebärmutterblutungen.

MP 21 (Da Bao)
Da Bao liegt seitlich am Brustkorb, im 12. ICR von hinten gezählt, in Höhe der Sattelgurtlage unterhalb des Sattelblatts.
TCM: In der TCM wird dieser Meisterpunkt aller Luo-Punkte, das »Große LUO« genannt, weil aus ihm viele kleine Verästelungen entspringen. Er bewegt das Blut in den kleinen Blutgefäßen und Verbindungsleitbahnen.
WD: Gefäßprobleme, Schmerzen im Brustkorb, Lungenerkrankungen, generalisierte Muskelschmerzen, Gurtzwang.

Bei einem Pferd mit extremer Hautempfindlichkeit ist MP 21 anzuwenden.

Erklärung: Manche Pferde lassen sich nicht gerne anfassen. Beim Putzen und sogar beim Streicheln wehren sie den Reiter ab. Beim Satteln reagieren sie ärgerlich auf das Anlegen des Gurtes. Da Bao kann hervorragend bei diesen übersensiblen Pferden akupunktiert werden.

5. Herz (He)-Meridian

Äußerer Verlauf

Beginn: H e1 Ji Quan an der Innenseite der Achsel.

Verlauf: Aus der Mitte der Achselfläche an die Oberfläche, innen an der Vorhand abwärts, wechselt oberhalb der Vorderfußwurzel zur Außenseite und zieht hinter dem äußeren Griffelbein zum äußeren Ballen hinab und endet über dem Kronband bei He 9.

Innerer Verlauf

Vom Herzen kommend werden drei Äste zum Dünndarm, zum Hals, Mund, den Augen und zur Lunge abgegeben.

Zustimmungspunkt	*(Shu)*	*Bl 15*
Quellpunkt	*(Yuan)*	*He 7*
Alarmpunkt	*(Mu)*	*Kg 14*
Passagepunkt	*(Luo)*	*He 5*

He 5 (Ton Gli)

Der Passagepunkt liegt seitlich-hinten am Vorderbein, ein Cun über H 7 auf der hinteren Seite des *Musculus ext. carpi ulnaris.*

TCM: Stärkt das Herz-Qi und fördert die Stimme. He 5 unterstützt die Blase.

WD: Kehlkopfentzündung, Schmerzen im Vorderwurzelgelenk, geistige Störungen und Sehstörungen.

He 7 (Shen Men)

Psychischer Ausgleichpunkt für den Xi-Typ. Der Quellpunkt liegt auf der rückwärtigen Seite des Radius, über dem *Os carpi accessorium.*

TCM: Beruhigt den Geist, harmonisiert das Herz und ernährt das Herzblut.

WD: Allgemeine Erregungszustände, Angst mit Panikattacken, Herzrasen, Epilepsie, Geburtserleichterung, Gelenksentzündung im Vorderfußwurzelgelenk, Reflexpunkt der Schulter, Fesselgelenk und Huf.

He 9 (Shaochong)

Ting-Punkt, Tonisierungspunkt. He 9 liegt am hinteren-äußeren Kronsaum des linken Vorderbeins.

TCM: Eliminiert Hitze und Wind, klärt das Gehirn und stellt das Bewusstsein wieder her.

WD: Kollaps, Koma, Bewusstseinsstörungen, bei hohem Fieber oder Hitzschlag, Entzündungen im Trachten- und Ballenbereich, Hufrehe, Hufknorpelverknöcherung, Brust- und Schulterschmerzen, Vorderhandlahmheit.

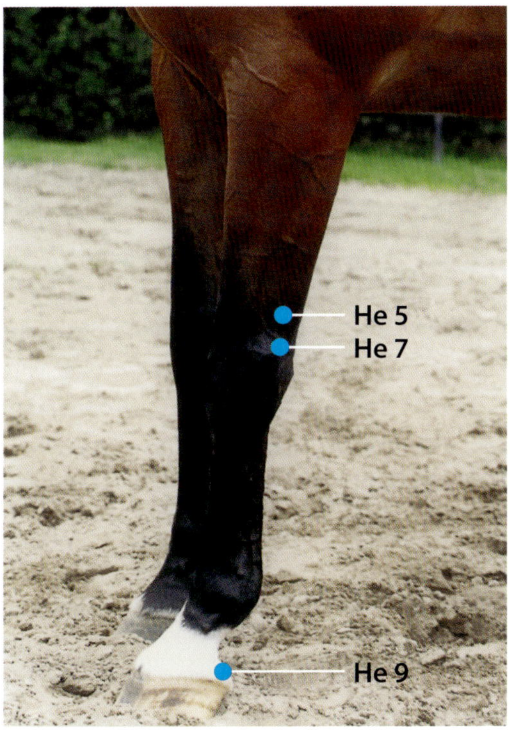

6. Dünndarm (Dü)-Meridian

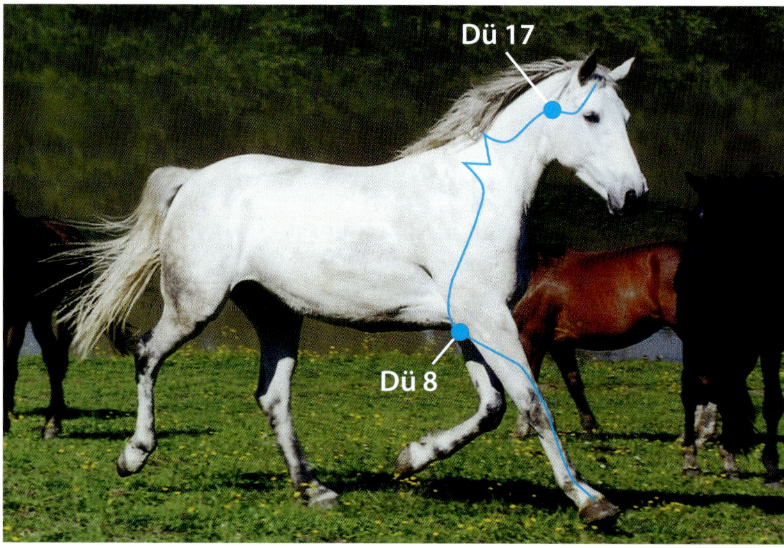

Äußerer Verlauf

Beginn: Dü 1 an der äußeren Seite des Vorderhufs, drei Fingerbreit von der Mittellinie entfernt über dem Kronband.

Verlauf: An den seitlich-vorderen Außenflächen von Fesselbein und -gelenk bis über das Vorderfußwurzelgelenk, überquert die Außenseite der Gliedmaße und erreicht so den hinteren Bereich des Ellbogengelenks weiter entlang der Oberarmmuskulatur über das Schulterblatt, den seitlichen Hals bis in Höhe des dritten Halswirbels, über den Unterkiefer bis zum Oberkiefer, endet am äußeren Ohrgrund bei Dü 19.

Innerer Verlauf

Ein innerer Verbindungsast, der in Höhe des Widerrists in die Tiefe abzweigt, verbindet die Organe Dünndarm, Magen, Milz und Herz. Eine weitere Abzweigung führt zum Auge und Innenohr.

Zustimmungspunkt	*(Shu)*	*Bl 27*
Alarmpunkt	*(Mu)*	*Kg 4*
Passagepunkt	*(Luo)*	*Dü 7*

Dü 1 (Shao Ze)

Der Ting-Punkt liegt an der Vordergliedmaße außen auf dem Kronrand, direkt vor dem Hufknorpel.

TCM: Der Metallpunkt vertreibt Wind und Hitze und Stau im Dünndarm-Meridian.

WD: Hufrehe, Schale, Fieber, verminderte Milchproduktion, Nervenentzündungen und Nervenlähmungen der Vorhand, Muskelverspannungen im Hals.

Dü 3 (Hou Xi)

Der Tonisierungspunkt liegt außen am Vorderbein, über dem Fesselgelenk, unter dem Griffelbeinknöpfchen.

TCM: Eliminiert pathogene Faktoren, kühlt innere und äußere Hitze, Schlüsselpunkt des

Lenkergefäßes. Dü 3 leitet äußeren Wind aus, unterstützt Sehnen und Muskulatur, klärt und stabilisiert den Geist.
WD: Schmerzen im Vorderbein und Genickverspannungen. Jede Art von Rückenschmerzen und Muskelverspannungen, Konzentrationsschwierigkeiten, Ataxie, Bewegungsstörungen.

Dü 8 (Xiao Hai)

Der Erdpunkt liegt innen am Vorderbein in einer Senke zwischen Ellbogengelenkhöcker und innerem *Epicondylus* des Oberarms.
TCM: Leitet Nässe und Hitze aus und löst Stagnationen im Dünndarm-Meridian.
WD: Schmerzen im Ellbogengelenk, Lähmung des *N. ulnaris*, Schmerzen und Muskelverspannungen im Genick und Hals.

Dü 17 (Tian Rong)

Der Punkt liegt hinter dem Unterkieferwinkel, am vorderen Rand des *M. brachiocephalicus*.
TCM: Beseitigt Stagnationen in den Merdianen, diagnostischer Punkt für Dünndarm-Meridian-Störungen.
WD: Fesselträgerentzündung, Schulter-Halsschmerzen, *N. facialis*-Lähmung.

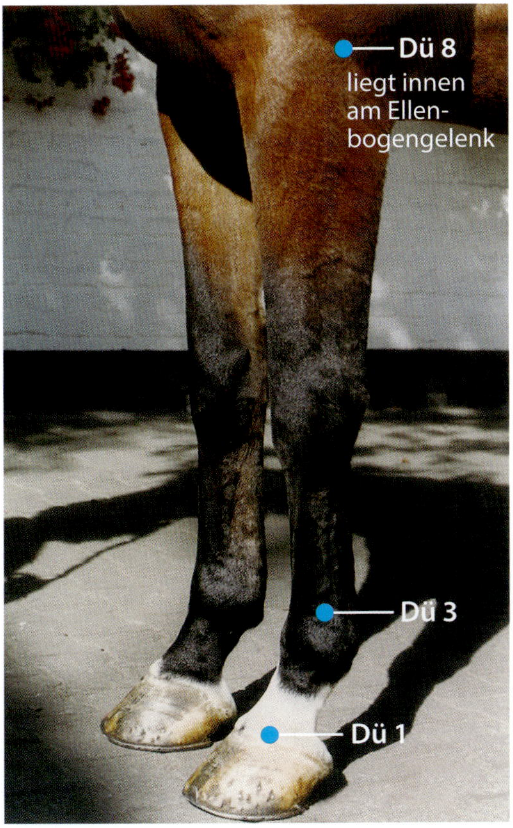

7. Nieren (Ni)-Meridian

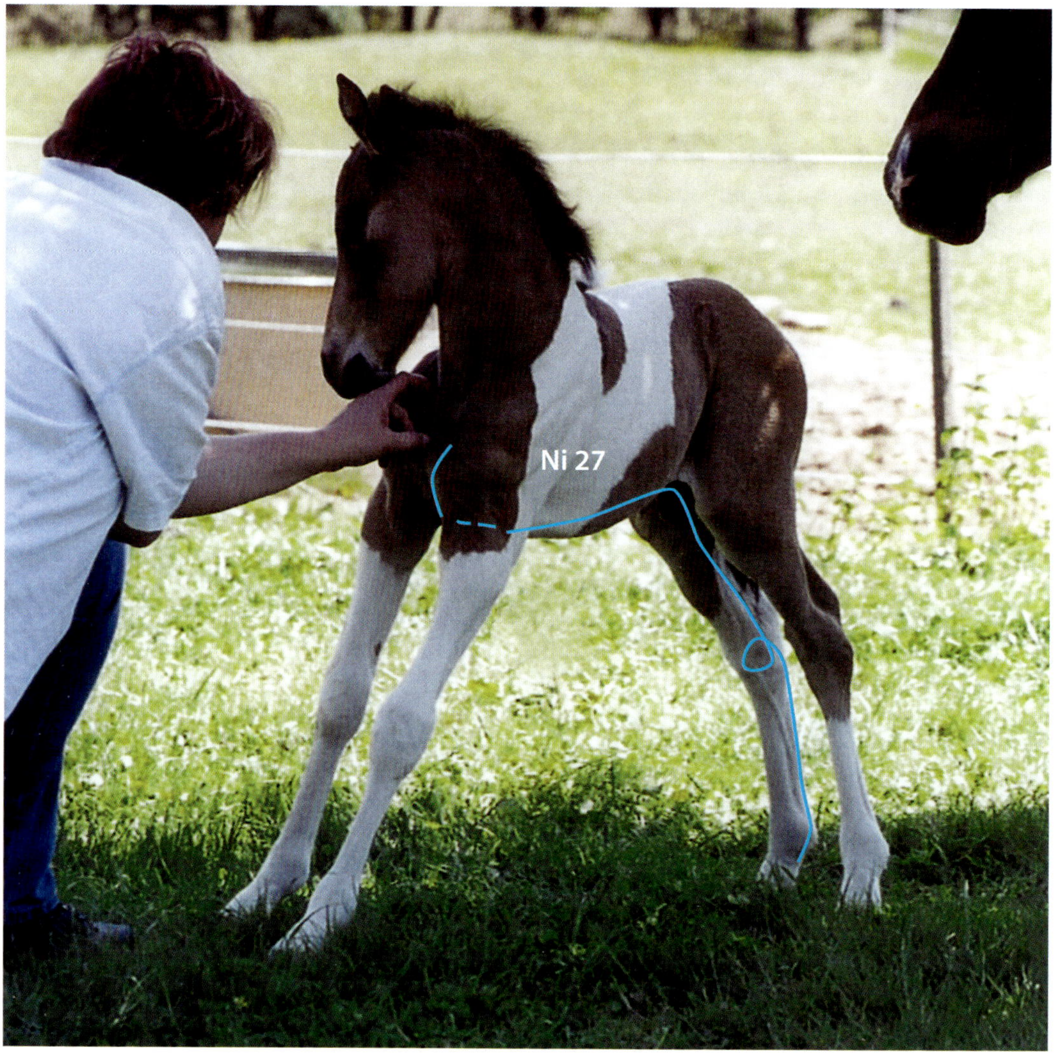

Äußerer Verlauf

Beginn: Ni 1 liegt in der Mitte des Hufballens des hinteren Hufs.

Verlauf: Zwischen den Ballenkissen aufwärts, innen entlang der oberflächlichen Beugesehne, umrundet dann im Uhrzeigersinn die Innenseite des Sprunggelenks und führt an der hinteren Innenfläche des Unterschenkels aufwärts zum Oberschenkel und zieht über die Kniefalte in Richtung Unterbauch. Ca. drei Fingerbreit seitlich von der unteren Mittellinie (zwischen KG-Meridian und Magen-Meridian) überquert er Bauch und Brustregion und führt zwischen den Vorderbeinen hindurch bis zur Vorderbrust, wo er in einer Vertiefung zwischen Brustbein und der Basis der ersten Rippe endet bei Ni 27.

Innerer Verlauf
Ausgehend vom Oberschenkel geht ein Ast zum Genitalbereich, zu Niere und Blase und weiter zur Leber, Zwerchfell, Lunge und zur Kehle und endet an der Zungenwurzel.

Zustimmungspunkt	*(Shu)*	*Bl 23*
Alarmpunkt	*(Mu)*	*Gb 25*
Quellpunkt	*(Yuan)*	*Ni 3*
Passagepunkt	*(Luo)*	*Ni 4*

Ni 1 (Yong Quan)
Der Holzpunkt liegt in der Vertiefung des Hufballens der Hintergliedmaße.
TCM: Der Ting-Punkt leitet Wind und Hitze aus und klärt den Geist. Stellt das Bewusstsein wieder her und stärkt das Nieren-Qi.
WD: Notfallpunkt bei Unfällen, Narkosezwischenfällen, Hitzeschlag, entzündungshemmend bei lokalen Reaktionen.

Ni 3 (Tai Xi)
Psychischer Ausgleichspunkt für den Shen-Typ. Der Quellpunkt liegt innen am Hinterbein in der Mitte der Verbindungslinie zwischen *Malleolus medialis* und der Achillessehne genau gegenüber von Bl 60.
TCM: Der Erdpunkt kühlt die Hitze, kräftigt Nieren-Yin und -Yang und tonisiert die Essenz.
WD: Urogenitalerkrankungen, Impotenz, Rosseunregelmäßigkeiten.

Ni 6 (Zhao Hai)
Der Punkt liegt in einer Vertiefung direkt unter dem *Malleolus medialis*.
TCM: Der Öffnungspunkt des Yin Qiao Mai kühlt Hitze und Blut und nährt die Körperflüssigkeiten. Stärkt das Nieren-Yin und beruhigt den Geist.
WD: Augenerkrankungen, geistige Unruhe, Hauterkrankungen, Nahpunkt für das Sprunggelenk.

Ni 7 (Fu Liu)
Der Tonisierungspunkt liegt dorsal von Ni 3 am vorderen Rand der Achillessehne.
TCM: Stärkt das Nieren-Yang, eliminiert Feuchtigkeit und kühlt Hitze. Reguliert übermäßiges Schwitzen.
WD: Harnwegsinfektionen, Nephritis, Lumbago, Ödeme der Hinterhand, Moxa bei Schwächezuständen, Schmerzen im Sprunggelenk.

Ni 27 (Shu Fu)
Der Punkt liegt im Winkel zwischen *Manubrium sterni* und der ersten Rippe.
TCM: Unterstützt die Niere in ihrer Funktion, das Lungen-Qi zu empfangen.
WD: Chronische Bronchitis, Asthma, hustenstillend.

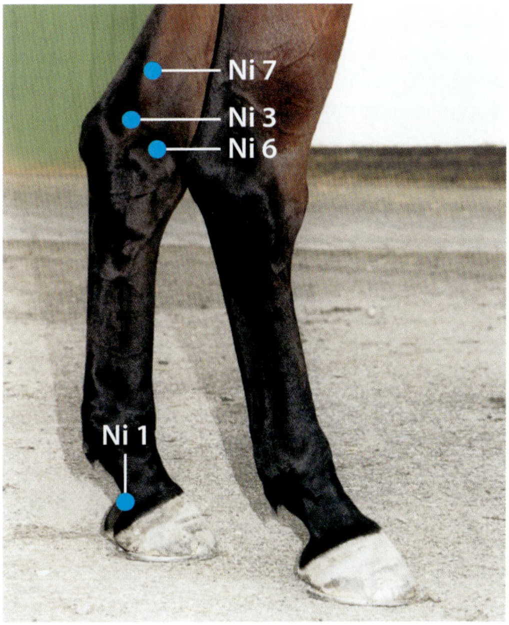

8. Blasen (Bl)-Meridian

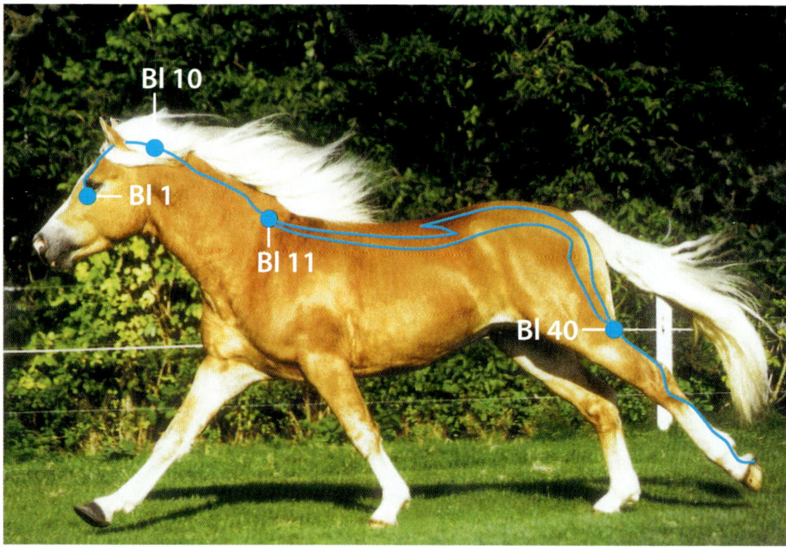

Äußerer Verlauf

Beginn: In einer kleinen Knochenvertiefung unter dem inneren Augenwinkel liegt Bl 1.

Verlauf: Über die Stirn, den Kopf und das Genick seitlich am Hals unterhalb des Mähnenansatzes bis zum oberen Rand des Schulterblatts, dort spaltet er sich in zwei Anteile.
Der innere Ast zieht etwa drei Zentimeter parallel zur Wirbelsäule bis zur Kruppe, der äußere Ast verläuft etwa eine Handbreit weiter seitlich in Höhe des oberen Rippenansatzes. In Höhe des vierten Kreuzbeinwirbels zieht der innere Ast im Zickzack noch einmal nach vorn und innen und dann wieder parallel entlang den Kreuzbeinwirbeln und wendet sich abwärts, wo er sich im hinteren Kniekehlenbereich mit seinem äußeren Ast, der ihn parallel bis zum vierten Kreuzwirbel begleitet, vereinigt. Die Leitbahn zieht dann abwärts entlang der hinteren Mittelinie der Hinterhand, überquert dabei die Außenseite des Sprunggelenks, verläuft hinten-außen entlang der oberflächlichen Beugesehne und endet an Bl 67 über dem Kronband vor dem hinteren äußeren Ballen.

Innerer Verlauf

Über innere Verläufe bestehen Verbindungen zu Niere, Blase, Gehirn, Eierstöcke und Hoden.

Zustimmungspunkt	*(Shu)*	*Bl 28*
Alarmpunkt	*(Mu)*	*Kg 3*
Passagepunkt	*(Luo)*	*Bl 58*

Die Zustimmungspunkte (Shu-Punkte) Bl 13 bis Bl 28 sind im Abschnitt »Stellen einer chinesischen Diagnose« beschrieben.

Bl 1 (Jing Ming)

Der Punkt liegt am inneren Augenwinkel, oberhalb der *Fossa sacci lacrimalis*.

TCM: Bl 1 ist ein Kreuzungspunkt vom Blasen-, Dünndarm-, Magen-Meridian und Yang Giao Mai und Yin Qiao Mai. Er leitet Wind und Hitze aus und klärt die Augen, öffnet den Blasen-Meridian.
WD: Akute und chronische Erkrankungen des Auges, der Tränendrüse, des Augenlides. Konjunktivitis, Keratitis, periodische Augenentzündung, Lähmung des *N. fascialis*.

Bl 10 (Tian Zsu)
Der Punkt liegt im hinteren Winkel des Atlasflügels (erster Halswirbel) in einer kleinen Vertiefung.
TCM: Eliminiert äußeren und inneren Wind, löst Blockaden im Fließen von Qi.
WD: Ataxie, Genickschmerzen, akute Infektionen, Kehlkopfentzündungen, Headshaker, Fernpunkt für akute Rückenschmerzen.

Bl 11 (Da Shu)
Der Meisterpunkt der Knochen liegt vor dem Schulterblatt, drei Cun seitlich der Mittellinie.

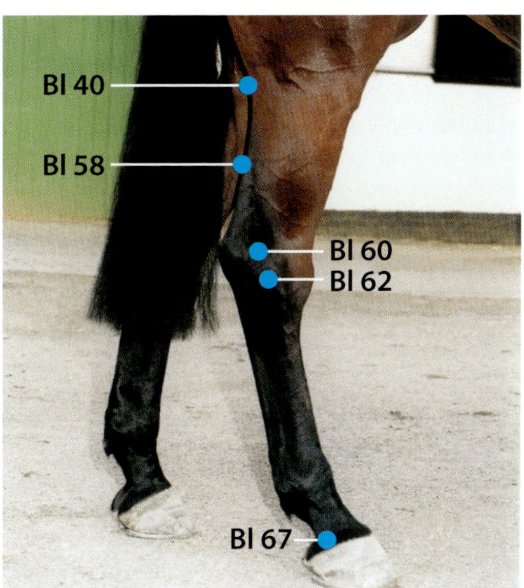

TCM: Leitet Wind aus, stärkt alle Knochen und das Knochenwachstum, entspannt die Sehnen, nährt Blut.
WD: Knochenwachstumsstörungen, Knochenerkrankungen, rheumatoide Arthritis, Fieber, Asthma.

Bl 40 (Wei Zong)
Der He-Punkt liegt in der Mitte der Kniekehle.
TCM: Der Erdpunkt leitet Hitze, Nässe und Wind aus dem Blasen-Meridian, aus der Blase und aus dem Blut und der Haut.
WD: Wichtiger Fernpunkt für Lumbalgien und Ischialgien. Lokaler Punkt bei Kniegelenkentzündungen und Arthrosen und Lähmungen der Hinterbeine. Erkrankungen der Beckenorgane, Impotenz.

Bl 58 (Fei Yang)
Der Passagepunkt liegt in der Mitte der Achillessehne.
TCM: Er vertreibt Wind, Feuchtigkeit und Hitze. Stärkt die Niere.
WD: Lumbalgien, Ischialgien, als lokaler Punkt für Sprunggelenkentzündungen (Spat), Harnwegsentzündungen.

Bl 60 (Kun Lun)
Der Feuerpunkt liegt außen am Sprunggelenk zwischen *Talus* und dem *Condylus* der *Tibia*, gegenüber von Ni 3.
TCM: Eliminiert Wind, Feuchtigkeit und Kälte und Stagnation im Blasen-Meridian.
WD: Fernpunkt für HWS-Syndrom, Ischialgien, jede Art von Rückenschmerzen. Nahpunkt für Sprungelenk und Achillessehne. Nachgeburtsverhalten.

Bl 62 (Shen Mai)
Der Schlüsselpunkt des Yang Qiao Mai liegt in einer Vertiefung unterhalb des *Malleolus lateralis*.
TCM: Schaltet das Yang-Fersengefäß ein und öffnet Du Mai mit Dü 3 zusammen.
WD: Schmerzen und Entzündung im Sprunggelenk.

Bl 67 (Zhi Yin)
Der Ting-Punkt liegt außen an der Hintergliedmaße vor dem Ballen auf dem Kronsaum.
TCM: Leitet Wind und löst Meridianblockierungen, klärt die Augen.
WD: Augenerkrankungen, Geburtserleichterung, Wehenschwäche, Drehung der Steißlage beim Mensch.

9. Perikard (Pc)-Meridian

Äußerer Verlauf

Beginn: Pc 1 in Höhe der fünften Rippe, gegenüber der Innenseite des Ellbogens.

Verlauf: Innen am Vorderbein in der Mittellinie hinter der Kastanie abwärts, verläuft über den hinteren inneren Rand von Vorderfußwurzel und Beugesehne und endet in der Vertiefung zwischen den beiden Ballenkissen bei Pc 9.

Innerer Verlauf

Vom Herzbeutel aus zwischen die Vorderbeine (KG 17), dann zum äußeren Verlauf über das Zwerchfell zum Dreifachen Erwärmer.

Zustimmungspunkt	*(Shu)*	*Bl 14*
Alarmpunkt	*(Mu)*	*KG 17*
Quellpunkt	*(Yuan)*	*Pc 7*
Passagepunkt	*(Luo)*	*Pc 6*

Pc 6 (Nei Guan)

Der Passagepunkt liegt innen am Vorderbein, auf Höhe und vor dem unteren Rand der Kastanie.
TCM: Bewegt Qi und Blut im Thorax, öffnet den Sondermeridian Yin Wei Mai. Harmonisiert den Magen und bewegt Leber-Qi.
WD: Wichtiger Punkt bei allen Erkrankungen im vorderen Bauch. Nervosität, Erregungszustände, Kreislaufschwäche, Ängste, Bradykardie, Reisekrankheit.

Pc 9 (Zhong Chong)

Der Holzpunkt liegt in einer kleinen Vertiefung zwischen den Hufballen am Vorderbein.
TCM: Der Ting-Punkt vertreibt Wind und klärt Herzfeuer und Hitze.
WD: Muskel- und Sehnenprobleme im Bereich der Beuger der Vordergliedmaße, Fieber, Hufrolle, Hufrehe, Wiederbelebung bei Schock.

10. Dreifacher Erwärmer (3E)-Meridian

Äußerer Verlauf

Beginn: 3E 1 liegt etwa einen halben bis einen Zentimeter seitwärts-außen von der Mittellinie des Vorderhufs über dem Kronsaum.

Verlauf: Seitlich-vorn und nach oben verläuft die Leitbahn über Fesselbein, Fesselgelenk, Röhrbein und dann über die Mitte der Vorderfußwurzel und des Vorderbeins, überquert den Ellbogen und das Schultergelenk und zieht über den Vorderrand des Schulterblatts bis in Höhe des Dornfortsatzes des ersten Brustwirbels. Von dort verläuft sie seitlich entlang dem Hals zum Kopf, überquert das Genick, zieht an der inneren Ohrenbasis vorbei über die Schläfen und endet oberhalb des äußeren Augenwinkels bei 3E 23.

Innerer Verlauf

Der innere Verlauf der Dreifachen-Erwärmer-Leitbahn verläuft durch den oberen, mittleren und unteren Erwärmer und verbindet diese miteinander.

Zustimmungspunkt	*(Shu)*	*Bl 22*
Alarmpunkt	*(Mu)*	*KG 5*
Passagepunkt	*(Luo)*	*3E 5*

3E 1 (Quian To Tou)
Ting-Punkt
TCM: Er beseitigt Hitze und Wind, befreit die Leitbahn.
WD: Fernpunkt für Entzündungen im Kehlbereich, tendinomuskuläre Beschwerden, Punkt zum Blutlassen bei Hufrehe.

3E 5 (Wai Guan)
Zirka zwei bis drei Cun außen, über dem Vorderfußwurzelgelenk am hinteren Radiusrand, zwischen den *M. ext. Digitalis lateralis* und *M. ext. Digitalis communis*.
TCM: Leitet alle pathogenen Faktoren aus, befreit die Oberfläche, löst Meridianblockaden, unterdrückt das Leber-Yang.
WD: Schmerzen aller Gelenke, Lähmungen der Vorderbeine, alle akuten Erkrankungen.

11. Leber (Le)-Meridian

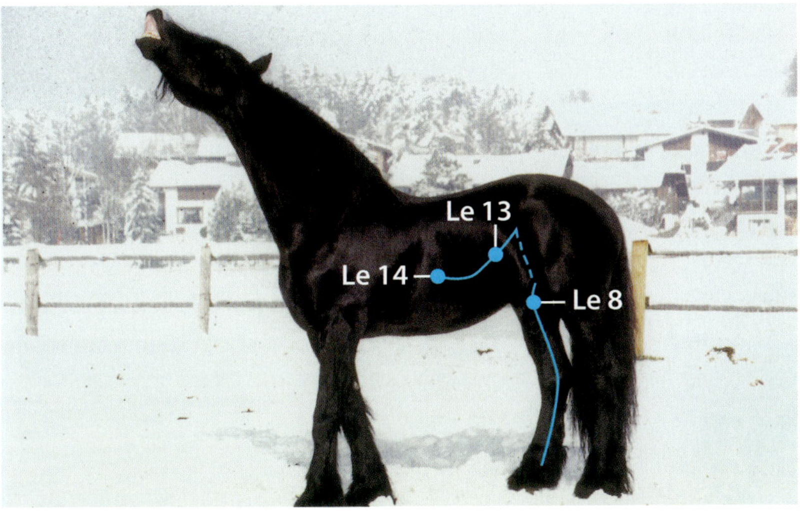

Äußerer Verlauf

Beginn: Le 1 liegt knapp drei Fingerbreit seitlich-innen von der vorderen Mittellinie über dem Kronband des Hinterhufs.

Verlauf: Aufwärts, vor der Mitte der Innenseiten von Fessel, Fesselgelenk, Röhrbein, über Sprunggelenk und Kniegelenk. Nach Überquerung der Innenseite des Oberschenkels nimmt die Leitbahn einen Verlauf ins Körperinnere, erscheint außen wieder an der Basis der letzten Rippe und zieht bis zur vierzehnten Rippe zu Le 14.

Innerer Verlauf

Innere Verbindungsäste führen um die Genitalregion herum, andere ziehen durch den Rachen bis hinter die Augen und nehmen Verbindung zum LG-Meridian auf.

Zustimmungspunkt	*(Shu)*	*Bl 18*
Alarmpunkt	*(Mu)*	*Le 14*
Quellpunkt	*(Yuan)*	*Le 3*
Passagepunkt	*(Luo)*	*Le 5*

Le 1 (Da Dun)

Der Ting-Punkt liegt innen am Hinterbein, vor dem Hufknorpel auf dem Kronsaum.

TCM: Der Holzpunkt leitet Wind aus, kräftigt Leber-Qi, harmonisiert die Bewegung des Blutes, stellt das Bewusstsein wieder her.

WD: Stoffwechselerkrankungen, Urogenitalerkrankungen, unstillbare Blutungen, Rosseprobleme, Uterusvorfall, Urinabsatzstörungen.

Le 2 (Xing Jian)

Der Feuerpunkt liegt innen unterhalb des Fesselgelenks am Hinterbein.

TCM: Löst Feuer der Leber und Leber-Qi-Stagnation auf. Reguliert und kühlt Blut und Hitze, senkt das Leber-Yang.

WD: Bindehautentzündung und Juckreiz der Augen. Spasmolyse bei Kolik, Genitalschmerzen.

Le 3 (Tai Chong)

Psychischer Punkt für den Gan-Typ. Der Quellpunkt liegt unterhalb des Griffelbeinköpfchens an der Strecksehne an der Innenseite der Hintergliedmaße.

TCM: Der Erdpunkt leitet äußeren und inneren Wind aus und kühlt das Blut. Wichtiger Punkt zum Auflösen von Leber-Qi-Stagnation und Harmonisierung von Leber-Qi. Senkt das Leber-Qi

WD: Wichtiger Fernpunkt für Augenerkrankungen, endokrine Störungen und Stoffwechselerkrankungen, Unruhezustände, Zyklusstörungen, Geburtserleichterung, Epilepsie.

Le 8 (Qu Quan)

Der He-Punkt liegt in einer Vertiefung innen am Kniegelenk direkt hinter dem inneren *Condylus* des Oberschenkels (*Femur*).

TCM: Der Tonisierungspunkt leitet Nässe und Hitze aus dem Unteren Erwärmer. Er stärkt das Qi und Yin der Leber und reguliert das Leberblut. Er entspannt die Sehnen.

WD: Schmerzen im Kniegelenk, Urinverhalten, Scheidenausfluss, Harnwegsinfekte.

Le 13 (Zhang Men)

Der Alarmpunkt der Milz liegt seitlich an der Bauchwand am Ende der vorletzten Rippe.

TCM: Der Meisterpunkt aller Zang-Organe stärkt das Qi aller Bauch-Organe, besonders von Le, MP, Ma. Fördert reibungsloses Fließen des Leber-Qi. Unterstützt das Qi und Yin von MP.

WD: Alle Verdauungsstörungen, Abmagerung und Fettleibigkeit, Blähungen.

Le 14 (Qi Men)

Der Alarmpunkt der Leber liegt seitlich am Brustkorb, im 5. ICR von hinten gezählt, auf einer Linie zwischen Schulter- und Hüftgelenk.

TCM: Der Kreuzungspunkt von MP und Leber fördert den Leber-Qi-Fluss und stärkt das Qi und Yin der Leber. Er kühlt das Blut und leitet Feuchtigkeit aus. Reguliert Blutungen bei Bluthitze.

WD: Chronische Lebererkrankungen, Schmerzen im Zwischenrippenraum, Schmerzen in Oberbauch und Brust, Asthma, Gesäugeentzündung und Milchmangel.

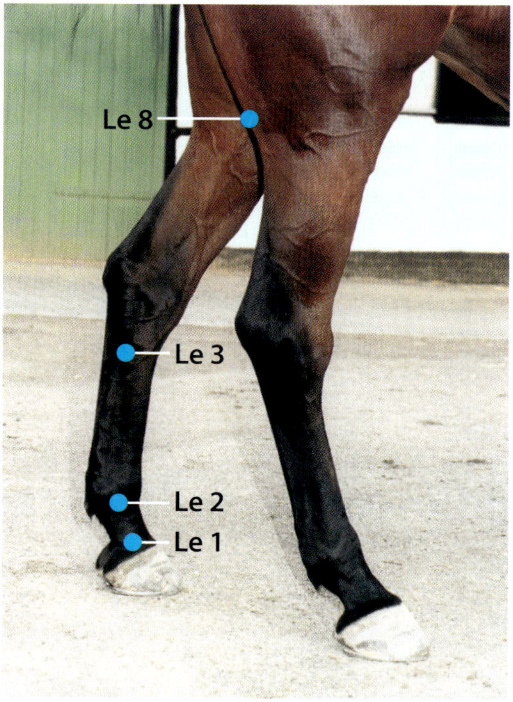

12. Gallenblasen (Gb)-Meridian

Äußerer Verlauf

Beginn: Gb 1 liegt am äußeren Augenwinkel.

Verlauf: Zieht über die seitliche Stirn, über den Hinterhaupthöcker, den Atlaswirbel abwärts entlang der oberen Seite des Halses. Er kreuzt den 3E-Meridian. An der Vorderkante des Schulterblatts überquert er die seitliche Brustwand und wendet sich hinter der letzten Rippe aufwärts bis in Höhe des Hüfthöckers. Verläuft um das Hüftgelenk herum, zieht nach unten in die Mitte der Außenfläche der Hinterhand und endet mit Gb 44 knapp drei Fingerbreit seitlich-außen von der vorderen Mittellinie des Hinterhufs über dem Kronband.

Innerer Verlauf

Innere Äste werden im Kopfbereich, in der Bauch-, Lenden- und Hüftregion abgegeben.

Zustimmungspunkt	*(Shu)*	*Bl 19*
Alarmpunkt	*(Mu)*	*Gb 24*
Quellpunkt	*(Yuan)*	*Gb 40*
Passagepunkt	*(Luo)*	*Gb 37*

Gb 1 (Tong Ziliao)

Der Punkt liegt seitlich am äußeren Augenwinkel in einer gut tastbaren Vertiefung auf dem *Proc. Zygomaticus*.

TCM: Leitet Wind und Hitze aus und klärt die Augen.

WD: Akute und chronische Augenerkrankungen, *N. trigeminus*-Neuralgie.

Gb 20 (Feng Chi)

Der Punkt befindet sich am vorderen Rand des Atlasflügels (erster Halswirbel) in einer Vertiefung des *M. trapezius*.

TCM: Leitet äußeren und inneren Wind aus und beseitigt Wind-Hitze und Wind-Kälte.

WD: Erkältungskrankheiten, Fieber, Lähmungen, Headshaker, Ataxie, Krämpfe.

Gb 34 (Yang Ling Quan)

Der Meisterpunkt der Sehnen und Muskeln liegt am Hinterbein außen, unterhalb des *Caput fibulae*.

TCM: Der He-Punkt harmonisiert die Leber und eliminiert Feuchtigkeit, Hitze und Wind, Bi-Syndrom.

WD: Erkrankungen von Muskeln und Sehnen, LWS-Syndrom, Entzündung des *N. ischiadicus*, Myopathien, rheumatoide Arthritis, Lebererkrankungen und Kniegelenkserkrankungen.

Gb 41 (Zu Lin Qi)

Dieser Punkt liegt unterhalb des Sprunggelenks unter dem Griffelbeinköpfchen außen am Hinterbein.

TCM: Der Holzpunkt ist der Öffnungspunkt des Gürtelgefäßes. Er leitet Feuchtigkeit und Hitze aus und harmonisiert den Fluss des Leber-Qi.

WD: Euterentzündung, Schwerhörigkeit, Störungen im Genital- und Fortpflanzungsbereich, Schwellungen der Hinterbeine.

Gb 44 (Qiao Yin)

Der Metallpunkt liegt seitlich am Kronsaum des Hinterbeins.

TCM: Der Ting-Punkt leitet Wind aus und unterdrückt das Leber-Yang. Er löst Blockaden im Gb-Meridian.

WD: Akute Notfälle, Schmerzen im interkostalbereich, Asthma.

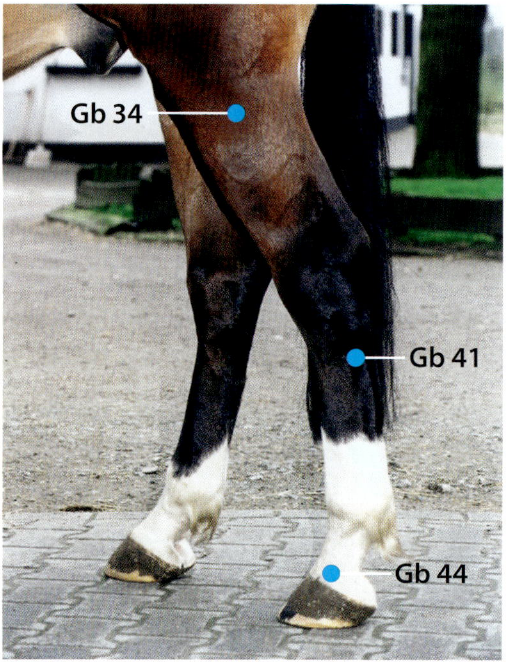

Außerordentliche Meridiane

Es gibt außer den 12 Hauptmeridianen weitere Leitbahnen, sie werden als die acht außerordentlichen Leitbahnen, Sondermeridiane oder Wundergefäße bezeichnet. Sie sind nicht paarig angelegt und drei davon werden hier beschrieben. Die auf ihnen gelegenen Punkte lassen sich besonders wirksam für den psychischen Ausgleich und für eine bessere Durchlässigkeit des Pferdes einsetzen.

13. Das Lenkergefäß (LG) (Du Mai)

Das Lenkergefäß verläuft über den Dornfortsätzen der Wirbelsäule den Rücken entlang. Diese Leitbahn entspringt unter dem Schweif in der Vertiefung über dem After, LG 1, sie folgt der Mittellinie des Rückens über Kreuzbein, Lenden-, Brust- und Halswirbelsäule, über das Hinterhaupt, die Stirn und den Nasenrücken zur Nase, wo sie im Zentrum zwischen den Nüstern einmündet, LG 26 (Ren Zong). Das Lenkergefäß reguliert die Yang-Energie des Körpers. Alle Yang-Meridiane stehen in direktem Kontakt mit dem Du Mai.

14. Das Konzeptionsgefäß (KG) (Ren Mai)

Das Konzeptionsgefäß verläuft an der Unterseite des Körpers entlang des Bauches und des Brustkorbs.

Der Anfangspunkt KG 1 entspringt zwischen After und äußerem Genital.

Der Meridian folgt der Mittellinie von Bauch, Brust, Unterhals und mündet in einer leichten Vertiefung unmittelbar vor der Mitte der Unterlippe, KG 24 (Cheng Jang). Das Konzeptionsgefäß reguliert die Yin-Energien des Körpers und regelt den Austausch der Yin-Meridiane.

15. Das Gürtelgefäß (Dai Mai)

Wie ein Gürtel umschließt diese Leitbahn den Rumpf in Höhe der Flanken vor den Hüfthöckern und an der Bauchunterseite vor dem Nabel. Das Gürtelgefäß hat mit allen Leitbahnen Kontakt, die von vorn nach hinten (bzw. von hinten nach vorn) verlaufen. Ein gestautes Gürtelgefäß kann die Durchlässigkeit des Pferdes insgesamt beeinträchtigen. Ein Energiestau im Gürtelgefäß wird durch Akupunktur des Punktes Gb 41 gelöst.

Die Akupunkturpunkte am Kopf sind sehr effektvoll und werden deshalb sowohl akupunktiert wie auch akupressiert.

DIE AKUPRESSUR

7

LTD.
TRADEMARK

In vielen alten Kulturen werden Heilmethoden in Verbindung mit Handauflegen beschrieben. Die Menschen hatten durch Zufall bemerkt, dass durch Berührung schmerzender Bereiche eine Linderung und Entspannung des Leidenden auftrat. In China war dieses Wissen vor 50 000 Jahren schon so weit entwickelt, dass bestimmte Stellen am Körper mit spitzen Knochen oder Steinen behandelt wurden. Während die Akupunktur ausschließlich von besonderen Heilkundigen ausgeführt wurde, blieb die Massage von Akupunkturpunkten zur Behandlung von alltäglichen Beschwerden als Volksmedizin erhalten. Die theoretischen Grundlagen und die angewendeten Punkte sind in der Akupunktur und Akupressur identisch.

Die Akupressur kann keine Erkrankungen heilen, unterstützt aber die Akupunktur optimal.
Die Akupressur lindert Schmerzen und nimmt Einfluss auf das Verhalten unserer Pferde.
Tritt bei der Akupressur kein Erfolg ein oder verschlimmern sich die Symptome, muss mit einem Tierarzt oder Akupunkteur Rücksprache gehalten werden.

Die Akupressur wirkt nicht so intensiv wie die Akupunktur, kann aber auch von Laien ausgeführt werden.

Die chinesische Massage wird als **Anmo** bezeichnet. Das bedeutet übersetzt »drücken« und »reiben«. Die westliche Bezeichnung **Tuina** ist ein Sammelbegriff, der alle Techniken der Beweglichmachung von Gelenken und Muskeln inklusive der Meridian- und Akupunkturpunktmassage sowie der Chiropraktik einschließt. Der bei uns übliche Begriff **Akupressur** setzt sich aus den Begriffen *acus* (lat. Nadel) und *pressure* (Druck) zusammen und ist wörtlichen mit Nadeldruck übersetzt, eigentlich nicht treffend. Die Bezeichnung hat sich aber eingebürgert und wird als Druck auf den Akupunkturpunkt verstanden. In China erfolgt meistens zuerst die Akupunktur, anschließend die Tuina-Massage. Aus deren Vielzahl von Techniken ist die Akupunkturpunktmassage am schnellsten und einfachsten anzuwenden. Das gilt auch für medizinische Laien, sodass jeder Reiter die Behandlung seines Pferdes aktiv unterstützen kann.

Ausübung der Akupressur

Zuerst wird das Pferd angeschaut und nicht angefasst. Der Gesamteindruck ist wichtig. Sieht das Pferd ausgeglichen und gut bemuskelt aus oder erscheint es mager und unausgeglichen? Diesen ersten Eindruck behält man im Gedächtnis und betrachtet in der auf Seite 82 beschriebenen Reihenfolge sein Pferd.
Um die Akupunkturpunkte durch Akupressur zu stimulieren, nimmt man den Zeigefinger, den Daumen, die Fingerknöchel, die Innenfläche der Hand oder den Daumenballen. Ausschlaggebend ist die Reaktion des Pferdes. Bei ängstlichen Pferden ist es angebracht, die Akupressur mit der ganzen Hand durchzuführen. Ist das Pferd ruhig und der Punkt bekannt, benutzt man den Zeigefinger.

Die Akupunkteurin zeigt der Pferdebesitzerin, mit welcher Stärke sie den Akupunkturpunkt Ma 6 akupressieren muss.

Es werden drei Akupressurtechniken unterschieden

1. Die Harmonisierungstechnik

Die Harmonisierungstechnik kann bei jedem Akupressurpunkt angewendet werden.
Nachdem das Pferd angesprochen worden ist, um keine Abwehrreaktion zu provozieren, legt man vorsichtig den Finger auf den Punkt. Langsam wird der Fingerdruck unter kreisenden Bewegungen erhöht. Die Richtung der Drehbewegung des Fingers verläuft dabei im Uhrzeigersinn. Die zweite Hand sollte das Pferd ebenfalls sanft berühren. Mit einem Seitenblick schaut man immer auf das Pferdegesicht. Auf keinen Fall darf die Akupressur einzelner Punkte Abwehrreaktionen hervorrufen.
Über die Stärke des Akupressurdrucks lässt sich keine pauschale Aussage machen, dieser ist abhängig von der Hautempfindlichkeit des einzelnen Pferdes und muss immer individuell abgestimmt werden. Die Entspannungsreaktion des Pferdes ist dabei ein wichtiges Indiz für die richtige Druckstärke.
Sobald die Maulwinkel entspannen, das Ohr auf der Seite der Akupressur leicht seitlich kippt und bei völliger Entspannung die Augen geschlossen werden, hat die Akupressur die optimale Druckstärke erreicht.
Soll keine Beruhigung oder Anregung, sondern nur ein Ausgleich oder eine Entspannung erreicht werden, hält man diese Akupressur eine Minute lang. Die Bewegung erfolgt im Allgemeinen im Uhrzeigersinn. Bei einer direkten Meridianbehandlung werden die Bewegungen im Meridianverlauf ausgeführt, das heißt innen am Bein von unten nach oben (Yin-Meridiane), außen am Bein von oben nach unten (Yang-Meridiane).

2. Die Yin-Technik

Die Yin-Technik wirkt beruhigend und entspannend. In der Ausübung ist sie kräftig, reibend, mit starker Druckausübung auf den Punkt und lang andauernd, mindestens zwei Minuten. Auch dabei ist auf das einzelne Pferd einzugehen. Zum Beispiel bei der Akupressur von Le 3 (Tai Chong), der zur Entspannung und zur Beruhigung eines Gan-Typs akupressiert wird, sollte der Druck so stark sein, dass das Pferd nicht schmerzhaft sein Bein hebt, aber der Akupresseur mit Kraft auf den Punkt drückt und ihn im Uhrzeigersinn oder im Meridianverlauf massiert.

3. Die Yang-Technik

Die Yang-Technik wirkt belebend und aufbauend. In der Praxis wird sie mit weniger Druck ausgeführt und ist von kurzer Dauer, etwa 30 Sekunden lang.

Diese Technik macht aktiv und mobilisiert die Energien des Pferdes.

Die Akupressur von Ni 3 (Tai Xi) zur Unterstützung eines Shen-Typs ist in der Druckausübung sanft-drückend und von kurzer Anwendung. Die Bewegung erfolgt im Uhrzeigersinn oder im Meridianverlauf.

Wenn es erstaunt, dass eine kurz angewendete Akupressur belebend und eine lang angewendete Akupressur entspannend ist, sollte man sich vorstellen, wie entspannt und leicht müde man sich einer langen, ausgiebigen Massage fühlt. Den gleichen Effekt hat die Akupressur. In vielen Fällen wollen wir bei unseren Pferden eine Entspannung erreichen, aber nach der Lektüre dieses Buches wird der Leser auch seinem Pi- oder Fei-Typ mit der Akupressur helfen, Energien zu halten oder sogar aufzubauen.

Zeitdauer der Akupressur

Die Akupressurbehandlung variiert zwischen mindestens 30 Sekunden bis zwei Minuten und länger pro Punkt. Sie dauert bei einer 5-Punkte-Anwendung zwischen sieben bis 20 Minuten, abhängig davon, ob die Punkte beidseitig oder nur einseitig akupressiert werden. In der Akupressur sollten die Punkte immer auf beiden Seiten akupressiert werden.

Einsatzbereiche, Häufigkeit und Zeitraum der Akupressur

Lokale Schmerzbereiche

Allgemein gilt, dass Muskelverspannungen und lokale Schmerzbereiche so oft wie möglich akupressiert werden, Genickschmerzen zum Beispiel viermal täglich.

Eine muskuläre Rückenverspannung sollte mindestens zweimal täglich, besser ebenfalls viermal täglich akupressiert werden.

Verhaltensprobleme

Das Verhalten und die Psyche des Pferdes lassen sich durch Akupressur positiv beeinflussen. Grundsätzlich gilt, dass die Akupressur zu diesem Zweck einmal täglich angewendet werden soll.

Ein Shen-Typ, der zum Beispiel plötzlich Angstzustände zeigt, wird einmal täglich an Ni 3 (Tai Xi) akupressiert. Zusätzlich wendet der Reiter den Yin-Yang-Ausgleich an. Zur Akupressur von Ni 3 würde die Yang-Technik zum Einsatz kommen, für den Yin-Yang-Ausgleich die Harmonisierungstechnik.

Erscheint dem Reiter sein Pferd in den letzten Tagen oder Wochen unausgeglichen und

ärgerlich, kann die Akupressur von Le 3 (Tai Chong) einen psychischen Ausgleich schaffen. Wenn neue Eindrücke auf Pferde zukommen, die zu einer Veränderung und Verunsicherung führen können, ein Stallwechsel beispielsweise, ein langer Transport oder großer Ausritt, ist die Akupressur anzuwenden.
Dazu beginnt man drei Tage vor dem Ereignis mit der Akupressur der Punkte des Yin-Yang-Ausgleichs und dem Punkt, der dem Pferde-Typ entspricht.

Turniervorbereitung
Die Akupressur als Turniervorbereitung beginnt drei Tage vor der Veranstaltung. Es wird ein- bis zweimal täglich vor und während des Turniers akupressiert. Häufig sind Reiter vor einem Turnier sehr angespannt und nervös, was sie unter Umständen energetisch über die Akupressurpunkte weitergeben. In diesem Fall ist es besser, die Akupressur von einer ausgeglichenen Person ausführen zu lassen.
Falls die Turniertage oder ein Distanzritt sehr anstrengend waren, wird nach dem Wochenende zwei Tage aufbauend akupressiert.
Je nach Ziel der Akupressur kann sich die Behandlung auf dem Turnier von der Akupressur zuhause unterscheiden.
Ein Beispiel: Ein ängstliches Pferd wird zu Hause durch Yin-Yan-Ausgleich und Ni 3 akupressiert – sein Selbstbewusstsein soll aufgebaut werden. Auf dem Turnier verspannt sich das Pferd schnell, sodass hier die Beruhigung und die Lockerung der Muskulatur im Vordergrund stehen. Auf dem Turnier werden dazu folgende Punkte akupressiert:
Le 3 mindestens zwei Minuten zur Entspannung.
Yintang zur Beruhigung.
Bl 10 fördert die Konzentration und ist besonders bei Pferden anzuwenden, die sich leicht ablenken lassen.
Zu Hause erfolgt weiterhin die Akupressur der dem Pferdetyp entsprechenden psychischen und lokalen Punkte.

- **MP 6** zur Unterstützung des Milz-Typs
- **Ni 3** zur Unterstützung des Shen-Typs
- **Le 3** zur Harmonisierung des Leber-Typs
- **Lu 7** zum Aufbau des Fei-Typs

Akupunktur harmonisiert das Leistungspferd.

Wirkung der Akupressur
Harmonisierungstechnik: ausgleichend
Yin-Technik: entspannend, beruhigend
Yang-Technik: belebend, aktivierend

Gesundheitsvorsorge – Krankheitsnachsorge

Die Akupressur ist nicht nur zur Behandlung gesundheitlicher Störungen einzusetzen, sondern eignet sich zudem optimal zur Vorbeugung, zum Beispiel wenn im Stall eine Atemwegserkrankung aufgetreten ist.

In solch einem Fall wird ein- bis zweimal täglich die Akupressur der Punkte Lu 9 und Lu 7 zur Stärkung des Wei Qi durchgeführt.

Zur Anregung der Abwehrkräfte nach einer überstandenen Erkrankung wird einmal täglich mindestens 14 Tage lang die Akupressur der Punkte Ma 36 und Lu 5 zur Blutbildung als Krankheitsnachsorge angewendet.

Übung 1: Konzentration auf die innere Mitte und ruhige, gleichmäßige Atmung.

Voraussetzung zur erfolgreichen Akupressur

Der Reiter

Die Akupressur funktioniert nicht, wenn der Akupresseur aufgeregt, angespannt, ärgerlich oder müde ist. Natürlich ist niemand immer nur ausgeglichen und entspannt, wenn er abends nach der Arbeit in den Stall kommt. Unsere Pferde sind aber sehr sensibel und hören meist schon am Schritt oder an der Stimme, ob der Reiter gute oder schlechte Laune hat. Betritt der Reiter hektisch die Box, geht zu seinem Pferd ohne es anzusprechen oder freundlich zu begrüßen und akupressiert einen Punkt, wird er eher Unwillen gegen die Behandlung auslösen, als eine Entspannung erreichen.

Möchte man eine gute Akupressur ausführen, fühlt sich selbst aber nicht ausgeglichen, wird die folgende Übung an sich selbst durchgeführt, um das eigene Meridiansystem wieder in Harmonie zu bringen und in sein eigenes energetisches Gleichgewicht zu kommen.

Vorübung zur Akupressur

Stellen Sie sich ruhig hin und konzentrieren Sie sich auf sich selbst. Die Muskeln werden gelockert. Dabei können Sie ruhig die Arme oder Beine leicht bewegen oder die Schultern heben und senken. Viele Menschen spannen den ganzen Tag die Gesichtsmuskulatur an. Auch diese wird gelockert, unabhängig ob der Gesichtsausdruck dabei an Ausdruck verliert, sonst wird der Energiefluss im Gesichtsbereich gestaut.

Fühlt sich die Muskulatur entspannt an, konzentriert sich der Akupresseur, schließt die Augen und atmet zwei- bis dreimal tief ein und aus. Die Hände werden dabei locker unterhalb des Nabels aufeinandergelegt. Diesen Bereich bezeichnen die Chinesen als **Dantien**. Der Dantien ist ein großer Energiebereich, in dem wir die Energie unserer Mitte sammeln. Während des Einatmens wird versucht, die Energie in

Übung 2: Qi-Aktivierung.

Übung 3: Meridianaktivierung.

den Dantien zu leiten. Das Einatmen und Ausatmen sollte ruhig und gelassen durchgeführt werden. Erst wenn man eine innere Ruhe verspürt, wird die Übung fortgeführt. Das kann schon mal fünf Minuten und länger dauern. Auf keinen Fall sollte eine Störung in dieser Einführungsphase erfolgen.

Qi-Aktivierung

Die Augen werden geöffnet und die Hände vom Dantien entfernt. Zuerst die Handflächen gegeneinander reiben, bis Wärme verspürt wird. Dann mit der rechten Hand zehnmal über den Handrücken der linken Hand streichen. Jetzt wieder die Hände reiben und nun mit der linken Hand die Wärme über den rechten Handrücken verteilen. Damit aktiviert man seine eigene Energie, sein Qi. Mit kalten Händen sollte nicht akupressiert werden.

Meridianaktivierung

Nachdem das eigene Qi erwärmt ist, kann es frei und ungehindert durch die Meridiane fließen, die jetzt aktiviert werden. Die rechte, geschlossene Faust beginnt am inneren linken Handgelenk in Richtung Schulter mit kleinen, kurzen, intensiven Schlägen die Innenseite des Arms abzuklopfen. Dadurch werden die Yin-Meridiane Lunge, Herz und Perikard aktiviert. In Höhe der Schulter wechselt die Faust auf die Außenseite des Arms und klopft diesen ebenfalls mit kurzen, kleinen Schlägen bis zum Handgelenk ab. Die Yang-Meridiane Dünndarm, Dickdarm und Dreifacher Erwärmer werden angeregt. Damit sind die Meridiane am linken Arm angeregt. Zur Aktivierung der rechten Leitbahnen anschließend mit der linken Faust den rechten Arm in oben beschriebener Weise abklopfen.

Übung 4: Abschließende Qi-Aktivierung.

Voraussetzung für eine erfolgreiche Akupressur

- Vorbereitung des Reiters.
- Aktivierung des eigenen Qi.
- Abklopfen der eigenen Meridiane.
- Ruhige Umgebung mit wenig Ablenkung.
- Anschauen des Pferdes.
- Vorbereitung des Pferdes.
- Kenntnis über Lage und Anwendung der Akupressurpunkte.

Abschließende Qi-Aktivierung

Jeder, der diese Übung durchgeführt hat, fühlt sich danach wohler und ausgeglichener. Zum Abschluss werden die Handflächen noch einmal gerieben und dann in Ruhe mit der Akupressur begonnen.

Hier wird überlegt, welche Akupressurpunkte angewendet werden sollen.

Umgebung der Akupressur

Die Umgebung, in der die Akupressur ausgeübt wird, darf nicht zu unruhig sein. Natürlich kann man Freunden zeigen, wie die Akupressur angewendet wird. Die besten Ergebnisse entstehen aber, wenn die Konzentration allein auf das Pferd gerichtet ist.

Beruhigende oder belebende Akupressur?

Akupressur wirkt nicht so intensiv wie die Akupunktur, deshalb ist es besonders wichtig zu wissen, ob das Pferd beruhigt oder belebt werden muss. Einen Shen-(Nieren)-Typ, der sehr ängstlich ist, beruhigt man oftmals mit Worten. In der chinesischen Medizin aber wird er mit dem Punkt Ni 3 belebt, der das Nieren-Qi hebt. Dadurch wird das Selbstbewusstsein des Pferdes gefördert und es kann seine Angst überwinden. Ein Gan-(Leber)-Typ neigt zu Muskelverspannungen und kann durch den Punkt Le 3 beruhigt werden.

Merke: Das Üben der Akupressur mit weniger Punkten fördert den Erfolg.

Auswahl der Akupressurpunkte

Es gibt mehr als 365 Akupunkturpunkte. Die Akupressurpunkte entsprechen in Lage und Wirkung den Akupunkturpunkten. Diese Vielzahl macht es nicht leicht, den richtigen Akupressurpunkt für sein Pferd zu finden. Jeder Akupressurpunkt hat bis zu fünf Wirkungen.

Ein Beispiel: Di 4 Hegu eliminiert Wind-Kälte, Wind-Hitze, harmonisiert Qi, stärkt das Wei Qi und fördert das Lungen-Qi. Außerdem befreit er die Oberfläche und wirkt so gesundheitsfördernd bei jedem akuten Infekt. Außerdem löst er Stagnationen in den Meridianen und entspannt damit Muskeln und Sehnen bei Schmerzen. Er gilt als stärkster Schmerzpunkt. Rückenschmerzen ebenso wie Koliken werden mit Di 4 behandelt. In der Immunstärkung hat sich Di 4 ebenfalls bewährt.

Der Akupresseur sollte die Funktionen einiger wichtiger Akupressurpunkte auswendig lernen. Je häufiger er diese überschaubare Anzahl der Akupressurpunkte anwendet, umso schneller lernt er deren Wirkung kennen. So kann er verschiedene Akupressurpunkte kombinieren und wird immer sicherer.

Wichtige Akupressurpunkte für den Anfang:

- **Di 4** Hegu
- **Lu 7** Lie Que
- **Di 16** Jugu
- **Ma 6** Jiache
- **Ma 36** Zusanli
- **Ni 3** Taixi
- **Le 3** Taichong
- **MP 6** Sanyinjiao

Pferdeglück

Pferdewissen

Erarbeitet von:
Magdalena Gräfin Adelmann,
Martin Clausnitzer, Michael Gerstner,
Stephanie Schöllkopf, Simone Sehon,
Daniela Weckerle

Betriebliche Kommunikation

kompetent handeln

Fachschulen und Berufskollegs

Cornelsen

Projektleitung: Uta Kural, Berlin
Redaktion: Georg Müller
Umschlaggestaltung: Buchgestaltung + Berlin
Layout und technische Umsetzung: LemmeDESIGN, Berlin

www.cornelsen.de

1. Auflage, 3. Druck 2025

Druck: Livonia Print, Riga

ISBN 978-3-06-451051-7 (Schülerbuch)
ISBN 978-3-06-451052-4 (E-Book)

PEFC/12-31-006

PEFC zertifiziert
Dieses Produkt stammt aus nachhaltig bewirtschafteten Wäldern und kontrollierten Quellen.

www.pefc.de

Inhalt

Einführung

Betriebliche Kommunikation – kompetent handeln bereitet strukturiert und gut verständlich auf betriebliche Führungsaufgaben vor.
Das Buch ist in acht Kapitel unterteilt. Neben den sieben Inhaltskapiteln bereitet ein spezielles Prüfungskapitel auf eine schriftliche schulische Prüfung vor. Jedem Kapitel ist eine Übersicht zum Kompetenzerwerb vorangestellt. Die situativen Einstiege in die Inhaltskapitel werden von Aufgaben begleitet, die einen ersten eigenen Zugang zum Thema ebenso ermöglichen wie einen Einblick in dessen Tiefe und Umfang. Die Aufgaben im Kapitel unterstützen den jeweiligen Kompetenzerwerb. Häufig wird den Aufgaben in einer sogenannten **Situation** ein Fallbeispiel vorangestellt, auf das sich dann die Aufgabenstellung oder Teile von ihr beziehen. Dies ermöglicht eine handlungsorientierte Herangehensweise.
Immer wieder wird in den Aufgaben auch dazu aufgefordert, Sachverhalte auf die eigene Person oder die eigene betriebliche Situation zu beziehen. Ziel dieser Aufgabenart ist der intensive Kompetenzerwerb durch die konkrete Anwendung auf die eigene Situation und nicht die Preisgabe von Informationen persönlicher oder betrieblicher Art, die auch hier einen bewussten Umgang erfordert.
Überall dort, wo sich seitlich dieses Zeichen ⇨ befindet, hat die Aufgabe interaktiven Charakter. Das bedeutet, sie ist als Partner- oder Teamarbeit gedacht. Am Kapitelende stehen Aufgaben, die sich auf Inhalte aus dem gesamten Kapitel beziehen.
Das Buch hebt seine wesentlichen Inhalte in den **GUT ZU WISSEN**-Elementen hervor. Diese sind entweder in den Lesefluss integriert oder bilden eine Zusammenfassung. Mit ihnen lässt sich der Inhalt sowohl rasch überblicken als auch effizient auffrischen.
Es macht Sinn, die Inhaltskapitel in der Reihenfolge des Bandes zu erarbeiten. Diese sind aber so erstellt, dass auch jede andere Kapitelabfolge bei der Durcharbeitung möglich ist. Entsprechende Querverweise ermöglichen ein gezieltes Nachsehen von gegebenenfalls notwendigen Bezügen.
Aus Gründen der Lesbarkeit wurde darauf verzichtet, immer beide Geschlechter anzusprechen („Mitarbeiter und Mitarbeiterinnen"...), auch wenn selbstverständlich beide gemeint sind.

Die Verlagsredaktion und das Autorenteam wünschen Ihnen viel Erfolg!

1 Ganzheitlich lernen

Lernen ist ein Prozess, durch den sich das Verhalten, Denken oder Fühlen des Lernenden verändert. So ermöglicht Lernen, sich auf eine verändernde Welt einzustellen. Lernen geschieht durch Aneignung neuer Lerninhalte, durch gemachte Erfahrungen und deren Vernetzung. Ganzheitliches Lernen ist die beste Methode für den Erwerb beruflicher Kompetenzen.

Kompetenzen

- Voraussetzungen und Einflussfaktoren des Lernens ermitteln
- Lernprozesse verstehen und nutzen
- verschiedene Lernformen erarbeiten
- kreative Lernmethoden beherrschen
- Zeitmanagementmethoden anwenden

Situation

„Geschafft!" Tom Seibert hat seinen ersten 10-km-Lauf unter 55 Minuten absolviert. Dabei hat er erst vor einem halben Jahr gemeinsam mit seinen Kollegen das Lauftraining begonnen. Nach diesem Erfolg ist sein Ehrgeiz geweckt. Das Team möchte bei den kommenden Stadtläufen beim Halbmarathon starten. Als Ziel stecken sie sich eine Zeit unter 2 Stunden. Tom und sein Laufteam arbeiten mithilfe von Fachliteratur einen Trainingsplan aus, der Trainingshäufigkeit, -dauer und -intensität vorsieht. Die ersten langen Läufe fallen Tom noch schwer, aber von Mal zu Mal läuft er die Distanzen lockerer und kann sogar seine Geschwindigkeit steigern. Als er Laufpausen nicht einhält, merkt er jedoch, dass seine Leistungsfähigkeit nachlässt. Sein Kollege Yannis erinnert ihn an den Trainingsplan, an den er sich von nun an konsequent hält.
Am Tag des Laufes trifft sich Tom mit seinem Team im Startbereich. Er ist trotz seiner soliden Vorbereitung aufgeregt, lässt sich aber von der guten Stimmung der Teilnehmer anstecken. Während der ersten Kilometer fühlt er sich fit. Nach 16 km werden seine Beine schwer. Yannis feuert ihn an. Gemeinsam schaffen sie es mit einem Endspurt ins Ziel, und das in 1 Stunde und 58 Minuten.

M1 Ziele erreichen durch kompetentes und konsequentes Handeln

Aufgaben

1 Nennen Sie verschiedene Begriffe, die Ihnen im Zusammenhang mit ganzheitlichem Lernen einfallen.

2 Übertragen Sie in Partnerarbeit die oben beschriebenen Halbmarathonvorbereitungen auf das Lernen und arbeiten Sie entsprechende Tipps für Prüfungsvorbereitungen heraus.

GUT ZU WISSEN

Die Arbeitswelt unterliegt einem permanenten Wandel, der lebenslanges Lernen erforderlich macht. Unter Lernen versteht man den Prozess einer stabilen Veränderung im Verhalten, Denken und Fühlen. Vernetztes Denken und die Anwendung von Problemlösungsstrategien sind gefragt. Dazu kommen Fachkenntnisse, Fertigkeiten und soziale Kompetenzen. Um ganzheitlich lernen zu können, sind gewisse Voraussetzungen in der Person sowie lernfördernde Bedingungen (1.1) notwendig. Anhand des Wissens über den Ablauf und die Funktionsweise des Lernprozesses (1.2) in unserem Gehirn, wurden verschiedene Lernformen (1.3) und kreative Lernmethoden (1.4) entwickelt. Damit diese Instrumente wirksam eingesetzt werden können, bedarf es eines guten Zeitmanagements (1.5).

1.1 Voraussetzungen und Einflussfaktoren des Lernens

Das Gehirn steuert fast alle Körperfunktionen und verarbeitet äußere Reize, die auf den Körper treffen. Dadurch wird die Interaktion mit der Umwelt möglich. Es ist die anatomische und physiologische Basis für Denken, Empfinden und Lernen. Auch die psychologischen Lerneinflussfaktoren wie die Motivation spielen sich dort ab. Darüber hinaus wird der Lernerfolg von fördernden und hemmenden Faktoren beeinflusst.

1.1.1 Anatomische Voraussetzungen

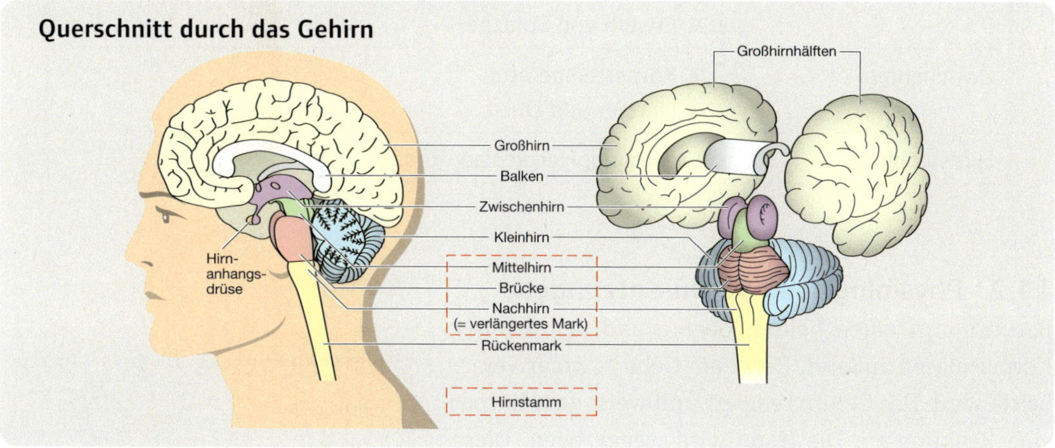

M2 Aufbau des Gehirns

Das Gehirn lässt sich in verschiedene Bereiche mit unterschiedlichen Funktionen gliedern. Zentrale Funktionen für das Lernen kommen dem Großhirn mit der Großhirnrinde, dem sogenannten Kortex, zu. Er ist für die Verarbeitung von Sinneseindrücken zuständig. Er ist in Lappen mit verschiedenen Funktionen aufgeteilt, wie Sehen, Sprechen, Denken und Lernen sowie das Speichern von Informationen. Das unter dem Kortex liegende limbische System ist für Emotionen und Motivation verantwortlich.

Das Großhirn ist in zwei Hemisphären geteilt, die durch einen dicken Nervenstrang, den Balken, miteinander verbunden sind. Der Kortex umgibt die beiden Hälften wie eine Hülle aus stark gefaltetem Nervengewebe. Er lässt sich in Felder einteilen. Dabei sind die meisten Felder symmetrisch auf beiden Hemisphären angeordnet. Sie sind für die Bereiche der jeweils gegenüberliegenden Körperhälfte zuständig. So befindet sich das motorische Rindenfeld für die rechte Hand auf der linken Hirnhälfte und umgekehrt. Lange wurde in der Wissenschaft versucht, kognitive Funktionen bestimmten Hirnregionen eindeutig zuzuordnen. Momentan geht man davon aus, dass viele Funktionen zwar bestimmten Hirnbereichen zugeordnet werden können, aber vom Zusammenwirken verschiedener vernetzter Hirnbereiche abhängen.

Die Hemisphären ergänzen sich gegenseitig. Durch den Einsatz von z. B. Mindmaps (1.4.3) können beim Lernen beide Hemisphären angesprochen werden, da Faktenwissen mit einer bildhaften Darstellungsweise verknüpft wird.

GUT ZU WISSEN

Hirnregion	Hauptfunktionen
Großhirn und Großhirnrinde (Kortex)	■ Verarbeitung von Sinneseindrücken ■ Speichern von Informationen ■ Emotionen und Motivation
Kleinhirn	■ Gleichgewichtsgefühl ■ Koordination von Bewegungen ■ Erwerb von Sprache
Zwischenhirn	■ Körpertemperatur ■ Hunger und Durst
Hirnstamm	■ Atmung, Herzschlag, Reflexe

1.1.2 Physiologische Voraussetzungen

Berührt man einen heißen Gegenstand, leitet unser Körper diesen äußeren Reiz zum Gehirn, wo er verarbeitet wird. Das Gehirn reagiert und weist dem Körper eine Reaktion zu: Die Hand wird weggezogen. Diese Übertragung von Reizen ist die Aufgabe der Nervenzellen, die im gesamten menschlichen Körper vorkommen.

Die Nervenzelle, das Neuron, ist der Einzelbaustein, aus dem sich milliardenfach das Gehirn zusammensetzt. Die Vernetzungen der Neuronen machen das menschliche Gehirn zu einer hochkomplexen Struktur und ermöglichen das Speichern von Informationen und damit das Lernen. Die Nervenzelle besteht aus einem Zellkörper mit Zellkern. Vom Zellkörper ausgehend verzweigen sich die Dendriten und das lange Axon. Dieses mündet in die Synapsen.

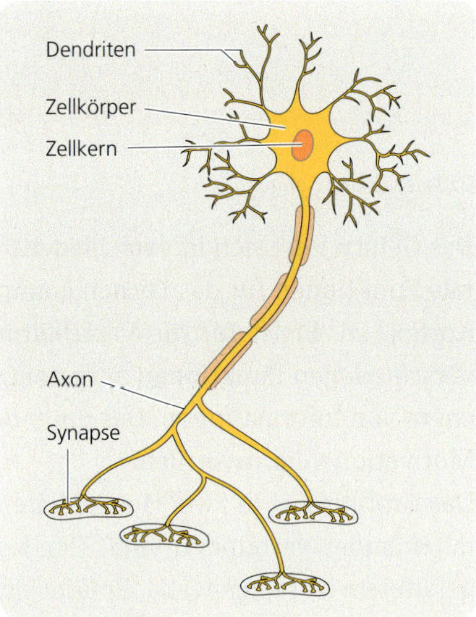

M3 Nervenzelle

Die einzelnen Nervenzellen sind wie ein Netzwerk miteinander verknüpft. Dabei sind die Synapsen durch einen schmalen Spalt von der Nachbarnervenzelle getrennt.

Die Sinnesorgane nehmen Reize von außen auf und leiten diese als elektrische Impulse über die Nervenzellen zum Gehirn. Am einzelnen Neuron passiert dabei Folgendes: Die Dendriten empfangen ankommende elektrische Impulse und leiten sie über das Axon weiter bis zur Synapse. Am synaptischen Spalt wird eine Überträgersubstanz, der Neurotransmitter aus Bläschen, freigesetzt. Dieser Botenstoff leitet das elektrische Signal an die nächste Nervenzelle weiter.

Beim Lernen verändern sich die Synapsen. Durch das häufige Auftreten neuronaler Reize bilden sich neuronale Bahnen. Die Verbindung zwischen zwei Neuronen wird also stärker, je häufiger auf diesem Weg Impulse weitergeleitet werden. Daraus lässt sich ableiten, dass langfristiges Lernen auf Wiederholung basiert. Im Gegensatz dazu werden die Verbindungen zwischen den Neuronen verringert bzw. gelöst, wenn keine Impulse mehr auf diesem Weg weitergeleitet werden. Gelerntes kann wieder vergessen werden.

GUT ZU WISSEN

Physiologische Basis des Lernens

Der physiologische Prozess des Lernens läuft über die Neuronen des Gehirns. Diese leiten elektrische Impulse weiter. Das häufige Auftreten gleicher neuronaler Reize führt zur Bildung etablierter neuronaler Bahnen. Durch Wiederholung werden Informationen gespeichert und somit gelernt.

Aufgaben

1 Erläutern Sie das folgende Zitat von Seneca (4 v. Chr.–65 n. Chr.) vor dem Hintergrund der physiologischen Lernvoraussetzungen: „Der Verstand vergisst nur langsam etwas, wenn er lange dafür gebraucht hat, es zu lernen."

2 „Alkohol beeinträchtigt die Lernfähigkeit." Überprüfen Sie diese Aussage mithilfe eigener Recherche.

1.1.3 Psychologische Voraussetzungen

Neben den anatomischen und physiologischen Voraussetzungen entscheiden Emotionen wie Freude, Angst sowie Motivation und Selbsteinschätzung des Lernenden über seinen Lernerfolg. Erfolgreiches Lernen hängt entscheidend von der Motivation des Lernenden ab. In der Lernpsychologie unterscheidet man die intrinsische und die extrinsische Motivation:

intrinsische Motivation

Die intrinsische Motivation ist die innere Motivation eines Menschen, Dinge zu tun: Man ist neugierig und möchte deshalb Neues lernen. Es gibt Tätigkeiten, die einfach Spaß machen oder die man aus persönlicher Überzeugung für sinnvoll hält. Andere wecken den persönlichen Ehrgeiz. Man möchte in einem bestimmten Bereich erfolgreich sein und ist dafür auch bereit sich anzustrengen.

extrinsische Motivation

Bei extrinsischer Motivation bewegen den Menschen äußere Gründe dazu, etwas zu tun. Dies kann eine Belohnung sein, dann spricht man von positiver Verstärkung. Tut man etwas aus Zwang oder weil man eine Bestrafung fürchtet, handelt es sich um negative Verstärkung.

Häufig schließen sich intrinsische und extrinsische Motivation nicht aus: So kann ein Arbeitnehmer eine Weiterbildung aus beruflichem Interesse und zugleich wegen des Aufstiegs in eine höhere Gehaltsklasse machen.

GUT ZU WISSEN

Lernen ist wesentlich von psychologischen Faktoren abhängig. Neben fördernden und hemmenden Emotionen ist die Motivation von großem Einfluss. Sie kann in extrinsische Motivation (Zwang, Belohnung) und intrinsische Motivation unterteilt werden. Letztere führt zu größerem Lernerfolg und wirkt damit positiv auf die Persönlichkeit: Macht Lernen Spaß, fördert dies den Lernerfolg, was wiederum ein positives Selbstbild zur Folge hat.

Aufgaben

1 Benennen Sie Bereiche, in denen Sie intrinsisch motiviert sind.

2 Beschreiben Sie eine positive und eine negative Lernsituation aus Ihrem Leben. Begründen Sie, weshalb sie diese Situationen positiv bzw. negativ in Erinnerung haben.

1.1.4 Lernhemmende Faktoren

Lernen funktioniert nicht immer gleich gut. Es hängt von einer Vielzahl verschiedener Faktoren ab. Diese Lernhemmungen lassen sich nach inneren und äußeren Faktoren unterscheiden:

lernhemmende Faktoren			
innere (eigene Person)		äußere	
psychologisch bedingt ■ Ängste ■ Perfektionismus ■ Unlust ■ …	selbst verursacht ■ chaotischer Arbeitsplatz ■ schlechtes Zeitmanagement ■ …	durch Personen ■ Telefonate ■ E-Mails, SMS … ■ störendes Verhalten ■ …	durch Reize ■ Unordnung ■ Gerüche ■ Lärm ■ visuelle Reize ■ schlechte Luft ■ …

Aus den in Kapitel 1.1.1–1.1.3 angeführten Voraussetzungen lassen sich Lernhemmungen ableiten, die vor allem das Behalten von Lerninhalten im Gedächtnis hemmen:

Art der Hemmung	Erläuterung	Beispiel	Vermeidung
retroaktive Hemmung	Das Behalten eines ersten Lerninhaltes wird durch anschließendes Lernen eines zweiten Lerninhaltes behindert. Das ist vor allem dann der Fall, wenn sich die Lerninhalte ähneln.	Ein technischer Zeichner arbeitet routiniert mit einem CAD-Programm. Nachdem er sich an ein Update gewöhnt hat, findet er in der alten Version einen gängigen Befehl nicht mehr.	Lernpausen
proaktive Hemmung	Ein zuerst gelernter Inhalt kann die unmittelbar folgende Aufnahme eines zweiten, neuen Lerninhalts blockieren. Das Gehirn ist in dieser Situation noch mit der Verarbeitung des ersten Inhalts beschäftigt.	Eine Studentin schreibt in der kommenden Woche zwei Klausuren. Sie lernt für das erste und anschließend direkt für das zweite Fach. Am Abend merkt sie, dass vom zweiten Fach nichts hängen geblieben ist.	Lernpausen, Lerninhalte separat verarbeiten
Ähnlichkeitshemmung	Zwei sich ähnelnde Lernstoffe hemmen sich gegenseitig in der Erinnerung.	Man liest mehrere Fachartikel zu einem Thema. Danach kann man nicht mehr zuordnen, welches Detail in welchem Artikel stand.	Lernstoff abwechseln
affektive Hemmung	Starke emotionale Ereignisse zwischen dem Zeitpunkt des Lernens und dem Abrufen eines Lerninhaltes beeinträchtigen deren Wiedergabe.	Beim Lernen für eine Klassenarbeit erfährt ein Schüler, dass sein bester Freund einen schweren Unfall hatte. Am nächsten Tag kann er die Fragen der Klassenarbeit nicht beantworten.	Vermeidung von starken emotionalen Erlebnissen, z. B. vorübergehender Rückzug

Eine hohe Arbeitsbelastung und Stress, vor allem wenn er von überzogenen Erwartungshaltungen begleitet wird, wirkt sich nachweislich negativ auf die Lernleistung aus und kann zu Lernblockaden führen. Während sich moderater Stress, wie ein gewisser Zeitdruck, positiv auf die neuronale Vernetzungen auswirken kann, hat Dauerstress negative Folgen. Die neuronalen Vernetzungen gehen zurück. Darüber hinaus senkt hohe Stressbelastung die Konzentrationsfähigkeit, was wiederum lernhemmend wirkt.

GUT ZU WISSEN

Unterscheidungsmöglichkeiten von lernhemmenden Faktoren

- **innere:** durch die lernende Person selbst verursacht
- **äußere:** von außen verursacht
- **lernmethodische Hemmungen:** retroaktive, proaktive, affektive sowie Ähnlichkeitshemmung

Aufgaben

1 Benennen Sie die lernhemmenden Faktoren, die Sie beim Lernen beeinträchtigen.
2 Bestimmen Sie davon jene, die Sie konkret beeinflussen können.
3 Erarbeiten Sie eine Strategie, wie Sie lernhemmende Faktoren vermeiden können.

1.1.5 Lernfördernde Faktoren

Während man lernhemmende Faktoren möglichst vermeiden sollte, kann der Lernerfolg durch lernfördernde Faktoren gesteigert werden, weil sie die physiologischen und psychologischen Lernvoraussetzungen stärken. Folgende Bereiche tragen dazu bei:

Wahl der Lernstrategie

- **Methodenwechsel:** Durch den Einsatz verschiedener Lernmethoden werden verschiedene Bereiche des Gehirns angeregt (siehe z. B. 1.4 Kreative Lernmethoden).
- **kontinuierliches Lernen:** Regelmäßiges Lernen in kleinen Einheiten über einen längeren Zeitraum hinweg ist nachhaltiger. Durch Wiederholungen werden Lerninhalte langfristig gespeichert.
- **Pausen:** Das Gehirn braucht Pausen, um Gelerntes zu verarbeiten. Als Faustregel gilt maximal 40 Minuten am Stück konzentriert lernen, sonst können Hemmungen und Blockaden die Folge sein.
- **aktives Wiederholen:** Statt einen Lerninhalt immer wieder nur durchzulesen, prägt sich Gelerntes dauerhaft ein, wenn es laut und frei vorgetragen wird. Sich Fragen zum Thema zu stellen zeigt auf, wo Zusammenhänge noch nicht verstanden sind.
- **Verknüpfung von Wissen:** Kann der Lernende neue Inhalte mit bereits vorhandenem Wissen verknüpfen, bleibt das Gelernte besser im Gedächtnis (siehe auch 1.3.2 Assoziationslernen).

Psychologische Faktoren

- **persönliche Grundhaltung:** Wie bereits bei den psychologischen Voraussetzungen erwähnt, ist das eigene Selbstbild auch mitverantwortlich für den Lernerfolg. Durch eine positive Grundhaltung hat der Lernende das Erreichen des Lernziels im Blick. Ein Lernender mit einer negativen Grundhaltung fokussiert das Scheitern.
- **Belohnung:** Sie kann extrinsisch motivierend wirken. Eine Belohnung nach der Erreichung eines Lernziels kann zudem positiv verstärkend für zukünftige Lernsituationen sein.

- **Lob und Anerkennung:** Beides kann sich motivierend auf künftige Lernsituationen auswirken.

Zeitmanagement

- **realistische Zielsetzung:** Werden Ziele so gesteckt, dass sie für den Lernenden erreichbar sind, führen sie zu Erfolgserlebnissen. Auch diese wirken wieder motivierend.
- **Zeiteinteilung:** Die Planung der zur Verfügung stehenden Zeit ist maßgeblich für den Lernerfolg verantwortlich (siehe 1.5 Zeitmanagementmethoden).

Rahmenbedingungen für das Lernen

- **angenehme Lernumgebung:** An einem Arbeitsplatz, an dem man sich wohl fühlt, kann man leichter lernen. Seine Gestaltung kann individuell sehr verschieden sein. Vorteilhaft ist ein aufgeräumter Schreibtisch, der mit allen notwendigen Arbeitsmitteln ausgestattet ist.
- **äußere lernhemmende Faktoren abstellen:** Unterbrechungen stören beim Lernen und behindern es. Deshalb ist es für den Lernerfolg sinnvoll, Störungen durch Personen, Medien, Kommunikationsmittel usw. zu unterbinden.
- **Entspannungstechniken:** Bei hoher Arbeitsbelastung können Entspannungstechniken helfen, Stress und die damit verbundenen negativen Auswirkungen zu senken. Mögliche Techniken sind autogenes Training, progressive Muskelentspannung, Meditation oder Yoga.

Biologische Faktoren

- **Biorhythmus:** Die Leistungsfähigkeit eines Menschen unterliegt im Tagesverlauf periodischen Schwankungen. Dieser Biorhythmus ist zwar individuell, doch liegt der Leistungshöhepunkt der meisten Menschen am Vormittag, gefolgt von einem Mittagstief. Am frühen Abend steigt die Leistungsfähigkeit nochmals an, um dann in der Nacht auf ein Tief zu sinken. Am Morgen steigt sie dann erneut an.
- **gesunde Lebensweise:** Alkohol nach dem Lernen senkt die Merkfähigkeit. Auch übermäßiger Kaffeegenuss oder Nikotin beeinflussen das Lernen negativ.

GUT ZU WISSEN

Lernfördernde Faktoren

- richtige Lernstrategie (kontinuierliches Lernen, Methodenwechsel ...)
- psychologische Faktoren (extrinsische und intrinsische Motivation)
- Zeitmanagement (realistischer und strukturierter Terminplan)
- geeignete Rahmenbedingungen (Lernsituation, die Konzentration ermöglicht)
- biologische Faktoren (eigenen Biorhythmus beachten, gesunde Lebensweise)

Aufgaben

1 Entwickeln Sie aus den oben genannten Bereichen Ihre persönliche Lernstrategie.

2 Analysieren Sie Ihre Lernsituationen und entwerfen Sie drei Verbesserungsvorschläge.

1.2 Lernprozesse verstehen und nutzen

Es gibt Ereignisse, die man nicht vergisst: der erste Kuss oder die Nachricht vom Tod eines nahestehenden Menschen. Was an den Tagen zuvor oder danach geschah, ist meist vergessen. Ein routinierter Autofahrer überlegt nicht, wann er die Kupplung treten muss. Er macht es im richtigen Moment automatisch. Diese Vorgänge des unterschiedlichen Behaltens und Abrufens von Erinnerungen, Wissen und Abläufen beruhen auf einem differenzierten Umgang mit Informationen durch das Gehirn. Sie bilden das Gedächtnis, das sowohl in seiner zeitlichen als auch in seiner inhaltlichen Dimension strukturiert werden kann. Die Informationsspeicherung wird als Prozess dargestellt.

1.2.1 Das Gedächtnis

Im Laufe eines Tages wirken unzählige Sinneseindrücke auf einen Menschen, die alle im Gehirn zusammentreffen. Dort werden sie danach „sortiert", ob sie weiter zur Verfügung stehen sollen. Entsprechend lässt sich die Speicherung im Gehirn in folgende drei Phasen einteilen:

- **Ultrakurzzeitgedächtnis** (sensorisches Gedächtnis): Informationen bleiben hier nur für Millisekunden bis Sekunden. Wenige werden weiter verarbeitet, die meisten gleich wieder gelöscht. Beispiel: *Ein Autofahrer sieht ein Stoppschild, beachtet es und setzt die Fahrt fort.*
- **Kurzzeit- und Arbeitsgedächtnis:** Hier werden Informationen für Sekunden bis Minuten gespeichert und verarbeitet. Diese Daten sollen zwar wiedergegeben, aber nicht dauerhaft abgelegt werden. Es hilft den Alltag zu bewältigen, indem man mit ihm denkt oder Probleme erkennt und löst. Beispiel: *Man erinnert sich, wo man seinen Autoschlüssel hingelegt hat.*
- **Langzeitgedächtnis:** Die Informationen sind langfristig gespeichert. Man unterscheidet dabei zwei inhaltliche Formen des Erinnerns:
  - **implizites Gedächtnis:** Es ist der eher unbewusste Teil des Gedächtnisses. Hier sind Fertigkeiten gespeichert, die man täglich ausübt, ohne darüber nachzudenken. Beispiel: *Man liest ein Buch, ohne darüber nachzudenken, wie das Lesen funktioniert.*
  - **explizites Gedächtnis:** Es speichert Daten, Fakten und Erlebnisse, die bewusst wiedergegeben werden können. Beispiel: *Man nennt seine Adresse, wendet den Satz des Pythagoras an oder erinnert sich an seine Schulabschlussfeier.*

Aufgabe

1 Prägen Sie sich die Zahlenreihe 1-4-1-6-6-0-1 ein und geben Sie diese nach ca. einer Minute wieder. Versuchen Sie das Gleiche mit der Zahlenreihe 6-5-3-6-0-9-7-5-1-8.
   a Vergleichen Sie Ihre Gedächtnisleistung bei den unterschiedlichen Zahlenreihen.
   b Formulieren Sie aufgrund eigener Recherchen, was man unter „the magical number seven" versteht.

1.2.2 Der Prozess der nachhaltigen Informationsspeicherung

Das Speichern und Wiederabrufen von Informationen sind für das Lernen grundlegende neuronale Vorgänge im Gehirn. Den Prozess der Informationsspeicherung im Gehirn kann man sich wie eine stufenweise Filterung und Verarbeitung von Informationen vorstellen. Die Sinnesorgane nehmen permanent Informationen aus der Umwelt auf und leiten sie an das Gehirn weiter. Diese Informationen gelangen in das Ultrakurzzeitgedächtnis. Dort werden sie nach Relevanzkriterien sortiert. Dies geschieht unbewusst und sehr schnell. Den größten Teil der Informationen nehmen wir daher überhaupt nicht bewusst wahr. Nur ein kleiner Teil der Informationen gelangen in das Kurzzeitgedächtnis. Sie sind uns bewusst. Das Kurzzeitgedächtnis ist in seiner Speicherkapazität und seiner Speicherdauer beschränkt. Werden die im Kurzzeitgedächtnis gespeicherten Inhalte wiederholt, gelangen sie ins Langzeitgedächtnis. Das ist der Effekt des Lernens. Die meisten Informationen gehen jedoch wegen der kurzen Speicherzeit wieder verloren. Gelangen zu viele Informationen in das Kurzzeitgedächtnis, bevor sie im Langzeitgedächtnis gespeichert werden können, werden sie nicht verarbeitet und gehen ebenfalls verloren.

GUT ZU WISSEN

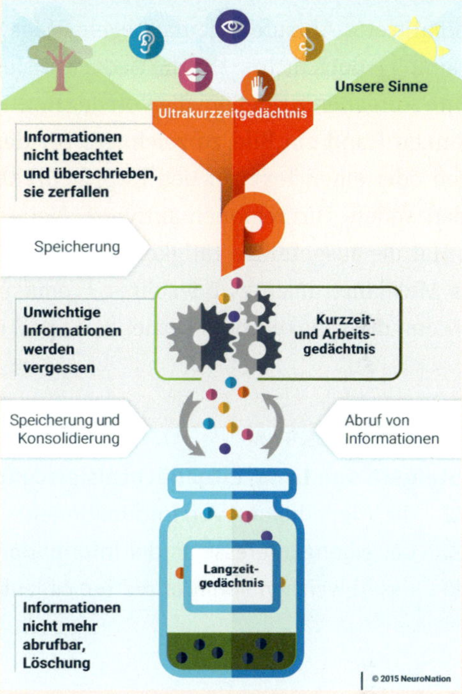

M4 Informationsprozess im Gehirn

Prozesse im Langzeitgedächtnis

Im Langzeitgedächtnis laufen verschiedene Prozesse ab:

- das Lernen = Speichern von neuen Informationen
- das Erinnern = Abrufen von Gedächtnisinhalten
- das Behalten = Festigen von Inhalten durch wiederholtes Erinnern
- das Vergessen = Inhalte gehen verloren

Eine Speicherkapazität des Langzeitgedächtnisses ist bislang nicht bekannt. Das Gehirn speichert Informationen nicht an einem bestimmten Punkt, sondern legt sie in Form von neuronalen Verknüpfungen netzwerkartig an. Wie lange man sich einen Inhalt ins Bewusstsein holen kann, hängt davon ab, wie groß das Interesse an ihm ist. Je interessanter und wichtiger er für eine Person ist, desto besser kann sie ihn sich merken. Auch die Häufigkeit, mit der man einen Inhalt abruft, ist relevant für die Verankerung im Gehirn. Dies hängt damit zusammen, dass bei der Erinnerung an einen Inhalt immer wieder dieselben Neuronen aktiviert werden. Je öfter das geschieht, desto schneller und intensiver reagieren die Neuronen. Durch die Wiederholung wird es immer einfacher für das Gehirn, die Erinnerung abzurufen. Das Gehirn lässt sich also trainieren, was man sich beim Lernen zunutze macht.

Automatisierte Abläufe, wie das regelmäßige Lösen von Kreuzworträtseln, nutzen als Gedächtnistraining jedoch nichts. Um die Gedächtnisleistung zu fördern, ist es sinnvoll, dem Gehirn ungewohnte Aufgaben zu stellen, die von der Routine abweichen. Beispielsweise als Rechtshänder mit der linken Hand ein Bild zu zeichnen, für den täglichen Weg zur Arbeit eine andere Route zu nutzen oder einen Text auf den Kopf gedreht zu lesen. Durch solche ungewohnten Tätigkeiten werden andere Hirnregionen aktiviert. Neue neuronale Verknüpfungen bilden bzw. verstärken sich. Hat die ausgeführte Tätigkeit darüber hinaus einen persönlichen Nutzen, wie das Erlernen eines Musikinstrumentes oder einer Fremdsprache, ist der Trainingseffekt größer. Das Gleiche gilt, wenn die Tätigkeit dem Lernenden Spaß macht.

GUT ZU WISSEN

Steigern von Langzeitgedächtnisleistungen durch:
- die Wiederholung von Informationen
- das eigene Interesse an der Information
- das Abweichen von routinierten Abläufen

Aufgaben

1 Erklären Sie, wie Menschen im Gehirn Informationen speichern und abrufen.

2 Nennen Sie weitere praktische Möglichkeiten, wie Sie Ihr Gedächtnis trainieren können.

1.2.3 Gedächtnisformen

Um die Struktur des Gedächtnisses besser erfassen zu können, kann es neben seinen zeitlichen Dimensionen, die bereits dargestellt wurden, auch in inhaltliche Dimensionen gegliedert werden. So verfügt das Langzeitgedächtnis über bewusste (deklarative oder explizite) und unbewusste (non-deklarative oder implizite) Anteile, die sich weiter differenzieren lassen.

Deklaratives Gedächtnis: Man kann es auch als Wissensgedächtnis bezeichnen. Hier gespeicherte Inhalte können bewusst wiedergegeben werden. Es wird wiederum in zwei Formen unterteilt:
- **episodisches Gedächtnis:** Erinnerung an persönliche Erlebnisse und Emotionen; es speichert zum Beispiel die eigene Lebensgeschichte sowie Geschichten aus Erzählungen, Büchern und Filmen.
- **semantisches Gedächtnis:** Speicherung von Faktenwissen, das man durch Lernen erworben hat. Dieses Faktenwissen ist von der eigenen Person unabhängig. Man kann sich nicht mehr daran erinnern, wann und in welchem Zusammenhang man diese Fakten gelernt hat, beispielsweise, dass Berlin die Hauptstadt der Bundesrepublik Deutschland ist.

Non-deklaratives Gedächtnis: Es besteht aus den unbewussten Anteilen unseres Gedächtnisses und kann in drei Bereiche unterschieden werden:

- **Priming:** Hierunter versteht man das Erkennen einer Information, die mit einer anderen Information abgeglichen wird. Dazu reicht es aus, dass die Information nur teilweise vorliegt oder ihr ähnelt. Beispiel: *Das Benennen eines Laubbaumes anhand eines Blattes oder das Erkennen eines Liedes anhand einer Textzeile.*
- **prozedurales Gedächtnis:** speichert Bewegungsabläufe und Denkstrategien, die erlernt wurden und durch häufige Wiederholung so verinnerlicht sind, dass man sie automatisch ausführt. Beispiel: *Fahrrad fahren, lesen, Zähne putzen oder das Sprechen der Muttersprache.*
- **Konditionierung:** Damit ist das Lernen von Reiz-Reaktionsmustern (1.3.1) gemeint. Beispiel: *Die Angst vor einem bellenden Hund, wenn man in der Vergangenheit einmal gebissen wurde.*

Beim Lernen arbeiten beide Gedächtnissysteme zusammen. So können z. B. Inhalte aus dem semantischen Gedächtnis in das prozedurale Gedächtnis übergehen. Dabei darf man sich das Gehirn nicht wie ein großes Archiv vorstellen, in dem Fakten abgelegt werden. Die Erinnerung eines Menschen hängt von seiner Persönlichkeit und seinen Emotionen ab und wird durch seine Erfahrung und seine Werte geprägt. Das kann auch zu Verfälschungen führen. Zum Beispiel wenn man sich an einen vergangenen Urlaub positiver erinnert, als er tatsächlich war.

GUT ZU WISSEN

Übersicht zu Gedächtnis

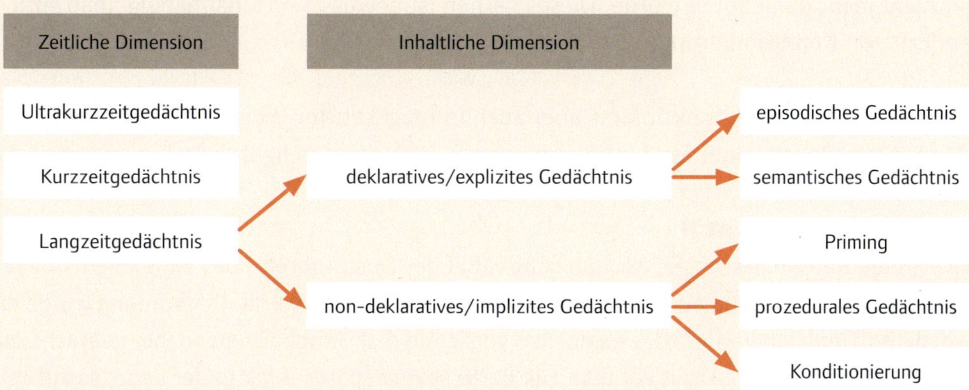

M5 Zeitliche und inhaltliche Strukturierung des Gedächtnisses

Aufgabe

1 Häufig hat man kreative Ideen, wenn man nicht versucht daran zu denken. Vor allem während Tätigkeiten, die routiniert ablaufen, kommen solche Geistesblitze. Erklären Sie dieses Phänomen.

1.3 Lernformen

Lernen kann bewusst oder unbewusst geschehen. In der Lernpsychologie gibt es verschiedene Modelle, die Lernprozesse erklären. Das folgende Unterkapitel stellt davon drei Lernformen vor.

1.3.1 Reiz-Reaktionslernen

1920 führten John B. Watson und Rosalie Rayner an der Johns Hopkins Universität in Baltimore, USA, das unten geschilderte sogenannte „Little-Albert-Experiment" durch.

Situation Experiment I

In Vorversuchen zeigte man dem neun Monate alten Albert verschiedene Tiere und Gegenstände. Er reagierte auf alle neugierig und ohne Furcht. Ängstlich reagierte er auf das plötzliche laute Geräusch, wenn mit einem Hammer auf eine Eisenstange geschlagen wurde.
Im eigentlichen Experiment zeigte man dem inzwischen 11 Monate alten Albert eine weiße Ratte, während hinter seinem Rücken auf eine Eisenstange geschlagen wurde. Nach einigen Versuchsdurchgängen zeigte Albert bereits beim Anblick der Ratte Angstreaktionen, ohne dass das ursprünglich angsterzeugende laute Geräusch zu hören war.

In Alberts Fall wurde das positive Gefühl gegenüber der Ratte mit einem zweiten, angstauslösenden Reiz kombiniert. Albert hat durch die Wiederholung der Kombination beider Reize – Ratte und lautes Geräusch – den ersten Reiz durch den zweiten Reiz ersetzt. Das bedeutet, dass er als Reaktion gelernt hat, vor der Ratte Angst zu bekommen, auch wenn der eigentliche Angstauslöser gar nicht mehr dargeboten wurde. Dieses Lernen ist bewusstseinsunabhängig, man spricht in diesem Fall von Konditionierung.

Das Reiz-Reaktionslernen funktioniert aber auch in umgekehrter Weise, wie das folgende 1924 von Mary Cover Jones, einer Studentin von John B. Watson, durchgeführte Experiment zeigt:

Situation Experiment II

Der dreijährige Peter hatte Angst vor Kaninchen. Bei der Durchführung des Experiments bekam er sein Lieblingsessen, während ein Kaninchen in den Raum gebracht wurde. Der Vorgang wurde mehrfach wiederholt und dabei wurde das Kaninchen vorsichtig dem Jungen immer näher gebracht. Nachdem Peter anfänglich noch Angst vor dem Tier hatte, war er später sogar in der Lage, es auf seinem Schoß sitzen zu lassen und zu streicheln.

Dieses Beispiel zeigt, dass durch die wiederholte Kombination einer bestehenden Angst mit einem positiven Reiz das Angstgefühl abgebaut werden kann. Man spricht in diesem Zusammenhang von Gegenkonditionierung. Das Modell wird in der Verhaltenstherapie und in der Werbepsychologie eingesetzt. Gerade in der Werbung besteht die Gefahr der Manipulation. Das Modell verdeutlicht aber auch, wie wichtig es ist, lernen nicht mit Angst zu verknüpfen.

GUT ZU WISSEN

Beim Reiz-Reaktionslernen spricht man auch von Konditionierung. Der Lernprozess läuft im Unterbewusstsein ab. Wer in einer bestimmten Sache konditioniert ist, hat seine Reaktion auf einen bestimmten Reiz nicht bewusst unter Kontrolle.

1.3.2 Assoziationslernen

Unter einer Assoziation versteht man eine Verknüpfung von Inhalten im Bewusstsein. Das Modell des Assoziationslernens beruht auf der Tatsache, dass man sich neue Lerninhalte leichter merken kann, wenn man sie mit bereits vorhandenem Wissen verknüpft. Es gibt drei Bedingungen, unter denen assoziatives Lernen funktioniert:

GUT ZU WISSEN

Bedingungen des Assoziationslernens

1. **Gesetz der Ähnlichkeit:** Die Inhalte gleichen sich.
2. **Gesetz des Kontrasts:** Die Inhalte sind sehr verschieden.
3. **Gesetz der Kontiguität:** Die Inhalte haben einen zeitlichen und räumlichen Zusammenhang.

Assoziationen kommen beim Lernen in verschiedenen Formen vor, z. B.:

Assoziationsform	Beispiel
Paarassoziationen	beim Vokabellernen: Buch – book
Bedeutung eines Wortes	Ein Einfamilienhaus ist ein Haus, das so geplant und gebaut wurde, dass es Wohnraum für eine Familie bietet.
sprachliche Ketten als Merkhilfen	„spring forward, fall back“: Im Frühling „springt“ die Uhr eine Stunde vor, im Herbst „fällt“ sie eine Stunde zurück.
Verknüpfung mit Vorstellungen	Man merkt sich Handlungsabfolgen, indem man die einzelnen Schritte markanten Stationen eines bekannten Weges zuordnet (siehe Loci-Technik unter Kapitel 1.4.5).
Verknüpfung durch Sinneswahrnehmung	Gerüche, Geräusche oder Bilder

Wie die Beispiele zeigen, können Assoziationen als Paar, als Kette oder als Komplex ausgebildet sein.

Das Wissen über das Assoziationslernen kann beim Auswendiglernen von Inhalten, dem sogenannten mechanischen Lernen, oder beim Lernen einer Fremdsprache hilfreich sein. Darüber hinaus findet es Anwendung bei kreativen Lernmethoden wie Brainstorming, Mindmapping oder Memotechniken, die in Kapitel 1.4 näher beschrieben werden.

1.3.3 Lernen am Modell

Karl Valentin beschrieb das Lernen am Modell so: *„Erziehung ist zwecklos, die Kinder machen den Eltern sowieso alles nach."* In den 60er-Jahren des vergangenen Jahrhunderts führte Albert Bandura zu diesem Phänomen psychologische Experimente durch:

Situation

Vorschulkinder im Alter von drei bis fünf Jahren wurden in vier Gruppen eingeteilt, die unterschiedliche Erfahrungen machten:
Gruppe 1: Beobachtung eines aggressiven Erwachsenen
Gruppe 2: Beobachtung des gleichen aggressiven Erwachsenen in einem Film
Gruppe 3: Beobachtung einer als Katze verkleideten Figur mit dem gleichen aggressiven Verhalten
Gruppe 4: Kontrollgruppe ohne Beobachtung eines aggressiven Modells

Das dargebotene aggressive Verhalten zeigte sich in der Misshandlung einer großen Puppe. Sie wurde von den Akteuren beispielsweise mit dem Fuß getreten oder mit einem Stock verprügelt. Nach einer 10-minütigen Darbietung wurden alle Kinder in einen Raum mit Spielzeugen gebracht, darunter auch die misshandelte Puppe. Nachdem den Kindern die von ihnen bevorzugten Spielzeuge weggenommen wurden, beobachtete man ihr Verhalten.
Die Kinder der ersten drei Gruppen zeigten fast doppelt so viele aggressive Akte wie die Kinder der Kontrollgruppe 4. Dabei fiel auf, dass die Kinder häufig die Taten des Modells imitierten. Keinen wesentlichen Unterschied machte es hingegen, ob sie das reale Modell, den Film oder die Katze zuvor gesehen hatten.

Die Kinder im Experiment haben durch Beobachtung das aggressive Verhalten „gelernt" und es in der zweiten Phase imitiert. Die Wahrnehmung eines Beobachters in einer Aneignungsphase beeinflusst also sein Verhalten in einer Ausführungsphase. Dabei ist es nicht entscheidend, ob das Modell live agiert oder über ein Medium vermittelt wird.
Das Modell regt ein Verhalten an. Ob es tatsächlich dauerhaft gelernt wird, hängt von den Konsequenzen ab, die dieses Verhalten für das Modell mit sich bringt. Folgen positive Konsequenzen, zum Beispiel Lob, wird das Verhalten vom Beobachter zukünftig häufiger gezeigt. Drohen negative Konsequenzen, wie eine Bestrafung, wird das Verhalten seltener gezeigt. Man spricht auch von einem enthemmenden bzw. einem hemmenden Effekt.

GUT ZU WISSEN

Modelllernen

Modelle werden tendenziell nachgeahmt. Wie nachhaltig von einem Modell gelernt wird, hängt von den damit verbundenen Konsequenzen ab.

Aufgaben

1 Erarbeiten Sie in Partnerarbeit Lerntipps, die Sie aus dem Modell des Reiz-Reaktionslernens ableiten.

2 Partnerarbeit: Notieren Sie jeweils getrennt Ihre persönlichen Assoziationen zum Thema Weiterbildung und vergleichen Sie anschließend die Ergebnisse.

3 Übertragen Sie die Lernform „Lernen am Modell" auf die Tätigkeit als Führungskraft und ermitteln Sie daraus drei Konsequenzen für das Verhalten als Führungskraft.

1.4 Kreative Lernmethoden

Um Zusammenhänge zu begreifen und zu verinnerlichen, helfen kreative Lernmethoden. Ein vielschichtiges Thema kann mit ihrer Hilfe veranschaulicht und strukturiert werden. Kreative Methoden helfen auch, neue Ideen zu sammeln und daraus Lösungen für komplexe Aufgaben zu entwickeln. Manche Methoden sind individuell anwendbar, andere funktionieren nur in einem Team.

1.4.1 Brainstorming

Das Brainstorming ist eine aktivierende Methode, um in kurzer Zeit kreative Ideen und innovative Lösungsansätze zu finden. Dies kann am Beginn einer Projektphase sein oder wenn ein laufendes Projekt ins Stocken geraten ist und alternative Lösungen fehlen. Das Brainstorming lebt vom kreativen Potential der Gruppe. Durch die Spontanität der Beiträge kann es gelingen, unkonventionelle Lösungsansätze zu finden.

Damit ein Brainstorming gelingt, sollte die Gruppengröße bei 4 bis 8 Personen liegen. Um Ideen offen zu kommunizieren, sollte ein vertrauensvoller Umgang der Personen untereinander bestehen. Das Brainstorming ist in eine Kreativ- und in eine Auswertungsphase geteilt. Für beide sollte bei Beginn ein Zeitfenster festgelegt werden, z. B. 15 Minuten für die Kreativphase und 30 Minuten für die Auswertungsphase.

Kreativphase: In der Kreativphase werden nur Impulse gesammelt. Begründungen sowie positive oder negative Bewertungen unterbleiben. Der Ablauf folgt diesen Regeln:

1 Das Problem bzw. die Fragestellung muss klar definiert sein.

2 Die Teilnehmer nennen spontan ihre Ideen und Einfälle. Dabei ist gewollt, dass möglichst viele Ansätze zustande kommen. Unkonventionelle Ansätze sind ausdrücklich erwünscht.

3 Der Moderator protokolliert die Nennungen sichtbar für alle. Dies kann an einer Tafel oder mithilfe von Moderatorenkarten umgesetzt werden.

Auswertungsphase: In der zweiten Phase werden die Ideen ausgewertet. Dabei werden die Ideen geordnet, kritisch bewertet und Ansätze weiterentwickelt.

GUT ZU WISSEN

Ablauf Brainstorming

- Kreativphase: Gedanken- und Ideensammlung ohne Bewertung
- Auswertungsphase: Analyse der gesammelten Gedanken und Ideen

Brainstorming schöpft seine Kreativität aus der Spontanität und der Nichtbewertung in der Kre ativphase. Das sind auch zugleich seine Nachteile. Was nicht in der Kreativphase an Ideen produziert wurde, findet in der Auswertung nicht statt. Brainstorming ist daher eine begleitende Methode. Als solche fördert sie vielfältige Kompetenzen der Gruppenmitglieder:

- Kreativität bei der Ideenfindung
- Kommunikationsfähigkeit bei der Formulierung von Ideen
- Offenheit und Toleranz gegenüber ungewöhnlichen Ansätzen
- analytische Fähigkeiten während der Auswertungsphase

1.4.2 Brainwriting

Das Brainwriting ist eine schriftliche Variante des Brainstormings, die dessen Nachteile reduziert. Beim Brainstorming ist es möglich, dass sich introvertierte Personen nicht trauen, ihre Ideen offen vor anderen zu präsentieren. Das Potential der Gruppe wird unter Umständen nicht ausgeschöpft. Außerdem haben die Gruppenmitglieder mehr Zeit, ihre Ideen zu formulieren. Dies kann aber andererseits die Spontanität hemmen.

GUT ZU WISSEN

Brainwriting

Brainwriting ist eine schriftliche Variante des Brainstormings, die dessen Nachteile reduziert. Es gelten dieselben Grundregeln wie für das Brainstorming: Es sollen möglichst viele kreative und unkonventionelle Lösungsansätze gefunden werden.

Formen des Brainwritings

Es gibt verschiedene Varianten des Brainwritings. Hier einige Beispiele:

Brainwriting-Pool: Alle Teilnehmer sitzen an einem Tisch, in dessen Mitte sich ein Stapel leerer Karteikarten befindet. Jeder Teilnehmer nimmt sich eine Karte und notiert darauf eine Idee. Diese Karte wird dem jeweils rechten Nachbarn weitergereicht. Er kann die Idee ergänzen, darf sie aber nicht kritisieren. Fällt ihm nichts dazu ein, kann die Karte direkt an den rechten Nachbarn weitergereicht werden. Ist die eigene Ideenkarte wieder angekommen, wandert sie in den Ideen-

Pool in der Mitte des Tisches. Jeder Teilnehmer hat die Möglichkeit, zu jedem Zeitpunkt eine weitere Karte in Umlauf zu bringen. Ist keine Karte mehr im Umlauf, ist das Brainwriting beendet. Die schriftliche Form hat den Nachteil, dass Ideen, die ein Teilnehmer nicht prägnant schriftlich formulieren kann, nicht eingebracht werden.

Brainwalking: Plakate mit verschiedenen Aspekten eines Problems werden in einem Raum oder Gebäude verteilt. Die Gruppenmitglieder wandern zu den einzelnen Plakaten und notieren darauf ihre Ideen. Die Reihenfolge ist dabei beliebig.
Diese Methode profitiert davon, dass der ständige Ortswechsel und die Bewegung das Gehirn aktiviert und die Kreativität fördert. Andererseits kann dieser ständige Ortswechsel auch Unruhe in die Gruppe bringen. Es besteht auch die Gefahr, dass die Aspekte mit unterschiedlicher Intensität behandelt werden.

635-Methode: Der Name leitet sich aus dem Prinzip der Methode ab: 6 Teilnehmer schreiben 3 Ideen auf, die 5-mal weiterentwickelt werden. Jeder der 6 Teilnehmer erhält ein Formular mit der genauen Beschreibung der Aufgabenstellung und einer Tabelle. Diese hat 3 Spalten und 6 Zeilen. In die erste Zeile trägt jeder Teilnehmer 3 Ideen ein. Dafür hat er ca. 3–5 Minuten Zeit. Danach wird das Blatt von allen gleichzeitig an den jeweils rechten Nebensitzer weitergereicht. Dieser liest die Vorschläge und kann nun entweder die erstgenannte Idee weiterentwickeln oder eine neue Idee notieren. Das Formular wird so fünfmal weitergereicht, bis jeder Teilnehmer jedes Formular mit 3 Ideen ergänzt hat. Nun können die Ideen ausgewertet werden.
Die 635-Methode eignet sich, wenn ein Team in kurzer Zeit eine Vielzahl von Ideen sammeln möchte, beispielsweise in der Anfangsphase eines Projekts. Es besteht aber auch die Gefahr, dass die formal starre Struktur sowie der vorgegebene Zeittakt die Kreativität einschränken.

1.4.3 Mindmapping

Während Brainstorming und Brainwriting Methoden für Kleingruppen sind und in der Regel der Ideenfindung dienen, ist das Mindmapping eine kreative Lernmethode für den Einzelnen, um sich mit ihrer Hilfe vernetzte Aspekte zu visualisieren. Damit versucht diese Methode der Funktionsweise unseres Gehirns gerecht zu werden. Mindmapping eignet sich unter anderem, um Lerninhalte oder komplexe Sachverhalte zu strukturieren, Ideensammlungen zu erstellen oder für die Visualisierung bei Präsentationen.

Gliederung einer Mindmap

Das Thema schreibt oder skizziert man in die Mitte eines Blattes in Querformat und umrandet es. Vom Thema gehen die Hauptäste aus. Auf den Hauptästen werden die zentralen Aspekte des Themas festgehalten. Die Hauptäste gabeln sich in Nebenäste. Auf ihnen werden die zugehörigen Unterpunkte notiert. Auch die Nebenäste können sich weiter gabeln.

Gestaltung einer Mindmap

- Auf den Ästen werden ausschließlich Schlüsselwörter notiert, keine Sätze.
- Die Schrift sollte grundsätzlich gut lesbar sein, ohne dass das Blatt gedreht werden muss.
- Die Gliederung der Mindmap kann durch die Schrift unterstützt werden, z. B. durch Großbuchstaben auf den Hauptästen und Groß-/Kleinschreibung auf den Nebenästen.
- Durch Farben können Bereiche der Mindmap betont werden.
- Schlüsselwörter können durch Symbole oder Zeichnungen ersetzt oder unterstützt werden.
- Die Hauptäste sollten gleichmäßig um das Thema angeordnet werden.
- Um nachträgliche Ergänzungen zu ermöglichen, sollte der Abstand zwischen den Hauptästen ausreichend groß sein.
- Wird die Mindmap für eine Präsentation benötigt, ist es sinnvoll, die Äste dem Verlauf entsprechend im Uhrzeigersinn anzuordnen.

GUT ZU WISSEN

Mindmap-Regeln

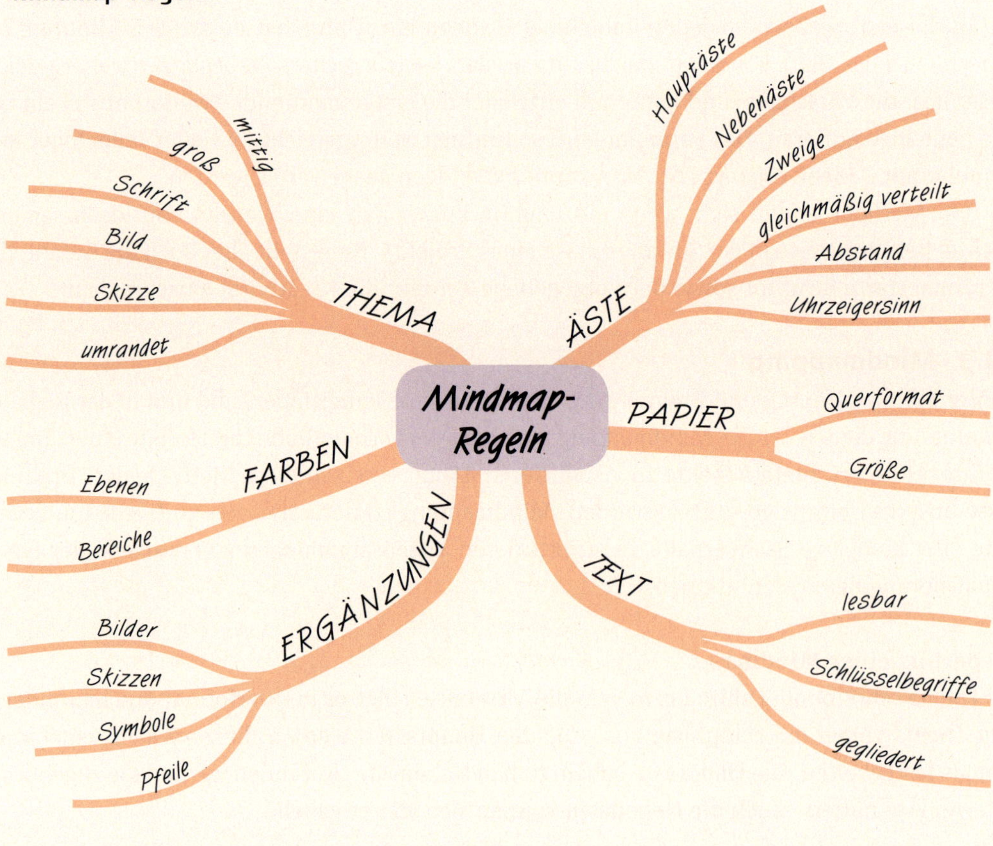

M6 Mindmap über Mindmap-Regeln

1.4.4 Storytelling

Der Begriff „Storytelling“ beinhaltet die Methode des Geschichtenerzählens. Geschichten haben sich Menschen schon immer erzählt. Dabei haben sie nicht nur die Aufgabe zu unterhalten. Sie transportieren Botschaften. Mit ihrer Hilfe werden Wissen, Erfahrungen sowie Werte und Normen vermittelt und Verhaltensänderungen angeregt. Traditionelle Beispiele dafür sind Märchen und Fabeln.

An eine gute Geschichte erinnert man sich, im Gegensatz zu einmal gehörten Fakten. Denn sie berührt emotional und hat ein Überraschungsmoment. Ein Beispiel ist die Geschichte von den 17 Kamelen in Kapitel 5.3.5. Charakteristisch für eine gute Geschichte ist, dass sie spannend erzählt wird und damit den Zuhörer fesselt. Kennzeichnend ist eine Situation, in die sich der Zuhörer hineinversetzen kann. Dabei sollte er sich mit dem Hauptakteur identifizieren können. Diese Hauptfigur muss in der Geschichte auf ein Problem stoßen, das gelöst werden muss. Die Entwicklung der Geschichte muss auf einen Höhepunkt zusteuern. Darüber hinaus sollte aus dem Erzählten ein Fazit gezogen werden können, dass dem Zuhörer nutzt.

Die Fähigkeit, Geschichten zu erzählen, ist im Berufsleben vielseitig einsetzbar. Egal ob ein bleibender Eindruck bei einer Präsentation hinterlassen werden soll oder ob eine Führungskraft ihr Team motivieren möchte. Aber auch Lerninhalte lassen sich besser merken, wenn sie vom Lernenden in eine Geschichte eingebunden werden. Je kurioser und ungewöhnlicher die Geschichte ist, desto besser prägt sie sich ein.

GUT ZU WISSEN

Storytelling

Das Geschichtenerzählen nutzt die Tatsache, dass sich gut erzählte Geschichten besser einprägen als einmal gehörtes Faktenwissen. Sie sind mit Emotionen verknüpft und aktivieren mehr Areale in unserem Gehirn.

1.4.5 Memotechniken

Mithilfe von Memotechniken können abstrakte Informationen einfach und vor allem langfristig gelernt und im Gedächtnis gespeichert werden. Sie machen sich die Kenntnisse über den Lernprozess in unserem Gehirn zu Nutze und setzen diese praktisch um. Zum Beispiel mit sprachlichen Merkhilfen: *„Roggbiv“* – *„Nie ohne Seife waschen.“* – *„Iller, Lech, Isar, Inn fließen rechts zur Donau hin. Wörnitz, Altmühl, Naab und Regen kommen ihr von links entgegen.“*

Diese Merkhilfen, sogenannte „Eselsbrücken“, komprimieren oder bilden Analogien, die leichter zu merken sind. So setzt sich „Roggbiv“ aus den Anfangsbuchstaben der Farben des Regenbogens zusammen (rot, orange, gelb, grün, blau, indigo und violett). Man nennt diese Merkhilfe Akronym. Die Anfangsbuchstaben von „Nie ohne Seife waschen“ stehen für die vier Himmelsrichtungen im Uhrzeigersinn. Es handelt sich dabei um ein Akrostichon. Die Nebenflüsse der Donau lassen sich dank des Reimes leichter merken.

Neben den dargestellten einfachen Beispielen gibt es aber auch Techniken, mit deren Hilfe man sich eine größere Fülle von Fakten merken kann. Allerdings müssen Memotechniken regelmäßig trainiert werden, damit sie nachhaltig funktionieren. Außerdem ist nicht jede Technik für jeden gleich gut geeignet. Hier eine kleine Auswahl an Memotechniken:

Zahl-Form-System

Mit dem Zahl-Form-System lassen sich Zahlenkombinationen einfacher merken. Bei dieser Methode ordnet man jeder Ziffer ein Bild zu. Das Bild sollte so ausgewählt werden, dass sich mit der entsprechenden Zahl leicht eine Verbindung herstellen lässt, z. B. mit der Null ein Ei, mit der Eins eine Kerze oder mit der Zwei Zwillinge usw. Diese Zuordnungen muss man auswendig lernen. Will man sich nun eine Zahlenkombination merken, überlegt man sich zur Zahlenkombination eine Geschichte, die man sich bildlich vorstellt. Je außergewöhnlicher die Geschichte ist, desto besser lässt sich die Zahlenkombination merken.

Loci-Technik

Mit der Loci-Technik lassen sich Reihenfolgen von Begriffen lernen. Der Begriff Loci kommt von Locus und bedeutet Ort. Die Besonderheit der Technik besteht darin, abstrakte Begriffe mit konkreten Orten zu verknüpfen. Man stellt sich einen Weg beispielsweise durch das eigene Haus oder den täglichen Weg zur Arbeit vor. An mehreren Stationen entlang des gedanklichen Weges werden Informationen abgelegt, z. B. auf dem Esstisch oder an einer bestimmten Ampel. Wichtig ist dabei sich die Information an der Station möglichst bildhaft vorzustellen. Indem man den Weg nun wiederholt „abgeht" und sich dabei die Informationen an den Stationen vor Augen führt, lassen sich Informationen in der bestimmten Reihenfolge leichter merken.

Lernkartei

Eine weitere Technik ist das Lernen mit einer Lernkartei: Sie eignet sich, wenn über einen längeren Zeitraum eine große Menge an Fachwissen, z. B. für eine Prüfung, gelernt werden muss. Man benötigt dazu Karteikarten und eine Box mit mindestens drei Fächern. Auf der Vorderseite einer Karteikarte wird ein Begriff oder eine Frage notiert, auf der Rückseite die zugehörige Definition oder Antwort. Zu Beginn sind alle Karteikarten im ersten Fach. Beim täglichen Wiederholen des ersten Faches wandern Karten, die richtig beantwortet wurden, in das zweite Fach. Falsch beantwortete Karten bleiben im ersten Fach. Nach ca. drei Tagen geht man die Karteikarten des zweiten Faches durch. Richtig beantwortete Karten wandern in das dritte Fach weiter, falsch beantwortete Fragen rücken wieder vor ins erste Fach. Das dritte Fach nimmt man sich einmal pro Woche vor und verfährt wieder nach dem gleichen Prinzip. Richtige Antworten bleiben, falsche Antworten wandern zurück ins erste Fach. Kommen im Lauf der Zeit neue Karten hinzu, werden sie in das erste Fach hinter die bereits vorhandenen Karten einsortiert.
Eine Lernkartei hat viele Vorteile:

- Sie ist vielseitig einsetzbar: beim Vokabellernen genauso wie in einem technischen Fachgebiet.
- Die fachlichen Inhalte werden vom Lernenden selbst zusammengefasst.

- Man kann mit ihr alleine lernen, aber sich auch im Tandem oder Team gegenseitig abfragen.
- Im Lauf der Zeit wird das letzte Fach immer voller. Der Lernfortschritt ist sichtbar.

GUT ZU WISSEN

Memotechniken nutzen auf unterschiedliche Art Kenntnisse über unsere Merkfähigkeit, um sich Inhalte oder Abläufe besser merken zu können. Je nach Persönlichkeit und Lernstoff kann die passende Memotechnik angewendet werden.

Aufgaben

1 Führen Sie in einer Gruppe von sechs Personen ein Brainstorming durch zum Thema: „Wie halte ich meine guten Vorsätze durch?"

2 Nennen Sie zwei Anwendungsbereiche der Brainwriting-Methode in Ihrem beruflichen Alltag.

3 Entwerfen Sie eine Mindmap über die in Kapitel 1.4 dargestellten kreativen Lernmethoden. Vergleichen Sie Ihre individuelle Lösung mit der einer zweiten Person.

1.5. Zeitmanagementmethoden

Erfolgreiches Lernen benötigt ein Zeitmanagement. Zeitpunkt und Zeitintervalle des Lernens sind wichtig. Zeitmanagement ist eine alltägliche berufliche wie private Herausforderung. Es gibt spezielle Methoden, wie das Pareto-Prinzip (1.5.2) und die Eisenhower-Methode (1.5.3), einige Grundprinzipien sind jedoch methodenübergreifend.

1.5.1 Strukturierung von Arbeitsabläufen

Zeitmanagement ist eine vorbeugende Möglichkeit, um Stress zu reduzieren. Es ist hilfreich, seinen Arbeitstag zu planen, er wird dadurch vorhersehbarer. Ständige Gedanken an das, was noch zu erledigen ist, entfallen. Man kann sich auf die wichtigen Dinge konzentrieren. Dies gilt auch für langfristige Ziele und Aufgaben. Planung spart also Zeit.

Zeitplanung schriftlich fixieren

Es ist vorteilhaft, die Planung schriftlich zu verfassen. Entweder digital mit entsprechend geeigneter Software oder über entsprechende Lösungen auf Papier, wie z. B. Terminkalender. Schriftliche Zeitpläne haben viele Vorteile:

- Sie sind übersichtlich.
- Wichtiges wird nicht vergessen: entlastet und entspannt das Gehirn.
- Sie ermöglichen strukturiertes und zielgerichtetes Handeln; dies wirkt motivierend und konzentrierend.
- Neben Zeitbedarf werden auch Pausen und Puffer eingeplant.
- Sie dokumentieren geleistete Arbeit.
- Sie fördern die Selbsteinschätzung des Leistungsvermögens.

ALPEN-Methode

Schriftliche Zeitpläne können beispielsweise als To-do-Listen mithilfe der ALPEN-Methode erstellt werden. Dabei geht es um die realistische Planung eines Arbeitstages in fünf Schritten:

GUT ZU WISSEN

ALPEN-Methode

A Aufgaben und Termine auflisten
L Länge realistisch abschätzen
P Pufferzeiten für Unvorhergesehenes und Spontanes vorsehen (40 % empfohlen)
E Entscheidungen treffen, d. h. Schwerpunkte setzen, kürzen etc.
N Nachkontrolle, um zukünftige Planungsfehler zu reduzieren

Die Vorlage einer To-do-Liste könnte so aussehen:

Aufgabe	Dauer	Priorität	erledigen bis	erledigt

Im nächsten Schritt sollten auch mittel- und langfristige Zeitpläne erstellt werden. Aber auch der beste Zeitplan nutzt wenig, wenn man sich nicht daran hält. Häufig sind unerwartete Störungen der Grund, weshalb man unterbrochen oder abgelenkt wird. Wo Menschen miteinander arbeiten, lassen sich unvorhersehbare Situationen nicht vermeiden. Deshalb sind in einem realistischen Zeitplan immer Pufferzeiten eingeplant.

Aufgaben

1 Entwerfen Sie einen Wochenplan für den Rest dieser Woche.

2 Strukturieren Sie Ihren morgigen Tagesablauf in einem detaillierten Zeitplan und setzen Sie diesen um. Diskutieren Sie anschließend in Partnerarbeit Ihre Erfahrungen bei der Anwendung vor dem Hintergrund von Kapitel 1.5.1.

1.5.2 Pareto-Prinzip

Das Pareto-Prinzip geht auf den Ökonomen Vilfredo Pareto (1848–1923) zurück. Er fand am Anfang des letzten Jahrhunderts heraus, dass 80 % des Vermögens in Italien auf 20 % der Bevölkerung verteilt war. Ähnliche Vermögensverteilungen fand er auch in anderen Ländern und sah darin ein statistisches Prinzip. Daraus wurde die 80/20-Regel abgeleitet. Übertragen auf andere Lebensbereiche könnte das heißen, dass beispielsweise 20 Prozent der Kunden für 80 Prozent des Gewinns eines Unternehmens sorgen oder mit 20 Prozent der gespeicherten Telefonnummern 80 Prozent der Telefonate geführt werden.
Für das Zeitmanagement bedeutet das Pareto-Prinzip, dass man mit 20 % der Arbeit 80 % des Ergebnisses erreichen kann.

Im Umkehrschluss bedeutet es aber auch, dass häufig sehr viel Zeit mit Dingen vertan wird, die keinen wesentlichen Beitrag zum Ergebnis liefern. Damit hilft dieses Prinzip den Hang zu Perfektionismus zu überwinden, da die perfekte Erledigung einer Aufgabe unwirtschaftlich ist. Der Aufwand steht in keinem vernünftigen Verhältnis zum Ertrag. Viele Aufgaben müssen nicht perfekt erledigt werden, aber es ist wichtig, dass sie überhaupt erledigt werden.
Das Pareto-Prinzip ist auch ein Instrument, um Entscheidungen zu treffen. Es erleichtert das Erkennen von Problemen, das Setzen von Prioritäten und das Erstellen von Arbeitsplanungen.

GUT ZU WISSEN

Pareto-Prinzip

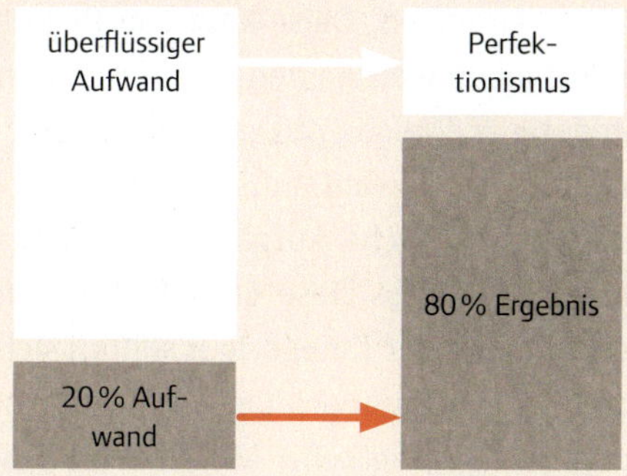

M7 Beschränkung auf die effizienten 20 Prozent

Um es anwenden zu können, müssen Ziele bzw. Aufgaben klar definiert sein. Nur dann können wichtige von weniger wichtigen Bereichen abgegrenzt werden. Sind die Prioritäten geklärt, sollte man sich auf die strategisch wichtigen Punkte konzentrieren. Weniger wichtige Aufgaben werden nach hinten geschoben und unwichtige Aufgaben gestrichen.
Allerdings gibt es Dienstleistungen und Produkte, die ein möglichst perfektes Vorgehen erfordern, beispielsweise im Gesundheitsbereich oder in der Entwicklung technischer Systeme. Somit ist das Pareto-Prinzip nicht universell einsetzbar.

Aufgaben

1 Übertragen Sie das Pareto-Prinzip auf die folgenden Beispiele. Gliedern Sie dabei die jeweiligen Tätigkeiten nach den entscheidenden 20 Prozent und den weniger wichtigen 80 Prozent.
   - **a** Recherche für einen Fachvortrag
   - **b** Schreiben einer E-Mail

1.5.3 Eisenhower-Methode

US-Präsident Dwight D. Eisenhower (1890–1969) gliederte Aufgaben nach Prioritäten. Sein Zeitmanagementansatz unterscheidet Wichtigkeit und Dringlichkeit einer Aufgabe. Die Grundlage hierfür ist die Klärung der Aufgaben und Ziele.
Häufig werden Arbeiten nicht deshalb erledigt, weil sie wichtig sind, sondern weil man vielleicht eine Vorliebe für sie hat oder weil man unter Druck durch andere steht. Erfolgreiches Zeitmanagement zeichnet sich durch den Vorrang wirklich wichtiger Arbeiten aus. Unwichtige Arbeiten bleiben liegen, werden delegiert oder landen im Papierkorb. Bei der Entscheidung, welche Aufgabe Priorität hat, hilft die Eisenhower-Methode. Aufgaben und Ziele werden nach zwei Kriterien aufgeteilt:

1 Sind sie wichtig oder unwichtig?
2 Sind sie dringend oder nicht dringend?

Die möglichen Antwortkombinationen können in vier Kategorien von Aufgaben eingeteilt werden (siehe *Gut zu wissen* unten).
Die Anwendung der Eisenhower-Methode ist einfach. Als Grundlage hilft eine Liste aller anstehenden Aufgaben. Diese kann am Beginn eines Arbeitstages oder einer Woche erstellt werden. Die Aufgaben werden den vier Kategorien zugeordnet. Dabei können gezielte Fragen helfen:
Kategorie A: Welche Aufgabe bringt eine Person ihrem Ziel am nächsten?
Kategorie B: Bis wann muss die Aufgabe erledigt sein?
Kategorie C: Welche Aufgabe muss nicht persönlich erledigt werden?
Kategorie D: Muss diese Aufgabe überhaupt erledigt werden?
Die Aufgaben der Kategorie B sollten sich nicht zu sehr anhäufen. Dies kann vermieden werden, indem ein Zeitraum pro Tag für diese Arbeiten reserviert wird. Das Gleiche gilt für Aufgaben der Kategorie C, wenn keine Möglichkeit zum Delegieren besteht.
Die Methode eignet sich gut, um eine Prioritätenliste zu erstellen. Allerdings bleibt das Problem, dass wichtige Aufgaben häufig nicht dringend sind und dringende Aufgaben häufig nicht wichtig. Gibt es keine Möglichkeit, die weniger wichtigen, jedoch dringenden Aufgaben zu delegieren, stehen sie in einem ungelösten Konkurrenzverhältnis zu den wichtigen Aufgaben.

GUT ZU WISSEN

Vier Aufgabenkategorien nach der Eisenhower-Methode

		Dringlichkeit	
		dringend	nicht dringend
Wichtigkeit	wichtig	**A** Aufgabe sofort selbst erledigen *Beispiel: Abgabetermine oder Konflikte*	**B** Aufgabe zu einem späteren Zeitpunkt selbst erledigen *Beispiel: persönliche Ziele oder soziale Kontakte*
	unwichtig	**C** Aufgabe delegieren *Beispiel: Teilnahme an einem Vortrag oder Routineaufgaben*	**D** Aufgabe nicht bearbeiten bzw. in den Papierkorb werfen *Beispiel: zielloses Surfen im Internet*

Aufgaben über das ganze Kapitel

1 Entwickeln Sie für das Kapitel 1 „Ganzheitlich lernen" eine Lernkartei.
2 Benennen Sie die prägnantesten Veränderungen in Ihrem Beruf in den vergangenen 10 Jahren.
3 Formulieren Sie in Partnerarbeit konkrete Möglichkeiten, wie Sie der Entwicklung in Aufgabe 2 begegnen können, um auch zukünftig kompetent in Ihrem Beruf zu sein.
4 Ordnen Sie die in Aufgabe 3 formulierten Möglichkeiten nach der Eisenhower-Methode ein.

2 Referate und Präsentationen durchführen

Die Fähigkeiten, Informationen zu recherchieren, fachgerecht aufzuarbeiten und ansprechend zu präsentieren, werden den fächerübergreifenden Soft Skills zugeschrieben. Sie sind die methodische Grundlage für eine erfolgreiche schulische und betriebliche Arbeit sowie für die zielorientierte Lösung von Problemstellungen.

Kompetenzen

- Informationen zielgerichtet und effektiv recherchieren
- Texte durch Markierungen, Marginalien und Exzerpte bearbeiten und verstehen
- Quellen bewerten und richtig verwenden
- wissenschaftliche Arbeiten gestalten und verfassen
- Präsentationen zielorientiert strukturieren und visualisieren
- die Wirkung von Mimik, Gestik, Körperhaltung und Sprache verstehen und situationsbezogen anwenden
- Redeformen unterscheiden und anwenden

Deutschland beamt sich gegen die Wand

Aktuelle Studie zeigt:

4 von 5 Präsentationen verfehlen ihr Ziel

(Hamburg) Deutsche Führungskräfte finden die meisten Businesspräsentationen nicht überzeugend. Das hat eine unabhängige Studie des Hamburger Instituts praesentarium ergeben, bei der 5 000 Personen aus dem Top-Management befragt wurden.

Das Ergebnis: 82 Prozent aller Präsentationen wurden als langweilig eingestuft, 14 Prozent als zielführend und nur 4 Prozent als begeisternd. Ziel der Studie war es, herauszufinden, wie Führungskräfte in Deutschland Präsentationen beurteilen. […]

M1 Praesentarium Pressemitteilung: Publikumeter 2012.

M2 Präsentationen werden häufig als langweilig empfunden

Aufgaben

1 Beschreiben Sie verschiedene Situationen, in denen Präsentationen im Berufsalltag erforderlich sind.

2 Ordnen Sie alle Präsentationen und Vorträge, die Sie bisher erlebt haben, in die im obigen Text genannten Kategorien ein. Benennen Sie verschiedene Ursachen, weshalb ein Großteil der Präsentationen als langweilig empfunden wird. Zeigen Sie auf, wodurch sich eine zielführende oder gar begeisternde Präsentation auszeichnet.

3 Formulieren Sie verschiedene Kompetenzen, die für die Planung und Durchführung einer Präsentation notwendig sind.

GUT ZU WISSEN

Präsentationen sind Alltag im Berufsleben und beeinflussen Entscheidungen. Gute oder gar begeisternde Vorträge bzw. Präsentationen setzen eine fundierte Vorbereitung voraus. Die Vorarbeit beginnt mit einer zielgerichteten Recherche und einer sorgfältigen Auswertung der ermittelten Informationen. Recherche- und Auswertungsmethoden werden auch für die wissenschaftliche Facharbeit benötigt, an die die Ansprüche an Quellentransparenz hoch sind (2.1). Bei Präsentationen müssen die ausgewählten relevanten Inhalte strukturiert und optisch dargestellt werden. Das Einüben von überzeugender Körpersprache sowie die Ausarbeitung der sprachlichen Gestaltung bilden den Abschluss der Vorbereitung (2.2).

2.1 Beschaffung, Auswertung und Verarbeitung von Informationen

Die Planung und Erarbeitung einer Präsentation oder eines Referates umfasst verschiedene Arbeitsschritte. Ein zentraler Aspekt ist dabei die Suche nach Informationen sowie deren Auswahl und Strukturierung. Effektive Vorgehensweisen und Recherchetechniken werden in Kapitel 2.1.1 beschrieben und dargestellt. Mit der darauf folgenden Auswertung und Bearbeitung von recherchierten Informationen beschäftigt sich das Kapitel 2.1.2. Die Fragen, wie erarbeitete Inhalte in wissenschaftlichen Facharbeiten dargestellt, sachlich richtig zitiert und wie Quellenangaben gestaltet werden müssen, beantwortet schließlich das Kapitel 2.1.3.

2.1.1. Die Recherche

Am Anfang einer wissenschaftlichen Arbeit oder einer Präsentation steht die gezielte Suche und Beschaffung von Informationen. Ebenso müssen Inhalte und Hilfsmittel zur Veranschaulichung gefunden, ausgewählt und bearbeitet werden. Eine zielgerichtet, effizient und mit guten Ergebnissen durchgeführte Recherche bedarf der Vorbereitung. Zunächst wird passend zum Thema eine Begriffs- und Ideensammlung durchgeführt. Grundlage dafür sind folgende Fragen: Welche Begriffe fallen mir zum Thema ein? Welche Fragestellungen hängen mit dem Thema zusammen? Die Begriffs- und Ideensammlung kann durch verschiedene Kreativitätstechniken wie Brainstorming oder Brainwriting (Kapitel 1.4.1 und 1.4.2) unterstützt werden. Für die Strukturierung von Begriffen bietet sich eine Mindmap an oder die Sammlung von Begriffen in einer Tabelle.

Thema	Kommunikationsstörungen		
Kernbegriffe	Missverständnis	negative Kritik	(...)
Synonyme	Missdeutung ...	Rüffel, Tadel ...	(...)
Oberbegriffe	Wortwahl, Widerspruch, Inhaltsebene ...	Angriff, Beleidigung ...	(...)
Unterbegriffe	Tonfall, Mimik, Gestik ...	schlechtes persönliches Verhältnis ...	(...)
verwandte Begriffe	Enkodierung, Dekodierung, Dialekt, Zweideutigkeit ...	beleidigt sein, Beziehungsebene Lieblingsohr, Schimpfwort ...	(...)

M3 Beispieltabelle für Recherchevorbereitung

Internetrecherche

Die Recherche im Internet ermöglicht einen schnellen Einstieg in ein unbekanntes Thema, kann aber auch sehr zeitaufwändig sein. Arbeitet man nur mit einer einzelnen Suchmaschine, wird nur ein begrenzter Teil des Internets durchsucht. Wie die gefundenen Ergebnisse verwendet werden können, entscheidet sich durch die Quelle. Freie Online-Enzyklopädien wie Wikipedia eignen sich gut zum Einlesen in ein unbekanntes Thema. Da jedoch meist jeder Internetnutzer Artikel bearbeiten und verändern kann, sollten sie nicht als Quelle für eine wissenschaftliche Facharbeit zitiert werden. Seriöse Suchergebnisse bieten spezielle wissenschaftliche Suchmaschinen. Fällt es schwer, die Recherche auf bestimmte Suchbegriffe einzugrenzen, bieten Webkataloge einen strukturierten Überblick mit URLs und Kurzbeschreibungen anderer Informationsquellen.

Recherchetechniken: Sie helfen bei einer zielgerichteten Informationssuche. Erhält man keine oder wenige Treffer, empfehlen sich folgende Vorgehensweisen:

- Verwendung von zugehörigen Oberbegriffen bei sehr speziellen Suchbegriffen.
- Bildung einer Schnittmenge durch den Operator ODER/OR. Die Suchanfrage könnte beispielsweise „Kommunikationsstörungen OR *Lieblingsohr*" lauten. Zur Trefferliste gehören dann Dokumente, die den Begriff Kommunikationsstörungen enthalten und Dokumente, in deren bibliografischer Beschreibung der Begriff *Lieblingsohr* vorkommt.
- Trunkieren (englisch to truncate = stutzen, abschneiden), d. h., man verwendet ein Symbol als Platzhalter und gibt nur den Wortstamm ein. *Beispiel: Kommunikations* → Suchergebnisse: Kommunikationstraining, Kommunikationsforschung, Kommunikationswissenschaft etc.*

Bei zu vielen Treffern:

- Verwendung der „erweiterten Suchfunktion" einer Suchmaschine. Darin können Filtereinstellungen wie Dokumenttyp, Sprache oder Aktualität vorgenommen werden. Die Suche kann auch auf einzelne Begriffe, Wortgruppen oder Schlagwörter beschränkt werden.
- Bildung von Phrasen, d. h. direkt hintereinanderstehende Wörter in einer bestimmten Reihenfolge. Für die beiden Wörter *misslungene Kommunikation* beispielsweise erhält man unendlich viele Treffer, da sie sehr häufig vorkommen. Verwendet man die beiden Wörter in Anführungszeichen *„misslungene Kommunikation"* wird damit bestimmt, dass nur dann ein Treffer angezeigt werden soll, wenn diese Begriffe nebeneinanderstehen.
- Verknüpfung von Suchbegriffen mit dem Operator UND, wie beispielsweise den Suchbefehl: Kommunikation UND Missverständnisse. Die Trefferliste enthält damit ausschließlich Dokumente, die die Worte *Kommunikation* und *Missverständnisse* beinhalten.
- Der Operator NICHT sorgt für eine Differenzierung der Suchergebnisse. Gibt man z. B. den Suchbefehl *Lieblingsohr NICHT Vier-Seiten-Modell* ein, so werden alle Dokumente aussortiert, deren bibliografische Beschreibung das Wort *Vier-Seiten-Modell* enthält.

Bewertung von Quellen: Bevor Rechercheergebnisse aus dem Internet Verwendung in Facharbeiten oder Präsentationen finden, müssen sie auf Qualität und Verlässlichkeit geprüft werden. Websites großer Unternehmen, Behörden und Forschungseinrichtungen werden grundsätzlich als zuverlässige Quellen eingestuft. Andere Internetquellen sollten genau nach bestimmten Gesichtspunkten überprüft werden: Impressum bzw. Autor/en der Website, Aktualität der Webseite, Quellenangaben und Zitate bzw. kommerzielle oder unkommerzielle Website.

Recherche in Printmedien und andere Recherchemöglichkeiten

Die Recherchearbeit beschränkt sich natürlich nicht nur auf das World Wide Web. Schreibt man eine Facharbeit, sollten auch Bücher, Fachzeitschriften und wissenschaftliche Abhandlungen zur Informationssuche verwendet werden. Viele Bibliotheken bieten heute ein elektronisches Suchsystem nach passender Literatur an. Aktuellere Fachzeitschriften können über den Verlag bezogen werden. Fachzeitschriften älteren Datums lassen sich in Zeitschriftendatenbanken ausfindig machen. Eine interessante Recherchemöglichkeit bietet die sogenannte Onleihe. Sie ermöglicht allen Kunden einer Stadtbibliothek über deren Homepage oder über die Onleihe-App digitale Medien wie E-Books, digitale Zeitungen und Zeitschriften, Musik, Hörbücher und Videos mit dem Bibliotheksausweis auszuleihen. Institutionen und Experten können ebenfalls Informationsquellen sein. Jede Quelle muss auf ihre Verwendbarkeit überprüft werden. Dabei sind Entstehungszeit, Überprüfbarkeit und Logik wichtig, um die Quelle entsprechend bewerten zu können. Ob eine Quelle verwendet werden kann, hängt dann entscheidend davon ab, zu welchem Zweck sie eingesetzt wird. Je nachdem, ob mit dem Inhalt z. B. nur ein Vortrag durch eine Grafik aufgelockert oder eine Aussage in einer wissenschaftlichen Facharbeit bestätigt werden soll, sind andere Bewertungsmaßstäbe anzulegen.

GUT ZU WISSEN

- Im Vorfeld einer Recherche sollte eine Begriffs- und Ideensammlung stattfinden.
- Verschiedene Operatoren erleichtern bei der Internetrecherche die Suche nach konkreten Informationen.
- Verwendete Internetquellen müssen verlässlich und qualitativ gut sein. Für wissenschaftliche Facharbeiten sollten auch Printmedien in die Recherchearbeit mit einbezogen werden. Auch diese müssen bewertet werden.

Aufgaben

Führen Sie in Gruppen (3–4 Personen) folgende Aufgaben durch:

1 Bestimmen Sie ein Recherchethema und benennen Sie mithilfe eines Brainstormings Begriffe.

2 Ordnen Sie die Begriffssammlung mithilfe einer Tabelle (M3) oder einer Mindmap.

3 Nehmen Sie eine Internetrecherche zu dem in Aufgabe 1 bestimmten Thema vor. Verwenden Sie zunächst keine Recherchetechniken. Nutzen Sie dann Recherchetechniken, die mehr Treffer ergeben bzw. die die Ergebnisliste verkürzen.
   - a Vergleichen Sie die Ergebnisse der ersten Internetrecherche und der Suche mit Recherchetechniken.
   - b Überprüfen Sie drei Websites auf Qualität und Verlässlichkeit.
   - c Ermitteln Sie, wo Sie die Ergebnisse Ihrer Internetrecherche verlässlich überprüfen und ergänzen können.

2.1.2 Bearbeitung von Texten

Die Verwendung eines Bearbeitungssystems für recherchierte Texte erleichtert nicht nur deren Auswertung, sondern auch das Textverständnis und die spätere Verarbeitung der Informationen. Eine Bearbeitung kann durch Markierungen, Marginalien sowie durch Exzerpte geschehen.

Markierungen

Markierungen in einem Text dienen dazu, dass man bei seiner späteren Verwendung schnell und präzise navigieren kann. Unterstreichungen etc. sollen also einen Überblick schaffen.
Daher gelten folgende Grundsätze:

- nur Schlüsselbegriffe und Kernaussagen markieren, niemals längere Textpassagen
- ausschließlich bisher unbekannte Informationen oder Inhalte kennzeichnen, die dem Textverständnis dienen
- Verwendung von verschiedenen Farben je nach Wertigkeit der Information, z. B. rot für Fachbegriffe, grün für Definitionen, gelb für Zusammenfassungen etc.

Als Vorgehensweise empfiehlt es sich, zunächst einen ganzen Abschnitt des Textes zu lesen, um ermessen zu können, welche Informationen wichtig sind. Im Anschluss werden die Schlüsselbegriffe und zentralen Aussagen markiert. Dieses System wird Abschnitt für Abschnitt fortgesetzt. Liegt eine Aufzählung vor, sollte der wichtigste Aspekt markiert, andere können je nach Gewichtung mit Ziffern versehen werden. Ein persönlicher Farbcode, der Auskunft über die inhaltliche Bedeutung der Textstelle gibt, erleichtert das Wiederauffinden und Verstehen der erarbeiteten Informationen.

Marginalien

Nach dem Markieren und während des zweiten Lesens sollten Schlagwörter und wichtige Begriffe am Rande des Textes notiert werden (= Marginalien). Normalerweise findet sich für jeden Textabschnitt eine Kernaussage, die entsprechend gekennzeichnet wurde. Für diese Kernaussage wiederum wird ein passendes Schlagwort vermerkt. Um einen Text vollständig nachvollziehen zu können, empfiehlt es sich außerdem, mit nichtsprachlichen Merkzeichen zu arbeiten. Sie ergänzen Markierungen und Marginalien auf sinnvolle Art und Weise.

Aufgaben

1 Bearbeiten Sie einen Text Ihrer Wahl aus dem Fachunterricht durch Markierungen.
   a Legen Sie sich zunächst einen persönlichen Farbcode bestehend aus mindestens drei Farben an.
   b Lesen Sie Textabschnitt für Textabschnitt und nehmen Sie Markierungen vor.
   c Formulieren Sie für jeden Abschnitt eine Zwischenüberschrift.

2 Vergleichen Sie einen früher bearbeiteten mit dem nun markierten Text und beurteilen Sie, ob die in Aufgabe 1 angewandte Vorgehensweise einen Mehrwert bringt. Berücksichtigen Sie dabei besonders die Kriterien Übersichtlichkeit, Informationsauffindung und Lerneffekt.

3 Stellen Sie sich eine individuelle Liste für Merkzeichen zusammen.

a Bestimmen Sie für folgenden Begriffe jeweils ein Zeichen:

- wichtig
- sehr wichtig
- Kritik
- Fachbegriff
- Definition
- Beispiel
- Frage
- Ursache
- Folge
- unklar
- Ausblick
- Zusammenfassung

b Verwenden Sie die Merkzeichen für den Text aus Aufgabe 1.

4 Überprüfen Sie, welche Merkzeichen Sie häufig genutzt haben oder ob noch weitere Merkzeichen für bestimmte Inhalte ergänzt werden sollten.

Exzerpte

Eine weiterführende Bearbeitung von Texten umfasst das gezielte Herausfiltern und Notieren von wesentlichen Informationen in Form eines Exzerptes. Dabei werden Informationen in eigenen Worten und ganzen Sätzen aufgeschrieben. Wortwörtliche Zitate und deren Quelle müssen entsprechend mit Anführungszeichen gekennzeichnet und die bibliografischen Daten des Textes (Autor, Titel, Auflage, Erscheinungsjahr, Erscheinungsort, ggf. exzerpierte Kapitel bzw. eine Seitenangabe) festgehalten werden.

Bibliografische Angaben	Exzerpt		Anmerkungen
	Thema	Aussage	

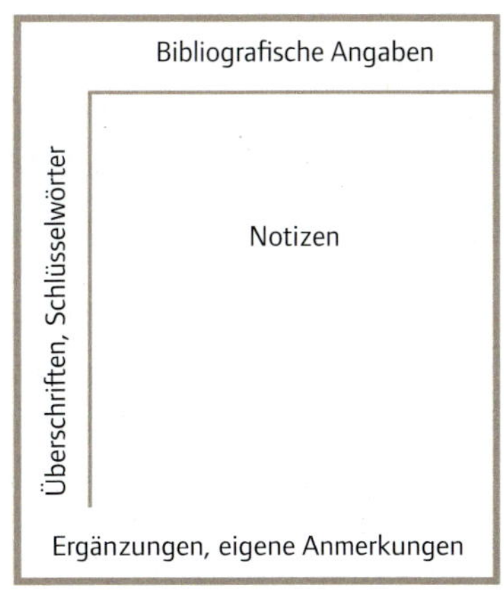

M4 Mögliche Aufbauformen eines Exzerptes

Einem Exzerpt gehen sinnvollerweise die auf den vorherigen Seiten beschriebenen Textbearbeitungsmethoden voraus. Für die übersichtliche Gestaltung von Exzerpten gibt es die verschiedensten Möglichkeiten. Das Anlegen eines Formblattes ist der erste Schritt, beim darauffolgenden Lesen werden an jeden Textabschnitt folgende Fragen gestellt:

- Wie lautet das Thema des Abschnittes? (Überschriften, Schlagwörter)
- Was wird über das Thema geschrieben? (Aussagen, Notizen)

Erarbeitete Inhalte werden in das Formblatt eingetragen und durch eigene Anmerkungen ergänzt. Diese Vorgehensweise wird für jeden Textabschnitt wiederholt. Handelt es sich um einen langen Text, ein Kapitel oder gar um ein ganzes Buch, ist es sinnvoll, die erstellten Exzerpte nochmals zusammenzufassen.

GUT ZU WISSEN

- Textbearbeitungsmethoden erleichtern das Textverständnis und die weitere Verarbeitung von Informationen.
- Markierungen beziehen sich ausschließlich auf Kernaussagen, wobei durch unterschiedliche Farben verschiedene Bedeutungen zugeordnet werden können.
- Marginalien sind Randbemerkungen, die aus Schlagwörtern oder speziellen Merkzeichen bestehen.
- Exzerpte sind knappe inhaltliche Angaben, die die wesentlichen Informationen sowie eigene Anmerkungen oder Ergänzungen beinhalten.

2.1.3 Die wissenschaftliche Facharbeit

Besondere Ansprüche an Beschaffung, Auswahl und Umgang mit Material werden bei der wissenschaftlichen Facharbeit gestellt. Sie ist ein systematisch strukturierter Text, der das Untersuchungsergebnis einer Fragestellung ist, die selbstständig unter nachvollziehbaren Fachkriterien erforscht wurde. Die wissenschaftliche Facharbeit kennzeichnen besonders die Offenlegung und Überprüfbarkeit von Forschungsziel, Methoden und Materialien. Dazu dienen verschiedene Regeln und Methoden. Die Facharbeit in der Schule ist der Einstieg in das wissenschaftliche Arbeiten, weshalb es Sinn macht, auch hier die formalen Ansprüche an eine wissenschaftliche Arbeit zu stellen.

Eingrenzung und Gliederung

Häufig ist das Thema einer wissenschaftlichen Facharbeit durch äußere Gegebenheiten vorbestimmt. Dennoch gilt es, Informationen und Inhalte einzugrenzen und festzulegen. In dieser Situation ist es hilfreich, folgende Punkte festzulegen:

Eingrenzungsfragen	Zentrale Punkte
Was wird in der Facharbeit aufgezeigt?	Fragestellung, ungelöstes Problem
Was ist das Ziel bzw. der Nutzen der Arbeit?	Problemlösung, Soll-Zustand
Woran wird die Fragestellung bearbeitet?	Material, Daten, Programme, Hardware, maschinelle Gegenstände
Wie und in welchen Schritten wird vorgegangen?	Realisierbarkeit, Umsetzung, Arbeitsmethoden

Das Festlegen des Aufbaus und der Gliederung der wissenschaftlichen Facharbeit ist ein weiterer, wichtiger Schritt und unerlässlich für eine logische, nachvollziehbare Darstellung. Hierbei können verschiedene Strukturierungstechniken zum Einsatz kommen.

Strukturierungstechnik	Vorgehensweise	Zeitpunkt
Inhalte auswählen und gewichten	■ Haftzettel zum Notieren von Schlagwörtern ■ verschiedenfarbige Haftzettel stellen die Priorität der Informationen dar (z. B. grün für wichtig, gelb für weniger wichtig etc.)	■ nach der Recherche und Textbearbeitung
Zusammenhänge erkennen und Kategorien bilden durch Mindmapping (vgl. Kapitel 1.4.3)	■ Anordnen der Haftzettel auf einem großformatigen Blatt Papier / einer großen Fläche ■ Bildung von Kategorien und Zusammenhängen ■ Ergänzung von zusätzlichen Inhalten durch weitere Haftzettel	■ vor dem Schreiben der Erstfassung ■ beim Erstellen einer Gliederung

Formaler und inhaltlicher Aufbau

GUT ZU WISSEN

Bestandteile einer wissenschaftlichen Facharbeit in chronologischer Reihenfolge

1 Titelblatt
2 Vorwort (optional)
3 Inhaltsverzeichnis
4 Einleitung
5 Hauptteil
6 Schlussteil
7 Literaturverzeichnis
8 Abbildungsverzeichnis (optional)
9 Anhang
10 Eigenständigkeitserklärung

Für die formale und inhaltliche Gestaltung einer wissenschaftlichen Facharbeit gelten bestimmte Grundsätze. Das Vorwort ist ein inhaltlicher, optionaler Bestandteil einer Facharbeit. Es enthält Äußerungen, die nicht zur eigentlichen Arbeit gehören, sondern Angaben zum Entstehungsprozess oder zur persönlichen Motivation für das Thema machen. Zudem bietet es die Möglichkeit, allen beteiligten Personen zu danken. Die Konzeption der Facharbeit wird in der Einleitung dargelegt und sollte in etwa zehn Prozent des gesamten Textes ausmachen. Folgende Fragen werden in der Einleitung erläutert:

- Warum ist das Thema wichtig und interessant?
- Was wird im Rahmen der Facharbeit erarbeitet bzw. aufgezeigt?

- Warum ist die Arbeit so und nicht anders gegliedert?
- Warum werden bestimmte Aspekte vernachlässigt oder nicht einbezogen?

Je nach Umfang und Thema der Facharbeit kann der Hauptteil in einzelne Kapitel untergliedert werden. Inhaltliche Vorgaben beziehen sich auf:

- Begriffsklärungen sowie die Einordnung und Erläuterungen der behandelten Fragestellung
- den Untersuchungsgegenstand mit einer Beschreibung des verwendeten Materials
- eine ausführliche Beschreibung der methodischen Vorgehensweise
- eine Darstellung und Diskussion der Ergebnisse

Die Schlussbetrachtung einer wissenschaftlichen Facharbeit knüpft an die Fragestellung der Einleitung an und beantwortet diese abschließend durch eine kurze Zusammenfassung der Ergebnisse. Ein Ausblick auf weiterführende Untersuchungen oder zukünftige Entwicklungen sowie eine persönliche Bewertung sind ebenfalls Bestandteile der Schlussbetrachtung. Sie umfasst in etwa zehn Prozent der Facharbeit.

Titelblatt und Inhaltsverzeichnis

Auf dem Titelblatt sollten Thema und Art der Arbeit (Technikerarbeit, Hausarbeit, Bachelorarbeit etc.) sowie beteiligte Personen und Institutionen genannt werden. Ferner können Ort und Datum der Einreichung sowie gegebenenfalls Kontaktdaten der Autoren festgehalten sein. Die Gliederung der Facharbeit wird durch das Inhaltsverzeichnis ersichtlich. Die einzelnen Kapitel werden darin von der Ziffer 1 an fortlaufend nummeriert. Zugehörige Unterkapitel werden mit der vorangesetzten Kapitelnummer fortlaufend beziffert. Literatur- und Abbildungsverzeichnisse sowie Anhänge sind ebenso aufzuführen.

Literatur- und Abbildungsverzeichnis

Bibliografien oder Literaturverzeichnisse enthalten sämtliche Quellen, die für die Erstellung der Facharbeit verwendet wurden. Hierbei werden verschiedene Kategorien gebildet, wie beispielsweise Internetquellen, Bücher, Fachzeitschriften etc. Alphabetisch sortiert, ausgehend von dem Nachnamen des Autors oder der Autoren, werden die genauen Angaben zum Titel in diesen Kategorien aufgeführt. Die genaue Gestaltung der Literaturangaben wird auf den Seiten 45–46 erklärt. Sämtliche Grafiken sind – beginnend mit Abbildung 1 – zu nummerieren und mit einer Bildunterschrift, Tabellen mit einer Überschrift zu versehen. Im Abbildungsverzeichnis werden die bezifferten und betitelten Grafiken mit der jeweiligen Seitenzahl genannt. Allgemein verbindliche Regeln, dass die Quelle der Abbildungen im Abbildungsverzeichnis angeführt werden muss, gibt es nicht. Diese werden im Literaturverzeichnis angegeben.

Anhang und Eigenständigkeitserklärung

Zusatzinformationen, die Inhalte der Facharbeit nachvollziehbarer machen, werden dem Anhang zugeordnet. Diesem voran steht das Verzeichnis aller Anlagen. Mit der abschließenden Eigenständigkeitserklärung wird garantiert, dass die Facharbeit selbst verfasst wurde bzw. dass ausschließlich die im Literaturverzeichnis und Text angegebenen Hilfsmittel verwendet wurden.

Zitate und Quellenangaben

Zu den Methoden des wissenschaftlichen Arbeitens gehören das fachgerechte Zitieren und die Angabe von Quellen. Allerdings muss nicht jede Aussage in einer wissenschaftlichen Facharbeit durch Quellenangaben belegt werden. Grundsätzlich gilt, dass Allgemeinwissen sowie allgemein bekanntes Fachwissen ohne Kenntlichmachung verwendet werden darf. Weitere Informationen, die nicht selbst erarbeitet sind, müssen im Fließtext entweder durch Fußnoten oder Kurzbelege gekennzeichnet sein. Fußnoten, die auf einen ganzen Satz oder gar Abschnitt Bezug nehmen, stehen am Satzende oder Abschnittsende nach dem Satzzeichen. Bezieht sich die Fußnote nur auf ein Wort oder eine Wortgruppe, wird das Zeichen direkt daran angefügt. Kurzbelege können verschiedener Gestalt sein. Es empfiehlt sich eine Kombination aus Autorennamen und Titel mit Seitenzahlen. Die beiden nachfolgenden Beispiele zeigen die beiden gängigsten Formen auf:

- Eine ausführliche Beschreibung der Funktionsbausteine findet sich in Berger: Automatisieren mit SIMATIC S7-1500, S. 89.
- Das Automatisierungssystem schaltet über einen Binärausgang das Koppelrelais –K11 ein, wodurch das Leistungsschütz –Q1 mit Spannung beaufschlagt wird und damit den Antrieb über das Leistungsteil aktiviert (Becker: Automatisierungstechnik, S. 32).

Wortwörtliche Übernahmen aus Quellen müssen im Fließtext speziell gekennzeichnet werden. Kürzere Zitate werden im Regelfall in Anführungszeichen gesetzt. Längere Zitate ab etwa drei Zeilen Länge erhalten einen eingerückten, eigenen Absatz.

Literaturangaben

Im Literaturverzeichnis müssen die im Fließtext gekennzeichneten Quellen als vollständige Literaturangaben aufgeführt werden. Übliche Grundmuster für diese Angaben sehen folgendermaßen aus:

- *Name, Vorname: Titel. Untertitel. Auflage. Verlag. Verlagsort Erscheinungsjahr.*
  Laufer, Hartmut: Praxis erfolgreicher Mitarbeitermotivation. Techniken, Instrumente, Arbeitshilfen. 1. Auflage. Gabal. Offenbach 2013.
- *Name, Vorname (Jahreszahl): Titel. Untertitel. Auflage. Verlagsort: Verlag.*
  Glasl, Friedrich (2013): Konfliktmanagement. Ein Handbuch für Führungskräfte, Beraterinnen und Berater. 11. Auflage. Stuttgart: Freies Geistesleben.

Bei Zeitschriftenartikeln wird auf eine Ortsangabe verzichtet, es muss jedoch die Jahrgangsnummer genannt werden.

- *Name, Vorname (Jahreszahl): „Titel. Untertitel". In: Titel der Zeitschrift Jahrgangsnummer, Seitenangabe.*
  Hammermann, Andrea; Schmidt, Jörg; Stettes, Oliver (2015): „Karriere ist nicht alles". In: iwd 10. Ausgabe 2015, S. 4/5.

Werden Artikel aus Zeitungen verwendet, so müssen die Nummer der Ausgabe und das Erscheinungsdatum angegeben werden.

- *Name, Vorname (Jahreszahl): „Titel. Untertitel". In: Titel der Zeitung Ausgabe, Datum, Seitenangabe.*
  Barthélémy, Andrea (2015): „Zu viel Lärm für kleine Ohren. Schulakustik, Verkehr und Musik sind häufig ungesund laut". In: Schwäbische Post 67. Jahrgang/Nummer 098, 29. 04. 2015, S. 8.

Die Angabe von Internetquellen muss möglichst präzise gestaltet sein und ist aus Aktualitätsgründen mit dem Datum der Abfrage zu versehen. Ist kein Autor ersichtlich, kann die Institution angegeben werden.

- *Name, Vorname bzw. Institution (Jahreszahl): „Titel". URL: Angabe der URL [Stand: Datum der Abfrage].*
  VDE Verband der Elektrotechnik Elektronik Informationstechnik e. V. (2015):
  „Wer die Norm setzt, macht den Markt". URL: http://www.vde.com/de/Normung/Seiten/Normung.aspx [26. 04. 2015].

GUT ZU WISSEN

Umgang mit Fremdquellen

- Informationen, die nicht selbst erarbeitet wurden, müssen im Text durch Kurzbelege gekennzeichnet sein.
- Im Literaturverzeichnis werden die vollständigen Quellenangaben aufgeführt.
- Je nach verwendeter Quelle – ob Fachbuch, Zeitschriftenartikel, Zeitungsartikel oder Informationen aus dem Internet – müssen verschiedene Angaben gemacht werden, damit die Quelle transparent, das heißt eindeutig identifizierbar und überprüfbar wird.

2.2 Präsentationen planen und durchführen

Die Informationsbeschaffung, -auswertung und -strukturierung sowie die Dokumentation wichtiger Inhalte sind die ersten Schritte zur Planung einer Präsentation. Das vorliegende Kapitel beschäftigt sich nun mit den Fragen, wie eine Präsentation inhaltlich strukturiert und visualisiert werden kann (2.2.1 und 2.2.2), zeigt Mittel und Wege zu einer gelungenen Durchführung auf und auch, welche Bedeutung die Körpersprache hat (2.2.3). In 2.2.4. wird auf die Rede eingegangen, die man auch als eine besondere Form der Präsentation verstehen kann.

2.2.1 Elemente und Struktur einer Präsentation

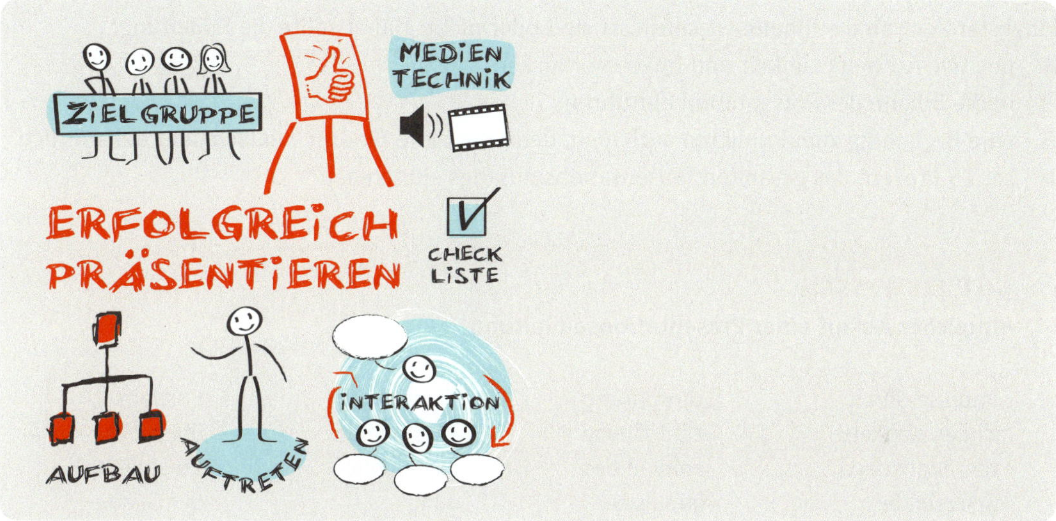

M5 Elemente einer erfolgreichen Präsentation

Aufgaben

1 Arbeiten Sie anhand von M5 Elemente einer erfolgreichen Präsentation heraus.
   a Formulieren Sie Qualitätskriterien für die dargestellten Bereiche Aufbau, Auftreten und Medien/Technik.
   b Strukturieren Sie Ihre Ideen in einer Checkliste.

2 Überlegen Sie, welche Gewichtung die jeweiligen Qualitätskriterien bei einer Präsentationsbewertung einnehmen könnten. Vergeben Sie hierzu Punkte von 1–10.

Die Struktur einer Präsentation

In der Präsentationsplanung beschäftigen sich viele Referenten hauptsächlich damit, welche Inhalte wie vermittelt werden können. Dabei vergessen sie jedoch, dass der Struktur einer Präsentation eine entscheidende Rolle zukommt. So sollte das Publikum stets in der Lage sein, den Aufbau, die einzelnen Elemente sowie deren Verknüpfungen schnell zu erkennen.

Die Planung sollte deshalb vier Bereiche umfassen:

- **Kernbotschaft**: Festlegung der zentralen Aussage der Präsentation
- **Stoffsammlung:** Ideensammlung durch Kreativitätstechniken, Materialrecherche in diversen Medien, eventuell Befragung von Experten oder Institutionen
- **Grobgliederung und Struktur:** Festlegung von Inhalten und deren Reihenfolge; Zuordnung von Inhalten zu den Elementen Einleitung, Hauptteil und Schlussteil der Präsentation
- **Text- und Gestaltungskonzept:** Sprachduktus, nonverbale Kommunikation und Medieneinsatz planen; Gestaltung erfolgt nach Thema, Zielpublikum sowie technischen und räumlichen Möglichkeiten.

Die Einleitung einer Präsentation

Die Einleitung ist der wichtigste Teil des Vortrages, denn hier entscheidet das Publikum innerhalb kürzester Zeit, ob die Inhalte wissenswert sind oder nicht. Daher sollte die Einleitung:

- positive Aufmerksamkeit und Interesse wecken
- in die Inhalte der Präsentation einführen
- eine Beziehung zum Publikum aufbauen, denn der erste Eindruck entscheidet bekanntlich
- ca. 15 Prozent des gesamten Präsentationsumfangs einnehmen

GUT ZU WISSEN

Möglicher Ablauf einer Präsentationseinleitung

Impulse durch Bilder, Karikaturen, Statistiken, Schaubilder, Filmsequenzen, Zitate, Geschichten oder Rollenspiele → Hinführung zum Thema anhand des Impulses → Begrüßung und persönliche Vorstellung → Vortragsübersicht, Vorstellung der Gliederung

Der Hauptteil einer Präsentation

Der Hauptteil umfasst alle in der Gliederung genannten relevanten Inhalte. Sie sollten ansprechend und verständlich vermittelt werden. Mithilfe einer gut durchdachten Gliederung können diese Inhalte in eine logische Reihenfolge gebracht werden, so dass ein roter Faden erkennbar ist. Etwa 75 Prozent des Umfangs der Präsentation sollte für den Hauptteil eingeplant werden.

GUT ZU WISSEN

Hauptteil einer Präsentation

Der Hauptteil umfasst ca. 75 Prozent der Präsentationszeit. Seine Gliederung muss dem Thema entsprechend inhaltlich klar und logisch strukturiert sein.

Der Schlussteil einer Präsentation

Fast genauso wichtig wie die Einleitung ist der Schlussteil, der ca. 10 Prozent der Präsentation umfassen sollte. Die Hauptaufgaben des Schlussteils sind:

- die wichtigsten Inhaltspunkte der Präsentation kurz und prägnant zusammenzufassen
- im Idealfall eine Verbindung zur Einleitung herzustellen, so dass der Spannungsbogen und der rote Faden klar erkennbar sind
- persönliche Worte ans Publikum zu richten

GUT ZU WISSEN

Möglicher Ablauf eines Präsentationsabschlusses

kurze Zusammenfassung der wichtigsten Inhalte → Verbindung zur Einleitung durch z. B. Problemlösung, Appell, Ausblick, eigene Stellungnahme → Dank und Verabschiedung, falls vorgesehen: Aufforderung zu Fragen

Das Text-und Gestaltungskonzept liefert erste Rede-und Medientexte sowie Gestaltungsideen zur Visualisierung. Diese Texte und Ideen müssen jedoch im weiteren Verlauf überarbeitet und verbessert werden. Am Ende der gesamten Planungsphase sollten Struktur und Elemente der Präsentation klar definiert sein, so dass mit der medialen Ausgestaltung begonnen werden kann.

Aufgaben

1 Entwerfen Sie in einer Arbeitsgruppe die Planung einer Produktpräsentation Ihrer früheren bzw. zukünftigen Firma.

a Führen Sie eine Stoffsammlung mithilfe von Karteikarten oder Haftzetteln und eine anschließende Strukturierung der Inhalte durch.

b Erarbeiten Sie eine Einleitung sowie einen Schlussteil für Ihre Präsentation.

c Entwickeln Sie ein Text- und Gestaltungskonzept für die Einleitung und den Schlussteil.

2 Stellen Sie Ihr Arbeitsergebnis im Plenum dar.

a Wählen Sie einen Mitschüler aus, der die Produktpräsentation vornimmt.

b Beurteilen Sie die Präsentation nach der Checkliste, die sich aus den Aufgaben auf Seite 47 ergab.

2.2.2 Visualisierung

M6 Visualisierungen sollen das Gesagte unterstützen

Jede Präsentation wird durch Visualisierungen unterstützt, die heutzutage meist mit Präsentationsprogrammen erstellt werden. Weitere Möglichkeiten einer Darstellung ergeben sich z. B. durch Flipcharts oder Visualizer. Welche Art der Visualisierung für die jeweiligen Präsentationsinhalte und das Publikum geeignet ist, muss in der Vorbereitung bedacht werden.

Das Flipchart

Das Flipchart ist ein Medium, das vor allem in einer kleineren Zuhörergruppe von bis zu zwanzig Personen sehr wirksam eingesetzt werden kann. Es dient nicht dazu, vorgefertigte Inhalte darzustellen, sondern Informationen während des Vortrags in Zusammenarbeit mit dem Publikum zu visualisieren. Dabei müssen jedoch einige Regeln beachtet werden.

- Das Flipchart steht immer seitlich im Präsentationsraum, denn die Mitte ist dem Vortragenden vorbehalten.
- Die Verwendung mehrerer kräftiger Farben unterstützt die Übersichtlichkeit bei komplexeren Themen.
- Begriffe werden so groß und deutlich in Druckschrift geschrieben, dass sie von jedem Teilnehmerplatz aus lesbar sind.
- Grafiken oder Diagramme sollten so einfach wie möglich gehalten werden. Sie können in der Vorbereitung schon vorgezeichnet und während der Präsentation durch Werte oder Symbole ergänzt werden.
- Ähnlich der Animationseffekte in Powerpoint können für Visualisierungen bunte Karten mit Klebestreifen verwendet werden.

Aufgaben

1 Entwerfen Sie ein Flipchart-Blatt zu einem unterrichtlichen Thema.
   - a Präsentieren Sie Ihre Ergebnisse vor der Klasse.
   - b Achten Sie dabei auf die Tipps zum Umgang mit dem Flipchart.

Der Visualizer

Optisch den früher häufig eingesetzten Overheadprojektoren ähnelnd, ist ein Visualizer ein enorm flexibles Präsentationsmedium. Er kann jede Art von Vorlage wie Bilder, Bauteile oder handgeschriebene Vorlagen schnell und einfach aufnehmen und liefert ein hochauflösendes Bild. Ebenso können Details vergrößert oder das aufgenommene Bild um bis zu 180 Grad gedreht werden.

Präsentationsprogramme

Alexei Kapterev, Dozent für visuelle Kommunikation an der Moskauer Universität, prägte den Begriff „Death by Powerpoint". Laut Kapterev finden jeden Tag 30 Millionen Präsentationen unter Verwendung dieser Präsentationssoftware statt – die Hälfte davon empfindet er als unerträglich. Die Gründe dafür sind relativ simpel: Powerpoint wird nicht zur Verdeutlichung des gesprochenen Wortes verwendet, sondern als Ersatz für die präsentierende Person selbst. So werden Folien nicht nur schlecht gestaltet, sondern völlig überladen. Im schlimmsten Fall liest der Präsentierende die Folien nur ab und langweilt damit sein Publikum sprichwörtlich zu Tode.

GUT ZU WISSEN

Anforderungen an Präsentationsfolien

Eine gute Visualisierung durch Präsentationsfolien sollte einen Vortrag lediglich begleiten und zur Verdeutlichung von Präsentationsinhalten genutzt werden. Dementsprechend ist es wichtig, die Folien auf das Wesentliche zu reduzieren und vor allem mit Bildern und Grafiken zu arbeiten. Um eine klare Struktur zu erhalten, sollten die Folien nach einem einheitlichen System und Design erstellt werden.

Die Überladung der Folien kommt häufig daher, dass diese in einer Doppelfunktion erstellt werden. Zum einen für die Visualisierung während der Präsentation, zum anderen werden sie anschließend gerne als virtuelles Handout an die Teilnehmer versendet, denen sie als Unterlagen zur weiteren Beschäftigung mit dem Thema dienen. Trotzdem ist die Beliebtheit von Präsentationsprogrammen ungebrochen, da die Visualisierungsmöglichkeiten vielfältig sind. So können beispielsweise nicht nur einzelne Bilder, sondern auch animierte Strukturbilder und eingearbeitete Filmsequenzen zur Verdeutlichung der Präsentationsinhalte dargestellt werden. Zudem können sämtliche Daten flexibel per E-Mail versendet oder auf transportablen Datenträgern gespeichert werden.

Gestaltung von Präsentationsfolien

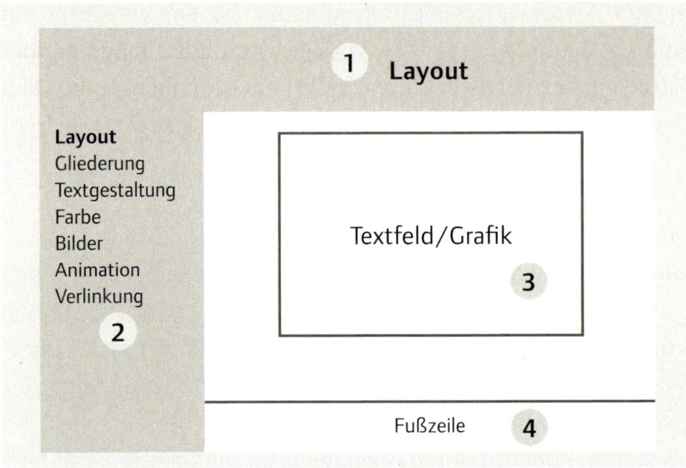

1 Kopfzeile für Überschriften und Logos
2 Navigationsleiste mit mitgeführter Gliederung. Diese kann auch im unteren Bereich der Folie Platz finden.
3 Inhalt der Folie bestehend aus Text und/oder Grafik.
4 optionale Fußzeile mit Angaben zur Präsentation (Titel, Autor, Datum …)

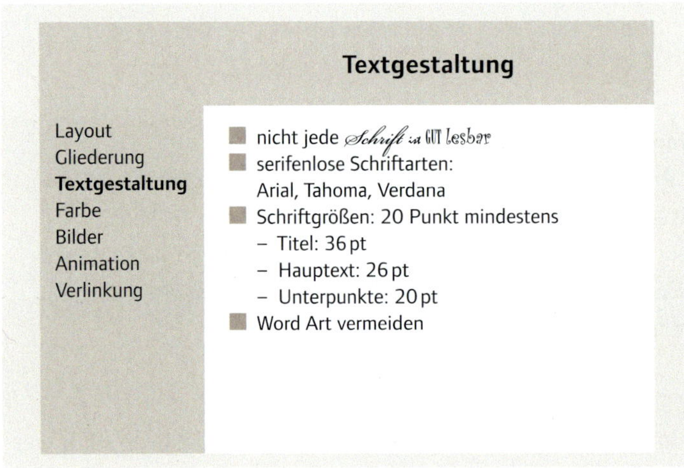

- Bei der Textgestaltung sollte zudem darauf geachtet werden, dass nicht mehr als neun Textzeilen pro Folie verarbeitet werden.
- Ganze Sätze sind tabu.
- Stichwörter oder Aufzählungen sind geeignete Darstellungsformen.
- Vertikale Textelemente sollten möglichst vermieden werden.

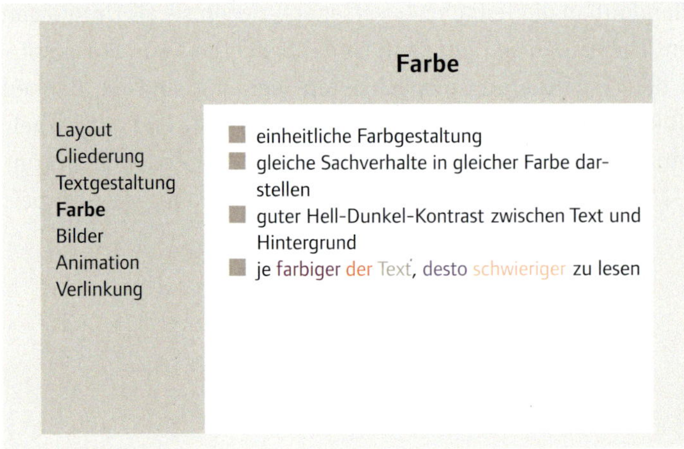

Manchmal wird die Farbgebung oder der Kontrast der Präsentation über Beamer anders dargestellt als auf dem PC-Monitor. Daher sollte man unbedingt vor Beginn der Präsentation überprüfen, ob eine Diskrepanz besteht, und gegebenenfalls noch Änderungen vornehmen.

Animationen sollten wirklich nur dann zum Einsatz kommen, wenn ein spezieller Präsentationseffekt erzielt werden soll. Das kann beispielsweise der schrittweise Aufbau eines Diagrammes oder Strukturbildes sein oder aber die gezielte Hervorhebung einzelner Text- oder Bildelemente. Eine Verlinkung der mitgeführten Gliederung durch Hyperlinks ermöglicht eine flexible Handhabung der Präsentation. Ähnlich wie die Navigation einer Website funktioniert nun die Bewegung zu einzelnen Folien durch einen Mausklick.

Aufgaben

1 Formulieren Sie Kriterien für eine gelungene Gestaltung von Präsentationsfolien.
- a Erläutern Sie mit Beispielen aus eigener Erfahrung eine schlecht gestaltete Präsentationsfolie.
- b Beschreiben Sie, welche Inhalte auf einer Präsentationsfolie abgebildet sein sollten.

2 Entwickeln Sie fünf Präsentationsfolien unter Verwendung der beschriebenen Gestaltungskriterien.
- a Entwerfen Sie ein präsentationsgeeignetes Layout.
- b Gestalten Sie ein Strukturbild, das sich durch Animationen nach und nach aufbaut.
- c Verlinken Sie die Präsentation für eine flexible Handhabung.

2.2.3 Überzeugend auftreten: Die Rolle der Körpersprache

M7 Mimik, Gestik und Körperhaltung sagen oft mehr als 1 000 Worte

Die Körpersprache ist Teil der nonverbalen Kommunikation (3.1.1) mit dem Publikum, die ständig stattfindet. Im Alltag läuft diese unbewusst ab, weil sich niemand ständig darauf konzentrieren kann, wie er geht, die Arme bewegt etc. Auch die Wahrnehmung der nonverbalen Kommunikation läuft meist unterbewusst ab, wird aber glaubwürdiger wahrgenommen als Worte. Um bei einer Präsentation die gewünschte Wirkung zu erzielen, sollte die nonverbale Kommunikation bewusst gesteuert werden. Die Körpersprache kann so die Präsentation unterstützen oder eben kontrastieren.

Aufgaben

1 Machen Sie sich die Wirkung der Körpersprache bewusst.
- a Vergleichen Sie die Körpersprache der beiden vortragenden Personen in M7. Wie wirken diese Personen auf Sie und was drücken sie jeweils mit ihrer Körpersprache aus?

b Benennen und beschreiben Sie Beispiele für eine negative und positive Körpersprache.

Unsere Körpersprache – Mimik, Gestik, Körperhaltung und Bewegung – bestimmt zu einem großen Teil die Wirkung auf andere. Wer weiß, wie man seine Körpersprache richtig einsetzt, tritt selbstsicherer auf und erzeugt eine positive Wirkung beim Publikum.

Mimik

Durch stetigen Blickkontakt fühlt sich das Publikum angesprochen. Dabei sollte der Blick von Person zu Person schweifen und die einzelnen Personen, auch die in den hinteren Reihen und auf der Seite, werden direkt angesehen. Der Blickkontakt darf nicht durch Notizen bzw. durch das häufige Fixieren des Monitors oder der Projektionswand beeinträchtigt werden. Ein Lächeln wirkt freundlich und sympathisch.

Gestik

Die Hände werden stets oberhalb der Gürtellinie gehalten. Als Ausgangsposition empfiehlt es sich, die Arme anzuwinkeln und die Hände in Bauchnabelhöhe zusammenzuführen. Dies ist die Ruhestellung; während des Redens werden sich die Hände automatisch bewegen. Es sollte mit offenen Handflächen gestikuliert werden, wobei die Handflächen nach oben zeigen.

Körperhaltung

Eine aufrechte Körperhaltung mit angehobenem Kopf und leicht nach vorn gedrückter Brust wirkt offen und dynamisch. Ein sicherer Stand wird durch hüftbreit und parallel ausgerichtete Füße erreicht.

Bewegung

Ständiges Hin-und-her-Laufen sollte vermieden werden, da es nervös wirkt und die Aufmerksamkeit des Publikums beeinträchtigt. Eine Bewegung von einem zum anderen Punkt sollte nur dann erfolgen, wenn es Sinn macht, beispielsweise wenn etwas an der Projektionswand oder am Flipchart verdeutlicht wird.

GUT ZU WISSEN

Wirkung von Körpersprache

Blickkontakt zum Publikum, eine unterstreichende Gestik, eine aufrechte und offene Körperhaltung sowie gezielte Bewegungen sind die Grundbausteine von überzeugendem Auftreten. Grundsätzlich gilt dabei das Prinzip der Authentizität und Natürlichkeit. Übertriebene Mimik und Gestik können schnell ins Gegenteil umschlagen und beim Publikum den Eindruck erwecken, dass geschauspielert wird.

Aufgaben

1 Analysieren Sie Ihre persönliche Körpersprache mithilfe von Videoaufzeichnungen.

a Bereiten Sie eine Kurzpräsentation vor, führen Sie diese durch und machen Sie von der Umsetzung eine Videoaufzeichnung.

b Arbeiten Sie aus der Videoaufzeichnung Auffälligkeiten ihrer nonverbalen Kommunikation heraus und halten Sie diese schriftlich fest. Beschreiben Sie nun, was Sie konkret anders machen wollen.

2 Üben Sie die Kurzpräsentation erneut ein und versuchen Sie dabei Ihre Vorgaben aus Aufgabe 1b bezüglich Körpersprache umzusetzen.

Umgang mit Lampenfieber

Lampenfieber vor einer öffentlichen Rede ist weit verbreitet. Da sich Nervosität oder gar Angst vor allem negativ auf die Köpersprache auswirken, ist es entsprechend wichtig, geeignete Mittel dagegen zu finden. Um selbstbewusst, konzentriert und mit einer angemessenen Körperhaltung zu präsentieren, sind vor allem Übung, gute Vorbereitung und beruhigendes Verhalten vor dem Auftritt entscheidend.

Training

Je öfter vor Publikum gesprochen wird, umso routinierter wird man. Das eigene Auftreten kann man durch eine Videoanalyse von eigenen Reden ohne Publikum verbessern. Beides gibt Sicherheit im Auftreten.

- Redegelegenheiten vor Gruppen suchen und wahrnehmen (Verein, Abteilung, Familien- und Freundeskreis)
- Rede ohne Zuhörer aufzeichnen, analysieren und verbessert erneut halten

Vorbereitung

Eine gute Vorbereitung stärkt die Selbstsicherheit ebenfalls. Dazu dienen u. a.:

- Stichwortmanuskript auf Karteikarten und Stichwortzettel
- auf Zwischenfälle (Technikausfall etc.) vorbereitet sein, z. B. durch Stichwortzettel, Handout etc.
- Probeläufe der Präsentation vornehmen, eventuell im Familien- oder Freundeskreis
- Funktionsfähigkeit der Technik vor Eintreffen des Publikums überprüfen

Beruhigungsmethoden vor Beginn

- Vermeidung von Situationen, die Stress erzeugen: kein Bearbeiten des Vortrags mehr und emotionale Situationen (z. B. Diskussionen über Plätze etc.) meiden
- Small Talk mit einzelnen Zuhörern oder Veranstalter führen
- Präsentationsverhalten noch einmal bewusst machen: positive Grundhaltung, Körperhaltung überprüfen etc.
- auf die Atmung achten; eventuell einfache Entspannungsübung vornehmen

Während des Vortrags

Die Nervosität nimmt ab, wenn die Präsentation ohne Probleme anläuft, sie steigt, wenn es, warum auch immer, nicht läuft wie geplant. Damit diese Unsicherheit nicht anwächst, sollte eine mentale Vorbereitung auf typische Pannensituationen erfolgen.

- Faden verloren: Wiederholen des letzten Inhalts in anderen Worten und währenddessen auf Stichwortzettel nächsten Stichpunkt suchen
- Versprecher: Wiederholung des Satzes in korrekter Form und weiterreden

2.2.4 Rhetorik

M8 Martin Luther King: „I have a dream."

M9 John F. Kennedy: „Ich bin ein Berliner."

Es gibt unvergessliche Reden, die noch sehr lange über ihr Rededatum hinaus vielen Menschen bekannt geblieben sind. So klingt vielen John F. Kennedys legendärer Ausspruch *„Ich bin ein Berliner"* oder Martin Luther Kings *„I have a dream"* noch heute in den Ohren, während viele andere Reden sehr schnell in Vergessenheit geraten. Wem es wie in den beiden Beispielen gelingt, die inhaltliche Botschaft seiner Rede in einen emotional berührenden Satz zu fassen, auf den die Rede zuläuft, kann mit dieser Methode auch in Referaten und Präsentationen besonders überzeugen.

Aufgaben

1 Formulieren Sie Kriterien guter Reden.

  a Sehen Sie sich Aufzeichnungen berühmter Reden an (vgl. M8/M9) und analysieren Sie sie nach folgenden Kriterien: Wortwahl, Formulierungen, Aussprache, Lautstärke, Betonung, Sprechtempo, Sprechpausen, Mimik, Gestik und Körperhaltung. Fassen Sie Ihre Beobachtungen notizhaft zusammen.

  b Diskutieren Sie im Plenum anhand Ihrer Notizen, weshalb diese Reden derart bekannt und unvergesslich sind.

2 Ermitteln Sie aus der Diskussion erste Kriterien einer guten Rede.

Die Vorbereitung einer Rede

M10 Eine Rede ohne Ziel taugt nicht viel

In der Vorbereitung einer Rede muss zunächst geklärt werden, welche Art von Rede mit welchem Ziel gehalten wird. Um ein Ziel klar zu definieren, sollten Antworten auf folgende Fragen gefunden werden: Was ist das Ziel des Vortrages? Ist das Ziel realistisch? Soll die Rede überzeugen oder informieren, und wenn ja, wodurch? Darüber hinaus lassen sich drei verschiedene Redeformen unterscheiden: Überzeugungs- bzw. Meinungsreden, Informationsreden und Gelegenheitsreden. Die wichtigste Redeform im betrieblichen Bereich ist die Überzeugungs- bzw. Meinungsrede. Sie ähnelt stark einer Argumentation und dient dazu, die Zuhörer von etwas zu überzeugen bzw. sie zu einem bestimmten Tun zu veranlassen. Das MISLA-Modell beschreibt den Aufbau einer Überzeugungsrede in fünf Schritten.

GUT ZU WISSEN

Aufbau einer Überzeugungs- bzw. Meinungsrede

Motivation:	begründen, warum man spricht
Ist-Zustand:	Situation beschreiben und Problem darlegen
Soll-Zustand:	darstellen, wie man es haben will
Lösungen:	aufzeigen, wie das erreicht werden kann
Appell:	auffordern, dazu in bestimmter Weise zu handeln

Informationsreden vermitteln Wissen und Fakten. Das Publikum wird dabei über ein Thema aufgeklärt, auf das sich der Vortragende intensiv vorbereitet hat. Im Gegensatz zur Überzeugungsrede werden jedoch die Inhalte neutral dargeboten. Informationsreden werden im Schulalltag häufig im Rahmen von Referaten bzw. Präsentationen gehalten. Ein Vorschlag für eine entsprechende Gliederung findet sich im Kapitel 2.2.1.

GUT ZU WISSEN

Aufbau Informationsrede

Informationsreden folgen dem Aufbau von Präsentationen (Kapitel 2.2.1).

Gelegenheitsreden würdigen Personen aus Anlässen wie Jubiläen, Beförderungen oder Trauerfällen. Die Gliederung einer Gelegenheitsrede kann in drei Schritten erfolgen:

GUT ZU WISSEN

Aufbau Gelegenheitsrede

1 Begrüßung und Anlass der Rede: Die gewürdigte Person wird namentlich angesprochen, die übrigen Anwesenden pauschal willkommen geheißen.
2 Ausführung: Wichtige Lebensstationen und Charakteristika der gewürdigten Person. Anekdoten beleben dabei die Rede.
3 Abschluss: Dank und gute Wünsche für die Zukunft bzw. positives Erinnerungsbild.

Situation I

Sie sind Abteilungsleiter. Aufgrund der 20-jährigen Firmenzugehörigkeit von einem Ihrer Mitarbeiter werden Sie im Rahmen eines Meetings eine kurze Rede zu diesem Jubiläum halten. Anwesend werden die engsten Kollegen und Mitarbeiter des Jubilars sein.

Situation II

Ein zahlungskräftiger Kunde interessiert sich für ein neues Produkt Ihrer Firma. Gemeinsam mit dem Projektleiter sollen Sie den Kunden für sich und das Produkt gewinnen.

Aufgaben

1 Analysieren Sie die oben aufgeführten Situationen nach folgenden Anhaltspunkten:
   a Bestimmen Sie die dem Anlass entsprechende Redeform.
   b Formulieren Sie jeweils ein Redeziel.
   c Skizzieren Sie in Grundzügen den Aufbau Ihrer Rede unter Verwendung der passenden Redeformel bzw. des geeigneten Redemodells.

Verständlich Sprechen

Eine gute Sprechtechnik bedeutet, die eigene Stimme in Reden und Präsentationen effizient einzusetzen. Die Stimme wird vor Heiserkeit geschont, wenn während des Sprechens die richtige Atemtechnik eingesetzt wird. Für die konkrete Sprechtechnik sind dann Sprechtempo, Pausentechnik und Lautstärke wichtige Elemente.

	Sprechtempo	Sprechpausen	Lautstärke
mögliche Probleme	■ zu hohes Sprechtempo ■ zu geringes Sprechtempo	■ Füllwörter, wie „ähhh" und „mhh" ■ schnelles, hektisches Sprechtempo	■ zu lautes oder zu leises Sprechen
verständliches Sprechen	■ Variierung des Sprechtempos ■ wichtige Inhalte langsam aussprechen	■ Pausen, um Spannung zu erzeugen ■ Pausen zur Verdeutlichung der Gliederung	■ je nach Größe des Publikums und je nach Anlass ■ Variierung der Lautstärke

Dialekt

Ob eine Dialektfärbung in Redesituationen angebracht ist oder nicht, hängt von der jeweiligen Situation und vom Zuhörerkreis ab. Bei einer Gelegenheitsrede im heimatlichen Kollegenkreis beispielsweise würde die Rede eines Dialektsprechers in Schriftdeutsch komisch erscheinen. Merkt man jedoch, dass sich der eigene Dialekt störend auf die Verständlichkeit der Rede auswirkt, sollte man sich um eine weitgehend schriftdeutsche Aussprache bemühen. Je formeller und offizieller eine Redesituation ist, umso mehr sollte man sich dieser Sprechweise annähern. Die Herausforderung hierbei ist, dass die Sprechweise weiterhin ungekünstelt erscheint.

Aufgaben

1 Führen Sie verschiedene Sprechtechnik-Übungen in Gruppen aus.
   - **a** Wählen Sie in der Gruppe aus der aktuellen Tageszeitung einen nicht zu kurzen Text aus, der Sie interessiert. Kopieren Sie den Text für jede Person zweimal.
   - **b** Markieren Sie in Einzelarbeit nun auf einer Kopie den Text nach folgenden Gesichtspunkten:
     - ■ einen Abschnitt, den Sie extrem schnell lesen
     - ■ einen Abschnitt, den Sie sehr langsam sprechen
     - ■ einen Abschnitt, in dem Sie bewusste Sprechpausen machen und wichtige Begriffe betonen
     - ■ einen Abschnitt, den Sie leise lesen
     - ■ einen Abschnitt, den Sie laut vortragen

2 Tragen Sie den Text nun vor. Die Zuhörenden verwenden währenddessen die zweite Kopie, um sich Notizen zu machen und damit zu bestimmen, wie sie die verschiedenen Textstellen wahrnehmen.

3 Geben Sie sich gegenseitig anhand Ihrer Notizen ein ausführliches Feedback.

Aufgaben über das ganze Kapitel

[...] Schätzungen zufolge werden jeden Tag weltweit 30 Millionen Business Präsentationen gehalten. Doch die wirklich schockierende Zahl ist, dass mehr als 25 Millionen davon leider ihr Ziel nicht erreichen, ja schlimmer noch, die Präsentation langweilt die Zuhörer und das fällt natürlich auf die Person zurück, die präsentiert [...].
Das ist eine gute und ein schlechte Nachricht zugleich. Die schlechte zuerst: Nur weil Sie alles so machen wie alle, wird es nicht automatisch gut. In diesem Fall ist das Gegenteil der Fall. Gut, eines stimmt schon, wenn Sie alles machen wie alle, dann ragen Sie auch nicht negativ heraus, das ist wahr, aber sind Sie damit wirklich zufrieden?
Die gute Nachricht: Da die große Mehrheit der Präsentationen nicht mal guter Durchschnitt ist, ist es verhältnismäßig einfach, positiv heraus zu ragen. [...] Erreichen kann man das alleine schon durch die konsequente Beachtung der folgenden 5 Prinzipien:
Prinzip 1 Weniger ist mehr
[...]
Prinzip 2 Fokussierung auf die Kern-Botschaft
[...]
Prinzip 3: Einfache Aussagen – Einfache Sprache
Prinzip 4: Inhalte zum Leben bringen
Prinzip 5: Authentizität – Echtheit – Lebendigkeit – Glaubwürdigkeit – Natürlichkeit

M11 Rüdiger Vogel: Gute Präsentationen sind ganz einfach – 5 Prinzipien. In: www.marketing-boerse.de

1 Entwerfen Sie im Plenum ein Bewertungsformular mit den Kriterien einer guten Präsentation.
- **a** Nehmen Sie dabei Bezug auf die in M11 genannten Prinzipien und die im gesamten Kapitel beschriebenen Inhalte.
- **b** Bestimmen Sie einen Punkteschlüssel und gewichten Sie die einzelnen Elemente, die eine Punktebewertung erhalten sollen, nach Wichtigkeit mit Faktoren.

2 Planen Sie in Gruppen eine Präsentation zu einem unterrichtlichen Thema.
- **a** Führen Sie eine zielführende Recherche durch.
- **b** Arbeiten Sie sich Inhalte mithilfe von Textbearbeitungsmethoden heraus.
- **c** Strukturieren und visualisieren Sie die entsprechenden Inhalte.
- **d** Üben Sie die Präsentation in der Gruppe ein.
- **e** Halten Sie die Präsentation vor dem Plenum.

3 Holen Sie sich ein Präsentationsfeedback durch Ihre Mitschüler ein.
- **a** Verteilen Sie das in Aufgaben 1 angefertigte Bewertungsformular an das Plenum.
- **b** Während der Präsentation machen sich die Zuhörer Notizen zu den verschiedenen Kriterien und bewerten anschließend die Präsentation, indem jeder Zuhörer individuell für jeden Präsentierenden Punkte vergibt.
- **c** Diskutieren Sie die Ergebnisse auf dem Bewertungsformular ausführlich.

3 Kommunikation reflektieren und gestalten

Kommunikation ist ein zentrales Handlungsinstrument im privaten und im beruflichen Leben. Je besser man die Funktionsweisen der Kommunikation versteht, umso effizienter kann sie als Handlungsinstrument eingesetzt werden. Das Wissen um Grundlagen, Modelle und Vorgehensweisen ermöglicht eine bewusste, zielgerichtete und förderliche Kommunikation.

Kompetenzen

- Kommunikationsebenen unterscheiden
- Prämissen kommunikativer Prozesse kennen
- Kommunikationsmodelle und Kommunikationstechniken verstehen und anwenden
- Kommunikationsprobleme identifizieren und beheben
- gewaltfrei kommunizieren
- argumentativ verhandeln
- betriebliche Gespräche vorbereiten, durchführen und reflektieren

Situation

Loriot: Das Ei

Das Ehepaar sitzt am Frühstückstisch. Der Ehemann hat sein Ei geöffnet und beginnt nach einer längeren Denkpause das Gespräch.

Er: Berta!
Sie: Ja …
Er: Das Ei ist hart!
Sie *(schweigt)*
Er: Das Ei ist hart!
Sie: Ich habe es gehört …
Er: Wie lange hat das Ei denn gekocht …
Sie: Zu viele Eier sind gar nicht gesund …
[…]

MT Quelle: Loriot: Das Ei. In: Loriot: Szenen einer Ehe in Wort und Bild. Copyright © 1983, 2005 Diogenes Verlag AG Zürich, S. 23 f.

Aufgaben

1 Beschreiben Sie den Cartoon. Wie könnte das Gespräch weiter verlaufen?
2 Formulieren Sie in Partnerarbeit, was für Sie Kommunikation ausmacht.
3 Entwerfen Sie eine Mindmap zum Thema „Kommunikation".

GUT ZU WISSEN

Dieses Kapitel dient als Grundlage für alle weiteren Kapitel, da es das Basiswissen über Kommunikation vermittelt, das nicht nur bei klassischen Kommunikationsaufgaben wie Präsentationen (Kapitel 2) hilfreich ist, sondern ein wesentliches Handlungsinstrument in den Bereichen von Motivation (Kapitel 4), Konflikt (Kapitel 5) und Führung (Kapitel 6) bildet. Das Kapitel definiert Kommunikation und stellt wissenschaftliche Grundannahmen (3.1) vor. Danach werden weitere spezifischere und komplexere Modelle und Theorien (3.2) behandelt, bevor in allgemeine Techniken (3.3) der Anwendung eingeführt wird. Dies führt dann über in das konkrete betriebliche kommunikative Handeln in Form von Mitarbeitergesprächen (3.4).

3.1 Grundlagen der Kommunikation

In diesem Unterkapitel werden die Grundlagen der Kommunikation vorgestellt: die Einteilung in die Ebenen verbal, non- und paraverbal, den grundsätzlichen Ablauf nach dem Sender-Empfänger-Modell und die nach Watzlawick geltenden fünf Axiome. Dieses Verständnis ist auch Grundlage der dann in 3.2 dargestellten Modelle und Techniken.

3.1.1 Kommunikation: verbal, nonverbal, paraverbal

Kommunikation ist nicht nur sprechen und schreiben, sondern findet grundsätzlich auf verschiedenen Ebenen statt, wobei die verbale Kommunikation nie ohne die nonverbale oder paraverbale Kommunikation stattfinden kann.

verbale Kommunikation	nonverbale Kommunikation	paraverbale Kommunikation
■ umfasst sowohl die mündliche als auch die schriftliche Kommunikation; dazu gehören auch Wortwahl, Satzbau usw. ■ mündliche Kommunikation findet z. B. face-to-face, per Telefon, Videokonferenz etc. statt ■ schriftliche Kommunikation findet z. B. per Brief oder Zeitungsartikel statt	■ umfasst nicht-verbale Elemente, die bei einer Nachricht mitschwingen, z. B.: – Mimik – Gestik – Erscheinungsbild – Auftreten – …	■ umfasst ebenfalls nicht-verbale Elemente, die bei einer Nachricht mitschwingen, jedoch unmittelbar an der Lautbildung und der Artikulation sind, z. B.: – Stimmlage – Sprachmelodie – Lautstärke – Betonung – Sprechtempo – …

GUT ZU WISSEN

Menschliche Kommunikation kennt die Ebenen verbal, nonverbal und paraverbal. Verbale Kommunikation erfolgt immer zusammen mit nonverbalen bzw. paraverbalen Elementen. Passen bei einer Botschaft alle kommunikativen Elemente der drei Kommunikationsebenen sowie der situative Kontext zusammen, so spricht man von Kongruenz. Passen verbale Aussagen und nonverbale/paraverbale Elemente nicht zueinander, so wird von Inkongruenz gesprochen. Inkongruente Botschaften zeigen oftmals Einblicke in die Psyche des Senders, da der Sender der Nachricht sich nicht auf eine Botschaft festlegt und die Entschlüsselung dem Empfänger überlässt.

Aufgaben

1 Setzen Sie sich Ihrem Kollegen gegenüber. Geben Sie im Wechsel mithilfe der drei Kommunikationsmöglichkeiten folgende Szenen wieder (es darf gerne übertrieben werden):
  a *„Ich habe ja so Lust darauf, diese Aufgabe zu machen"* – inkongruent
  b *„Ich habe einen riesen Auftrag bekommen!"* – kongruent
  c *„Endlich Urlaub mit der ganzen Familie!"* – inkongruent
  d *„Wie, Angst vor der nächsten Beurteilung?!"* – inkongruent

2 Präsentieren Sie Ihrem Partner vier weitere Beispiele. Der Partner beurteilt, ob es sich um kongruente oder inkongruente Botschaften handelt. Tauschen Sie die Rollen.

3.1.2 Das einfache Sender-Empfänger-Modell

1949 entwickelten der Mathematiker Claude E. Shannon und der Telekommunikationsspezialist Warren Weaver das einfache Sender-Empfänger-Modell. Ziel war es, die Kommunikation aus technischer Sicht zu verbessern, also die Störfaktoren zu minimieren. Dieses Modell sollte nur die Übertragung von Nachrichten darstellen, nicht deren Bedeutung. Die Grundannahme ist, dass eine Botschaft codiert wird, über einen Kanal gesendet und vom Empfänger wieder decodiert wird. Probleme können vor allem bei der Codierung, beim Senden und Empfangen sowie bei der Decodierung und durch Störungen im Kanal entstehen. Zum Beispiel sind die Codes, wie etwa das Sprachverständnis, von Sender und Empfänger nicht deckungsgleich. So kann das gleiche Wort in der Fachsprache nicht ganz das Gleiche bedeuten wie in der Umgangssprache.

GUT ZU WISSEN

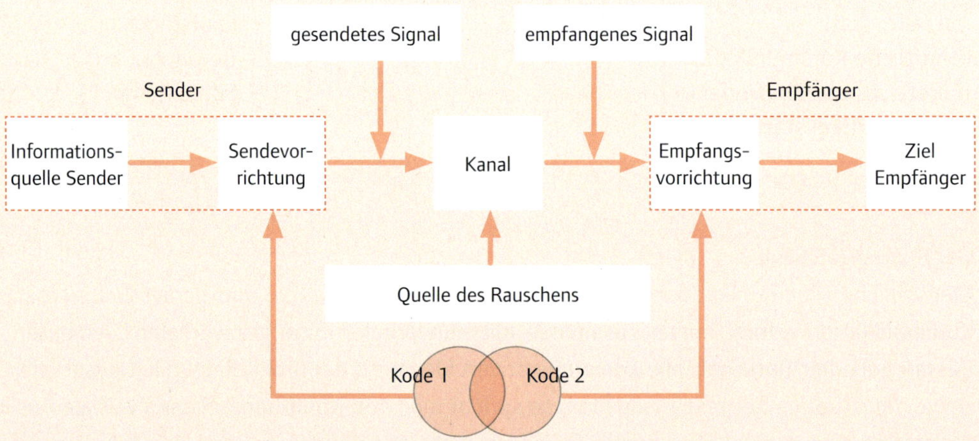

M2 Sender-Empfänger-Modell nach Shannon/Weaver

Wegen seines technischen Ursprungs stößt dieses Modell für die menschliche Kommunikation an Grenzen. Shannon und Weaver berücksichtigten nicht die non- und paraverbalen Elemente einer Kommunikation zwischen Menschen. Zur Analyse von inkongruenten Botschaften und verschiedenen Interpretationsmöglichkeiten einer Nachricht sagt das Modell wenig aus. Eine entsprechende Erweiterung findet sich beim „Vier-Seiten-Modell" von Schulz von Thun (3.2.1.)

3.1.3 Die fünf Axiome nach Paul Watzlawick

Der Psychotherapeut und Kommunikationswissenschaftler Paul Watzlawick ist ein weiterer „Ur-Vater" unserer modernen Kommunikationsmodelle. Er stellte Ende der 1960er Jahren fünf Axiome, also Grundsätze, die nicht bewiesen werden müssen, auf, die den Kommunikationsprozess verdeutlichen sollen.

1 **„Man kann nicht nicht kommunizieren, denn jede Kommunikation (nicht nur mit Worten) ist Verhalten und genauso wie man sich nicht nicht verhalten kann, kann man nicht nicht kommunizieren."**
Ein Mensch kommuniziert grundsätzlich immer, da Kommunikation nicht nur auf verbaler Ebene stattfindet, sondern auch durch unser Verhalten geprägt wird. Sieht man sich z. B. in einer U-Bahn einmal die Menschen im eigenen Blickfeld an, dann kann man ungefähr einschätzen, wer in Eile ist, wer vielleicht eine Nacht durchgemacht hat oder wer sich freut.

2 **„Jede Kommunikation hat einen Inhalts- und einen Beziehungsaspekt, wobei Letzterer den Ersten bestimmt."**
Jede Nachricht hat einen Inhalt. Dies ist auch die Hauptaufgabe einer Nachricht: Informationen zu vermitteln. Allerdings schwingt auch bei jeder Aussage mit, wie die Personen zueinander stehen. Was jemand wie sagt, wird davon bestimmt, wie er seine Beziehung zu jemandem definiert. Ein Mitarbeiter redet mit seinem Kollegen anders als mit seinem Vorgesetzten.

3 **„Die Natur einer Beziehung ist durch die Interpunktion der Kommunikationsabläufe seitens der Partner bedingt. Kommunikation ist immer Ursache und Wirkung."**
Meist wird bei einer Nachricht mit einem bestimmten Verhalten reagiert. Das kann zu Spannungen vor allem bei Streitigkeiten führen.

Situation

Ein Mitarbeiter hat neue Vorstellungen, soll diese aber nicht umsetzen. Er fühlt sich nicht bestätigt, also zieht er sich zurück und will nicht mehr innovativ arbeiten. Sein Vorgesetzter rügt ihn für seine passive Haltung. Das kränkt den Mitarbeiter und er verhält sich weiterhin passiv. Das gefällt dem Vorgesetzten nicht und der Mitarbeiter wird wieder gerügt. So entsteht ein ewiger Kreislauf.

Das Problem hierbei ist, dass der Anfang des Konflikts subjektiv wahrgenommen wird und somit von jedem anders festgelegt wird. Der Mitarbeiter fühlt sich nicht wertgeschätzt und gibt dem Vorgesetzten die Schuld. Der Vorgesetzte meint, der Mitarbeiter würde sich nicht anstrengen, und ist verärgert. Beide haben verschiedene Ansichten, wo sich der Anfang des Problems befindet. Diese Wahrnehmung wird als Interpunktion bezeichnet. Akzeptieren die Gesprächspartner das Prinzip von Ursache und Wirkung, so kann Konflikten vorgebeugt werden.

4 **„Menschliche Kommunikation bedient sich analoger und digitaler Modalitäten."**
Digitale Kommunikation ist die rein inhaltliche Kommunikation in den Zeichen einer Sprache, das heißt die Worte an sich, in Verbindung mit der Grammatik (Syntax, Wortwahl etc.). Diese sprachlichen Zeichen haben aber keine andere Verbindung zum Inhalt als die sprachliche Zuweisung. Die analoge Kommunikation ist dagegen der semantische Gegenspieler. Hier werden die nonverbale und paraverbale Kommunikation mit eingefügt, deren Zeichen eine unmittelbare Verbindung zum Inhalt haben. Zum Beispiel mit den nach oben ausgestreckten

Fingern einer Hand die Zahl Fünf anzeigen. Also werden Inhalt und Beziehung über die beiden Modalitäten verbunden. Insbesondere analoge Modalitäten unterliegen einer Doppeldeutigkeit, die ein Mensch bewusst steuern kann. Nimmt man z. B. ein Lächeln. Dieses kann, je nach Mimik, entweder Gefallen oder Verachtung ausdrücken.

5 **„Zwischenmenschliche Kommunikationsabläufe sind entweder symmetrisch oder komplementär, je nachdem ob die Beziehung zwischen den Partnern auf Gleichgewicht oder Unterschiedlichkeit beruht."**

Beziehungen laufen entweder auf gleicher Augenhöhe ab, also symmetrisch, oder sie sind komplementär, also ergänzen sich. Bei komplementären Beziehungen gibt es einen superioren und einen inferioren Partner. Im Betrieb ist das z. B. das Verhältnis zwischen Chef und Mitarbeiter. Bei symmetrischen Beziehungen handelt es sich um Partner auf Augenhöhe, die versuchen Gleichheit durch spiegelhaftes Verhalten zu erreichen.

GUT ZU WISSEN

Fünf Grundprinzipien der menschlichen Kommunikation nach Watzlawick

- Verhalten ist Kommunikation, deshalb kommunizieren wir immer.
- In jeder Kommunikation bestimmt der Beziehungsaspekt den Inhaltsaspekt.
- Die Interpunktion in der Kommunikation bestimmt die Art einer Beziehung.
- Kommunikation bedient sich analoger und digitaler Modalitäten.
- Kommunikation verläuft symmetrisch oder komplementär.

Aufgaben

1 Axiom 1: Die Körpersprache sagt viel über einen Menschen aus. Stellen Sie sich in Partnerarbeit gegenseitig verschiedene Situationen vor, wie z. B. Langeweile, Stress, Hass etc., ohne dass zuvor gesagt wird, was dargestellt wird. Benutzen Sie dafür Ihren ganzen Körper und übertreiben Sie gerne. Der Partner soll nun anhand der Darstellung die Situation bestimmen.

2 Axiom 4: Inwiefern können folgende Aussagen unterschiedlich interpretiert werden? Sprechen Sie diese in Partnerarbeit sich gegenseitig so unterschiedlich aus, dass sich ihre Bedeutung verändert:

a „Das haben Sie ausgezeichnet ausgearbeitet!"

b „Das ist die passende Arbeitskleidung."

c „Das Getränk sollte dort nicht abgestellt werden."

3 Erklären Sie Ihrem Partner ein weiteres Axiom mithilfe eines eigenen Beispiels.

3.2 Kommunikationsmodelle und Theorien

Ein Schwerpunkt dieses Unterkapitels sind die Modelle und Theorien von Schulz von Thun. Mit seinem Kommunikationsquadrat bzw. Vier-Seiten-Modell entwickelte er das Sender-Empfänger-Modell für die zwischenmenschliche Kommunikation entscheidend weiter. Heute ist es eine allgemein anerkannte Grundlage zur Analyse einer zwischenmenschlichen Kommunikationssituation, die relativ einfach von jedem auf jede Alltagskommunikation angewendet werden kann. Mit ihm kann eine Nachricht in ihrem ganzen Informationsgehalt erfasst werden. Der unmittelbaren äußeren Kommunikation vorgelagert ist eine „innere Kommunikation", in der festgelegt wird, welche Botschaft gesendet werden soll. Diese Meinungs- und Haltungsbildung lässt sich mit der Metapher vom „Inneren Team", das Schulz von Thun entwickelte, analysieren. Sowohl in der inneren Diskussion als auch in der äußeren Kommunikation ist es hilfreich zu erkennen, in welche Richtung man sich entwickeln will. Dazu dient das Modell des „Werte- und Entwicklungsquadrats", das besonders auch für Mitarbeiter- und Zielvereinbarungsgespräche geeignet ist.
Eine andere Herangehensweise zur Kommunikationsinterpretation bietet die Transaktionsanalyse (3.2.2) nach Berne/Harris, deren Analyse aus dem Aspekt der von ihnen definierten unterschiedlichen Ich-Zustände erfolgt. Diese Theorie weist jedoch nicht die theoretische und praktische Anerkennung und Verbreitung des Kommunikationsquadrats von Schulz von Thun auf.

3.2.1 Modelle nach Schulz von Thun

Das Kommunikationsquadrat

1977 entwickelte Friedemann Schulz von Thun das bisherige Kommunikationsmodell weiter und so entstand das „Vier-Seiten-" oder auch „Vier-Ohren-Modell". Dieses Modell wurde erstmals 1981 im ersten Band von „Miteinander reden" veröffentlicht. Nach Schulz von Thun kann bei der menschlichen Kommunikation jede Botschaft auf vier Ebenen beleuchtet werden.

M3 Friedemann Schulz von Thun

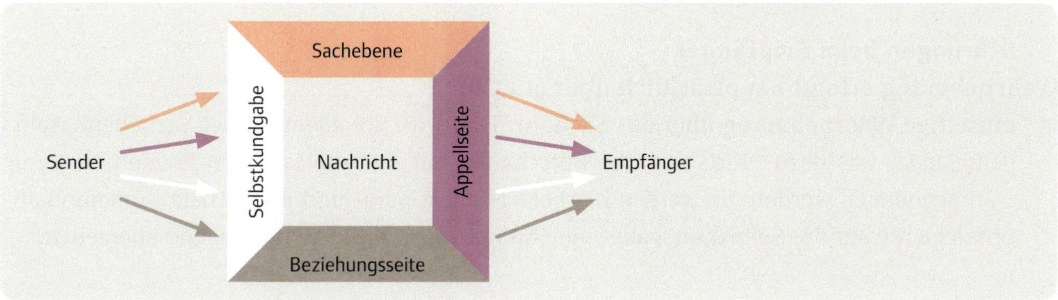

M4 Vier-Seiten-Modell nach Schulz von Thun

GUT ZU WISSEN

Kommunikationsquadrat

1 Sachaspekt: Welchen Inhalt möchte ich mitteilen? (worüber ich informiere)
2 Beziehungsaspekt: Wie stehen der Gesprächspartner und ich zueinander? (was ich von dir halte und wie wir zueinander stehen)
3 Selbstkundgabeaspekt: Was bringe ich emotional ein? Was gebe ich über mich preis? (was ich von mir selbst kundgebe)
4 Appellaspekt: Was will ich bewirken? (wozu ich dich veranlassen möchte)

Situation

Herr Schmid, Produktionsleiter in einem metallverarbeitenden Betrieb, sagt zu Frau Hager, Angestellte im Vertrieb: „Gestern hätte ich Sie unbedingt wegen einer Anfrage gebraucht, aber Sie sind schon um 16 Uhr nach Hause gegangen."

Diese Nachricht kann auf den vier Ebenen z. B. so interpretiert werden:

1 *Inhalt: Frau Hager war um 16 Uhr nicht mehr im Betrieb.*
2 *Beziehung (je nachdem, wie die Personen zueinander stehen): Herr Schmid findet, dass Frau Hager ihre Arbeit nicht ernst nimmt und viel zu früh nach Hause geht. Oder: Herr Schmid findet es toll, wie Frau Hager ihre Arbeitszeit so einteilen kann, dass sie pünktlich aus dem Betrieb kommt.*
3 *Selbstkundgabe: Herr Schmid hätte Frau Hagers Hilfe gebraucht und ist vielleicht verärgert oder enttäuscht, dass sie ihm nicht gleich helfen konnte.*
4 *Appell: Herr Schmid möchte, dass Frau Hager erreichbarer für ihn ist.*

Kommunikationsprobleme – Eine Auswahl

Es gibt viele Gründe, warum es innerhalb der Kommunikation zu Störungen kommen kann. Diese Störungen können auf Seiten des Empfängers oder des Senders liegen. Interpretieren die Kommunikationspartner auf einer oder mehreren Ebenen eine Nachricht hauptsächlich nur nach einem Aspekt und/oder einfach anders, führt das zu Missverständnissen und Konflikten. Hier einige Beispiele:

Störungen beim Empfänger

Wahrnehmung erfolgt hauptsächlich über ein Ohr

- **einseitige Wahrnehmung über das Sachohr:** Hier wird vor allem auf der Sachebene wahrgenommen, was dazu führt, dass die Botschaften auf den drei anderen Ebenen zu wenig wahrgenommen werden. So werden hierbei vor allem para- und nonverbale Kommunikationselemente auf der Selbstkundgabe-, der Appell- und der Beziehungsebene übersehen.

Situation

Herr Rand (laut, gestikulierend): „Sind Sie denn wahnsinnig? Sie können doch nicht den Azubi alleine an der Maschine stehen lassen!"
Herr Blum: „Da müssten wir erst einmal besprechen, was das Wort *Wahnsinn* eigentlich bedeutet …"
Herr Rand (sehr aufgebracht): „Das bedeutet, dass Sie nicht in der Lage sind, Gefahren zu erkennen!"
Herr Blum: „Gefahren sind auch hier genauer zu definieren. Meinen Sie, der Azubi hätte sich beim Ansehen des Bildschirmes verletzen können? Oder beim generellen Ablauf?"
Herr Rand: „Das tut doch hier jetzt gar nichts zur Sache! Sie haben Ihren Azubi gefährdet!"
Herr Blum: „Wie ich schon eben gesagt habe, brauche ich eine Definition der Gefahrenquelle."

Während Herr Blum nur über das Sachohr aufnimmt und folglich rein auf der Inhalts- bzw. Sachebene antwortet, sendet Herr Rand sowohl verbal wie non- und paraverbal deutliche Signale auf der Beziehungs-, der Appell- und der Selbstoffenbarungsebene, auf die Blum aber nicht eingeht, weil sein Fokus auf die Sachebene gerichtet ist. Somit ist ein Konflikt vorprogrammiert. Hier hilft die Metakommunikation.

- **einseitige Wahrnehmung über das Beziehungsohr:** Ist dieses Ohr zu stark ausgeprägt, so bezieht die Person jede Aussage auf sich und fühlt sich häufig persönlich angegriffen.
  Herr Klump: „Heute läuft's ja richtig gut. Wir sind ja mit der Zahlenaufstellung schon fast durch."
  Frau Klein: „Ich arbeite aber nicht schneller als sonst! Soll das heißen, dass ich sonst nicht so effektiv arbeite? Ich bin hier schon seit Jahren und ich muss mir nicht sagen lassen, dass ich keine qualifizierte Mitarbeiterin bin!"

Herr Klump freut sich vielleicht nur, dass er früher Feierabend haben wird, wohingegen Frau Klein sich sofort angegriffen fühlt.

- **einseitige Wahrnehmung über das Appellohr:** Hier wird jede Nachricht als Aufforderung verstanden, etwas zu tun, obwohl eigentlich nur Feststellungen geäußert wurden.
  Tochter: „Mein Fahrrad ist kaputt."
  Vater: „Okay, ich repariere es morgen."

- **einseitige Wahrnehmung über das Selbstoffenbarungsohr:** Hier wird jede Botschaft des Senders über seine Selbstoffenbarung gedeutet.
  Ehemann: „Ich jogge heute Abend mit dem Marathonläufer von nebenan."
  Ehefrau: „Angeber!"

Störungen beim Sender

So wie auf der Empfängerseite einseitig mit einem Ohr wahrgenommen werden kann, ist es auf Senderseite möglich, eine Ebene zu stark zu betonen. Häufig wird auch versucht, das eigene Verhalten bewusst oder unbewusst zu verschleiern. Hier einige Beispiele:

Probleme auf der Selbstkundgabeseite

Selbstkundgabeangst: Jeder Mensch sucht Anerkennung. Deshalb versucht man Situationen zu meiden, in denen eine offene Selbstkundgabe die Anerkennung tatsächlich oder vermeintlich schwächt. Ein typisches Beispiel hierfür sind Prüfungen. Viele Menschen haben davor Angst, was ihre Leistungen über sie selbst aussagen. „Was sagen die anderen über mich, wenn ich versage?" Diese Angst äußert sich z. B. durch Herzrasen, Muskelanspannung etc. Oftmals will man diese Angst verbergen, also meldet man sich seltener zu Präsentationen, Projekten etc. Zwei verschleiernde Techniken der Selbstkundgabe sind:

- **Imponiertechnik:** Bei dieser Technik möchte der Sender dem Empfänger seine Schokoladenseite zeigen. Es gilt also die Strategie Hoffnung auf Erfolg. Um diese Technik auszuleben, wird sich aufgespielt, angegeben, Eindruck geschunden etc. Begleitet wird die Technik dann meist noch mit schwierigen Fachausdrücken oder man erwähnt beiläufig, wie toll man selbst ist, z. B. wenn es um ein Bauvorhaben geht: „Das klingt ja alles schon mal sehr gut, aber wir haben das damals so und so gemacht und haben damit noch bessere Konditionen erhalten."
- **Fassadentechnik:** Hier ist die Strategie Furcht vor Misserfolg. Sie ist also das Gegenstück zur Imponiertechnik. Die Person möchte so wenig wie möglich auffallen und versucht sich eher zu tarnen. Die Personen, die die Fassadentechnik beherrschen, sprechen abstrakt, sachlich und unpersönlich und selbst ihre Mimik und Gestik ist minimiert. Eine weitere Möglichkeit, ein Gespräch nicht auf sich zu lenken, ist, das „Ich" zu vermeiden, also werden „Man-Sätze", „Wir", „Es" bevorzugt. Auch „Du-Botschaften" stehen hier im Vordergrund.

Probleme auf der Sachseite

Sachlichkeit: Oftmals kommt es bei Besprechungen oder Diskussionen zu fehlender Sachlichkeit. Das heißt, obwohl es bei Besprechungen zu einer Entscheidung kommen und nur um die reine Sache gehen sollte, wird der Prozess verlangsamt, weil sich Personen mit fehlender Sachlichkeit nicht richtig einbringen. Sie stören eher den Prozess, weil sie die anderen drei Kommunikationsebenen nicht ausblenden können. So wird das Gegenüber z. B. entweder vergöttert oder eher als lästiges Übel, ja sogar als Feind gesehen. Auch Herabsetzungen sind keine Seltenheit.

Probleme auf der Appellseite

Eine Aufforderung wird nicht verstanden, weil sich der Sender nicht traut, eine direkte Aufforderung zu senden, und deshalb nur eine Feststellung auf der Sachebene äußert. Etwa: „Wir sind nächste Woche unterbesetzt". Dabei meint er: „Herr Oswald, Sie können nächste Woche nicht zwei Tage freinehmen."

Probleme auf der Beziehungsseite

Kommt der Beziehungsaspekt in der Kommunikation zu wenig zum Ausdruck, kann sich das negativ auf die Zusammenarbeit auswirken. Zum Beispiel wenn ein Mitarbeiter von seinem Vorgesetzten trotz guter Leistungen nie oder kaum gelobt wird (siehe Kapitel 6.5.3).

Aufgaben

1 Beschreiben Sie den Inhalt folgender Aussagen zunächst nur auf der Sachebene, dann auf der Beziehungsebene.
   a „Diese Übung ist doch total bescheuert."
   b „Ich hätte so Lust darauf, mal wieder mit dir ins Kino zu gehen."
   c „Sie arbeiten heute aber äußerst lange."

2 Diskutieren Sie in Partnerarbeit, warum Ihnen manche „Ohren" Schwierigkeiten bereiten. Überprüfen Sie, ob Sie ein „Lieblingsohr" haben.

3 Partnerarbeit: Überlegen Sie sich zwei weitere Beispielsätze. Person A reagiert mit nur einem „Ohr". Person B soll erraten, welches „Ohr" gerade verwendet wird.

4 Rollenspiel: 2 Personen. Wählen Sie eine Rolle (Imponiertechnik, Fassadentechnik, Selbstkundgabeangst, fehlende Sachlichkeit), entwickeln Sie in Partnerarbeit ein Rollenspiel und tragen Sie es vor. Das Plenum soll jeweils beurteilen, welche Rolle dargestellt wurde.

Situation

Sie sind in einer Besprechung und wollen die Produktion um 2 % steigern. Aufgrund verschiedener Störungen kommt es zu einem Konflikt.

Aufgaben

1 Entwickeln Sie in Gruppen von vier bis fünf Personen aus der Situation heraus ein Rollenspiel. Vergeben Sie hierzu Rollen, die mit den Störungen arbeiten, beispielsweise verwendet jemand ein Lieblingsohr oder es treten Störungen auf Seiten des Senders auf. Notizen sind erlaubt.

2 Das Plenum analysiert das Rollenspiel, insbesondere, wer welche Rolle spielte und woran das zu erkennen war.

3 Diskutieren Sie im Plenum, wie man mit den Kommunikationsproblemen umgehen könnte.

GUT ZU WISSEN

Probleme innerhalb der Kommunikation geschehen oftmals, weil beim Sender oder Empfänger eine Störung vorliegt.

Störung beim Empfänger

Empfänger bevorzugt beispielsweise ein Ohr, das sogenannte Lieblingsohr, und vernachlässigt die anderen Kommunikationsebenen.

Störung beim Sender

Sender verschleiert beispielsweise durch ein Verhalten seine Selbstkundgabeangst, etwa über Imponier- oder Fassadentechnik; fehlende Sachlichkeit.

Das Innere Team

Ausgehend von seinem Vier-Seiten-Modell, erkannte Schulz von Thun die Doppelbödigkeit vieler Aussagen. Er erarbeitete Bausteine, die zusammengefügt zu einer gelungenen Kommunikation führen. Einer dieser Bausteine ist das „Innere Team". Um diesen Baustein zu erklären, verwendet Schulz von Thun Metaphern. So geht er davon aus, dass in jedem Menschen mehrere Stimmen, also Teammitglieder, wohnen, die zu jedem Thema etwas beitragen wollen. Das, was wir sagen, kommt also erst nach einer Sitzung im Inneren Team zustande. Hierzu hat Schulz von Thun das Beispiel einer Studentin erläutert, die von einem Kommilitonen nach ihren Unterlagen gefragt wird. Anhand der Abbildung wird deutlich, was im Inneren der Studentin los ist.

M5 Das Innere Team klärt Haltung

GUT ZU WISSEN

Vorbereitung einer Kommunikation

Kommunikation wird in einem inneren Prozess der Verhaltensbildung vorbereitet. Schulz von Thun hat dafür die Metapher des „Inneren Teams" entwickelt.

Die sechs „Lehren" des Inneren Teams

Lehre	Aufgabe/Zweck	Ausführung
innere Pluralität	Um zu verstehen, was im Inneren jedes Menschen vorgeht, müssen die einzelnen Mitglieder erkannt werden.	Jedes Mitglied bekommt eine Botschaft, einen Namen und ein Bild. Z. B. bezogen auf die Studentin oben: ■ Botschaft: „Klar! Schön, wenn ich jemandem helfen kann." ■ Name: die Hilfsbereite ■ Bild: Die Hilfsbereite hat die Unterlagen in der Hand und winkt.

Lehre	Aufgabe/Zweck	Ausführung
innere Führung	Das sogenannte Oberhaupt (Regisseur) ist das Bindeglied zwischen den inneren Mitgliedern und der Außenwelt. Damit ähnelt das Oberhaupt einer Führungskraft, denn es agiert bei Uneinigkeit.	Unter anderem kann das Oberhaupt: ■ Aufschub erbitten ■ offen mit den Mitgliedern verhandeln ■ erst reagieren und später nachbessern ■ schnell reagieren
inneres Konfliktmanagement	Das Oberhaupt kann Konflikte zwischen den Mitgliedern schlichten und lösen. Somit verhindert es, wenn es erfolgreich arbeitet, psychische und physische Probleme, z. B. Schlaflosigkeit, Depressionen, Herz-Kreislauf-Beschwerden etc.	Fünf Phasen der Konfliktbewältigung: ■ Identifikation der Kontrahenten ■ monologische Selbstoffenbarung der Gegenspieler ■ Dialog zwischen den Kontrahenten ■ Versöhnung u. teilweise Akzeptanz ■ Teambildung und Entscheidung durch das Oberhaupt
Aufbau der Persönlichkeit	Der Mensch besteht aus mehreren Mitgliedern. Es gibt Stammspieler (Hauptdarsteller) und Antipoden (Nebendarsteller). Die Mitglieder machen die Persönlichkeit aus. Werden die Antipoden unterdrückt, kann dies zu fatalen Folgen führen, im Extremfall z. B. zu Amokläufen.	■ Stammspieler sind zum Beispiel „der Starke“, „der Freundliche“, „der Erfahrene“ etc. ■ Antipoden sind z. B. „der Schüchterne“, aber auch Persönlichkeiten, für die man sich schämt, wie z. B. „der Egoistische“ etc.
Variation der inneren Aufstellung	Je nach Umfeld, Situation und Gegenüber nimmt jede Person eine andere Teamaufstellung ein.	Es gibt vorgefertigte und erprobte Aufstellungen, die sich jeder zurechtlegt im Leben. Das macht einen schnellen Wechsel bei sich ändernden Situationen möglich.
Gehalt einer Situation	Der Gehalt muss vom Kommunikator erfasst werden, um die richtige Teamaufstellung zu wählen.	Die Situation wird nach Anlass, Thema, Zielsetzung und beteiligten Personen definiert.

Situation

Alfred Hauser aus Mutlangen hat seit gestern sein Abschlusszeugnis als staatlich geprüfter Techniker für Automatisierungstechnik in der Tasche und hat das Gefühl, dass ihm die Welt offensteht. Sein Notendurchschnitt ist der beste der Klasse und die Sondierungen auf dem Arbeitsmarkt haben ihm insgesamt zu zwei lukrativen Stellenangeboten verholfen.

Angebot 1 offeriert ihm zunächst eine Stelle als Konstrukteur in einem kleinen Ingenieurbüro in seinem Wohnort. Zunächst müsste er sich mit einem Bruttogrundgehalt von etwa 3.200 Euro zufriedengeben, doch Aufstiegschancen wären definitiv gegeben, wenn er sich bewährt. Schließlich dauert es höchstens zehn Jahre, bis der Chefkonstrukteur in den Ruhestand geht. Ebenso wirbt das Unternehmen damit, dass es bisher noch keinen Mitarbeiter entlassen musste und die Kunden zum Unternehmen kommen und nicht umgekehrt. Seine Freundin und seine Familie wohnen im selben Ort wie er selbst.

Angebot 2 dagegen bietet ihm eine leitende Position in der Instandhaltung eines Global Players mit Niederlassung im Großraum München. Sein Anfangsgehalt wäre mit 5.000 Euro brutto dementsprechend fürstlich. Jedoch hat ihn das Unternehmen auch direkt darauf hingewiesen, dass regelmäßige Auslandsreisen nach Südamerika oder Fernost Standard sowie Überstunden oder Wochenendarbeiten obligatorisch wären. Der Job sei also nichts für „Weicheier", so erkläre sich auch die hohe Fluktuation. Wer sich reinhänge, dem winke allerdings eine schnelle Beförderung und ein erstklassiger Firmenwagen.

Aufgaben

1 Herr Hauser kann sich nicht entscheiden. Beraten Sie ihn unter Zuhilfenahme des Konzepts vom „Inneren Team".

- **a** Welche Teammitglieder gehören bei Herrn Hauser zum Inneren Team? Benennen Sie mindestens vier davon.
- **b** Wie könnten die Teammitglieder argumentieren? Formulieren Sie zu jedem Teammitglied, das Sie in a nennen, ein Hauptargument.
- **c** Analysieren Sie die Situation im Inneren Team und ermitteln Sie daraus, wie sich Herr Hauser entscheidet.
- **d** Angenommen, es ändern sich bei Herrn Hauser die gegebenen Umstände. Nehmen Sie einmal an, dass seine Beziehung scheitert, und einmal, dass ein Elternteil zum Pflegefall wird. Analysieren Sie nun erneut die Situation im Inneren Team und ermitteln Sie auf dieser Basis, inwiefern sich seine berufliche Entscheidung ändern könnte.
- **e** Beschreiben Sie ein Beispiel aus Ihrem Leben. Erklären Sie, wie Sie zu Ihrer Entscheidung kamen. Analysieren Sie ihr Verhalten mithilfe des Inneren Teams.

Das Werte- und Entwicklungsquadrat

Friedemann Schulz von Thun ist bekannt für sein Vier-Seiten-Modell. Weniger bekannt dagegen ist seine Interpretation des Wertequadrates von Helwig, das er zum Werte- und Entwicklungsquadrat weiterentwickelt hat. Dieses Modell geht davon aus, dass Werte, Tugenden, Leitprinzipien etc. nur dann ihre volle konstruktive Wirkung entfalten können, wenn sie sich in ausgehaltener Spannung, also in Balance zu ihrer „Schwestertugend" befinden. So ist im Wertequadrat der zwischen zwei positiven Werten erlebte Zielkonflikt ein positives Ausbalancieren der Persönlichkeit. Schulz von Thun arbeitete vor allem heraus, wie das Wertequadrat eingesetzt werden kann, um zu bestimmen, in welche Richtung eine persönliche Weiterentwicklung erfolgen soll.

GUT ZU WISSEN

Allgemeine Struktur eines Werte- und Entwicklungsquadrates am Beispiel Ehrgeiz

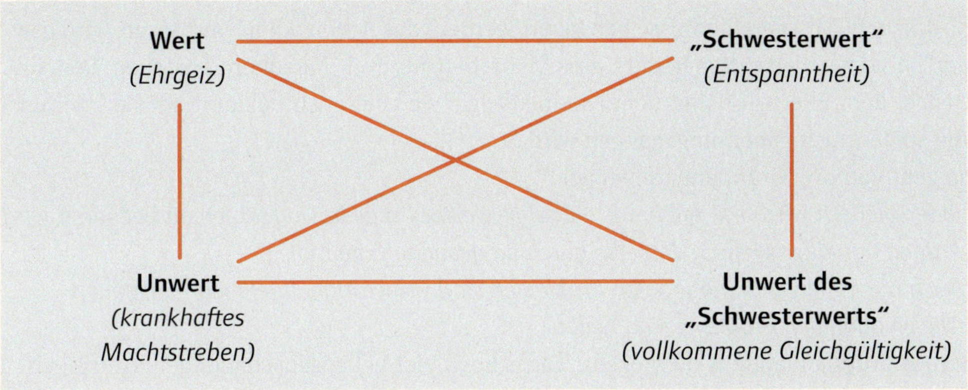

Beziehungen zwischen den Linien

Obere Linie: Sie zeigt das positive Spannungs- bzw. Ergänzungsverhältnis zwischen den beiden positiven Werten. Ehrgeiz benötigt den Gegenpol Entspanntheit, um nicht in krankhaftes Machtstreben abzugleiten.

Senkrechte Linien: Sie zeigt die „entwertende Übertreibung“ des Wertes bzw. Schwesterwertes.

Untere Linie: Sie verdeutlicht die „Überkompensation“, wenn man also von einem Unwert (krankhaftes Machtstreben) in den anderen (vollkommene Gleichgültigkeit) gerät.

Diagonale Linien: Sie zeigen den konträren Gegensatz zwischen Wert und Unwert des „Schwesterwertes“ bzw. „Schwesterwert“ und Unwert auf. Zugleich zeigen Sie die Richtung an, in die die Entwicklung gehen sollte. Wer vom krankhaften Machtstreben zurück zum Ehrgeiz finden will, dem zeigt die Diagonale an, entspannter zu werden.

Anwendung in der Praxis

Das Werte- und Entwicklungsquadrat empfiehlt sich sehr für die praktische Anwendung, da sich aus ihm ableiten lässt, wohin sich jemand weiterentwickeln muss. Das ist z. B. im Arbeitsleben für Zielvereinbarungen, Coachings etc. sehr hilfreich. Zudem geht es von einem grundsätzlich positiven Menschenbild aus. Ein „Fehler“ erscheint im Licht dieser Theorie nämlich nicht als etwas, was „eliminiert“ oder „ausgemerzt“ werden muss. Denn in jedem Unwert oder jeder Untugend steckt gleichzeitig auch ein positives Gegenstück. So ist jemand, der distanzlos ist, im Kern eben auch kontaktfreudig – er übertreibt es lediglich damit. Ebenso steckt in einer „entwertenden Übertreibung“, wenn man die angestrebte Entwicklungsrichtung einschlägt, der Weg hin zur „Besserung“.

3.2.2 Die Transaktionsanalyse

Eric Berne und Thomas Harris entwickelten in den 1950er Jahren aus der Tiefenpsychologie und der Humanistischen Psychologie heraus die Transaktionsanalyse. Durch die sogenannten Transaktionen sollen Menschen einander besser verstehen, beobachten und beschreiben, was dazu führt, dass z. B. Missverständnisse verringert werden, das Arbeitsklima verbessert wird usw. Berne fand bei seinen Versuchen heraus, dass Menschen aus drei „Personen" bestehen. Dem Erwachsenen-Ich, dem Eltern-Ich und dem Kindheits-Ich; sie sind auch bekannt als die Ich-Zustände, auf die später noch näher eingegangen wird.

Berne geht von drei Grundannahmen aus:

1 *Jeder Mensch wird o. k. geboren. – Egal in welches soziale Umfeld jemand geboren wird, am Anfang hat jeder Mensch dasselbe gute und gesunde Potential.*

2 *Auch Menschen mit emotionalen Problemen sind vollwertige, intelligente Personen.*

3 *Alle emotionalen Probleme sind heilbar.*

Zu Bernes Grundannahmen entwickelte Harris noch vier Lebensanschauungen: Harris geht allerdings davon aus, dass der Mensch zunächst nur zwischen einer der ersten drei Lebensanschauungen entscheiden kann.

Lebensanschauung	Erklärung
ich bin nicht o. k. – du bist o. k.	Diese Betrachtungsweise geht bis zur Geburt eines jeden Menschen zurück. Der Säugling wird dem Mutterleib entrissen und erfährt zum ersten Mal, dass er alleine ist, ohne Bindung, abgetrennt usw. Dann wird der Säugling aufgenommen, gestreichelt, getröstet etc. und beruhigt sich wieder. Dieses Gefühl, dass man alleine sein könnte, führt zur Einstellung „ich bin nicht o. k."; die „Erlösung" durch das Streicheln führt zu „du bist o. k.". Diese Lebenseinstellung ist die am meisten verbreitete.
ich bin nicht o. k. – du bist nicht o. k.	Bei gefühlskalten Eltern entwickelt das Kind diese Lebenseinstellung. Es braucht Aufmerksamkeit und Zuneigung, bekommt sie aber nicht, also versucht das Kind beispielsweise durch Fehlverhalten die fehlende Zuneigung zu erzwingen. Im schlimmsten Fall führt diese Lebenseinstellung zum Selbstmord.
ich bin o. k. – du bist nicht o. k.	Kinder, die in einer gewalttätigen Umwelt aufwachsen, tendieren zu dieser Lebenseinstellung. Sie merken, dass ihnen nur dann nichts passiert, wenn sie alleine sind. Diese Anschauung wird auch kriminelle Lebensanschauung genannt, da sie dazu führen kann, dass das Kind gewissenlos wird, d. h., es geht davon aus, dass es o. k. ist, egal, was es tut; nur das Umfeld ist nicht o. k. Im schlimmsten Fall werden durch diese Einstellung Mörder geprägt.
ich bin o. k. – du bist o. k.	Diese konstruktive Grundhaltung kann, laut Harris, durch Bewusstmachung der Lebensanschauung erreicht werden. Das geschieht unter Zuhilfenahme der Transaktionsanalyse.

Ich-Zustandsmodelle

Berne entdeckte, dass sich die Ich-Zustände in den ersten fünf bis sechs Lebensjahren durch Erinnerungen bilden.

1 **Eltern-Ich (EI):** Das Eltern-Ich entsteht in den ersten fünf bis sechs Lebensjahren. Es wird alles gesammelt, was an das Kind herangetragen wird, also Verhaltensregeln, Normen, Werte, Gebote, Verbote etc. Dies nimmt das Kind in seine Erinnerungen auf, ohne es zu hinterfragen, was dazu führt, dass diese Erinnerungen Wahrheiten werden und später nicht mehr korrigiert werden können. Das Eltern-Ich wird zusätzlich noch in das „kritische" Eltern-Ich (kEI) und das „fürsorgliche" Eltern-Ich (fEI) unterteilt. Das kEI ist urteilend, autoritär, ironisch etc., das fEI anerkennend, ermutigend, verstehend etc.

2 **Kindheits-Ich (KI):** Zum Abspeichern von Erinnerungen kommt es bei Kindern in den ersten Lebensjahren noch zusätzlich zu Aufzeichnungen innerer Ereignisse. Kinder können sich nicht oder kaum sprachlich äußern, also reagieren sie auf Situationen. Diese Reaktionen zeigen sich anhand von Gefühlausbrüchen und stellen häufig die Hilflosigkeit der Kinder dar. Im Erwachsenenalter erkennt man das Kindheits-Ich in ausweglosen, festgefahrenen Situationen, da es hier zu Gefühlsausbrüchen kommt. Das Kindheits-Ich wird zusätzlich in das „angepasste" Kindheits-Ich (aK), das „rebellische" Kindheits-Ich (rK) und das „freie" Kindheits-Ich (fK) kategorisiert. Wobei das aK gute Umgangsformen hat, aber auch gehemmt, hilflos, bescheiden etc. ist. Das rK ist aufsässig, launisch, aggressiv. Dagegen verhält sich das fK unbekümmert, spontan, offen, kreativ etc.

3 **Erwachsenen-Ich (Er):** Wenn ein Kind die Reife bekommt, sich aktiv Informationen zu verschaffen, z. B. durch Nachfragen (Warum-Phase), und somit auch Einfluss auf die eigene Umwelt durch bewusstes Handeln nehmen kann, dann entwickelt sich daraus das Erwachsenen-Ich. Hier kann der Mensch aktiv etwas ändern, ohne auf Erinnerungen zurückgreifen zu müssen. Dieser Ich-Zustand überprüft und kontrolliert Informationen.

Transaktionen

Die Theorie der drei Ich-Zustände und die vier Lebensanschauungen bilden die Grundlage der Transaktionsanalyse. Bei der Analyse möchte man herausfinden, welcher Reiz zu welcher Reaktion führt, wobei die Reaktion wieder ein neuer Reiz ist, der wiederum zu einer Reaktion führt. Wenn eine Person weiß, warum sie in gleichen Situationen immer ähnlich reagiert, dann kann man das Verhalten ändern. Dazu muss man wissen, welcher Ich-Zustand in der Situation vorliegt. Hier gibt es drei Kommunikationsregeln:

1 Wenn Reiz und Reaktion in allen drei Schemata, also EI, KI, Er, auf derselben Ebene verlaufen, so verlaufen sie störungsfrei und können endlos sein. Man nennt sie auch komplementäre oder parallele Transaktionen.

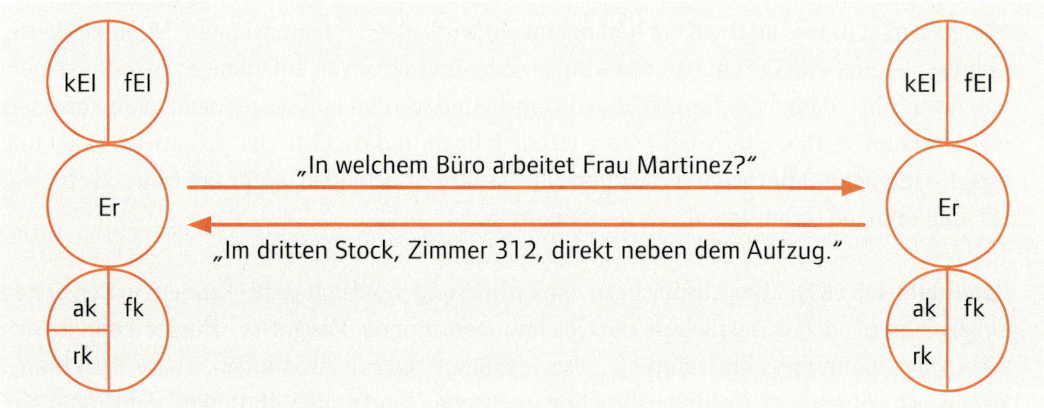

M6 Störungsfreie Transaktion auf der Ebene des Erwachsenen-Ichs

2 Verläuft die Kommunikation über kreuz innerhalb der Schemata, so führt dies zu einem Bruch im Gesprächsfluss, der wieder neu gestartet werden muss. Hier wird von gekreuzten Transaktionen gesprochen. Also eine Transaktion auf der Erwachsenenebene wird mit dem Eltern-Ich beantwortet: *„Wann beginnt die Vernissage?“ „Wenn du nicht getrödelt hättest, wären wir schon dort.“*

3 Doppelbödige oder verdeckte Transaktionen findet man, wenn mehrere Ich-Zustände beteiligt sind. Mindestens zwei soziale Transaktionen sind dabei offen, während die anderen auf psychologischer Ebene verdeckt bzw. doppelbödig mitschwingen. Dabei ist die verdeckte psychologische Ebene wichtiger als die offene soziale. Die verdeckte Transaktion ist vor allem auf den non- und paraverbalen Kommunikationsebenen zu erkennen, also an Tonfall, Mimik, Gestik, Körpersprache …

GUT ZU WISSEN

Transaktionsanalyse

Die Transaktionsanalyse geht davon aus, dass jeder Mensch o. k. geboren wird und alle emotionalen Probleme heilbar sind. Die Lebensanschauungen der Menschen lassen sich in vier Situationen zwischen „ich“ und „du“ einordnen, die sich jeweils durch die Bewertung von „o. k.“ oder „nicht o. k.“ von „ich“ und „du“ ergeben. Ziel ist: Ich bin o. k. – du bist o. k. Zudem bilden Menschen drei Ich-Zustände (Eltern-Ich; Erwachsenen-Ich; Kindheits-Ich) aus. Mit ihnen können Kommunikationssituationen analysiert und Störungen identifiziert werden. Nur wenn die Transaktionen bei beiden Partnern offen und im gleichen Ich-Zustand ablaufen, sind sie störungsfrei.

3.3 Kommunikationstechniken

Die hier vorgestellten Kommunikationstechniken führen dazu, dass Offenheit geschaffen wird, Missverständnisse verringert werden und insgesamt ein angenehmes Arbeitsklima entsteht. Es gibt Überschneidungen zwischen allen Kommunikationstechniken, was verdeutlicht, dass diese Techniken eng miteinander verzahnt sind und kaum alleine stehen bzw. verwendet werden können. Wer z. B. das Aktive Zuhören beherrscht, wendet in dem Moment automatisch einen Teil der Gewaltfreien Kommunikation an. Diese Anwendung führt dann dazu, dass der Empfänger z. B. nicht mehr alle Nachrichten im Beziehungsohr aufnimmt und folglich Missverständnisse und Konflikte verringert werden. Jede Kommunikation ist somit nicht unter einer einzelnen Technik zu sehen, sondern ein Zusammenspiel aus verschiedenen Methoden und Techniken, welche die Grundlage bilden für das Kapitel 3.4., in dem es darum geht, Gespräche vorzubereiten und durchzuführen.

3.3.1 Metakommunikation

Wie Watzlawick schon in seinen Axiomen deutlich gemacht hat, findet Kommunikation nicht nur auf der inhaltlichen, also sachlichen Ebene, sondern auch auf der persönlichen Ebene statt. Dies kann dazu führen, dass Gespräche nicht so verlaufen, wie sie sollten. Metakommunikation soll helfen, sich darüber im Klaren zu sein, wie man sich in einer bestimmten Situation fühlt, wie man zueinander steht und wie in diesem Kontext eine gelungene Kommunikation möglich wird.

Situation

Sie haben in Ihrem Betrieb eine Sitzung und es werden Projekte vergeben. Es gibt Projekte, die keiner machen möchte, also werden sie demjenigen auferlegt, der gerade aufblickt, mit dem Kommentar, er würde sich schon mit der Thematik auskennen und sei am besten für dieses Projekt geeignet. Nach der Sitzung fühlt sich die betroffene Person etwas unwohl und auf den Arm genommen, vor allem, weil er von den anderen übertrieben beglückwünscht wird.

Hier könnte nun die Metakommunikation ins Spiel kommen. Sie ist die Kommunikation über die Kommunikation. Das heißt, die Gesprächspartner sollen Abstand zum Inhalt nehmen und darüber sprechen, wie sich Kommunikationssituation und -prozess darstellen, wie man sich z. B. in bestimmten Situationen fühlt. Dies erfordert eine Menge Mut, weil man einen Teil seines Inneren preisgibt, macht aber Situationen und Prozesse für alle Beteiligten transparent und ermöglicht so mehr Verständnis füreinander und eine bessere Kommunikation. Würde man nun bei dem Beispiel oben die Metakommunikation anwenden, dann würde zutage kommen, dass wir in schwierigen Situationen öfter witzeln, um Unsicherheit oder falsche Entscheidungen zu überspielen. Und so könnte schließlich darüber gesprochen werden, wie man das nächste Mal die Aufgaben so verteilt, dass sich niemand dabei schlecht fühlt.

GUT ZU WISSEN

Metakommunikation

Die Metakommunikation ist die gemeinsame Reflexion der Beteiligten über die Kommunikationssituation und den Kommunikationsprozess. Dabei geht es nicht um den Inhalt des Gesprächsthemas, sondern um die Art und Weise des Austausches und die emotionale Wahrnehmung der Beteiligten.

Aufgaben

1 Diskutieren Sie in Partnerarbeit, in welchen Situationen häufig Missverständnisse auftreten.

2 Beschreiben Sie Beispiele aus Ihrem Alltag, in denen sich die Situation durch Metakommunikation verbessern könnte.

3.3.2 Feedbackhandlungen

Heutzutage leben wir in der sogenannten Feedback-Kultur. Ständig möchten wir eine Rückmeldung durch andere haben, sei es, wenn es um unser Aussehen, die letzte Präsentation, unsere Arbeitsweise oder Ähnliches geht. Dies liegt zum einem daran, dass wir in gewisser Weise Lob erwarten, aber oftmals wollen wir uns aufgrund des Feedbacks noch weiter verbessern oder Arbeitsabläufe optimieren. Dazu sollte ein Feedback bestimmte Kriterien erfüllen.

GUT ZU WISSEN

Anforderungen an ein Feedback

Feedback kann auf viele Weisen gegeben werden. Bei Präsentationen, Seminaren etc. wird gerne auf die Formen Feedbackbogen, Blitz-Feedback und Blitzlicht zurückgegriffen. Zwischen Kollegen erfolgt die Rückmeldung meist unmittelbar im Dialog. Folgende Grundregeln gilt es zu beachten:

Ein Feedback sollte …	Ein Feedbacknehmer sollte …
… wertschätzend formuliert sein. … Ich-Botschaften verwenden. … erwünscht sein. … klar und deutlich formuliert sein. … nützlich, umsetzbar und konkret sein. … positiv und negativ sein.	… sich für das Feedback bedanken. … das Feedback annehmen bzw. das Gesagte so stehen lassen. … sich nicht rechtfertigen oder verteidigen. … sich Zeit für das Feedback nehmen. … entscheiden, inwiefern das Feedback ihm hilft. … den Feedback-Geber ausreden lassen.

Methodenkatalog zu Feedbackhandlungen – eine Auswahl

Blitz-Feedback

Nach einem Vortrag oder einer Präsentation zeigt eine Punktabfrage schnell die allgemeine Resonanz. Bei nur einem Abfragekriterium legt man den Punkt entlang einer Ausprägungslinie, bei zwei Kriterien wird damit ein Schaubild erstellt. Jeder Teilnehmer erhält einen Klebepunkt, den er dann auf dem Schaubild anbringen kann. Anschließend gibt es eine offene Diskussionsrunde.

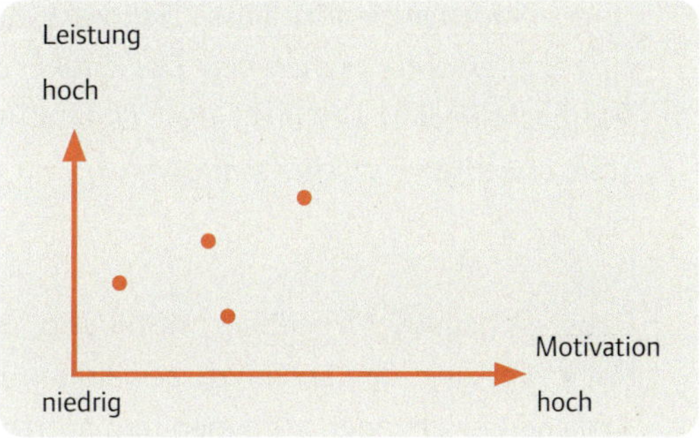

M7 Schaubild Blitz-Feedback zu Leistung und Motivation

Blitzlicht

Diese Methode ist die vereinfachte Variante der vorherigen. Anstelle des Schaubildes äußern sich die Teilnehmer zum Vortrag, während derjenige, der präsentierte, die Kommentare nur aufnimmt. Anschließend erfolgt wieder die offene Aussprache.

Feedback mit Fragen/Items

Eine sehr verbreitete Methode ist der Feedbackbogen mit Fragen bzw. sogenannten Items. Hierbei werden Aussagen bzw. Fragen gestellt und der Teilnehmer kreuzt das Zutreffende an.

Aussage/Frage	Trifft vollständig zu	Trifft zu	Trifft teilweise zu	Trifft nicht zu
Der Mitarbeiter ist motiviert.				
Das vereinbarte Wochenziel wurde erreicht.				
(...)				

Anstelle der „Trifft zu"-Variante kann man auch Noten von 1–6 oder Punkte von 1–10 verwenden.

Aufgaben

1 Sie haben im Kapitel „Präsentation" gelernt, dass es einige Punkte zu beachten gibt, was Auftreten, Wortwahl, Medien, Inhalt usw. angeht. Damit ein Feedback gelingen kann, muss man sich vorher auf Kriterien einigen.
Erstellen Sie zum Thema „Was macht einen guten Workshop aus?" einen geeigneten Feedbackbogen in einer Gruppe von maximal drei Personen. Beachten Sie, dass der Feedbackbogen nicht nur zur Notenfindung, sondern vor allem zur Weiterentwicklung Ihrer Fähigkeiten dienen soll.

2 Lesen Sie den nachfolgenden Text M8 und erörtern Sie den Schaden und Nutzen von Feedback. Fassen Sie Ihr Ergebnis in einer Pro-Kontra-Tabelle zusammen.

Die schwierige Kunst des Kritisierens: „Wasch mir den Pelz …

… aber mach mich nicht nass!" Schwieriger als die Kunst des Kritisierens ist nur noch, Kritik auszuhalten und anzunehmen. Der Kritiker und der Kritisierte bewegen sich in einem Minenfeld hochsensibler Gefühle. Aber: Ohne Kritik – oder psychologisch: negatives Feedback – gäbe es keinen Fortschritt, nirgendwo.

[…]

Dabei ist negatives Feedback, Kritik also, unverzichtbar. Es mag paradox klingen, aber nur Kritik hilft uns, das Leben zu bewältigen und zu ordnen. Ohne Kritik könnten wir keine sozialen Beziehungen aufbauen und aufrechterhalten. Auch wenn uns das Wohlfühlmantra zahlreicher Selbsthilferatgeber in den Ohren klingt: Ein Großteil unserer persönlichen Entwicklung wird von Erfahrungen bestimmt, die sich eher schlecht anfühlen. Deshalb ist Kritik eine geheiligte Institution in fast jedem Bereich menschlichen Denkens, Handelns und Strebens.

Jeder Lernprozess hängt davon ab, Fehler überhaupt zu erkennen – und sie dann zu analysieren und zu beheben. In der Schule und im Studium dreht sich im Grunde alles darum, dass uns unsere Fehler in mehr oder minder raffinierter Didaktik vor Augen geführt werden. Beim Sport schreien die Trainer wild gestikulierend ihr Ad-hoc-Feedback auf das Spielfeld. In der Arbeitswelt sind Fehlerkorrekturen und Leistungsbewertungen ein fester Bestandteil des Vorankommens. Und selbst im Privatleben geht es nicht ohne negatives Feedback: Auch liebevolle Ehegatten werfen sich oft genug wenig schmeichelhafte Kritik an den Kopf. Und das Eltern-Kind-Verhältnis schließlich ähnelt über weite Strecken einer Endlosschleife aus negativem Feedback.

Tatsächlich hängt so viel unseres Lernens, Lebens und Liebens von kritischen Rückmeldungen ab, dass man denken sollte, wir hätten mittlerweile gelernt, gut damit umzugehen. Stattdessen fühlt sich Kritik fast immer feindselig, grob oder überzogen an – manchmal sogar für die Person, die sie ausspricht. Angestellte und Arbeitgeber erklären gleichermaßen, dass sie Leistungsbewertungen hassen, und Paare brauchen einen Coach oder Therapeuten, damit sie sich endlich schwierige Wahrheiten ins Gesicht sagen können. […]

Die Wurzel unserer Kritikempfindlichkeit ist die Angst vor Ausgrenzung oder dem Verlust von Zugehörigkeit, die wiederum an die Angst um unser physisches Überleben gekoppelt ist, wie Peter Gray behauptet, Psychologe am Boston College. Natürlich ist es auf den ersten Blick nicht wirklich lebensbedrohlich, wenn wir bei der Arbeit einen Rüffel einstecken oder bei einem Fußballspiel nach drei Fehlpässen auf der Ersatzbank Platz nehmen müssen.

Aber wir sollten uns vergegenwärtigen, dass der Einzelne außerhalb der Gemeinschaft von Jägern und Sammlern einst tatsächlich nur schwer überleben konnte. Das ist auch heute noch tief in unseren Köpfen verankert. Isolation oder Verbannung war damals eine tödliche Gefahr – und sie ist es im Grunde auch heute noch. In einem sehr realen Sinn halten uns

unsere sozialen Verbindungen am Leben, auch wenn die menschlichen Beziehungen in der Gegenwart eher übers Internet oder beim gemeinsamen Espresso geregelt werden.
Was also am negativen Feedback am meisten schmerzt, ist nicht so sehr der offenkundige Inhalt der Botschaft, sondern die für uns latente Gefahr des Ausgeschlossen- und Verlassenwerdens. Die Ächtung, die in der Botschaft mitschwingt, macht uns nervös. Meine ehrgeizige Studentin fürchtete wohl, dass meine kritische Kommentierung ihrer Arbeit bedeuten könnte, sie werde nie den beruflichen Rang erreichen, den sie sich ersehnte. Und auch wenn ich mir die Worte meines Expartners nie so wirklich zu Herzen nahm: Sie bedeuteten letztlich unverhohlen, dass unsere Beziehung an ein Ende gekommen war. Dieser Schock hat sich unauslöschlich in meinem Gehirn festgesetzt.
Wenn wir erkennen, dass die Angst vor dem Nicht-mehr-Dazugehören das eigentlich Schreckliche an der Kritik ist, lernen wir möglicherweise, sie besser zu kommunizieren. Beispielsweise können wir Feedbackgespräche „inklusiv“ gestalten und nicht „exklusiv“, also mit dem Unterton: „Du bist raus!“ Und selbst bei einer harten Kritik und einem tatsächlichen, unvermeidbaren Ausschluss – etwa aus einem Arbeitsteam – lässt sich die Urangst beim Betroffenen durch ein nichtpauschales, differenziertes Feedback entschärfen.
Ein kritisches Gespräch mit einer Frage zu beginnen hilft dem Angesprochenen, Kritik entgegenzunehmen und sich in dem anstehenden Prozess beteiligt oder integriert zu fühlen. Wenn man mit einem Studenten über dessen Leistung spricht, könnte man zunächst fragen: „Was sind deine Ziele für diesen Kurs? Was möchtest du von mir lernen? Wie glaubst du, kommst du bisher voran?“
Ein weiterer Schritt, dem anderen die Angst vor dem sozialen Ausschluss zu nehmen: Wer selbst nach Feedback fragt, betont, dass der andere ein Partner in dieser Konversation ist und nicht das „Opfer“. „Als Chef kann man sagen: ‚Ist das, was ich dir vermittle, nützlich für dich?‘ Oder: ‚Was brauchst du noch von mir?‘“, meint der Organisationspsychologe Samuel Culbert. [...]

M8 Quelle: Karen Wright: Die schwierige Kunst des Kritisierens: „Wasch mir den Pelz ...“ In: Psychologie heute 4. Ausgabe 2014, S. 32–37.

3.3.3 Ich-/Du-Botschaften

Die Ich-Botschaft ist eine Kommunikationstechnik, die besonders für Konfliktgespräche geeignet ist. Ein Konflikt wird oft verschärft, weil Du-Botschaften versendet werden. Diese Botschaften schaffen eher Misstrauen, Schuldzuweisungen, führen zu Rückzug oder Trotzverhalten und sind meist destruktiv für die Kommunikation. Sie geben dem Gegenüber das Gefühl, dass mit dem Finger auf ihn gezeigt wird. Die Verwendung von Ich-Botschaften kann solchen Reaktionen vorbeugen. Der Aufbau der Ich-Botschaft ähnelt sehr dem Aufbau der Gewaltfreien Kommunikation nach Rosenberg, welche in Kapitel 3.3.6 erklärt wird.

GUT ZU WISSEN

Ich-Botschaften		
Aufbau	Auswirkungen	Beispiel
■ Situation darstellen, ohne zu bewerten ■ Auswirkungen aufzeigen ■ Gefühl benennen ■ Wunsch äußern	Durch Ich-Botschaften … … wird eine Vertrauensbasis geschaffen. … wird Feindseligkeit abgebaut. … kommt es zu mehr Akzeptanz. … entsteht Offenheit. … werden festgefahrene Situationen gelöst. … wird eine gewisse Betroffenheit beim Gegenüber ausgelöst.	Die Du-Botschaft: „Ständig kommen Sie zu spät!“ wird zur Ich-Botschaft umformuliert: „Es ärgert mich, wenn ich nicht pünktlich mit meiner Arbeit anfangen kann, weil ich dann auch länger brauche. Wäre es in Ordnung für Sie, wenn wir eine Uhrzeit ausmachen, die wir beide einhalten können?“

Du-Botschaften		
Aufbau	Auswirkungen	Beispiel
Sätze fangen meist mit „Du“ bzw. „Sie“ an und sind eher Vorwürfe.	Durch Du-Botschaften … … kommt es zu Trotzreaktionen. … wird das Selbstwertgefühl geschwächt. … kommt es zu Widerständen. … fühlt sich der andere verletzt, getadelt, bestraft oder abgelehnt. … werden Schuldgefühle erzeugt.	„Ständig kommen Sie zu spät!“ „Können Sie das nicht alleine machen?“ „Haben Sie den Bericht denn immer noch nicht fertig?“

Mögliche Formulierungen für Ich-Botschaften:

1 „Ich sehe (erkenne, nehme wahr …), dass …“

2 „Mir ist aufgefallen, dass …“

3 „Ich ärgere mich (bin wütend, enttäuscht, verletzt …), weil …“

4 „Ich wünsche mir …“

5 „Wäre es in Ordnung …?“

Situation

Die Chefsekretärin Frau Mertens spricht gerne mit anderen Mitarbeitern über alles, was in der Firma vorgeht. Sie tratscht unentwegt. Letzte Woche ging es um Sie bei einem Gespräch, wie Ihnen ein Kollege mitgeteilt hat. Andere Kollegen tuscheln nun hinter Ihrem Rücken, was zu Spannungen, aber auch Arbeitsverzögerungen führt.

Aufgaben

1 Formulieren Sie anhand der Situation zunächst eine passende Du-/Sie-Botschaft und anschließend eine Ich-Botschaft.

2 Überlegen Sie sich, welche Du-/Sie-Botschaften Sie in letzter Zeit verwendet haben, und schreiben Sie eine davon auf.

3 Gehen Sie nun in Dreier-Gruppen zusammen.

   a Formulieren Sie dort zu jeder Du-/Sie-Botschaft der Gruppenmitglieder eine Ich-Botschaft.

   b Diskutieren Sie, ob Sie so wirklich miteinander sprechen würden.

3.3.4 Aktives Zuhören

Während Ich-Botschaften eine konfliktmindernde Kommunikationstechnik auf Senderseite ist, bildet das Aktive Zuhören das Gegenstück auf Empfängerseite. Beide basieren darauf, nicht den Gesprächspartner zu bewerten und bei der Kommunikation auf seine wie auf die eigenen Gefühle zu achten. Das Aktive Zuhören geht auf den Psychologen und Psychotherapeuten Carl Rogers zurück. Thomas Gordon entwickelte die Methode noch weiter. Beim Aktiven Zuhören geht es darum, zu verstehen, was der Sender dem Empfänger wirklich sagen möchte. Damit das Zuhören gelingt, muss der Empfänger sich positiv auf sein Gegenüber einstellen, er muss offen, empathisch und authentisch sein. Zuhören heißt dabei nicht zustimmen.

GUT ZU WISSEN

Techniken Aktiven Zuhörens

Verbale Zeichen	Nonverbale Zeichen
■ Laute der Bestätigung des Verstehens (nicht der Zustimmung): hm, ja, ach etc. ■ paraphrasieren (das Gesagte in eigenen Worten wiedergeben) ■ verbalisieren (Emotionen des Gegenübers spiegeln) ■ nachfragen ■ zusammenfassen ■ Unklares klären ■ weiterführen ■ abwägen	■ nicken ■ sich dem Gegenüber zuwenden ■ Mimik ■ Gestik ■ Blickkontakt

Hindernisse beim Aktiven Zuhören

- nicht zuhören
- nicht konzentriert sein
- Ausblenden der sachlichen oder emotionalen Komponente
- ungünstiger, äußerer Rahmen
- sich nicht wirklich auf sein Gegenüber einlassen

Vorteile des Aktiven Zuhörens

- Missverständnisse entstehen seltener bzw. werden schnell beseitigt
- die Beziehung wird gestärkt
- Empathiefähigkeit wird gefördert
- Problemlösestrategien werden verbessert
- das Verhalten wird korrigiert

Aktives Zuhören erfordert die volle Konzentration auf den Gesprächspartner und ist deshalb nicht in allen beruflichen und privaten Alltagssituationen möglich und nötig. Doch sie ist eine zentrale konfliktmindernde Kommunikationstechnik, um die Anliegen seines Gesprächspartners tiefer zu verstehen, und daher z. B. für wichtigere Gespräche mit Mitarbeitern, Kollegen und Vorgesetzten besonders geeignet.

GUT ZU WISSEN

Beim Aktiven Zuhören stellt sich der Empfänger zurück und lässt sich komplett auf den Sender ein, damit er dessen Gefühlslage und auch die Botschaft richtig versteht. Es geht allerdings nicht darum, dem Gegenüber zu vermitteln, dass er richtig liegt, sondern dass ihm zugehört wird.

Aufgabe

1 Setzen Sie sich einander gegenüber. Partner A spricht z. B. über bevorstehende Klassenarbeiten, ein Projekt im Betrieb usw. Partner B wendet das Aktive Zuhören an. Wenn das Gespräch fertig ist, gibt B wieder, was A gesagt hat, und A überprüft, ob es stimmt. Dann werden die Rollen getauscht.

3.3.5 Empathie

Empathie ist heutzutage ein gern verwendetes Wort. Es wird häufig im Zusammenhang mit der Gewaltfreien Kommunikation oder dem Konfliktmanagement angebracht. Die einfachste Definition ist, dass Empathie das In-sich-Hineinversetzen in andere Personen ist. Also sich selbst zu fragen, was die andere Person gerade denkt und fühlt und ob man damit etwas anfangen kann. Empathie sollte aber nicht mit Mitleid verwechselt werden. Beim Mitleid wird das Leid des anderen auf einmal das eigene Leid.

Unterscheidung von Empathie – eine Auswahl

Empathie lässt sich zum Beispiel darin unterscheiden, ob man den Blickwinkel und die Gefühlslage des anderen nur gedanklich einnimmt oder sich selbst in seinen Gefühlszustand versetzt:

Kognitive Empathie: Bei dieser Art von Empathie weiß man genau, was in dem anderen vorgeht, jedoch ohne sich emotional daran zu beteiligen.

Emotionale Empathie: Hier fühlt man tatsächlich, was der andere fühlt. Man versetzt sich nicht nur gedanklich, sondern auch emotional in die Lage der Person.

Bei Verhandlungen sollte man darauf achten, dass nicht die emotionale, sondern die kognitive Empathie zum Tragen kommt. Man möchte nämlich nicht aufgrund von Mitleid Entscheidungen zustimmen, bei denen man hinterher merkt, dass sie nicht akzeptabel sind und Absprachen revidiert werden müssen.

Voraussetzung für den empathischen Kontakt

Voraussetzung	Erklärung
das Gegenüber ernst nehmen	Man sollte sich vor Augen führen, dass das, was das Gegenüber äußert, für ihn unheimlich wichtig ist. Auch wenn es für einen selbst vielleicht eine Beleidigung oder ein Vorwurf ist, z. B. „Aufmerksamkeit könnte Ihnen auch nicht schaden“. Das Gegenüber möchte beachtet werden.
Selbstempathie	Um sich in einen anderen Menschen hineinzuversetzen, muss man sich selbst darüber im Klaren sein, wie die eigene Befindlichkeit in diesem Moment aussieht. Ist man in der Lage, empathisch zu reagieren? Oder ist man selbst zu gestresst, angespannt, müde etc.? Wenn man sich so fühlt, sollte man Gespräche aufschieben bzw. sich zunächst entspannen.
dem Gegenüber die volle Aufmerksamkeit schenken	Das bedeutet, man kennt die Lebensumstände, die Situation etc. des anderen. Das kann man durch Aktives Zuhören ermitteln. Auch hier gilt: Man muss dem Gegenüber nicht zustimmen, aber ihn eben verstehen.
sich Zeit nehmen	Nehmen Sie sich für die Probleme und Bedürfnisse Ihres Gegenübers genügend Zeit. Sonst laufen Sie Gefahr, dass Ihr Gegenüber sich gehetzt und dadurch unverstanden fühlt.

Empathie führt in der Regel dazu, dass sich die Mitmenschen verstanden und somit akzeptiert fühlen. Dadurch gehen sie offener miteinander um, sind weniger aggressiv oder stressanfällig. Vor allem emotionale Empathie kann aber auch zu einer Überforderung der eigenen Person führen.

GUT ZU WISSEN

Empathie

Empathie ist eine Methode des In-sich-Hineinversetzens in eine andere Person, um sie und ihre Handlungen nachvollziehen zu können. Im beruflichen Bereich ist vor allem die kognitive Empathie gefragt, um angemessen gegenüber Personen handeln zu können. Emotionale Empathie birgt die Gefahr, dass man aus den nacherlebten Gefühlen des Gegenübers Entscheidungen trifft und dabei rationale Argumente und eigenes Empfinden vernachlässigt.

3.3.6 Gewaltfreie Kommunikation nach Marshall B. Rosenberg

In den 60er Jahren entwickelte Marshall B. Rosenberg eine Methode, die es ermöglichen sollte, zu kommunizieren, ohne zu verletzen. Er nannte sie Nonviolent Communication, also Gewaltfreie Kommunikation (GFK). Marshall Rosenberg geht davon aus, dass der Mensch nicht absichtlich verletzen will, sondern oftmals aus Scham, Angst oder Schuldgefühlen etwas tut. Die GFK basiert auf der Annahme von Werten und Bedürfnissen, die bei allen Menschen gleich sind. Diese gilt es zu befriedigen. Die Kommunikation, die abwertend oder ablehnend wirkt, soll vermieden werden.

GUT ZU WISSEN

Die GFK geht davon aus, ...

... dass Menschen so handeln, wie sie es tun, um Bedürfnisse zu erfüllen.
... dass Kooperation besser als Konkurrenz ist.
... dass Menschen Dinge für andere lieber erfüllen, wenn sie es freiwillig machen.
... dass es Menschen Freude bereitet, wenn sie dazu beitragen, dass sich andere wohlfühlen.

Ziele der GFK:

- tiefgründige Beziehungen schaffen
- Bedürfnisse erfüllen, unter Rücksichtnahme allgemeiner Werte
- schmerzvolle oder erfolglose Beziehungen kurieren
- Scham, Angst, Depressionen etc. auflösen
- Ärger und Frustration in Kooperation und Partnerschaft verwandeln
- Lösungen finden anhand von Rücksichtnahme, Respekt und Konsens
- Lösungen finden, die bereichernd sind

Wolf und Giraffe

Rosenberg ist davon überzeugt, dass Sprache sehr verletzend sein kann. Um das zu verdeutlichen, verwendet er die Metapher der Wolfssprache und der Giraffensprache. Während der Wolf aggressiv, wertend und interpretierend agiert, ist die Giraffe vom Herzen geleitet, einfühlsam und bezieht eigene Gefühle mit ein.

	Eigenschaften		Vorgehensweise
Wolf	■ kopflastig, verurteilend ■ rechthaberisch ■ Konkurrenzdenken ■ Fassade, Maske ■ egoistisch etc.	■ gestresst ■ Feindbilder sehend ■ bestrafend ■ fordernd, depressiv	1 Auslöser 2 Gedanke 3 Forderung
Giraffe	■ herz-, bauchlastig ■ kooperativ ■ empathisch ■ verzeihend etc. ■ subjektiv	■ versöhnend ■ authentisch ■ ruhig	1 Beobachtungen 2 Gefühle 3 Bedürfnisse 4 Bitten

Die meisten Menschen haben gelernt, ein Wolf zu sein. Rosenberg ermutigt aber durch seine GFK zur Giraffe. Es kann ein langwieriger Prozess sein, diese Methode zu erlernen, aber der Erfolg ist vielversprechend. Um die Giraffe besser erlernen zu können, muss man in den nachfolgend erläuterten vier Schritten sicher sein.

Aufgaben

1 Diskutieren Sie, welcher Typ Mensch Sie sind. Eher ein Wolf oder eher eine Giraffe? Warum?

2 Versuchen Sie die folgenden Sätze von der Wolfssprache in die Giraffensprache umzuformulieren.

- **a** Hör mir endlich zu!
- **b** Trödel nicht so!
- **c** Du Egoist!
- **d** Unterstütze mich doch einmal!

3 Erklären Sie, worin die Schwierigkeit beim Umformulieren liegt?

Die vier Schritte der GFK

Beobachten: Häufig beschreiben Personen dieselbe Situation völlig anders. Das liegt daran, dass jeder ein subjektives Empfinden hat. Damit aus dieser Empfindung kein Konflikt entstehen kann, sollte man sich zunächst überlegen, was wirklich geschehen ist. Hier dürfen nur überprüfbare Fakten genannt werden.

Gefühle: Gefühle zeigen immer an, dass ein Bedürfnis entweder erfüllt oder unerfüllt ist. Je früher man also ein Gefühl erkennt, umso schneller kann man handeln. Echte Gefühle können überprüft werden, in demman sagt „Ich bin …", weil mit „Ich fühle mich …" häufig Pseudogefühle ausgedrückt werden, die ebenso eine Bewertung darstellen können. Zum Beispiel die Aussage „Ich fühle mich hintergangen" bewertet mehr das Verhalten des anderen als das eigene Gefühl auszudrücken.

Bedürfnisse: Wie zuvor erwähnt, kommen Gefühle zustande, wenn ein Bedürfnis erfüllt bzw. unerfüllt ist. Das bedeutet, dass Konflikte immer dann entstehen, wenn die Bedürfnisse nicht erfüllt wurden. Versteckte Bedürfnisse kann man durch die sogenannte Gegenteil-Methode

erkennen. Ein Vorwurf wird zuerst in sein positives Gegenteil verkehrt. Diesem positiven Gegenteil wird dann das Bedürfnis zugeordnet, das damit erfüllt wird. Zum Beispiel der Vorwurf „Du bist immer unpünktlich" wird in das Gegenteil „Du bist immer pünktlich" umgewandelt. Das dahinterliegende Bedürfnis ist Verlässlichkeit.
Bitten: Bei einer Bitte geht es darum, dass ein Bedürfnis erfüllt wird. Dabei soll das Gegenüber dieses Bedürfnis allerdings aus eigenen Stücken erfüllen wollen, also dazu motiviert werden. Das heißt, die Bitte soll echt sein und keine Forderung.

Formulierungshilfen

1 Mitteilen, was man will, nicht, was man nicht will.
2 Eine Person um ein konkretes, beobachtbares Verhalten bitten, nicht vage und abstrakt formulieren.
3 Nicht beschreiben, wie die andere Person sein oder fühlen soll, sondern um konkretes Verhalten bitten.
4 Der Erfolg der Bitte sollte unmittelbar überprüfbar sein.

GUT ZU WISSEN

Methode der Gewaltfreien Kommunikation

Die Methode der Gewaltfreien Kommunikation beruht auf folgenden vier Schritten: Situation beobachten – eigenes Gefühl dazu spüren – sein Bedürfnis erkennen – entsprechende Bitte äußern. Diese konfliktvermeidende, weil Personen nicht bewertende und bittende, statt fordernde Kommunikation wird mit der Figur der Giraffe verbunden. Der Wolf steht als Bild für aggressives, bewertendes und forderndes Handeln.

Situation I

Sie geben einem Kollegen ein Feedback zu seiner Präsentation. Ihr Kollege unterbricht Sie dabei nach jedem Satz. Dieses Verhalten stört Sie.

Situation II

Sie stehen in der Kantine und haben nur noch 30 Minuten Mittagspause. Die Schlange scheint sich nicht zu bewegen. Da kommt eine Kollegin vorbei und stellt sich viel weiter vorne zu ihrer Kollegin. Sie sind darüber sehr verärgert, weil Sie wissen, dass die beiden eine längere Mittagspause als Sie selbst haben.

Aufgaben

1 Erläutern Sie in den beiden Situationen oben das Vorgehen nach der GFK.
2 Beschreiben Sie dem Plenum eine Konfliktsituation aus eigener Erfahrung. Entwickeln Sie dazu mit dem Plenum einen Umgang nach der GFK.

3.4 Vorbereitung und Durchführung von Gesprächen

In diesem Unterkapitel geht es um die konkrete Gesprächsführung in verschiedenen beruflichen bzw. betrieblichen Situationen. Neben den in 3.3 vorgestellten Kommunikationstechniken ist dabei auch das Argumentieren eine wichtige Technik, insbesondere in Verhandlungen, zum Beispiel über Zielvereinbarungen, Arbeitsbedingungen oder Konditionen für Kunden. Eine besondere Vorbereitung benötigen dabei interkulturelle Gespräche, weil die Kommunikation mit Menschen, die einen anderen kulturellen Hintergrund haben, besonders leicht zu Missverständnissen führen kann, da dabei von den Beteiligten insbesondere die ausgetauschten non- oder paraverbalen Kommunikationselemente oft unterschiedlich gedeutet werden.

3.4.1 Argumentieren und verhandeln

Dem Argumentieren begegnen wir auf vielen Ebenen. Man möchte beim Argumentieren sein Gegenüber rational vom eigenen Standpunkt überzeugen oder Forderungen verdeutlichen. Bezogen auf die Geschäftswelt möchte man vielleicht Kunden gewinnen, eine Gehaltserhöhung bekommen, Verbesserungsvorschläge machen usw. Im Allgemeinen geht man hierbei klassisch folgendermaßen vor:

GUT ZU WISSEN

Elemente einer Argumentation

These

Sie ist die Ausgangsbehauptung, die dann mithilfe des Arguments logisch begründet und anhand des Beispiels verdeutlicht werden kann. Je einsichtiger die These, umso weniger ist die Begründung verlangt.

Beispiel: „Rauchen ist gefährlich."

Argument

Argumente sind die Begründungen für die These. Sie können aus dem eigenen Erfahrungsbereich stammen oder sind allgemeine Tatsachen, Ergebnisse aus Wissenschaft und Technik oder bekannte Ereignisse.

Beispiel: „Die Inhaltsstoffe der Zigarette verkleben die Lungenbläschen, was zu Lungenkrebs führen kann."

Beispiel

Beispiele verdeutlichen die These bzw. ein Argument noch einmal. Auch hier sollten die Beispiele aus dem eigenen Erfahrungsbereich, aus Zahlen/Fakten oder aus Belegen allgemeiner Information bestehen

Beispiel: „Mein Vater rauchte jahrelang und ist nun an Lungenkrebs erkrankt."

Natürlich kann man bei Verhandlungen nicht sofort mit diesem Aufbau anfangen. Zunächst muss zum Thema hingeführt werden. Dabei wird die Problematik verdeutlicht und eine These (Produktbeurteilung, Gehaltswunsch, Zielsetzung) formuliert. Dann kommen die Argumente, die auch gerne als Argumentationskette (eine Anreihung von Argumenten zu einer These) vorkommen können. Der Schluss sollte durch eine Zusammenfassung, eine Schlussfolgerung oder ein Fazit abgerundet sein. Dabei wird man dies in vielen Fällen nicht als Monolog vortragen können, sondern verhandelt wird im Dialog, das heißt, es kommen Gegenargumente usw. Um darauf vorbereitet zu sein, aber auch um eine überzeugende eigene Argumentationskette zu bieten, ist eine argumentative Vorbereitung auf wichtige Gespräche unerlässlich. Hier sind einige der wichtigsten Punkte für die argumentative Vorbereitung:

Eigene Ziele festlegen

- Kompromissspanne festlegen: maximales sowie minimales Ziel definieren
- Teilziele bilden, da leichter durchsetzbar
- Teilziele nach Wichtigkeit ordnen, um Prioritäten zu kennen

Position des Verhandlungspartners durchdenken

- Ziele, Bedürfnisse des Gesprächspartners erkennen und Gemeinsamkeiten herausarbeiten

Argumente für Ziele suchen

- Argumente und Beispiele für die eigenen Ziele und gegen mögliche Gegenargumente suchen
- eine Argumentationskette aufbauen

Verhandlungshaltung finden

- Offenheit für neue Argumente und Lösungen
- Suche nach gemeinsamen Zielen, Bedürfnissen
- Kompromissbereitschaft über dem Minimalziel

Situation

Sie sind seit fünf Jahren Mitarbeiter in einem kleinen mittelständischen Betrieb und wollen den Betrieb vorantreiben. Ihr Chef mag es allerdings traditionell. Er geht zu jedem Kunden persönlich, telefoniert lieber, als eine E-Mail zu senden. Rechnungen überweist er per Bankeinwurf, hält an bisherigen Arbeitsabläufen fest usw. Sie wollen den Betrieb auf den neuesten Stand bringen und expandieren.

Aufgabe

1 Bestimmen Sie in der Situation oben ihr Maximalziel und mögliche Teilziele dorthin. Skizzieren Sie, wie Sie ihr Maximalziel auf dem Verhandlungsweg argumentativ erreichen wollen. Formulieren Sie dabei Ihre Argumente.

3.4.2 Mitarbeitergespräche

Im beruflichen Alltag kommt es häufig zu Mitarbeitergesprächen, z. B. Jahresgespräche, Zielvereinbarungsgespräche, Beurteilungen etc. Um ein erfolgreiches Gespräch führen zu können, benötigt man gewisse Gesprächstechniken und eine positive Haltung gegenüber dem Gesprächspartner. Das bedeutet, dass die beteiligten Parteien sich auf jegliche Art von Gesprächen vorbereiten sollten. Je besser man vorbereitet ist, umso konstruktiver, strukturierter und ergebnisorientierter verläuft das Gespräch.

Die Gesprächsvorbereitung

Vor jedem Gespräch steht die Vorbereitung. Sie hat insbesondere auf den organisatorischen, inhaltlichen und empathischen Ebenen zu erfolgen.

Organisatorische Gesprächsvorbereitung

- Tag, Uhrzeit, Dauer und Besprechungsort festlegen
- Termin mit Mitarbeiter klären
- mögliche Störungsquellen minimieren (evtl. Besprechungsraum buchen, Telefon umstellen etc.)
- Unterlagen griffbereit vorbereiten
- eventuell notwenige Hilfsmittel (Flipchart, Taschenrechner, Notizblock etc.) bereitstellen
- überprüfen, ob weitere Teilnehmer einzuladen sind; gegebenenfalls Gesprächsleitung absprechen
- eventuell Bewirtung vorbereiten
- Protokollant festlegen (in der Regel aus Gesprächsteilnehmern)

Inhaltliche Gesprächsvorbereitung

- Themen des Gesprächs festlegen
- Tagesordnung mit allen Punkten erstellen
- eigenen Informationsstand überprüfen
- argumentative Vorbereitung auf die einzelnen Punkte (siehe 3.4.1)

Vorbereitung auf den Gesprächspartner

- empathische Vorbereitung auf Gesprächspartner: Bedürfnisse, Ziele, Motive des Mitarbeiters
- Positionsverhältnis zum Mitarbeiter klären
- Verlauf bisheriger Gespräche reflektieren
- Erwartungshaltung des Mitarbeiters antizipieren

Damit das Gespräch gut verläuft, kann es förderlich sein, wenn der Mitarbeiter gebeten wird, sich auch auf das Gespräch vorzubereiten. Hierbei kann z. B. ein Fragebogen vorab an den Mitarbeiter gegeben werden, in dem die Themen angesprochen werden.

Aufgaben

1 Diskutieren Sie im Plenum, wann Sie einen Fragebogen anwenden würden.

2 Erstellen Sie mit einem Partner fünf grundsätzliche Punkte bzw. Fragen, die ein Fragebogen Ihrer Meinung nach enthalten sollte.

Sechs Regeln zur optimalen Gesprächsführung

Regel	Durchführung
jeder soll gewinnen	Beide Parteien sollen zumindest Teilziele erreicht haben. Dies geschieht durch: ■ Erkennen und Akzeptieren der Sichtweisen und Bedürfnisse des Gegenübers ■ Kundtun der eigenen Meinung und Motive sowie Akzeptieren der Unterschiede
Wertschätzung gegenüber dem Gesprächspartner	Standpunkt, Motive und Bedürfnisse des Gesprächspartners in eine gemeinsame Lösungssuche einbeziehen; stets freundlich und höflich bleiben
Glaubwürdigkeit	Offenheit: dem Mitarbeiter Entscheidungen, Anforderungen usw. transparent machen Ehrlichkeit: Informationen weitergeben, nicht als Machtmittel verwenden Sachkompetenz: überzeugen durch Fachwissen und sachliche Problemauseinandersetzung Echtheit: sich als Person zeigen und positionieren
kein Zeitdruck	■ ausreichenden Zeitrahmen festlegen ■ mögliche Störungen (Telefon usw.) minimieren
Ich-Botschaften	■ Situation darstellen, ohne zu bewerten ■ Auswirkungen aufzeigen ■ eigene Gefühl benennen ■ Wunsch äußern
Metakommunikation	Sollte ein Gespräch zu emotional werden oder sich ein Gesprächspartner emotional befangen fühlen, sollten die Parteien von dem Sachthema zurücktreten und zunächst die Kommunikationssituation an sich besprechen. Sind die Differenzen hier geklärt, kann das Sachthema wieder angesprochen werden.

Gesprächsleitfaden

Ähnlich einer Rede muss bei einem Mitarbeitergespräch ein bestimmter Ablauf eingehalten werden. Zunächst wird das Gespräch vorbereitet. Dann wird das Gespräch tatsächlich durchgeführt, wobei die Gesprächsregeln im Hinterkopf behalten werden sollen. Dabei kann man nicht mit der Tür ins Haus fallen, weil sich das Gegenüber sonst überrumpelt fühlen könnte. Ein Ablauf könnte wie folgt sein:

Einleitung

- namentliche Begrüßung, Freude über oder Dank für das Kommen ausdrücken
- kurzer, persönlicher Small Talk
- Gesprächsthemen und -ziele sowie vorgesehenen Ablauf und Zeitrahmen nochmal nennen und Einverständnis klären

Gesprächsinhalt

- Zuerst nur Aktives Zuhören des Vorgesetzten, um die Position des Mitarbeiters – soweit dies das Thema ermöglicht – kennenzulernen. So erkennt der Vorgesetzte eventuell schon Kompromisslinien und neue Lösungswege und kann so seine Position verändern, ohne dies offen zeigen zu müssen.
- Danach legt der Vorgesetzte möglichst in Ich-Botschaften seine Sichtweise dar: Zielvorstellungen, Probleme, Unterschiede und Gemeinsamkeiten in der Sichtweise.
- Damit sind die grundlegenden Positionen geklärt und es tritt die Verhandlungs- bzw. Dialogphase ein. Dabei behält der Vorgesetzte stets die Gesprächsleitung und hat auf den Zeitrahmen, eine stringente Themenführung, das Festhalten von Zwischenergebnissen und einen wertschätzenden Gesprächsverlauf zu achten.

Abschluss

- Zusammenfassung aller Diskussionspunkte und Ergebnisse. Eventuell wird ein weiteres Gespräch vereinbart.
- Festlegung der Protokollerstellung (wer, bis wann, an welche Verteiler)
- Dank an Mitarbeiter und Verabschiedung

Gesprächsauswertung

- Gesprächspartner und -verlauf reflektieren
- Auswirkungen auf Motivation und Beziehung reflektieren
- eigene Arbeitsaufträge festhalten
- Protokoll abstimmen und an Verteiler

GUT ZU WISSEN

Mitarbeitergespräch

Ein Mitarbeitergespräch kann nur dann gelingen, wenn sich sowohl der Vorgesetzte als auch der Mitarbeiter gut vorbereiten und das Gespräch strukturiert und unter Einhaltung von entsprechenden Regeln durchführen.

Situation

Sie sind Abteilungsleiter im Vertrieb einer Firma und sollen mit Ihrem Mitarbeiter ein Jahresgespräch führen.

Aufgaben

1 Suchen Sie sich einen Partner und einigen Sie sich auf eine Rollenverteilung (Abteilungsleiter, Mitarbeiter). Der Abteilungsleiter hat die organisatorischen Inhalte eines Gespräches schon zuvor abgehandelt. In diesem Gespräch soll es nun um die Förderung des Mitarbeiters gehen, z. B. Weiterbildungen, Fortbildungen, weitere Arbeitsbereiche etc.
   - a Verfassen Sie zusammen mit Ihrem Partner einen Dialog, wobei jeder Gesprächspartner mindestens 10 Gesprächsanteile haben muss. Diese müssen logisch aufgebaut sein.
   - b Führen Sie Ihren Dialog als Rollenspiel auf. Abweichungen vom Skript sind erlaubt.

3.4.3 Zielvereinbarungsgespräch

Beim Führungsstil *Management by Objectives* wird fast ausschließlich das Zielvereinbarungsgespräch verwendet. Hierbei einigen sich Vorgesetzte und Mitarbeiter auf Ziele, die innerhalb eines bestimmten Zeitraums erledigt werden sollen. Dabei sollten die Anforderungen des einzelnen Arbeitsplatzes sowie die Erwartungshaltungen beider Seiten berücksichtigt werden. Über diesen Führungsstil sowie seine Vor- und Nachteile, und damit auch der von Zielvereinbarungen, informiert das Kapitel 6.9.7 *Management by Objectives*. Grundsätzliches zu Zielsetzungen siehe auch Kapitel 6.5.2 Zielvereinbarungen.

Ziele sollten widerspruchsfrei und auf das Wesentliche konzentriert entsprechend den sogenannten SMART-Kriterien formuliert sein:

S = *S*pezifisch: so konkret wie möglich
M = *M*essbar: Kennzahlen, Zielerreichungsgrad
A = *A*mbitioniert: Reiz, Herausforderung, fordernd
R = *R*ealistisch: Ressourcen, Erreichbarkeit
T = *T*erminiert: vorgegebene Zeit

Bei einem Zielvereinbarungsgespräch spielen unterschiedliche, möglicherweise in Widerspruch stehende Ziele eine Rolle. Hier eine Auswahl von Zielen, die für das Unternehmen oder den Mitarbeiter bedeutsam sind.

Arten von Zielen	Beispiele
quantitative Ziele	Steigerung des Umsatzes, Einschränkung der Ausgaben etc.
qualitative Ziele	mehr Kundenbesuche, um die Kundenzufriedenheit zu überprüfen
Standardziele	Festlegung der Ergebnisse der regelmäßigen Aufgabenerfüllung
Problemlösungsziele	Senkung der Ausschussquote oder Reklamationen
Innovationsziele	Entwicklung eines Projektplans
persönliche Ziele	Weiterentwicklung, Rücksichtnahme auf die eigene Gesundheit, mehr Geld etc.
langfristige Ziele	Jahresziele
mittelfristige Ziele	Monats-/Quartalsziele
kurzfristige Ziele	Tages-/Wochenziele

Aufgaben

1 Ordnen Sie jedem der folgenden Begriffe die passende inhaltliche und zeitliche Zielart zu und formulieren Sie entsprechend den SMART-Kriterien je ein Beispiel für eine Zielformulierung:

- **a** Kostenreduktion
- **b** Zeiteinsparung
- **c** Verringerung der Ausschussquote

Zielvereinbarungsgespräche und Kontrolle

Zielvereinbarungsgespräche können separat stattfinden oder im Rahmen von Jahresmitarbeitergesprächen, Beurteilungsgesprächen oder Fördergesprächen. Damit ein Zielvereinbarungsgespräch erfolgreich verläuft, müssen sich beide Seiten, also Mitarbeiter und Vorgesetzter, ausreichend vorbereiten. Hier eine mögliche Vorbereitung:

Vorbereitung des Vorgesetzten

- mittelfristige (strategische) Ziele des Unternehmens
- künftige Ausrichtung des eigenen Bereichs/der eigenen Abteilung
- Einbettung des eigenen Bereichs in die Unternehmensstrategie
- aus den Bereichszielen abgeleitete Schwerpunktaufgaben des Mitarbeiters
- interne und abteilungsübergreifende Zusammenarbeit
- zu beachtende Rahmenbedingungen
- gegebenenfalls notwendige Qualifizierungsmaßnahmen

Vorbereitung des Mitarbeiters

- Schwerpunktaufgaben der Abteilung
- Vorschläge zur künftigen Übernahme neuer oder anderer Aufgaben
- mittelfristige Ziele
- erforderliche Mittel zur Zielerreichung
- gegebenenfalls notwendige Qualifizierungsmaßnahmen
- persönliche Entwicklungsziele

GUT ZU WISSEN

Zielvereinbarungsgespräche

Es gibt unterschiedliche Ziele, die Gegenstand eines Zielvereinbarungsgesprächs sein können. Für alle gilt, dass sich Vorgesetzter und Mitarbeiter gut auf das Gespräch vorbereiten. Dabei sollte die Führungskraft folgende Punkte berücksichtigen:

1 Ziele sollten SMART sein.
2 Ziele vereinbaren, statt vorgeben.
3 Ziele gemeinsam mit dem Mitarbeiter erarbeiten, um eine Motivationssteigerung zu bewirken.
5 Verantwortung für die Zielerreichung, statt nur für den Prozess übertragen.
6 Mitarbeiter in das Ergebnis miteinbeziehen und Verantwortung übertragen. Dies signalisiert dem Mitarbeiter viel Vertrauen, kann ebenfalls eine Motivationssteigerung bewirken und ändert die Denkhaltung und Herangehensweise des Mitarbeiters entsprechend.

Aufgaben

1 Suchen Sie sich in Partnerarbeit eine Firma in Ihrer Gegend aus. Vielleicht sogar die, in der Sie beschäftigt sind. Arbeiten Sie durch Internetrecherche etc. deren Unternehmensziele heraus.

2 Entwickeln Sie mithilfe Ihrer Recherche den Kerndialog eines Zielvereinbarungsgesprächs als Rollenspiel zwischen einem Vorgesetzten und einem Mitarbeiter. Verfassen Sie hierfür einen Dialog mit mindestens je fünf Gesprächsanteilen pro Partner. Skizzieren Sie den Gesamtablauf des Zielvereinbarungsgesprächs.

3.4.4 Kundengespräch

Das Kundengespräch ist eine besondere Art der betrieblichen Kommunikation. Dabei geht es mittlerweile nicht nur darum, neue Kunden zu werben oder Produkte zu verkaufen, sondern es wird auch darauf Wert gelegt, alte Kunden zufriedenzustellen und somit als Kunden zu behalten. Kommunikation ist dabei das wichtigste Instrument.

Zunächst gilt es, allgemeine Grundannahmen zu beachten. Nachdem diese Grundannahmen bekannt sind, muss sich der Verkäufer auf das Kundengespräch vorbereiten. Dabei sollte die inhaltliche Vorbereitung, die organisatorische Vorbereitung, aber auch die Vorbereitung auf den Gesprächspartner beachtet werden.

Grundeinstellung	Verhaltensweisen
innere Einstellung	■ nur wer mit sich selbst im Reinen ist, kann ein gutes Gespräch führen ■ positive Einstellung gegenüber dem Kunden haben ■ seine Firma und die dortige Tätigkeit mögen
Körpersprache	■ die Körpersprache des Gegenübers „spiegeln“ ■ Gemeinsamkeiten erarbeiten
Stimme	■ Sprechgeschwindigkeit dem Kunden anpassen ■ Sprache anpassen ■ Stimmlage, Klang usw. der Situation anpassen
Worte	■ nicht etwas tun „müssen“ für den Kunden, sondern „wollen“ ■ „Ja und …“ formulieren, anstelle von „Ja, aber …“ ■ offen sagen, was man für den Kunden tun kann

GUT ZU WISSEN

Vorbereitung auf ein Kundengespräch

Inhaltliche Vorbereitung	Vorbereitung auf den Kunden	Organisatorische Vorbereitung
■ Ziele festlegen ■ Informationsbedarf klären ■ Argumente vorbereiten ■ Gespräch strukturieren	■ Informationen zum Kunden ■ Kundentyp ■ Tabu-Themen ■ Fragen antizipieren und Antworten finden	■ Zusammenstellung der Unterlagen ■ gegebenenfalls Organisation von Raum, Hilfsmittel, Bewirtung oder Anfahrt ■ Zeitfenster festlegen

Durchführung eines Kundengesprächs

Zu einem erfolgreichen Kundengespräch gehört eine gute Struktur. Diese besteht klassisch aus einer zum Thema führenden Einleitung, einem die Hauptsache verhandelnden Hauptteil und einem ergebnisfesthaltenden Schluss.

Einleitung

1 Small Talk (persönliche Basis schaffen)
2 offene Fragen stellen (für Gesprächsfluss und Zusatzinformationen)
3 Zuhören und gezielte Nachfragen (Kundenwunsch ermitteln)
4 Vorschläge mithilfe von Fachwissen unterbreiten (fachliches Vertrauen bilden)

Hauptteil

1 Vorteile aufzeigen
2 Angebot machen
3 weitere Fragen stellen
4 Kundenargumente aufgreifen
5 Kosten-Nutzen-Analyse des Produkts
6 Zwischenergebnisse festhalten
7 Kundenanregungen positiv aufnehmen

Schluss

1 Gesprächszuammenfassung, Wiederholung der Argumente
2 Kunden Bedenkzeit einräumen
3 zentrale Punkte und Ergebnisse des Gesprächs schriftlich festhalten

Umgang mit aufgebrachten Kunden

Es gibt Situationen, in denen Kunden aufgrund des Produktes oder einer Dienstleistung aufgebracht sind. Man sollte sich darüber im Klaren sein, dass der Kunde nichts gegen einen persönlich hat, auch wenn es manchmal so scheint. Es ist ein Konfliktgespräch (siehe Kapitel 5.3.1) aufgrund einer für den Kunden nicht zufriedenstellenden Leistung, bei dem der Kunde sich emotional äußert. Die Beschwerde ist die Chance, den Konflikt kommunikativ zu lösen. Dazu muss emotional deeskalierend auf den Kunden eingewirkt werden. Durch ruhiges, aber bestimmtes Verhalten, Aktives Zuhören und nicht bewertende Ich-Botschaften kann das Gespräch am ehesten auf die Sachebene des Problems geführt werden. Gelingt das, kann gemeinsam eine Lösung erarbeitet werden.

Beim Umgang mit schwierigen Kunden findet sich leichter eine Handlungsstrategie , wenn man den Persönlichkeitstyp durchschaut. Dies kann man durch aktives Zuhören aus seinem Auftreten und seinen Äußerungen erkennen. So gibt es den Meckerer, den Wütenden, den Besserwisser, den Sarkastischen ... Grundsätzlich ist aber jeder Kunde individuell und will auch so behandelt werden.

Situation 1

Sie sind Kundenberater. Ihr Kunde meldet sich, weil seine Bestellung nicht nur zu spät kam, sondern die Lieferung auch noch falsch war.

Situation 2

Sie sind Kundenberater. Ihr Kunde braucht die bestellte Ware unbedingt früher. Überzeugen Sie ihn, dass das leider nicht möglich sein wird.

Aufgabe

1 Entwickeln Sie in Partnerarbeit ein Rollenspiel für eine der obigen Situationen und führen Sie es vor dem Plenum auf. Geben Sie dem Kunden ein typisches Profil wie Nörgler, Besserwisser, Wüterich, Pedant, Redseliger ...

3.4.5 Interkulturelle Kommunikation

Heutzutage schreitet die Globalisierung immer weiter voran. Dadurch intensiviert sich der Kontakt zwischen den Kulturen. Um vor allem in der Geschäftswelt, aber auch privat, während eines Urlaubs zum Beispiel, global voranzukommen, muss man sich der interkulturellen Kommunikation bewusst sein. Da Kommunikation nicht nur verbal, sondern vor allem auch nonverbal abläuft, genügt es nicht, sich zum Beispiel in Englisch unterhalten zu können. Man muss auch die nonverbalen Kommunikationselemente verstehen und die Gepflogenheiten kennen. Was in Deutschland eine positive Reaktion hervorrufen kann, kann in anderen Ländern eine Beleidigung darstellen und zu Problemen führen.

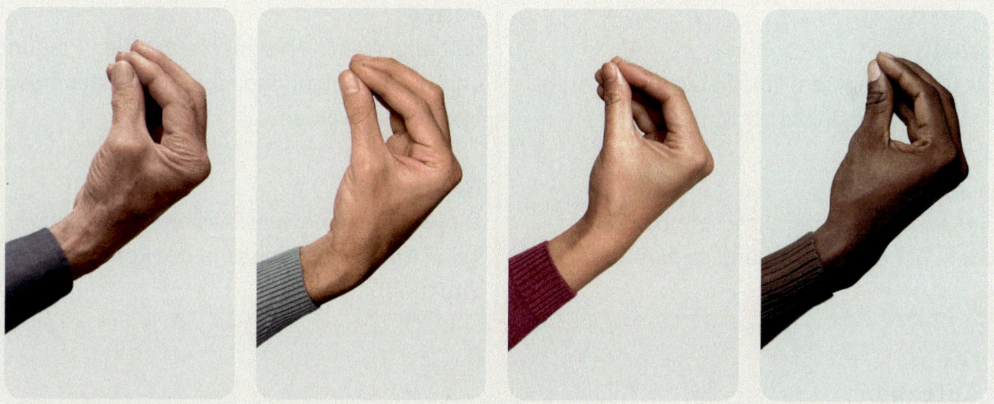

Was willst du?	Klein. Wenig.	Schön. Gut.	Gedulde dich.
Italien	*Kongo-Kinshasa*	*Türkei*	*Ägypten*

M9 Handzeichen können in unterschiedlichen Kulturen verschiedene Bedeutungen haben
Quelle: Julia Grosse / Judith Reker: Versteh mich nicht falsch! Gesten weltweit. Das Handbuch. 2010.

GUT ZU WISSEN

Probleme bei der interkulturellen Kommunikation entstehen meist durch Unwissenheit über andere Kulturen oder Vorurteile und nicht so sehr durch sprachliche Barrieren. Eine Qualifizierung im Bereich interkultureller Kompetenz kann hierbei helfen.

Ziele der interkulturellen Kommunikation

- eine Willkommenskultur und Integration von Fachkräften im eigenen Betrieb
- eine erfolgreiche, globale Kunden- und Geschäftskultur
- Erschließung neuer Märkte für global absetzbare Produkte
- Aufbau neuer globaler Geschäftsbeziehungen
- Entsendung von Beschäftigten ins Ausland

Gerade in der Geschäftswelt ist es unerlässlich, dass interkulturelle Kompetenzen gefördert werden. Dabei gibt es zwei Möglichkeiten, die Kompetenzen zu trainieren:

Kulturspezifisches Training	Kulturallgemeines Training
Informationen über das Land, mit dem man ein Geschäft tätigen möchte, werden gesammelt, z. B.: ■ Gebräuche ■ landestypische Normen, Werte ■ politische, kulturelle und soziale Fakten **Vorteil** hilft für die konkrete länderspezifische Aufgabe, Missverständnisse zu vermeiden **Nachteil** führt leicht zu stereotypischem Denken gegenüber einem Land und seinen Menschen	Hierbei macht man sich die eigene Kultur bewusst und wie stark diese Prägung interkulturelle Kommunikation, unabhängig von rein sprachlichen Barrieren, stören kann. Vorurteile werden so analysiert und entschärft. **Vorteil** hilft allgemein sich seiner kulturellen Prägung und daraus entspringender Missverständnisse bewusst zu werden **Nachteil** Diese allgemeine Sensibilisierung verhindert keine Missverständnisse in der konkreten Situation.

Aufgaben

1 Erklären Sie die interkulturellen Vorurteile, die in folgendem Witz enthalten sind.

> Der Himmel ist dort, wo die Polizisten Briten sind, die Köche Franzosen, die Mechaniker Deutsche, die Liebhaber Italiener und alles von den Schweizern organisiert wird. Die Hölle ist dort, wo die Köche Briten, die Mechaniker Franzosen, die Liebhaber Schweizer und die Polizisten Deutsche sind und alles von den Italienern organisiert wird.

M10 Witz, der mit kulturellen Klischees spielt

2 Um andere Kulturen besser zu verstehen, soll man sich intensiv mit seiner eigenen auseinandersetzen. Erstellen Sie anhand des nachfolgenden Textes eine stichwortartige Tabelle: Was ist typisch deutsch und woran wird es festgemacht?

> [...] **Sachorientierung:** Wir finden es wichtiger, uns bei Geschäftskontakten mit Sachverhalten zu beschäftigen als mit Personen. Deutsche kommen zum Beispiel in Besprechungen gern schnell zu Potte und reden nicht lange um den heißen Brei, wogegen man etwa in Frankreich, Italien und den USA erst einmal mit Small Talk eine gute Arbeitsatmosphäre herstellen will.

Regelorientierung: Strukturen und Regeln schätzen wir sehr. Wir lieben Verträge und schriftliche Vereinbarungen aller Art und wir halten uns daran. Das erwarten wir auch von anderen. Legen die einen Passus eher unkonventionell aus, reagieren wir mit Zurechtweisung oder sogar Bestrafung. In den Augen unserer Partner beweist das allerdings unsere mangelnde Flexibilität und offenbart unser mangelndes Vertrauen ihnen gegenüber.
Direktheit/Wahrhaftigkeit: Wir Deutschen neigen dazu, Dinge geradeheraus zu sagen. Auch mit Kritik gehen wir offen um, dient sie doch der Verbesserung und nützt somit allen. In den meisten anderen Ländern kommunizieren die Menschen allerdings eher indirekt; unangenehme Dinge werden nur so angesprochen, dass ein Gesichtsverlust in jedem Fall vermieden wird. Kritisiert man etwa einen Chinesen vor versammelter Mannschaft, ist es schnell vorbei mit der Zusammenarbeit.
Interpersonale Distanzdifferenzierung: In die Angelegenheiten anderer Leute mischen wir uns nicht ungefragt ein. Stattdessen halten wir Abstand und üben Zurückhaltung. Von außen sieht das so aus, als würden wir uns nicht für unsere Mitmenschen interessieren. Ihr chinesischer Kollege traut sich vielleicht nicht, Sie um Hilfe zu bitten, will er doch unbedingt sein Gesicht wahren. Würden Sie ihn fragen, wie er mit seiner Arbeit zurechtkommt, hätte er endlich Gelegenheit, seine Fragen mit Ihnen zu besprechen.
Internalisierte Kontrolle: Wir Deutschen identifizieren uns mit unserer Arbeit. Wir nehmen unsere Aufgaben sehr ernst, sind verantwortungsbewusst und zuverlässig. Dabei muss uns niemand kontrollieren, wir leisten das alles von selbst, wir haben die Kontrolle internalisiert. In Frankreich dagegen nehmen die Menschen Autorität als etwas wahr, das außerhalb von ihnen existiert, zum Beispiel in Form des Abteilungsleiters. Er entscheidet, er hat die Macht und die Kontrolle. Deshalb gibt es in Frankreich viele Hierarchiestufen, während bei uns die Hierarchien eher flach sind.
Zeitplanung: Zeit ist Geld, sie darf nicht nutzlos vergeudet werden. Wir stellen gerne einen Zeitplan auf und halten uns selbstverständlich daran. In vielen anderen Kulturen sieht man das gelassener, und Zeitpläne gelten eher als grobe Orientierung. Konflikte sind da programmiert.
Trennung von Persönlichkeits- und Lebensbereichen: Wir Deutschen trennen stark zwischen Arbeits- und Privatleben. Unser Verhalten richten wir danach aus, in welcher Situation wir uns befinden (beruflich oder privat) und mit wem wir es zu tun haben (Geschäftspartner oder Freund). Deshalb wirken wir auf amerikanische Kollegen, die sofort herzlich und offen zu jedem sind, eher reserviert und distanziert. [...]

M11 Quelle: Anke Römer: Beruflich nach Babylon: In: Psychologie heute 12. Ausgabe 2009, S. 46 ff.

Aufgabe über das ganze Kapitel

1 Kommunikation ist ein sehr tiefgreifendes Thema.

a Formulieren Sie nun, nach Durcharbeitung des Kapitels, erneut, was Sie unter Kommunikation verstehen.

b Vergleichen Sie Ihre jetzige Begriffsdefinition von Kommunikation mit der zu Beginn der Beschäftigung mit diesem Kapitel.

c Begründen Sie, welches Kommunikationsmodell Sie bevorzugen.

d Erläutern Sie anhand eines Beispiels, inwiefern Ihnen die Transaktionsanalyse im Berufsleben helfen kann.

Situation

Sie arbeiten an einem Projekt mit Frau Ürdal, die ständig ihre Unterlagen vergisst. Dadurch kommt es zu Zeitverzögerungen und Sie sind ziemlich genervt und verärgert.

Aufgaben

1 Dieses Kapitel *Kommunikation reflektieren und gestalten* zeigte Ihnen Möglichkeiten auf, wie Sie mit einer Situation wie oben umgehen können.
Entwickeln Sie eine Lösung für Ihr Problem. Verfassen Sie zu der gegebenen Situation einen Dialog, bei dem jeder Gesprächspartner zehn sich aufeinander beziehende und aufbauende Sprechanteile hat.

Situation

Sie sollen Ihren Chef über den aktuellen Stand im Bereich des Mitarbeitergesprächs informieren.

2 Erstellen Sie fünf Präsentationsfolien mit folgenden Inhalten:

a Erläutern Sie ein produktives Mitarbeitergespräch und gehen Sie dabei auch auf das Feedbackgeben ein.

b Fassen Sie auf der letzten Präsentationsfolie in einem Fazit das produktive Mitarbeitergespräch zusammen und beurteilen Sie dessen praktische Anwendung.

3 Lesen Sie den nachfolgenden Text und entwickeln Sie eine Mindmap zum Thema Mitarbeitergespräche.

Büroalltag

Herr Müller, kommen Sie mal bitte ...

Der Dezember rückt näher, da ist es wieder so weit: Das Jahresendgespräch steht an. Vielen Mitarbeitern geht es dabei nur ums Geld – doch auch andere Fragen sollten unbedingt thematisiert werden. Managementberater Rüdiger Klepsch verrät, wie Sie sich am besten vorbereiten.

[...]

Einmal im Jahr blicken Vorgesetzte und Mitarbeiter [...] auf die vergangenen zwölf Monate zurück – und in die Zukunft hinein. Natürlich soll dies nicht die Gespräche während des Jahres ersetzen. Im Gegenteil: Durch ein gut vorbereitetes Jahresendgespräch werden sie perfekt ergänzt.

Die meisten Mitarbeiter nehmen die Gelegenheit zum Austausch mit dem Chef gerne wahr. Denn selbst dort, wo die Kommunikation klappt, bleibt das Gespräch zwischen Führungskraft und Mitarbeiter in der Hektik des Berufsalltages oft auf das aktuelle Tagesgeschäft beschränkt.

Das Jahresmitarbeitergespräch bietet da die Möglichkeit, in Ruhe Arbeitsaufgaben und Arbeitsbedingungen zu besprechen und Ideen der Beschäftigten stärker in den Arbeitsablauf einzubinden. Es dient dazu, Probleme und Missverständnisse, die bei der Arbeit aufgetaucht sind, zu klären. Und nicht zuletzt können auch die Zusammenarbeit mit Kollegen und das Führungsverhalten des Vorgesetzten thematisiert werden.

[...]

Was habe ich als Mitarbeiter davon?

Zunächst die Perspektive des Mitarbeiters: Nehmen wir an, Sie müssten Ihrem Chef aus Ihrer Sicht einige bittere Wahrheiten vermitteln. Dann ist hier die Chance. Aber bereiten Sie sich gut vor! Konkret heißt das, dass Sie für alles, was Sie vortragen, Beispiele parat haben müssen. Und natürlich müssen Sie sich emotional unter Kontrolle haben.

Gelingt das Gespräch, erfahren Sie auch die Perspektive Ihres Chefs – und damit ist der Weg zu einer neuen Zusammenarbeit geöffnet. In jedem Fall erfahren Sie, wie Ihr Vorgesetzter Sie sieht. Sie mögen es anders sehen, doch wegargumentieren können Sie es nicht. Also ist es zumindest gut zu wissen, woran man ist.

Es mag überraschend klingen: Doch Mitarbeitergespräche sind selbst dann hilfreich, wenn es keinen Handlungsspielraum und keine Entwicklungsperspektive gibt. Auch eine realistische Sicht auf die Entwicklungs- oder Nicht-Entwicklungsmöglichkeiten schafft Transparenz – und eventuell Mobilität. Besser ein Mitarbeiter, der kündigt, weil er keine Perspektive hat, als ein latent unzufriedener Mitarbeiter, der sich hingehalten und unter Wert behandelt fühlt, und damit die Stimmung der Kollegen mit runterzieht.

Was habe ich als Führungskraft davon?

Nun die Perspektive des Chefs: Wann haben Sie in der Hektik des Alltags schon die Möglichkeit, gut vorbereitet und damit potentiell konstruktiv Ihre Einschätzungen und Zielsetzungen offen, systematisch, fundiert, ohne Zeitdruck auszutauschen? Die Chance sollten Sie unbedingt nutzen!

Natürlich sind nicht alle Mitarbeiter für solche Gespräche zu gewinnen. Vor allem, wenn das Klima in der Firma schlecht ist oder erhebliche Umstrukturierungen anstehen, gibt es Ängste. Vorgesetzte sind gut beraten, wenn sie im Jahresendgespräch den Mitarbeitern die Möglichkeit geben, Ängste anzusprechen. Das Ernstnehmen wird in der Regel durch Vertrauen und Motivation belohnt.

Menschen brauchen Ziele und wollen Leistung erbringen. Mit den Mitarbeitergesprächen erwächst dem Chef die Chance, seine Leute durch konkrete Zielvereinbarungen zu motivieren.

Allerdings sollten Sie sich als Chef stets einer Sache bewusst sein: Keiner ist unfehlbar! Daher bekommen auch Sie von Ihren Mitarbeitern in diesen Gesprächen Rückmeldung zu Ihrem Führungsverhalten, wenn Sie danach fragen.

Was hat das Unternehmen davon?

Abschließend noch ein Blick auf die Vorteile, die Mitarbeitergespräche für das Unternehmen bedeuten: In allererster Linie hilft der gegenseitige Austausch, Zusammenarbeit zu optimieren, er erleichtert die Weiterentwicklung jedes einzelnen Arbeitnehmers – und er zwingt alle Beteiligten, ihre Ziele zu überprüfen. Außerdem bietet das Gespräch Gelegenheit, sensible Themen aufzugreifen. [...]

M12 Quelle: Rüdiger Klepsch: Büroalltag: Herr Müller, kommen Sie mal bitte ... In: www.spiegel.de

4 Motivationsprozesse darstellen und erklären

Die Fähigkeit, sich selbst und andere zu motivieren, ist eine zentrale Kompetenz für Führungskräfte. Denn um einen Mitarbeiter zu führen, muss man ihn motivieren können. Da das Motivieren ein Prozess ist, der nie zum Stillstand kommt, sondern entweder positiv oder negativ stattfindet, ist es ausgesprochen wichtig, dass eine Führungskraft ihre Mitarbeiter konstant und andauernd motiviert. Dieses Kapitel soll dabei helfen, diese Herausforderung immer und immer wieder bewältigen zu können.

Kompetenzen

- aktuelle Bedürfnisstrukturen von Mitarbeitern erkennen
- Erklärungsmodelle zur Menschenkenntnis verstehen und anwenden
- Motivationsmodelle analysieren und anwenden
- Leistungsmotivation darstellen und fördern
- motivierende Führungsinstrumente einsetzen
- Gruppen entwickeln und verstehen

Situation

Die Band Nirvana, bestehend aus Kurt Cobain, Krist Novoselic und Dave Grohl, galt Anfang der Neunziger als „Retter des Rock". Gemeinsam feierten sie riesige Erfolge.
Doch schon bald entwickelten sich die drei Musiker in vollkommen entgegengesetzte Richtungen. Dies lag unter anderem daran, dass die Bandmitglieder vollkommen unterschiedliche Bedürfnisse aufwiesen und somit auch unterschiedlich motiviert werden mussten. Noch schwieriger wird das alles, wenn eine ganze Gruppe von Menschen motiviert werden muss. Ob es sich dabei um eine Rockband oder ein Team von Mitarbeitern handelt, spielt nur eine untergeordnete Rolle.

M1 Die drei Bandmitglieder von Nirvana (von links nach rechts): Dave Grohl, Krist Novoselic und Kurt Cobain

Aufgaben

1 Arbeiten Sie in Partnerarbeit anhand der unterschiedlichen Biografien nach 1994 mögliche Bedürfnisse der Bandmitglieder heraus, die zu diesen Lebenswegen geführt haben könnten.

2 Stellen Sie Ihre eigenen beruflichen Bedürfnisse dar und überprüfen Sie, ob diese erfüllt werden.

GUT ZU WISSEN

Dieses Kapitel beschäftigt sich damit, wie Mitarbeiter mit unterschiedlichen Bedürfnissen dazu motiviert werden, Leistung zu erbringen. Dabei können sowohl einzelne Mitarbeiter als auch ganze Gruppen im Fokus stehen. Allgemeine Theorien, Konzepte und Modelle können dabei helfen, den jeweils individuell passenden Ansatz zu finden. Motivation ist im betrieblichen Alltag nicht nur ein Schlüssel zur Leistungserbringung, sondern ermöglicht Mitarbeiter zu führen und wirkt zudem konfliktvorbeugend.

4.1 Aktuelle Bedürfnisstrukturen von Mitarbeitern

Die Bedürfnisstrukturen von Mitarbeitern sind äußerst vielfältig und unterscheiden sich individuell sehr stark. Neben vielen anderen Faktoren sind sie auch den Zeitumständen unterworfen. Denn obwohl jeder Mitarbeiter bezüglich seiner Bedürfnisse einzeln betrachtet werden muss, kann man gewisse zeitlich bedingte und generationenbedingte Grundtendenzen feststellen.
Um diese Tendenzen zu ergründen, erfasst das Umfrageinstitut Gallup jährlich in einer Studie den Engagement-Index zur Mitarbeiterbindung (4.1.1). Neben dieser alle Arbeitnehmer umfassenden Studie zeigt ein Blick auf die sogenannte Generation Y (4.1.2), dass diese ihre Bedürfnisse an die

Arbeitswelt anders als andere Generationen definieren. Es sind die Mitglieder dieser Generation, mit denen es Führungskräfte heutzutage zunehmend zu tun haben.

4.1.1 Mitarbeiterbindung als Motivationsmaßstab

Das Gallup-Institut in Washington, mit deutscher Zweigstelle in Berlin, gilt als eines der weltweit führenden Institute in den Bereichen Markt- und Meinungsforschung. Außerdem ist es auch in der Unternehmensberatung tätig. Seit 2001 erhebt Gallup in Deutschland jährlich eine Studie zur Mitarbeiterbindung in Deutschland, den Engagement Index. Der Engagement Index gilt als eine der wichtigsten Studien ihrer Art. Durch die jährliche Ermittlung besitzt diese Erhebung nicht nur größte aktuelle Relevanz, sondern zeigt auch Entwicklungen auf. Die Studie soll darüber Auskünfte geben, wie sehr sich deutsche Arbeitnehmer emotional mit ihrem Arbeitgeber verbunden fühlen. Diese emotionale Bindung erlaubt auch Aussagen darüber, wie motiviert und engagiert die Mitarbeiter ihrer Arbeit nachgehen. Vereinfacht gesagt, steigt die Motivation mit der Bindung zum Unternehmen. Die Studie unterstreicht das auch damit, dass die Kundenbetreuung bei Mitarbeitern mit hoher Bindung besser ist als bei denen mit geringer. Ferner zeigt der Index wenig überraschend, dass die hohe Bindung mit der Erfüllung zentraler Bedürfnisse korreliert.

Engagement Index Deutschland im Zeitverlauf

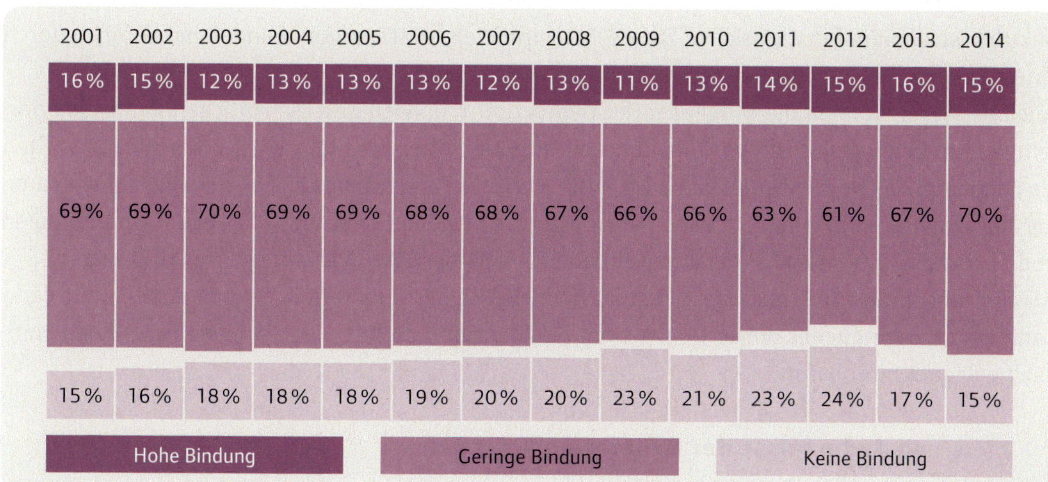

M2 Mitarbeiterbindung nach dem Engagement Index Deutschland 2014. Quelle: Gallup, 2015.

GUT ZU WISSEN

Engagement Index Deutschland

Allgemeine aktuelle Bedürfnislagen von Mitarbeitern lassen sich aus aktuellen Studien entnehmen. So misst zum Beispiel der Engagement Index Deutschland des Gallup-Instituts seit 2001 die Bindung der Mitarbeiter an deren Unternehmen. Daraus lassen sich Aussagen darüber ableiten, wie motiviert und engagiert deutsche Mitarbeiter ihrer Arbeit im Allgemeinen nachgehen.

Aufgaben

1 Ordnen Sie sich in der Gallup-Studie zur Mitarbeiterbindung ein.

   a Begründen Sie, warum Sie Ihre Bindung zu Ihrem momentanen Arbeitgeber als *hoch, gering* oder *nicht vorhanden* einschätzen würden (M2).

   b Arbeiten Sie die Bedingungen in Ihrem Unternehmen heraus, die zu diesem Resultat führen.

2 Erläutern Sie in Partnerarbeit, was Arbeitgeber tun können, um die Bindung ihrer Mitarbeiter zum Unternehmen zu erhöhen.

3 Benennen Sie weitere aktuelle Studien, aus denen die aktuelle Bedürfnislage von Mitarbeitern analysiert werden kann. Finden Sie nach Möglichkeit Studien über Ihre Branche.

4.1.2 Bedürfnisse der Generation Y in der Arbeitswelt

Als Generation Y bezeichnet man die Jugendlichen bzw. jungen Erwachsenen, die etwa zwischen 1985 und 2000 geboren wurden. Geographisch erstreckt sich diese Bezeichnung vor allem auf die westlichen Industriestaaten. Die Mitglieder der Generation Y werden auch als „Millenials" bezeichnet.

Die Mitglieder der Generation Y wachsen in einer Zeit großer Unsicherheit auf. Die Ereignisse des 11. September und deren Folgen, der Reaktorunfall in Fukushima, die weltweite Finanzkrise, die Hartz-Reformen, der Klimawandel sowie die Globalisierung allgemein prägen ihr Weltbild. Ihre Zukunft ist somit äußerst unsicher. Sie erleben eine Welt im ständigen Wandel und nehmen durch eine ausgeprägte Nutzung des Internets intensiv daran teil.

Auch deswegen können die Mitglieder der Generation Y in allen gesellschaftlichen Bereichen vielfältige Entscheidungen treffen, sie halten sich Optionen offen und ihre Wahl betrachten sie selten als endgültig. Sie wollen den maximalen Nutzen erzielen und kümmern sich deswegen auch kaum um Normen und Prinzipien. Sie haben auch eine ganz eigene Erwartungshaltung an Unternehmen und Führungskräfte, wie die Grafik in Kapitel 6.2.1 und der Text in Kapitel 7.2 (S. 257) zeigen.

Als Führungskraft sollte man die Ziele und Bedürfnisse der Generation Y kennen, denn nur dann kann man die Mitglieder dieser Generation, die mehr und mehr in Unternehmen zu finden sind, auch geeignet motivieren.

Ziele und Bedürfnisse der Generation Y

Bildung:

- möglichst hoher Abschluss
- Schule als Dienstleister
- Lehrer als Berater und Begleiter statt als „Pauker"

Beruf:

- keine von Anfang an festgelegten Karrierepläne
- Selbstverwirklichung im Beruf
- häufig in alternativen und flexiblen Arbeitsverhältnissen (Praktika, Teilzeitarbeit)
- Höhe des Gehalts als untergeordnetes Kriterium bei Wahl der Arbeitsstelle
- flache Hierarchien
- Arbeit in Teams und Projekten

Familie:

- Vereinbarkeit von Familie und Karriere
- Ehe und Kinder als eine Option unter vielen möglichen
- gerechte Aufgabenverteilung zwischen Mann und Frau

Politik:

- kein Interesse an Mitarbeit in Parteien/Gewerkschaften
- Engagement nur bei realistischen Erfolgsaussichten
- politisch-gesellschaftliches Engagement mithilfe des Internets (Facebook, Twitter)

Medien:

- aufgewachsen mit dem Internet („Digital Natives")
- Internet als einzig relevante Informationsquelle
- Kommunikation hauptsächlich über soziale Netzwerke und Messenger
- bedacht auf Privatsphäre im Internet

GUT ZU WISSEN

Eigenschaften der Generation Y

- Aufwachsen in Zeiten großer Unsicherheit
- maximaler Nutzen als Zweck aller Entscheidungen
- spezielle Bedürfnisse in verschiedenen gesellschaftlichen Bereichen: Im Beruf ist Selbstverwirklichung wichtig.

Die Motivation von Mitarbeitern aus der Generation Y ist umso erfolgreicher, je mehr diese Eigenschaften dabei berücksichtigt werden.

Wir sind jung …

… und brauchen das Glück: Wie die Generation Y die Berufswelt verändert und warum alle von diesem Wandel profitieren.

Für manche Personalchefs sind wir ein Albtraum: Sie halten uns für verwöhnt, selbstverliebt und größenwahnsinnig. Es heißt, wir seien schlecht darin, uns zu hinterfragen, aber groß darin, uns selbst zu überschätzen. Wir könnten nichts so richtig (außer schneller simsen als die Alten). Schon in der Schule hätten wir für mäßige Leistungen viel zu gute Noten bekommen und für alles andere eine Urkunde (auch wenn wir beim Fußballturnier nur auf der Ersatzbank saßen). […]

Aber sind wir wirklich die „Generation Weichei", als die uns manche Medien verspotten? Ich persönlich nehme meine Generation ganz anders wahr. Wir sind nicht faul. Wir wollen arbeiten. Nur anders. Mehr im Einklang mit unseren Bedürfnissen. Wir lassen uns im Job nicht versklaven, doch wenn wir von einer Sache überzeugt sind (und der Kaffeeautomat nicht streikt), geben wir alles. Wir suchen Sinn, Selbstverwirklichung und fordern Zeit für Familie und Freunde.

> Was wir verlangen, kommt einem gewaltigen Umbruch gleich: Wir fordern eine neue Berufswelt. [...] In vielen Unternehmen gelten noch immer starre Arbeitszeiten und Präsenzpflichten. Statt Vertrauensarbeitszeit herrscht das Diktat der Stempeluhr. Feedback gibt es, wenn überhaupt, nur einmal im Jahr – beim obligatorischen Mitarbeitergespräch.
>
> Leistung wird daran bemessen, wie viele Stunden man bei der Arbeit verbringt, und nicht daran, was am Ende dabei herauskommt. In dieser Logik ist es sinnvoller, viel Zeit mit wenig Arbeit zu verbringen, anstatt viel Arbeit in kurzer Zeit zu erledigen. Langsames Arbeiten wird belohnt, schnelles Arbeiten bestraft. Wer spätabends noch E-Mails schreibt, schindet Eindruck. Wer um halb fünf gehen muss, um sein Kind von der Kita abzuholen, schleicht schuldbewusst aus dem Büro. [...]

M3 Quelle: Kerstin Bund: Wir sind jung ... In: www.zeit.de

Situation

Christina Fuchs, eine erfahrene Personalerin, bemerkt selbst, dass sie jungen Bewerbern zunehmend kritischer und intoleranter gegenübersteht. Da ihr vollkommen klar ist, dass auch sie sich selbst ändern muss, beschäftigt sie sich eingehend mit der Generation Y.

Aufgaben

1 Beraten Sie Frau Fuchs auf der Grundlage Ihres Wissens über die Generation Y.
 a Helfen Sie Frau Fuchs zunächst dabei, sich eine grundsätzliche Meinung zu bilden. Erörtern Sie dazu, ob Sie die Ziele der Generation Y eher als positiv oder negativ einschätzen.
 b Untersuchen Sie, was Frau Fuchs in ihrer Position konkret tun könnte, um Mitglieder der Generation Y zu motivieren.

2 Beschäftigen Sie sich mit dem Artikel „Wir sind jung ...“ (M3).
 a Erläutern Sie die Vorurteile, gegen die sich Kerstin Bund wehrt.
 b Arbeiten Sie heraus, welche althergebrachten Grundsätze der Arbeitswelt sie ablehnt.

4.2 Erklärungsmodelle zur Menschenkenntnis

Damit man als Führungskraft einen Mitarbeiter motivieren kann, muss man ihn zunächst einmal verstehen. Das heißt insbesondere seine Bedürfnisse kennen und welche Eigenschaften und Verhaltensweisen seine Persönlichkeit auszeichnen.

Diese menschliche Bedürfnisstruktur der Mitarbeiter kann mithilfe von Modellen, Theorien und Konzepten leichter wahrgenommen werden. Mittlerweile ist eine beinahe unüberblickbare Anzahl von solchen Erklärungsmodellen vorhanden. In diesem Unterkapitel wird eine Auswahl von solchen Ansätzen vorgestellt, die einerseits leicht anzuwenden sind und andererseits über eine gewisse, von Fachleuten anerkannte Relevanz verfügen.

Das Kapitel eröffnet mit dem Drei-Instanzen-Modell nach Sigmund Freud (4.2.1) und der Unterscheidung zwischen Extraversion und Intraversion nach Carl Gustav Jung (4.2.2). Diese zwei

„Klassiker" unter den Erklärungsmodellen zur Menschenkenntnis wurden zwar bereits in der ersten Hälfte des 20. Jahrhunderts entwickelt, sind aber dennoch bis heute relevant geblieben. Darauf folgen zwei Ansätze, die in den letzten beiden Jahrzehnten zunehmend populärer geworden sind, nämlich die Big Five (4.2.3) und die 16 Lebensmotive nach Steven Reiss (4.2.4). Beide Erklärungsmodelle wurden in den USA entwickelt, werden heute aber auch zunehmend in Europa wertgeschätzt.
Das Limbic-Konzept nach Hans-Georg Häusel (4.2.5) wurde ursprünglich für das Marketing entwickelt, besitzt jedoch auch ein gewisses Potential in Bezug auf den Erwerb von Menschenkenntnis.
Zwei Konzepte, die häufig als Schlagwörter in Sachbuch-Bestsellerlisten auftauchen, sind die Resilienz (4.2.6) und die Work-Life-Balance (4.2.7). Die Popularität der Begriffe trägt auch dazu bei, dass Personaler und Führungskräfte mehr und mehr auf diese Erklärungsmodelle aufmerksam werden.
Die sich aus diesen Konzepten erschließende Menschenkenntnis erleichtert es wesentlich, Motivationsvorgänge bei Menschen anzuregen (4.3). Außerdem ist eine versierte Menschenkenntnis auch wichtig, um Mitarbeiter zu Leistung zu motivieren (4.4). Ganz besonders gilt dies, wenn man es als Führungskraft gleich mit einer ganzen Gruppe von Mitarbeitern (4.6) zu tun hat.

4.2.1 Drei-Instanzen-Modell

Sigmund Freud (1856–1939) schuf mit dem Drei-Instanzen-Modell eines der bis heute bedeutsamsten Erklärungsmodelle der menschlichen Persönlichkeit. Er behauptet, dass der erwachsene Mensch immer noch von den Erlebnissen der eigenen Kindheit geprägt ist und diese Phase seines Lebens nicht hinter sich lassen kann.
Seiner Theorie nach geht alle Motivation des Menschen von den unbewussten Trieben Sexualität und Aggression aus. Die drei Instanzen der menschlichen Psyche – *Über-Ich, Ich und Es* – wirken zusammen, wobei sich *Über-Ich* und *Es* im Konflikt miteinander befinden und das *Ich* das sichtbare Verhalten bestimmt.

M4 Sigmund Freud

Sigmund Freuds Menschenbild ist somit sehr pessimistisch und geht im Prinzip davon aus, dass der erwachsene Mensch grundsätzlich krank ist. Dies liegt zum einen daran, dass Freud selbst über lange Zeit seines Lebens mit gesundheitlichen Problemen zu kämpfen hatte. Zum anderen war er auch ein Kind seiner Zeit, denn er erlebte den Ersten Weltkrieg und den zunehmend grassierenden Judenhass der 1930er in seiner vollen Grausamkeit.
Doch obwohl Freuds Menschenbild schon seit Jahrzehnten als überholt gilt, besitzt sein Drei-Instanzen-Modell immer noch eine gewisse Relevanz. Es erklärt einerseits auf anschauliche Weise, weshalb Menschen in bestimmten Situationen so reagieren, wie sie es tun, und dabei manchmal unberechenbar erscheinen. Außerdem betont Freud die Rolle des unterbewussten Anteils der Persönlichkeit, der das Handeln der Menschen nachweislich beeinflusst. Beide Erkenntnisse sind auch für Führungskräfte wichtig und wertvoll, wenn sie ihre Mitarbeiter verstehen wollen.

Die drei Instanzen der menschlichen Persönlichkeit

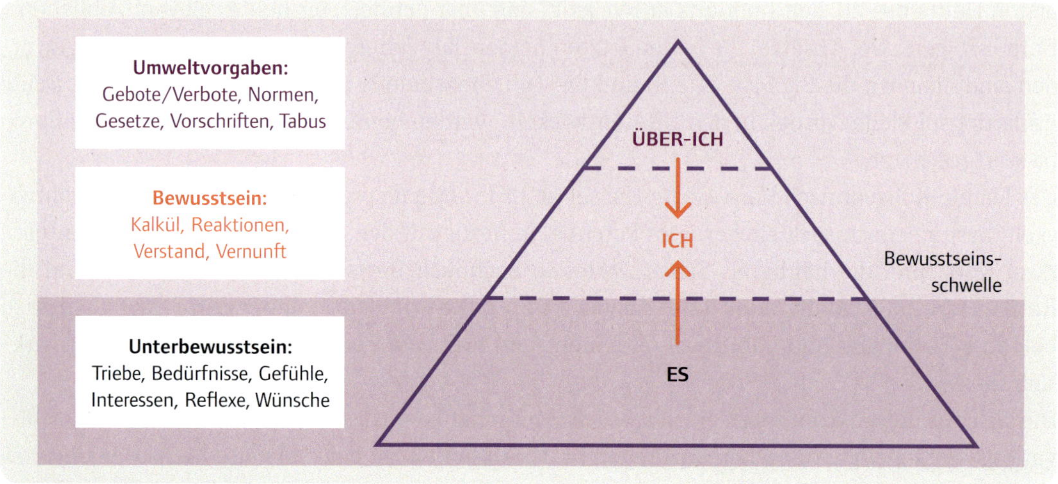

M5 Drei-Instanzen-Modell nach Sigmund Freud

Die drei Instanzen handeln dabei auf der Grundlage von Verhaltensmustern, die man klar unterscheiden kann. Das *Über-Ich* gibt Befehle und droht Strafen an. Außerdem prüft es das Verhalten des *Ichs* an existierenden Normen. Somit fungiert das *Über-Ich* als eine Art „Gewissen". Das *Es* dagegen handelt nach dem Lustprinzip und wird durch Triebe motiviert. Es agiert im Unterbewusstsein und besitzt somit keine Verbindung zur Außenwelt. Das *Ich* hat schließlich die Aufgabe, als Schiedsrichter zwischen *Über-Ich* und *Es* zu vermitteln. Es steht als einzige Instanz in Kontakt zur Außenwelt.

GUT ZU WISSEN

Drei Instanzen der menschlichen Psyche

Über-Ich: Gebote, Verbote, Normen, Tabus

Ich: Verstand, Vernunft

Es: Triebe, Bedürfnisse, Gefühle

Das *Über-Ich* und das *Es* stehen miteinander im Konflikt, das *Ich* schließt einen Kompromiss zwischen diesen Instanzen.

Abwehrmechanismen des *Ichs*

Um einen Kompromiss zwischen *Über-Ich* und *Es* herbeizuführen, muss das *Ich* das *Es* in irgendeiner Form unterdrücken. Das *Ich* wendet dafür Abwehrmechanismen an, die Angst beseitigen sollen. Werden diese Mechanismen zu oft angewandt, nimmt die Psyche über kurz oder lang erheblichen Schaden. Diese Erkenntnisse stammen überwiegend von Anna Freud (1895–1982), die damit den Ansatz ihres Vaters weiterentwickelte.

Abwehrmechanismen des *Ichs*		
Abwehr-mechanismus	Erklärung	Beispiel
Verdrängung	Blockieren eines Bedürfnisses durch das Bewusstsein → bevorzugter Abwehrmechanismus	*Mitarbeiter Lutz, dem seine Freizeit sehr wichtig ist, muss dieses Bedürfnis in Konjunkturzeiten blockieren, da Überstunden nötig sind.*
Verschiebung	Verschiebung eines Bedürfnisses auf eine andere Person / ein anderes Objekt	*Mitarbeiter Danner hat Ärger mit seinem Vorarbeiter und lässt diesen Ärger an einem anderen Kollegen aus.*
Projektion	Projektion von eigenen, unerwünschten Impulse auf andere Menschen (Unerwünschte Gefühle und Wünsche werden so einem anderen Menschen [oder Gegenstand] zugeschrieben.)	*Mitarbeiterin Engelhardt schmeckt heute das Essen in der Kantine nicht und sie deutet die Mimik eines abseits sitzenden Kollegen als negative Kundgabe über das Essen.*
Reaktions-bildung	Unterdrückung unerwünschten Verhaltens durch gegensätzliches Verhalten	*Mitarbeiterin Meyer übernimmt ständig Überstunden von Mitarbeiter Maurer, obwohl sie diesen nicht leiden kann.*

Situation

Gestern waren Sie bis zwei Uhr morgens auf der Geburtstagsparty eines Ihrer Kollegen. Ihr Kollege hat heute Urlaub, Sie leider nicht. Wie immer klingelt pünktlich um 5:30 Uhr der Wecker.

Aufgaben

1 Bewerten Sie die Situation mithilfe Ihrer Kenntnisse über das Drei-Instanzen-Modell.
  - a Erläutern Sie die Impulse, die *Es* und *Über-Ich* Ihnen übermitteln.
  - b Formulieren Sie einen Kompromiss, den das *Ich* in dieser Situation finden könnte.
  - c Zeigen Sie auf, auf welchen Abwehrmechanismus das *Ich* hier zurückgreifen würde.

2 Formulieren Sie gemeinsam mit einem Partner ein weiteres praxisnahes Beispiel, ähnlich dem aus Aufgabe 1, und führen Sie die Schritte 1a bis 1c hierfür aus.

4.2.2 Extraversion und Introversion

Carl Gustav Jung (1875–1961), der von Sigmund Freud ausgebildet wurde, entwickelte ein Persönlichkeitsmodell, wonach sich Menschen einerseits nach ihrem Verhältnis zu ihrer eigenen Person und andererseits nach ihrem Verhältnis zur Umwelt unterscheiden lassen. Laut seiner Theorie bewegen sich die Menschen zwischen den beiden Extrempolen Extraversion und Introversion.

Zahlreiche neuere Erklärungsmodelle zur Menschenkenntnis greifen diese beiden gegensätzlichen Eigenschaften ebenfalls auf, um Unterschiede zwischen Persönlichkeiten aufzuzeigen. Jedoch reicht alleine die Unterscheidung zwischen Extraversion und Introversion nicht aus, um Menschen treffend zu charakterisieren.

M6 Carl Gustav Jung

Dennoch ist es für Führungskräfte unerlässlich, ihre Mitarbeiter anhand dieser beiden Extrempole einzuschätzen, da diese Einschätzung erhebliche Folgen bezüglich eines sinnvollen Arbeitseinsatzes hat.

Unterschiede zwischen extravertierten und introvertierten Menschen	
Extravertierte Menschen	Introvertierte Menschen
■ gesellig ■ kontaktfreudig ■ umgänglich ■ stehen gerne im Mittelpunkt ■ anpassungsfähig ■ redselig ■ mitreißend ■ energiegeladen	■ in sich gekehrt ■ abweisend ■ zögernd ■ misstrauisch ■ defensiv ■ nicht emotional nach außen ■ bevorzugen überschaubare Gesellschaft ■ fantasievoll
→ nach außen gerichtet (Umwelt)	→ nach innen gerichtet (eigene Person)

GUT ZU WISSEN

Extravertierte und introvertierte Menschen

- extravertierte Menschen: nach außen gerichtetes Wesen
- introvertierte Menschen: nach innen gerichtetes Wesen

Aufgaben

1 Charakterisieren Sie sich und Ihren Partner dahingehend, ob Sie bzw. er eher extravertiert oder eher introvertiert ist. Vergleichen Sie anschließend Ihr Selbst- und Fremdbild.

2 Vergleichen Sie ideale Arbeitsbedingungen für extravertierte mit solchen für introvertierte Persönlichkeiten.

   a Arbeiten Sie heraus, welche Eigenschaften der ideale Arbeitsplatz für einen extravertierten und welche er für einen introvertierten Mitarbeiter aufweisen muss.

   b Formulieren Sie auf der Grundlage von 2a je eine ideale Stellenbeschreibung für einen extravertierten und für einen introvertierten Mitarbeiter.

4.2.3 Big Five

Die Big Five sind die fünf Persönlichkeitsmerkmale, mit denen sich Menschen am häufigsten und am treffendsten charakterisieren lassen. Darauf können sich mittlerweile viele Psychologen einigen.

Dies liegt daran, dass die Forscher beim Herausarbeiten dieser Merkmale sehr logisch und überzeugend vorgegangen sind. Dieses Set von Merkmalen beruht auf dem lexikalischen Ansatz. Es wurden Wörterbücher nach Persönlichkeitsmerkmalen durchsucht, zuerst in den USA, später auch in vielen anderen Ländern. Dabei mussten zahlreiche Probanden die Begriffe angeben, mit denen sie sich selbst und andere am besten beschreiben können. So kristallisierten sich fünf Gruppen an Eigenschaften heraus – eben die Big Five:

- Neurotizismus
- Extraversion
- Verträglichkeit
- Gewissenhaftigkeit
- Offenheit

Die Big Five decken wichtige Ausprägungen der menschlichen Persönlichkeit ab, wobei sie auch Eigenschaften einbeziehen, die frühere Erklärungsmodelle zur Menschenkenntnis schon berücksichtigten. So erkannte schon Carl Gustav Jung die Wichtigkeit des Persönlichkeitsmerkmals Extraversion (4.2.2).

1985 präsentierten Paul T. Costa und Robert R. McCrae einen Test, der auf den Big Five basiert und jedes der fünf Merkmale durch sechs Facetten konkretisiert, deren Ausprägung sich zwischen zwei Extrempolen bewegt. Vorwiegend auf diesem Test beruhen heute alle anderen Big-Five-Tests. Auch aufgrund einer immer höheren Verbreitung dieser Tests gelten die Big Five heute als weltweites Standardmodell zur Persönlichkeitsanalyse, das auch in vielen Betrieben angewandt wird und sehr hilfreich ist, wenn es darum geht, Arbeitsstellen passend zu besetzen. Sie finden die Big Five, ihre Definition und die jeweiligen Facetten übersichtlich in tabellarischer Form auf der Folgeseite 118 dargestellt.

GUT ZU WISSEN

Die Big Five und ihre Facetten		
Faktoren	Definition	Facetten
Neurotizismus	emotionale Instabilität (Labilität)	▪ Angst ▪ Reizbarkeit ▪ Depression ▪ Befangenheit ▪ Impulsivität ▪ Verletzlichkeit
Extraversion	nach außen gerichtetes Wesen	▪ Herzlichkeit ▪ Geselligkeit ▪ Durchsetzungsvermögen ▪ Aktivität ▪ Erlebnishunger ▪ Frohsinn
Verträglichkeit	positive Grundeinstellung gegenüber anderen Menschen	▪ Vertrauen in andere ▪ Freimütigkeit ▪ Uneigennützigkeit ▪ Entgegenkommen ▪ Bescheidenheit ▪ Sanftmut
Gewissenhaftigkeit	Verantwortlichkeit gegenüber dem eigenen Tun	▪ Kompetenz ▪ Ordnungsliebe ▪ Pflichtbewusstsein ▪ Leistungsstreben ▪ Selbstdisziplin ▪ Besonnenheit
Offenheit	Intellektualität *(Diese Definition ist nur in diesem Rahmen gültig.)*	▪ Offenheit für: – Fantasie – Ästhetik – Gefühle – Handlungen – Ideen – Normen/Werte

Situation

Sie sind bei einem Bewerbungsgespräch. Nach den Fragen zur fachlichen Qualifikation werden Sie hinsichtlich der Ausprägung Ihrer Persönlichkeit interviewt. Dabei versucht der Personalmanager auch, durch gezielte Fragen jede Facette der Big Five zu ergründen.

Aufgaben

1 Analysieren Sie Ihre eigene Persönlichkeit mithilfe der Big Five (Seite 118).
   a Beschreiben Sie spontan Ihre eigene Persönlichkeit, indem Sie ein Ranking dazu erstellen, wie die Big Five bei Ihnen ausgeprägt sind.
   b Führen Sie einen der zahlreichen Big-Five-Tests im Internet durch und vergleichen Sie das Ergebnis mit dem spontanen Ranking aus 1a.

2 Arbeiten Sie heraus, wie Sie die Big Five einsetzen können, um als zukünftige Führungskraft Ihre Mitarbeiter besser kennenzulernen.
   a Zeigen Sie, welche Stellenbeschreibung am besten zu einem Mitarbeiter passt, bei dem je eine der fünf Persönlichkeitseigenschaften dominiert.
   b Stellen Sie obige Situation in einem Rollenspiel in Partnerarbeit dar. In einem zweiten Durchgang werden die Rollen getauscht.

4.2.4 16 Lebensmotive

Die 16 Lebensmotive nach Steven Reiss sind eine weitere Theorie zur Bestimmung von Persönlichkeitsmerkmalen. Während die Theorie der Big Five eine Persönlichkeit anhand von fünf Faktoren beschreibt, entstehen bei Reiss die Persönlichkeitsmerkmale durch das individuelle Zusammenspiel von 16 Lebensmotiven. So ist sie besonders gut dazu geeignet, die vielfältigen Facetten des menschlichen Charakters von einer breiten Motivlage her zu erklären. Reiss' Erklärungsmodell der Menschenkenntnis erscheint auch vor diesem Hintergrund sehr komplex. Jedoch reduziert er diese Komplexität dadurch, dass er die Lebensmotive sehr eindeutig und einfach formuliert. Deswegen ist seine Theorie auch im betrieblichen Alltag gut einsetzbar.
Die 16 Lebensmotive beruhen jeweils auf allgemeinen Grundbedürfnissen des Menschen. Dazu gehört auch immer ein Ziel, das eine Persönlichkeit zu befriedigen versucht. Jeder Mensch trägt somit jedes der 16 Lebensmotive in sich, allerdings weist jeder dem jeweiligen Motiv eine andere Priorität zu. So erlaubt das individuelle „Reiss-Profil" Vorhersagen über Persönlichkeitsmerkmale und Wertvorstellungen des Einzelnen und damit auch über das wahrscheinliche Verhalten in bestimmten Situationen. Noch eindrücklicher wird Reiss' Theorie dadurch, wenn man betrachtet, welche Eigenschaften Persönlichkeiten aufweisen, bei denen bestimmte Lebensmotive stark bzw. schwach ausgeprägt sind. Siehe dazu die Tabelle auf der Seite 121.

GUT ZU WISSEN

Die 16 Lebensmotive beruhen auf menschlichen Bedürfnissen. Diese trägt jeder in sich, jedoch in unterschiedlicher Ausprägung. Ermittelt man die Ausprägungen der 16 Lebensmotive bei einem Menschen, so erlaubt diese Kombination klare Aussagen über seine Persönlichkeit. Dabei gilt, dass man prinzipiell jeden Menschen mit einer gesunden Psyche positiv beurteilen kann.

Die Theorie der 16 Lebensmotive geht von einem positiven Menschenbild aus und liefert anstelle einer Bewertung nur eine Beschreibung des jeweiligen Menschen. Laut Reiss gibt es also praktisch keine abnormen, sondern lediglich individuelle Persönlichkeiten. Für diese Schlussfolgerung wird er vor allem in der Populärwissenschaft öfter kritisiert. Allerdings macht Reiss mehrfach und eindeutig klar, dass seine Annahmen nur für Menschen mit einer gesunden Psyche gelten und nicht für Persönlichkeiten, die als psychisch krank eingestuft werden.

Die 16 Lebensmotive und ihre Ziele	
Lebensmotiv	Ziel
Anerkennung	nicht kritisiert oder zurückgewiesen werden
Beziehungen	Gesellschaft
Ehre	sich moralisch korrekt verhalten
Eros	Sexualität
Essen	Nahrung aufnehmen
Familie	seine eigenen Kinder großziehen
Idealismus	Gesellschaft verbessern
Körperliche Aktivität	Muskeln sportlich betätigen
Macht	Selbstbehauptung
Neugier	geistige Aktivität
Ordnung	strukturierte und stabile Umgebung
Rache	mit Leuten abrechnen, die enttäuschen/angreifen
Ruhe	Vermeidung von Angst/Schmerzen
Sparen	Dinge anhäufen
Status	soziales Ansehen durch Reichtum/Titel/Herkunft
Unabhängigkeit	Autarkie

Aufgaben

1 Analysieren Sie sich mithilfe des Modells der 16 Lebensmotive selbst.
   - **a** Führen Sie eine Selbsteinschätzung nach dem „Reiss Motivation Profile Estimator" (z. B. aus dem Internet) durch.
   - **b** Skizzieren Sie auf der Grundlage dieses Ergebnisses ein persönliches Jobprofil.

2 Arbeiten Sie heraus, wie Reiss' Theorie Ihnen später bei Ihrer Arbeit als Führungskraft helfen kann.
   - **a** Legen Sie konkrete Methoden dar, wie Ihnen die 16 Lebensmotive dabei behilflich sein können, freie Stellen passend zu besetzen.
   - **b** Begründen Sie, welche Lebensmotive vorherrschen müssen, damit ein Mitarbeiter für den Vertrieb, den Außendienst oder die Qualitätskontrolle besonders geeignet ist.

Unterschiedliche Ausprägungen der 16 Lebensmotive		
Lebensmotiv	Eigenschaften bei starker Ausprägung	Eigenschaften bei schwacher Ausprägung
Anerkennung	unsicher, pessimistisch, verletzlich	selbstsicher, optimistisch
Beziehungen	umgänglich, charmant, gesellig, liebenswürdig	distanziert, kühl, zurückgezogen
Ehre	verlässlich, ehrlich, vertrauenswürdig, echt	berechnend, opportunistisch
Eros	sinnlich, erotisch, sexbesessen	abstinent, keusch
Essen	gefräßig, unersättlich, übergewichtig	dünn, wählerisch
Familie	familienbezogen, kinderlieb	kinderlos, als Elternteil gelangweilt/ abwesend
Idealismus	fair, humanitär, Weltverbesserer	kompromisslos, zweckmäßig, realistisch
Körperliche Aktivität	aktiv, energisch, fit, körperbetont	inaktiv, schlaff, lustlos, lethargisch
Macht	ehrgeizig, arbeitsam, willensstark, dreist	gelassen, ohne Ehrgeiz, nicht durchsetzungsfähig
Neugier	nachdenklich, intellektuell, wissbegierig, überlegt	praktisch veranlagt, handlungsorientiert
Ordnung	sorgfältig, sauber, pünktlich, unflexibel	unorganisiert, flexibel, wankelmütig, spontan
Rache	aggressiv, streitlustig, kämpferisch, zornig	kooperativ, höflich, gütig, friedlich
Ruhe	furchtsam, ängstlich, besorgt, vorsichtig	unerschrocken, ruhig, entspannt, risikofreudig
Sparen	sparsam, geizig, sammelwütig	verschwenderisch, ausschweifend
Status	materialistisch, stolz, förmlich, hochmütig	bodenständig, egalitär, ungezwungen
Unabhängigkeit	autonom, unabhängig, selbständig	demütig, abhängig, spirituell

4.2.5 Limbic-Konzept

Das Limbic-Konzept entstand zu Beginn dieses Jahrtausends und wird seitdem durch ein Team unter der Leitung von Hans-Georg Häusel kontinuierlich weiterentwickelt. Anders als die bisher vorgestellten Modelle befindet sich dieses Modell also weiterhin in der Entwicklung und man kann es deswegen noch nicht als „fertig" ansehen.
Dabei steht über allem die Grundthese, dass Entscheidungen vor allem auf der Grundlage von Emotionen getroffen werden und nicht etwa durch rationales Denken. Zahlreiche anerkannte Studien, die von namhaften Hirnforschern durchgeführt wurden, unterstützen diese Annahme.

Emotionssysteme

Das Limbic-Konzept trägt seinen Namen aufgrund des sogenannten limbischen Systems im Gehirn. Dieser Teil unseres Gehirns ist hauptverantwortlich für die Verarbeitung von Emotionen. Die dortigen Emotionssysteme geben darüber Auskunft, nach welchen Grundmotiven und -werten ein Mensch „funktioniert". Deswegen wurden die Systeme auch nach Motiven und Werten benannt. Am wichtigsten sind dabei die drei übergeordneten Systeme Stimulanz, Dominanz und Balance.

GUT ZU WISSEN

Die drei Emotionssysteme der Entscheidungsfindung

Emotionssystem	Motive/Werte		
Stimulanz	■ Entdecken ■ Neugier	■ Spaß ■ Kunst	■ Kreativität ■ Abwechslung
Dominanz	■ Konkurrenz ■ Sieg	■ Macht ■ Kampf	■ Leistung ■ Status
Balance	■ Sicherheit ■ Stabilität	■ Geborgenheit ■ Treue	■ Tradition ■ Familie

Die Limbic Map

Die Emotionssysteme werden in der Limbic Map abgebildet, sie ist eine Art „Landkarte" unserer Motive und Werte. Der große Vorteil dieser Darstellung ist, dass die individuelle Struktur einer Persönlichkeit, nach der sie Entscheidungen aller Art trifft, sehr anschaulich gemacht wird. So lässt sich fast „auf den ersten Blick" die Motivationsstruktur einzelner Personen erkennen, wenn vorherrschende Motive oder Werte beispielsweise unterstrichen oder markiert werden. Dabei sind unterschiedlichste Zusammensetzungen denkbar, z. B. ob jemand eher nur an einem Emotionssystem orientiert ist oder eine vielfältigere Persönlichkeit besitzt. Aufgrund dieser anschaulichen Darstellungsweise lässt sich die Limbic Map auch gut im Personalwesen einsetzen.

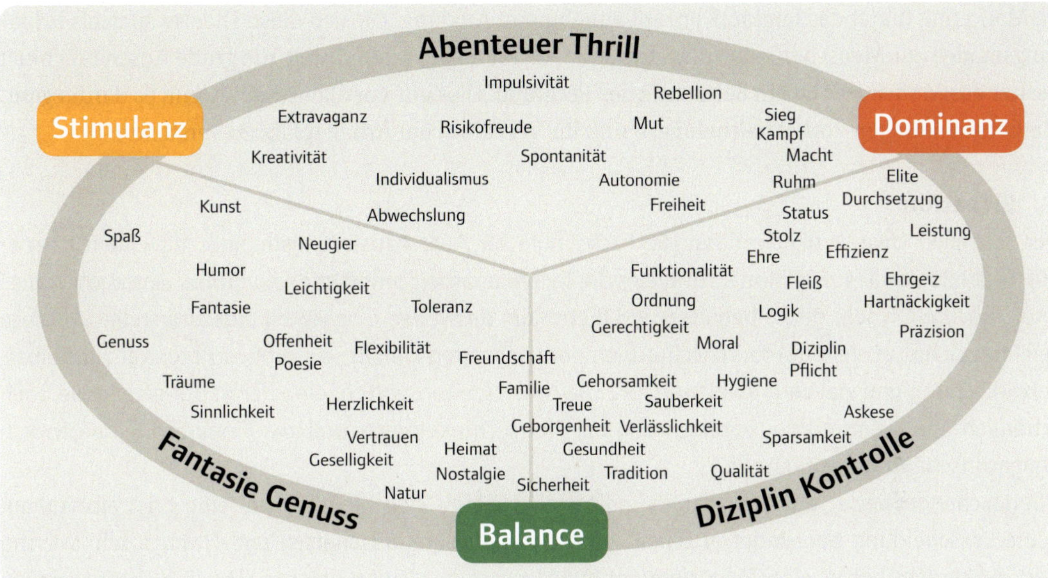

M7 Werte auf der Limbic Map. Quelle: Hans-Georg Häusel: Die wissenschaftliche Fundierung des Limbic® Ansatzes. In: www.nymphenburg.de

M8 Plakatgestaltung aus den Jahren 2010/2011 zur Anwerbung von Mitarbeitern unter Verwendung des Limbic-Systems

Häusel und sein Team entwickelten dieses Konzept ursprünglich für das Marketing. Es soll erklären, aufgrund welcher Motive und Wertvorstellungen Konsumenten ihre Kaufentscheidungen treffen.

Das Limbic-Konzept lässt sich aber auch auf die Fragestellung übertragen, aufgrund welcher Motive und Wertvorstellungen Menschen ihre Entscheidungen generell treffen. Das Wissen darüber, wie ein Mensch Entscheidungen trifft, trägt erheblich dazu bei, einen Menschen besser kennenzulernen.

Im Marketing findet das Limbic-Konzept zunehmend Anklang. Ob sich diese Theorie auch als Erklärungsmodell zur Menschenkenntnis durchsetzt, bleibt abzuwarten. Durch die große Anschaulichkeit besitzt das Modell jedoch ein beträchtliches Potential. Dies gilt vor allem dann, wenn es darum geht, die Entscheidungen von Arbeitnehmern und ihr Verhalten am Arbeitsplatz zu verstehen.

Situation

Der Techniker Uwe Dunkel verlässt die Fachschule für Automatisierungstechnik mit einem Notendurchschnitt von 1,4. Die Firma, für die er die Technikerarbeit anfertigte, ein großer Automobilzulieferer, möchte ihn sehr gerne behalten und bietet ihm deswegen eine Abteilungsleiterstelle an. Diese zeichnet sich durch ein überdurchschnittlich hohes Einstiegsgehalt, ein großes Potential zur Selbstverwirklichung und viel Verantwortung aus. Die Arbeitszeiten sind für eine derart dotierte Stelle noch erträglich und aufgrund der Vorerfahrung mit Herrn Dunkel verzichtet die Firma auf die eigentlich obligatorische Probezeitklausel.

Überraschenderweise sagt Herr Dunkel sofort ab, er lässt sich nicht einmal eine Frist einräumen. Seine Entscheidung begründet er damit, dass ihm seine Freundschaften und Hobbys sehr wichtig sind. Außerdem hat er eine Eigentumswohnung von seiner Großmutter geerbt. Für Essen, Trinken und Freizeit reicht ihm ein Job in der Instandhaltung allemal.

Aufgaben

1 Analysieren Sie sich selbst mithilfe des Limbic-Konzepts.
   a Ordnen Sie sich selbst in die Limbic Map (M7) ein, indem Sie etwa fünf Motive bzw. Wertvorstellungen in einer Kopie der Abbildung markieren, um so Ihre eigene Motivations- und Entscheidungsstruktur zu ermitteln.
   b Überprüfen Sie, ob in der Limbic Map Motive und Wertvorstellungen fehlen, die Sie auszeichnen. Stellen Sie außerdem dar, wo Sie diese einfügen würden.

2 Übertragen Sie das Limbic-Konzept auf das Personalmanagement in einem Betrieb.
   a Setzen Sie sich damit auseinander, wie das Limbic-Konzept in den Bereichen Personalauswahl, Personaleinsatz und Personalbeurteilung eingesetzt werden kann. Erledigen Sie diese Aufgabe arbeitsteilig in drei oder sechs Gruppen, je nach Größe der Großgruppe.
   b Der Global Player Henkel suchte mithilfe einer breitangelegten Kampagne, zu der auch die abgebildeten Plakate (M8) gehören, nach Nachwuchskräften auf Führungsebene. Dabei wendete das Personalmanagement von Henkel das Limbic-Konzept an. Ermitteln Sie aus diesen Plakaten, in welchem Bereich der Limbic Map die gesuchten Mitarbeiter abgebildet werden könnten.
   c Setzen Sie sich mit der Situation oben auseinander und begründen Sie mithilfe des Limbic-Konzepts, weshalb Herr Dunkel sich so entscheidet.

4.2.6 Resilienz

Bedeutsam wurde der Begriff Resilienz erstmals durch die amerikanische Psychologin Emmy Werner. Man bezeichnet damit die Fähigkeit, Krisen nicht einfach nur zu durchleben und zu überstehen, sondern daraus positive Entwicklungschancen für das eigene Leben abzuleiten.

Anders als alle vorherigen Erklärungsmodelle ist Resilienz also nicht dazu geeignet, um Persönlichkeiten in ihren Eigenschaften und ihrem Verhalten zu beschreiben oder zu bewerten. Stattdessen ist Resilienz eine nahezu überlebenswichtige Fähigkeit, die insbesondere in einer sich permanent verändernden Arbeitswelt erforderlich ist. Wenn ein Personalverantwortlicher das weiß, kann er die Resilienzfähigkeit seiner Mitarbeiter entsprechend fördern.
Werner startete 1955 auf der hawaiianischen Insel Kauai eine über vierzig Jahre angelegte Langzeitstudie mit insgesamt 700 Kindern. Die Probanden hatten alle einen schwierigen familiären Hintergrund, denn die Insel war äußerst strukturschwach und wurde von einem hohen Grad an Arbeitslosigkeit und Alkoholismus geprägt. Trotz allem hat sich ein Drittel der Kinder nicht nur normal entwickelt, sondern konnte aufgrund bestimmter Strategien und Fähigkeiten sogar an dieser Situation wachsen. Diese Strategien und Eigenschaften fasste Werner unter dem Begriff Resilienz zusammen. Die Langzeitstudie erhielt national und international große Aufmerksamkeit. Das Konzept der Resilienz ist inzwischen weltweit wissenschaftlichen anerkannt und hat auch eine große populärwissenschaftliche Verbreitung.

Resilienzfaktoren

Die einzelnen Fähigkeiten, Strategien und Eigenschaften, um auf der personalen Ebene Krisensituationen zu bewältigen, nennt man Resilienzfaktoren. Jedoch werden diese von den Psychologen, die sich mit Resilienz beschäftigen, unterschiedlich festgelegt. Nach dem Resilienzforscher Klaus Fröhlich-Gildhoff lassen sich aus den verschiedenen Studien jedoch sieben Faktoren identifizieren, die maßgeblich die Resilienz beeinflussen.

GUT ZU WISSEN

Resilienzfaktor	Bewältigungsmethoden
Selbst- und Fremdwahrnehmung	angemessene Selbsteinschätzung und Informationsverarbeitung
Selbstwirksamkeit(s-erwartung)	Überzeugung, Anforderung bewältigen zu können
Selbststeuerung	Regulation von Gefühlen und Erregung
Problemlösen	allgemeine Strategien zur Analyse und zum Bearbeiten von Problemen
soziale Kompetenz	Unterstützung holen, Selbstbehauptung, Konfliktlösung
Stressbewältigung / Adaptive Bewältigung	Realisierung vorhandener Kompetenzen in der Situation
kognitive Fähigkeiten	Kreativität, Umstellungsfähigkeit

Aufgaben

1 Übertragen Sie das Resilienz-Konzept auf sich selbst.
   a Überprüfen Sie, ob die verschiedenen Grundhaltungen und Verhaltensstrategien bei Ihnen ausreichend ausgeprägt sind. Schätzen Sie sich hierfür selbst auf einer Skala von 1 bis 10 ein, wobei die höhere Punktzahl für eine stärkere Ausprägung steht.
   b Stellen Sie jeweils geeignete und für Sie passende Strategien dar, um Ihre „Schwachstellen" zu beheben. Formulieren Sie hierzu konkrete Tipps.

2 Arbeiten Sie heraus, wie Sie Resilienz als Motivationsinstrument in betrieblichen Situationen einsetzen können.
   a Stellen Sie dabei dar, wie und in welchem Rahmen Sie Ihren Mitarbeitern erklären würden, was Resilienz eigentlich bedeutet.
   b Als Führungspersönlichkeit wollen Sie die Resilienz Ihrer Mitarbeiter stärken. Entwickeln Sie hierzu in Partnerarbeit für alle Resilienzfaktoren geeignete Verhaltensweisen, schreiben Sie diese auf Haftzettel und heften Sie diese an die Tafel.

4.2.7 Work-Life-Balance

Das Konzept der Work-Life-Balance beschäftigt sich mit dem Problem, wie Interessen des Arbeits- und des Privatlebens gleichermaßen berücksichtigt werden können. Dabei soll ein Zustand erreicht werden, der eine Lebensführung ermöglicht, die das Individuum zufriedenstellt. Vom englischen Originalbegriff ausgehend, sollen Arbeit und Leben so „ausbalanciert" werden, dass sich der Mensch in einem Gleichgewicht befindet. Ähnlich wie Resilienz (4.2.6) ist die Work-Life-Balance also ebenfalls kein Erklärungsmodell zur Menschenkenntnis. Stattdessen ist die Fähigkeit, eine für sich geeignete Work-Life-Balance zu finden, eine Kompetenz, die Führungskräfte bei ihren Mitarbeitern stärken sollten. Wenn ein Mitarbeiter mit seiner individuellen Work-Life-Balance zufrieden ist, vergrößert das auch seine Resilienz.

Grundlage des Konzepts ist die Annahme, dass die Arbeit, die ein Mensch tun muss, um Geld zu verdienen, mit dem tatsächlichen Leben nichts zu tun hat. Arbeit und Leben sind also vollkommen verschiedene Dinge. Das Ziel jeder Person ist dabei, mit ihrem individuellen Verhältnis von Arbeit und Leben glücklich zu sein.

Es herrscht jedoch in der Wissenschaft keine Einigkeit darüber, wie dieses Verhältnis erreicht werden kann. Auch die Grundthese des Konzepts ist durchaus umstritten. Welche Folgen hat es beispielsweise für die eigene Arbeitseinstellung, wenn man die Arbeit nicht als Teil des eigentlichen Lebens betrachtet? Kann man seine Arbeitskollegen überhaupt als Menschen betrachten, wenn man mit ihnen im tatsächlichen Leben gar nichts zu tun hat? In der Populärwissenschaft wird das Konzept der Work-Life-Balance derzeit als Schlüssel für ein glückliches Leben angepriesen, doch die genannten Vorbehalte zeigen, dass Skepsis angebracht ist.

Lebensbereich-Theorie

Um die eben erwähnten Widersprüche aufzulösen, entwickeln einige Forscher den Ansatz weiter zum Konzept der Life-Domain-Balance. Dabei geht es nicht mehr darum, Erwerbsarbeit und Freizeit auszubalancieren, sondern alle wichtigen Lebensbereiche in ein der Person förderliches Verhältnis zu bringen. Arbeit wird dabei nicht nur als Erwerbsarbeit gesehen, sondern umfasst auch ehrenamtliche Tätigkeiten, Hausarbeiten etc. Als wichtige, auszubalancierende Lebensbereiche sehen zum Beispiel die Forscher Eberhard Ulich und Bettina S. Wiese folgende Gebiete:

- Erwerbsarbeit
- Hausarbeit
- Beziehung zu den eigenen Kindern / Kindererziehung
- Partnerschaft
- Beziehung zur Herkunftsfamilie
- Hobbys
- Sport
- Gesundheit
- Ehrenämter

Maßnahmen der Arbeitgeber

Ob nun Work-Life-Balance oder Life-Domain-Balance, es muss ein gegenseitig nützliches Verhältnis zwischen Erwerbsarbeit und dem Leben außerhalb hergestellt werden. Dabei hat der Arbeitgeber verschiedene Instrumente, damit seine Mitarbeiter eine Work-Life-Balance erreichen. Dazu sind folgende Maßnahmen möglich:

Flexible Arbeitszeiten:
- Gleitzeitregelungen
- Wochen-, Jahres-, Lebensarbeitszeitkonten

Möglichkeit zur Teilzeitarbeit:
- mitarbeiterfreundliche Elternzeitregelungen
- Altersteilzeit

Freistellung:
- unkomplizierte Freistellung bei familiären Erfordernissen
- Unterstützung bei Planung von „Sabbatjahren“ (unbezahlter Urlaub für eine „Auszeit“)

Kinderbetreuung:
- innerbetriebliche/betriebsnahe Kindertagesstätten/Kindergärten
- finanzielle Zuschüsse zur Kinderbetreuung

Fortbildungsangebote:
- Förderung fortbildungswilliger Mitarbeiter
- innerbetriebliche Informationsveranstaltungen

Gesundheitsmanagement:
- kostenloser Besuch bei Betriebsarzt
- betriebliche Sportangebote

GUT ZU WISSEN

Das Konzept der Work-Life-Balance besagt, dass die Arbeit und das Leben außerhalb der Arbeit in einem ausgeglichenen Verhältnis zueinander stehen sollen. Dabei steht der Mitarbeiter im Mittelpunkt, der die Aufgabe hat, dieses Verhältnis so zu gestalten, dass es ihm dabei gut geht. Der Arbeitgeber muss ihn bei dieser Aufgabe durch geeignete Maßnahmen unterstützen.

Die Trennung von Arbeit und Leben ist Bullshit

[...]

Das Gerede von Work-Life-Balance ist Bullshit – eine leere Formel, die uns suggerieren soll, dass das wahre, das gute Leben erst nach Feierabend beginnt. Work-Life-Balance ist Opium fürs Arbeitsvolk. Sie soll die arbeitenden Menschen ruhigstellen, sie kompensieren für schlechte Jobs, die sie nicht weiterbringen im Leben.

Doch was wir brauchen, das ist gute Arbeit, die unseren Fähigkeiten entspricht. Dafür müssen wir kämpfen, nicht für mehr Freizeit, die wir ohnehin oft mit sinnlosen Dingen vergeuden.

[...]

Gute Arbeit trägt zur Entfaltung unserer Fähigkeiten bei – und damit zu einem guten Leben. Sie bietet die nötigen Kriterien und Standards, die Probleme und Herausforderungen, an denen wir uns messen können. Wir brauchen sie für unsere Selbstachtung. Genau deshalb müssen wir die Frage der Arbeit ins Zentrum der gesellschaftlichen und politischen Debatte rücken.

Arbeit gibt uns einen Sinn, sie bringt uns mit Menschen zusammen, sie formt unsere Identität. Zu Recht definieren sich viele Menschen über ihren Beruf, den sie aus guten Gründen gewählt, auf den sie womöglich lange hingearbeitet haben. Was Arbeit für Menschen bedeutet, erkennt man am besten, wenn sie plötzlich fehlt.

[...]

Gute Arbeit ist eine konkrete Chance, die eigene Vorstellung von einem guten Leben zu realisieren. Schlechte Arbeit nimmt uns diese Chance, sie hindert uns am guten Leben, sie ist eine kolossale Zeit- und Lebensverschwendung.

Schuld an schlechter Arbeit ist nicht der Kapitalismus, der uns alle ins Hamsterrad zwingt. Schuld sind unfähige Manager, die Mitarbeiter auf eine bloße Ressource reduzieren. Schuld ist aber auch der einzelne Mitarbeiter, der ohne Not oder aus Bequemlichkeit in einem schlechten Job verharrt.

[...]

M9 Quelle: Thomas Vašek: Die Trennung von Arbeit und Leben ist Bullshit. In: www.spiegel.de

Situation

Wolfgang Fahrig ist ein sehr erfahrener und kompetenter Mitarbeiter, der seit mittlerweile dreißig Jahren als Vorarbeiter in der Abteilung tätig ist, der Sie seit kurzer Zeit vorstehen. Jetzt möchte er, gerade einmal 59 Jahre alt, in den Vorruhestand gehen. Er hätte so gerne mehr Zeit für seine beiden kleinen Enkelkinder und möchte auch noch „ein paar schöne Jahre" mit seiner Frau verbringen, die einige Jahre älter ist als er.

Aufgaben

1 Überprüfen Sie Ihre eigene Work-Life-Balance.
   a Zeigen Sie auf, welchen der genannten Lebensbereiche Sie momentan wie viel Aufmerksamkeit schenken. Bestimmen Sie hierzu eine Reihenfolge.
   b Klären Sie, was Sie an dieser Reihenfolge gerne ändern würden.
   c Erläutern Sie Maßnahmen, die Ihr Arbeitgeber ergreift, um seinen Mitarbeitern das Erreichen der Work-Life-Balance zu erleichtern.
2 Legen Sie dar, wie Sie Ihren Mitarbeitern dabei helfen würden, zu einer ausgeglichenen Work-Life-Balance zu gelangen.
   a Formulieren Sie hierzu möglichst konkrete Ideen, die Sie als Führungskraft umsetzen würden. Erweitern Sie dabei den im Kapitel vorgestellten Maßnahmenkatalog.
   b Analysieren Sie die Situation oben und erläutern Sie, wie Sie Herrn Fahrig entgegenkommen könnten, um ihn noch einige Jahre im Unternehmen zu halten
3 Setzen Sie sich mit dem Konzept der Work-Life-Balance auseinander.
   a Arbeiten Sie die Einstellung heraus, die Thomas Vasek bezüglich des Konzepts hat (M9).
   b Nehmen Sie Stellung zu Vaseks Einschätzung.

4.3 Motivationsvorgänge

Dieses Unterkapitel nimmt den Prozess der Motivation von Mitarbeitern in den Fokus. Dieser Prozess kann ausgesprochen komplex verlaufen, da jeder Mitarbeiter eine vollkommen individuelle Motivationsstruktur besitzt.

Die wichtigste Voraussetzung, einen Mitarbeiter zu motivieren, ist ihn gut genug zu kennen. Denn nur dann ist man in der Lage, ihn entsprechend seiner Persönlichkeit zu motivieren. Diesem Zweck diente das vorherige Unterkapitel, das sich mit Erklärungsmodellen zur Menschenkenntnis befasste (4.2).

Nun geht es um Erklärungsmodelle, die sich damit beschäftigen, wie Motivationsvorgänge bei Mitarbeitern angeregt werden können. Erklärungsmodelle können immer nur eine Hilfestellung sein, wenn Führungskräfte vor der Aufgabe stehen, einen Mitarbeiter zu motivieren. Denn letztlich kann jeder Mitarbeiter nur individuell motiviert werden.

Das bis heute bekannteste Modell zur Motivation von Menschen, die Bedürfnishierarchie nach Abraham Maslow (4.3.1), wird zuerst vorgestellt, danach Frederick Herzbergs Zwei-Faktoren-Modell (4.3.2), das die motivierend wirkenden Bedürfnisse nicht hierarchisch ordnet, sondern in zwei Gruppen unterteilt.

Anschließend folgt das Flow-Konzept nach Mihaly Csikszentmihalyi (4.3.3), das Motivation nicht von den Bedürfnissen herleitet, sondern untersucht, unter welchen Bedingungen eine Tätigkeit wirklich motivierend wirkt. Dieses Konzept und vor allem dessen Schlüsselbegriff „Flow“ dringen mehr und mehr in unsere Alltagskultur ein.

Mit dem Rubikon-Modell nach Heinz Heckhausen (4.3.4) wird eine Theorie vorgestellt, die davon ausgeht, dass Menschen durch ihren eigenen Willen und ihre eigene Entscheidungskraft motiviert werden.

Die erworbene Menschenkenntnis in diesem Unterkapitel legt den Grundstein für die folgenden Unterkapitel. So ist das Wissen, wie Mitarbeiter motiviert werden können, selbstverständlich eine wichtige Voraussetzung, für das *Wollen* in der Leistungsformel (4.4). Und auch Führungsinstrumente funktionieren nur dann motivierend (4.5), wenn sie in Motivationsprozesse eingebunden werden. All das gilt selbstverständlich auch für Gruppen (4.6), deren Eigendynamik wiederum bei der Motivation berücksichtigt werden muss.

4.3.1 Bedürfnishierarchie

Die Theorie der Bedürfnishierarchie stammt von Abraham Maslow (1908–1970). Sie ist der „Klassiker“ unter den Modellen zur Erklärung von Motivationsvorgängen.

M10 Abraham Maslow

Maslow geht davon aus, dass ein Mensch nur auf der Grundlage seiner Bedürfnisse motiviert werden kann und auch danach handelt. Er teilt diese Bedürfnisse in insgesamt fünf Kategorien ein und weist diesen Kategorien Ränge zu. Bedürfnisse einer Kategorie können also erst dann gestillt werden, wenn die Bedürfnisse der Kategorie darunter bereits gestillt wurden. Laut Maslow ist es jedoch nicht so, dass eine Kategorie von Bedürfnissen vollständig erfüllt sein muss, bevor die nächste Kategorie relevant wird.Dies ist lediglich ein Missverständnis, das jedoch weit verbreitet ist. Allerdings sollte ein Bedürfnis zumindest im Wesentlichen erfüllt sein.

Bedürfnisse haben demnach unterschiedliche Prioritäten und ein Mensch kann dort motiviert werden, wo ein bestimmtes Bedürfnis noch nicht befriedigt wurde.

Vor allem aufgrund dieser festen Rangordnung der Bedürfnisse sieht man Maslows Bedürfnishierarchie heute zunehmend als überholt an. Denn feststellbar ist, dass Persönlichkeiten oft über individuelle Bedürfnishierarchien verfügen, die von Maslows Modell abweichen. Dennoch hat Maslow insofern Recht, als Menschen immer dort motiviert werden können, wo ihre individuellen Bedürfnisse noch nicht gestillt wurden. Eine Erkenntnis, die Führungskräfte bei der Mitarbeitermotivation direkt umsetzen können.

Darstellung als Bedürfnispyramide

Die Bedürfnispyramide ist die häufigste visuelle Darstellung von Maslows Modell zur Bedürfnishierarchie. Jedoch stammt sie nicht, wie oft behauptet wird, von Maslow selbst, sondern ist lediglich eine Interpretation oder Verdeutlichung seiner Theorie. Dennoch lässt sich sein Modell so am klarsten darstellen.

Physische Grundbedürfnisse (1. Stufe): Zu diesen Bedürfnissen, die elementar für das Überleben sind, gehören Essen, Trinken, Kleidung, Wohnung und die Gesundheit.

Sicherheitsbedürfnisse (2. Stufe): Diese Bedürfnisse, wie zum Beispiel ein Arbeitsplatz, ein Gehalt und Absicherungen im Renten- oder Krankheitsfall, erleichtern die längerfristige Lebensplanung.

Soziale Bedürfnisse (3. Stufe): Sie beinhalten alle Beziehungen im privaten und beruflichen Bereich, aber auch darauf basierende Werte wie Freundschaft und Liebe.

Wertschätzung und Anerkennung (4. Stufe): Diese Bedürfnisse können beispielsweise durch Zuspruch, Respekt und Bestätigung befriedigt werden.

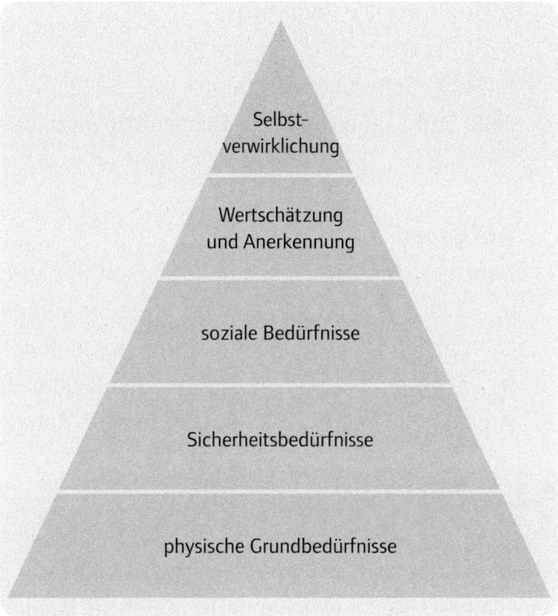

M11 Bedürfnispyramide

Selbstverwirklichung (5. Stufe): Die höchste Stufe im Rahmen von Maslows Bedürfnishierarchie erreicht man durch Verantwortung, Entscheidungsspielräume und Kreativität. Im Arbeitsleben ist diese Stufe nur schwer zu erreichen.

Motivklassen

Zudem spricht Maslow auch noch von zwei Motivklassen: Defizitmotive und Wachstumsmotive. Werden Defizitmotive nicht erfüllt, so treten körperliche und seelische Probleme auf. Wenn die Wachstumsmotive nicht erfüllt werden, bleiben diese Probleme zwar aus, jedoch herrscht auch keine wirkliche Zufriedenheit.

Es ist individuell verschieden, wo in der Bedürfnispyramide die „Grenze" zwischen diesen beiden Motivklassen verläuft. In aller Regel wird angenommen, dass für die meisten Menschen die ersten drei Stufen zu den Defizitmotiven gehören, oft sind es jedoch auch die ersten vier und teilweise können es sogar nur die ersten zwei sein. Möglich ist auch, dass es keine Grenze im eigentlichen Sinne gibt. So könnten beispielsweise für Künstler die erste und die fünfte Stufe zu den Defizitmotiven gehören. Führungskräfte sollten in jedem Fall herausfinden, welches die Defizitmotive eines Mitarbeiters sind, und diese zunächst bevorzugt erfüllen, bevor dessen Wachstumsmotive in den Mittelpunkt rücken.

GUT ZU WISSEN

Stufen in der Bedürfnishierachie

1. Stufe: physische Grundbedürfnisse
2. Stufe: Sicherheitsbedürfnisse
3. Stufe: soziale Bedürfnisse
4. Stufe: Wertschätzung und Anerkennung
5. Stufe: Selbstverwirklichung

Jede Stufe kann wiederum den Defizit- und/oder Wachstumsmotiven zugeordnet werden.

Aufgaben

1 Beurteilen Sie Ihre eigene Situation mithilfe des Modells der Bedürfnishierarchie.
- **a** Begründen Sie, auf welcher Stufe Sie gerade motiviert werden sollten und auf welche Weise die darunterliegenden Bedürfnisse bei Ihnen befriedigt werden.
- **b** Erläutern Sie, wie Sie in Ihrem Beruf gerne Selbstverwirklichung erfahren würden.

2 Arbeiten Sie heraus, wie Betriebe in allen Kategorien Anreize bieten können.

4.3.2 Zwei-Faktoren-Modell

Frederick Herzberg (1923–2000) ging der Frage nach, ob es bestimmte Faktoren gibt, die die Arbeitsmotivation besonders positiv oder negativ prägen können. Hierfür befragte er amerikanische Angestellte, in welchen Situationen sie besonders gerne bzw. besonders ungerne arbeiteten. Außerdem wollte er wissen, ob sich diese Erinnerungen an bestimmten Faktoren festmachen lassen.

Bei der Auswertung dieser Studie stellte Herzberg fest, dass sich diese Faktoren in zwei Gruppen einteilen lassen, die gemeinsame Merkmale aufweisen. So kam er zu seinem Zwei-Faktoren Modell.

Zwei-Faktoren-Modell		
Faktoren	Hygienefaktoren (Vermeidungsbedürfnisse)	Motivatoren (Entfaltungsbedürfnisse)
Wirkungsweise	extrinsisch wirkend → außerhalb der eigentlichen Tätigkeit	intrinsisch wirkend → direkt mit eigentlicher Tätigkeit verknüpft
Effekt	■ Verhindern von Unzufriedenheit ■ Demotivation bei Mangel	■ Erzeugen von Zufriedenheit ■ Motivation bei Vorhandensein
Beispiele	■ Gehalt ■ Kontrolle ■ Arbeitsplatzsicherheit ■ Position im hierarchischen Gefüge	■ Leistung ■ Anerkennung ■ Verantwortung ■ Beförderung

Der Kern des Modells beruht also auf der Annahme, dass die erste Gruppe von Faktoren, die Hygienefaktoren, lediglich Unzufriedenheit vermeiden, ohne wirklich zu motivieren. Tatsächlich motivierend wirken nur die Motivatoren. Führungskräfte sollten deswegen darauf achten, Mitarbeiter verstärkt auf der Basis von Motivatoren zu motivieren.
Allerdings muss man auch beim Zwei-Faktoren-Modell beachten, dass es sehr pauschal wirkt, denn die individuellen Hygienefaktoren und Motivatoren einzelner Mitarbeiter können durchaus andere sein als die, die Herzberg vorgibt.

GUT ZU WISSEN

Zwei Faktoren nach Herzberg

- Hygienefaktoren: – extrinsische Wirkung
  – Effekt: Verhindern von Unzufriedenheit
- Motivatoren: – intrinsische Wirkung
  – Effekt: Erzeugen von Zufriedenheit

Aufgaben

1 Arbeiten Sie heraus, inwiefern das Zwei-Faktoren-Modell auf Sie zutrifft.
   a Untersuchen Sie, welche Hygienefaktoren und Motivatoren bei Ihrer derzeitigen Tätigkeit erfüllt werden.
   b Diskutieren Sie, ob Sie Ihre derzeitige Tätigkeit auch ausüben würden, wenn sie deutlich schlechter bezahlt wäre.

2 Erläutern Sie, welche Arbeitsbedingungen Sie als Führungskraft herstellen würden, um Ihre Mitarbeiter wirklich zu motivieren.

4.3.3 Flow-Konzept

Das Flow-Konzept wurde von Mihaly Csikszentmihalyi entwickelt. Er wollte herausfinden, wann ein Mensch am glücklichsten ist. Dabei kam er zu dem Ergebnis, dass sich wirkliches Glück nur dann einstellt, wenn eine Persönlichkeit dazu in der Lage ist, ihr Bewusstsein zu kontrollieren. Sie muss sich also vollständig intrinsisch motivieren können. Den Effekt, der sich dann einstellt, nannte Csikszentmihalyi „Flow" (dt: Fluss [im übertragenen Sinne]).

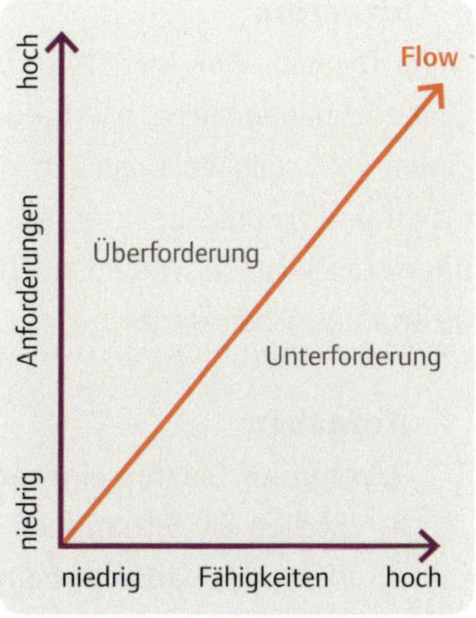

M12 Der Flow-Zustand entsteht, wenn man weder über- noch unterfordert ist

Damit eine Persönlichkeit ihr Bewusstsein so kontrollieren kann, dass sie einen Flow-Zustand erlebt, muss ihre Aufmerksamkeit gezielt nur auf ein gewünschtes Objekt gerichtet sein. Dabei kann es sich um Tätigkeiten aller Art handeln, solange diese weder unter- noch überfordern, sondern genau so, dass die volle Konzentration auf sie notwendig ist.

Meistens handelt es sich dabei um die Arbeit oder Hobbys. Ablenkungen müssen ausgeblendet werden, egal ob sie sich auf die Umwelt oder das eigene Innere beziehen.
Das Flow-Konzept ist in der Fachwelt anerkannt und es herrscht weitgehend Einigkeit darüber, dass eine Tätigkeit tatsächlich dann besonders motivierend sein kann, wenn sich der Flow-Effekt einstellt. Außerdem hat es Csikszentmihalyi geschafft, den Begriff „Flow" auch in unserer Alltagssprache zu etablieren. „Im Flow sein" ist längst eine gängige Redewendung. Aus diesen Gründen ist es für Führungskräfte eine wertvolle Chance, ihren Mitarbeitern Arbeitsbedingungen zu geben, bei denen sich der Flow-Effekt einstellen kann.

Hauptkomponenten des Flow-Effekts

Der Flow-Effekt zeichnet sich im Wesentlichen durch acht Hauptkomponenten aus. Je mehr dieser Komponenten gleichzeitig vorhanden sind, desto größer ist die Wahrscheinlichkeit, dass es zum Flow kommt.

GUT ZU WISSEN

Hauptkomponenten des Flow-Effekts

1. Herausforderung, die nach eigenem Empfinden bewältigt werden kann
2. Konzentration auf das eigene Tun
3. deutliche Zielsetzung
4. tiefe und mühelose Hingabe
5. sofortige Rückmeldung über Erfolg
6. Gefühl der Kontrolle
7. keine Gedanken an eigenen Zustand
8. kein Zeitgefühl

Situation

Ivana Dvorski, eine Ihrer Mitarbeiterinnen, hat zwar eine gut bezahlte und angesehene Stelle im Qualitätsmanagement, wirkt jedoch unzufrieden und weniger motiviert als vor einigen Monaten. In einem vertraulichen Gespräch gesteht sie Ihnen, dass ihr ihre Arbeit keinen richtigen Spaß mehr macht und sie um eine interne Versetzung bittet. Ihnen ist jedoch klar, dass Dvorski für Sie eigentlich unersetzlich ist. Deswegen möchten Sie als Vorgesetzter Dvorski so motivieren, dass sie wieder Freude an ihrer Arbeit findet.

Aufgaben

1. Überprüfen Sie Ihre eigenen Erfahrungen mit dem Flow-Effekt.
   a. Stellen Sie Situationen dar, von denen Sie glauben, dass Sie sich dabei im Flow-Zustand befunden haben. Arbeiten Sie heraus, welche Hauptkomponenten des Flow-Effekts in dieser Situation gegeben waren.

   b Klären Sie, unter welchen Bedingungen Ihre derzeitige Tätigkeit zu einem umfassenden Flow-Erlebnis werden könnte. Berücksichtigen Sie möglichst alle acht Hauptkomponenten.

2 Übertragen Sie das Flow-Konzept auf die Situation oben. Arbeiten Sie dafür mit einem Partner zusammen. Entwerfen Sie ein Rollenspiel, wobei Sie sich zunächst darauf einigen, wer die Rolle des Vorgesetzten und wer die Rolle von Ivana Dvorski einnimmt. Im Rahmen dieses Rollenspiels soll der Vorgesetzte Dvorski so beraten, dass sich bei ihr ein Flow-Effekt einstellen kann.

4.3.4 Rubikon-Modell

Das Rubikon-Modell wurde zunächst von Heinz Heckhausen (1926–1988) entwickelt und nach dessen Tod von seinem Schüler Peter Gollwitzer vollendet. Heckhausen griff bei der Namensgebung seines Konzepts auf eine historische Begebenheit zurück. Im Jahr 49 v. Chr. überquerte Julius Cäsar den Fluss Rubikon in Norditalien mit der Absicht, Rom zu erobern („Die Würfel sind gefallen“). Seitdem dient der Rubikon als Sinnbild für Entscheidungen, die unumkehrbar sind.

Das Rubikon-Modell beschäftigt sich also mit der Frage, wie sich Menschen Ziele setzen, diese erreichen und anschließend den Weg dorthin bewerten. Dabei kommen sie laut Heckhausen aufgrund von Willenskraft irgendwann an den Punkt, an dem Entscheidungen und deren Konsequenzen nicht mehr vollständig und folgenlos rückgängig gemacht werden können. Sollte die ursprüngliche Entscheidung also widerrufen werden, wird der Rubikon gewissermaßen abermals überschritten. Dieser Punkt wird bei der Kritik am Rubikon-Modell öfter übersehen. Selbstverständlich können Entscheidungen rückgängig gemacht werden. Trotzdem wird danach mit großer Wahrscheinlichkeit nicht mehr alles so sein, wie es vor der ursprünglichen Entscheidung war.

Diese Verantwortung muss Führungskräften im Umgang mit ihren Mitarbeitern bewusst sein. Einerseits ist es sehr motivierend für Mitarbeiter, ihren Willen zu stärken und sie zu Entscheidungen zu ermutigen. Andererseits sollten sie aber auch auf die Konsequenzen vorbereitet werden, die auftreten können, wenn sich eine Entscheidung als falsch herausstellt.

Vier Phasen des Rubikon-Modells

Das Rubikon-Modell besteht aus vier Phasen, die stets nacheinander durchlaufen werden.

1 Abwägen:
   - Suchen nach vielfältigen Informationen über das Ziel
   - Bedenken von möglichen Vor- und Nachteilen
   - Vorausahnen möglicher Folgen
   - Ende der ersten Phase: Entscheidung für Verfolgen des Ziels (Überschreiten des Rubikons)

2 Planen:
   - planen, wie das Ziel erreicht werden kann
   - Aktivieren der eigenen Willenskraft
   - Ausblenden destruktiver Einflüsse („Tunnelblick“)

3 Handeln:
   - Umsetzen der Pläne zum Erreichen des Ziels
   - Reagieren auf Probleme und Misserfolge

4 Bewerten:
- überprüfen, ob das Ziel erreicht wurde
- Erforschen der Gründe für Erfolg/Misserfolg
- Fassen von Konsequenzen für zukünftiges Planen und Verfolgen von Zielen

Entscheidend dafür, dass die vier Phasen wie vorgesehen nacheinander durchlaufen werden können, ist dabei die eigene Willenskraft. Vor allem die Phasen des Planens und des Handelns sind anfällig für Störungen.

GUT ZU WISSEN

Die vier Phasen des Rubikon-Modells

1 Abwägen (inklusive Fällen einer Entscheidung)
2 Planen
3 Handeln
4 Bewerten

Aufgaben

1 Reflektieren Sie Ihre eigene Situation mithilfe des Rubikon-Modells.
 a Es erfordert viel Willensstärke, den Schritt vom Mitarbeiter zur Führungskraft zu wagen. Übertragen Sie das Rubikon-Modell in allen vier Phasen auf dieses Ziel.
 b Entwerfen Sie Strategien, die Ihnen dabei helfen können, den „inneren Schweinehund" zu überwinden.

2 Entwickeln Sie Maßnahmen, wie Sie die Willenskraft Ihrer Mitarbeiter stärken können.

4.4 Leistungsmotivation

Den Begriff „Leistungsmotivation" zu definieren, ist komplizierter, als es auf den ersten Blick scheinen mag. Zwar gibt es eine ganze Reihe an komplexen Modellen, die den Begriff umreißen wollen, doch eine Definition, die Leistungsmotivation kurz und verständlich auf den Punkt bringt, ist nicht vorhanden. Um den Begriff etwas weniger komplex zu gestalten, soll sich dieses Unterkapitel vor allem mit der Frage beschäftigen, wie bzw. wodurch Mitarbeiter zu Leistung motiviert werden können.

Dabei gilt auch hier, dass Führungskräfte ihre Mitarbeiter im Grunde ausschließlich individuell zu Leistung motivieren können. Dafür sollten sie ihren Mitarbeiter genau kennen (4.2) und ebenso wissen, auf welche Art und Weise er generell motiviert werden kann (4.3).

Hierzu beginnt das Unterkapitel mit der Leistungsformel $L = W \times K \times D$, die auf logische und beinahe schon mathematische Weise klären soll, unter welchen Bedingungen Mitarbeiter Leistung zeigen können. Außerdem werden leistungsfördernde und leistungsbegrenzende Faktoren allgemein vorgestellt (4.4.2).

Da ein Unternehmen vor allem an der Leistung seiner Mitarbeiter interessiert ist, ist das Wissen darüber, wie Mitarbeiter motiviert werden können, unabdingbar für den sinnvollen Einsatz motivierender Führungsinstrumente (4.5).

4.4.1 Leistungsformel: L = W × K × D

Die Leistungsformel L = W × K × D erklärt, unter welchen Bedingungen ein Mitarbeiter in der Lage ist, Leistung zu erbringen. Dabei steht L für „Leistung“, W für „Wollen“, K für „Können“ und D für „Dürfen“.

Die Leistungsformel dient somit einerseits als Modell zur Verdeutlichung, auf welche Weise leistungsfördernde und leistungsbegrenzende Faktoren (4.4.2) miteinander in Verbindung stehen. Andererseits wird dadurch versucht, den etwas abstrakten Begriff der Leistung am Arbeitsplatz zu konkretisieren. Jedoch kann die Leistungsformel keinen Anspruch auf wissenschaftliche Anerkennung erheben, da sie nur eine Annäherung und keine Klärung dieses Begriffs für sich beanspruchen kann.

Faktoren der Leistungsformel			
Faktor	Wollen (W)	Können (K)	Dürfen (D)
Fachbegriff	Leistungsbereitschaft	Leistungsfähigkeit	Leistungsmöglichkeit
Elemente	■ vorausgegangene Entwicklung (Erziehung, Umfeld) ■ individuelle Ziele, Bedürfnisse, Motive (vgl. Big Five, 16 Lebensmotive)	■ Kenntnisse ■ Wissen ■ Fähigkeiten ■ Erfahrung	■ Normen/Regeln im Unternehmen ■ Hierarchie/Organisation ■ Einstellung der Vorgesetzten gegenüber dem einzelnen Mitarbeiter

Zwischen den drei Faktoren der Leistungsformel herrschen zahlreiche Wechselwirkungen. Dabei gehen alle Wechselwirkungen im Grunde genommen von der Darstellung als mathematische Formel aus. Es wird auf diese Art und Weise deutlich, dass ein Mitarbeiter nur dann Leistung erbringen kann, wenn alle drei Faktoren in einem gewissen Maß gegeben sind. Fehlt das Wollen, das Können oder das Dürfen vollkommen, ist Leistung im Prinzip unmöglich. Dieses Prinzip gilt natürlich auch umgekehrt. Je stärker die drei Faktoren der Leistungsformel ausgeprägt sind, desto höher ist die individuelle Leistung eines Mitarbeiters.

Aufgrund ihrer relativ leichten Anwendbarkeit kann die Leistungsformel im betrieblichen Alltag von großem Nutzen sein. So kann eine Führungskraft mithilfe dieser Verdeutlichung die Leistung ihrer Mitarbeiter beurteilen und diese auch individuell fördern.

GUT ZU WISSEN

Faktoren der Leistungsformel

Wollen (W): Leistungsbereitschaft

Können (K): Leistungsfähigkeit

Dürfen (D): Leistungsmöglichkeit

Je ausgeprägter und ausbalancierter die Faktoren sind, umso höher ist die Leistung.

Situation

Jens Barth, ein sehr erfahrener und im Allgemeinen leistungsstarker Teamwerker im Bereich der Fertigung, baut in letzter Zeit spürbar ab. Die Qualitätskontrolle beschwert sich über hohen Ausschuss und seine Arbeitskollegen beschreiben ihn als mürrisch und wenig umgänglich. Zu allem Überfluss kam Barth letzte Woche auch noch zweimal zu spät. Eigentlich wäre es jetzt an der Zeit, ihn abzumahnen, doch vor diesem Mittel schreckt sein Vorgesetzter noch zurück. Erst möchte er in einem Mitarbeitergespräch herausfinden, weshalb Barth es derzeit nicht schafft, seine Leistung abzurufen.

Aufgaben

1 Übertragen Sie die Leistungsformel auf Ihre eigene Situation.

   a Bewerten Sie, ausgehend von Ihrem derzeitigen Arbeitsplatz, die drei Faktoren der Leistungsformel jeweils auf einer Skala von 1 bis 10. Ermitteln Sie außerdem die Höhe des Produkts L.

   b Zeigen Sie Strategien auf, wie Sie die einzelnen Faktoren und somit auch das Gesamtprodukt vergrößern können.

2 Übertragen Sie die Leistungsformel auf die Situation oben. Arbeiten Sie dafür mit einem Partner zusammen. Entwerfen Sie ein Rollenspiel, wobei Sie sich zunächst darauf einigen, wer die Rolle des Vorgesetzen und wer die Rolle von Jens Barth einnimmt. Im Rahmen dieses Rollenspiels soll der Vorgesetzte Barth in einem Mitarbeitergespräch so beraten, dass dieser seine Leistung im Sinne der Leistungsformel optimieren kann.

4.4.2 Leistungsfördernde und leistungsbegrenzende Faktoren

Alle Faktoren, die die Leistung eines Mitarbeiters beeinflussen, können sowohl leistungsfördernd als auch leistungsbegrenzend wirken. Entscheidend ist hierbei immer, auf welche Weise diese Faktoren ausgeprägt sind. So kann beispielsweise die innere Organisation einer Firma bei flachen Hierarchien leistungsfördernd wirken, während eine steile Hierarchie mit autoritären Strukturen tendenziell eher leistungsbegrenzend wirkt.

Die Leistungsfaktoren können in zwei Kategorien unterteilt werden. Zum einen gibt es die äußeren Leistungsfaktoren, die durch den Arbeitsplatz und die Arbeitsumgebung bestimmt werden. Davon werden die inneren Leistungsfaktoren unterschieden, die vom Mitarbeiter selbst beeinflusst werden.

Äußere Leistungsfaktoren:
- innerbetriebliche Organisation
- Betriebsklima: Umgang zwischen Arbeitgeber und Mitarbeiter bzw. Mitarbeitern untereinander
- Ausgestaltung des Arbeitsraumes/Arbeitsplatzes
- Inventar an Maschinen/Werkzeugen / technischen Hilfsmitteln

Innere Leistungsfaktoren:
- fachliche Voraussetzungen (Kenntnisse/Wissen, Fähigkeiten, Erfahrung)
- geistige/seelische Voraussetzungen (Motivation, Charaktereigenschaften, psychische Stabilität)
- körperliche Voraussetzungen (Gesundheitszustand, Lebensführung)

GUT ZU WISSEN

Kategorien von Leistungsfaktoren
- äußere Leistungsfaktoren: Arbeitsplatz, Arbeitsumgebung
- innere Leistungsfaktoren: Person des Mitarbeiters

Beide Faktoren können sowohl leistungsfördernd als auch leistungsbegrenzend wirken.

Aufgaben

1 Erläutern Sie, wie die oben genannten Leistungsfaktoren ausgeprägt sein müssen, damit sie auf maximale Weise leistungsfördernd bzw. leistungsbegrenzend wirken.

2 Ermitteln Sie Strategien, wie Sie als Führungskraft die oben genannten Leistungsfaktoren positiv beeinflussen können.

4.5 Motivierende Führungsinstrumente

Mittlerweile erkennt man mehr und mehr, wie wichtig die Motivation von Mitarbeitern im Rahmen betrieblicher Führung ist. Dieser Aspekt wurde über Jahrzehnte vernachlässigt, doch seit der Jahrtausendwende beschäftigen sich Unternehmen zunehmend damit, wie sich Mitarbeiter durch Führungsinstrumente geeignet motivieren lassen. Mit solchen Führungsinstrumenten beschäftigt sich dieses Unterkapitel.

Sämtliche Führungsinstrumente sollten präzise auf die Mitarbeiter zugeschnitten sein. Dazu muss man seine Mitarbeiter genau kennen (4.2) und wissen, in welcher Phase eines Motivationsprozesses sie sich gerade befinden (4.3). Besonderes Augenmerk wird dabei derzeit auf die Bedürfnisse der Generation Y gelegt (4.1.2), auf die die hier vorgestellten motivierenden Führungsinstrumente ganz besonders fokussiert sind.

So wird zunächst auf das Instrument der Kompetenzanalyse (4.5.1) eingegangen, das dabei helfen soll, die Fähigkeiten eines Mitarbeiters zu erfassen, so dass er optimal eingesetzt werden kann. Danach werden zwei Führungsinstrumente vorgestellt, die Motivation durch Identifikation erreichen wollen. Die Leitbildkultur (4.5.2) will Mitarbeiter über eine definierte Unternehmenskultur dazu motivieren, innerhalb und außerhalb der Firma für deren Werte, Vorstellungen und

Ziele einzutreten. Die Idee der Corporate Identity (4.5.3) verstärkt die Identifikation aller Beschäftigten mit dem Unternehmen durch konkrete Elemente wie einheitliches Design etc.
Leitbildkultur und Corporate Identity bilden auch eine Schnittstelle zum Bereich Führung (siehe Kapitel 6.8), wo diese Instrumente im Zusammenhang mit Unternehmens- und Führungsphilosophie wieder auftauchen.

4.5.1 Kompetenzanalyse

Die Kompetenzanalyse ist ein Führungsinstrument, das von den individuellen Kompetenzen eines Mitarbeiters ausgeht. Diese sollen berücksichtigt werden, um für jeden Mitarbeiter eine möglichst passende Stelle zu finden.
Motivierend wirkt die Kompetenzanalyse deshalb, weil es hierbei in erster Linie darum geht, die richtige Stelle für einen bestimmten Mitarbeiter zu finden. Aus diesem Grund sollte die Kompetenzanalyse auch nicht als reine Stärken-Schwächen-Analyse „missverstanden" werden. Stattdessen sollte eine Führungskraft davon ausgehen, dass jeder Mitarbeiter Talente hat, die ihn für eine bestimmte Stelle besonders wertvoll machen. Wichtig ist dabei, dass die Mitarbeiter die Kompetenzanalyse auch genau so verstehen und diese nicht als Wettbewerb untereinander begreifen. Geschieht dies dennoch, verstärkt dieses Führungsinstrument lediglich den Konkurrenz- und Verdrängungskampf innerhalb der Belegschaft, was dann eher demotivierend und lähmend wirkt.
Eine Kompetenzanalyse wird im Wesentlichen in drei Schritten durchgeführt.

Schritt 1: Kompetenzen definieren

Fachkompetenzen: Sie beziehen sich auf Kenntnisse und Fähigkeiten, die durch Lernen gewonnen werden. Dazu gehören zunächst allgemeine Kenntnisse in den mathematischen und sprachlichen Bereichen sowie in der Textverarbeitung. Hinzu kommen noch individuelle berufsspezifische Kenntnisse und Fähigkeiten.
Methodenkompetenzen: Dies sind Kompetenzen, die sich auf das Organisieren und Durchführen von Lern- und Arbeitsprozessen beziehen, wie beispielsweise allgemeine und berufsspezifische Lern- und Arbeitstechniken, Kreativität, Organisationsfähigkeit und die Fähigkeit zum Denken in Zusammenhängen.
soziale Kompetenzen: Hierbei geht es darum, zusammen mit anderen Menschen angemessen zu handeln. Kompetenzen aus diesem Bereich sind zum Beispiel Teamfähigkeit, Kritikfähigkeit, Toleranz, Kommunikationsfähigkeit, Kontaktfähigkeit und emotionale Intelligenz.
personale Kompetenzen: Diese Kompetenzen beziehen sich auf individuelle Persönlichkeitseigenschaften. Hierzu gehören Leistungsbereitschaft, Ehrgeiz, Selbstbewusstsein, Flexibilität, Selbständigkeit und Zuverlässigkeit.

Schritt 2: Testverfahren durchführen

Das Vorhandensein der verschiedenen Kompetenzen wird in Testverfahren überprüft. Hierbei wird ermittelt, wie stark die einzelnen Kompetenzen bei den jeweiligen Mitarbeitern ausgeprägt sind.

Testverfahren im Rahmen einer Kompetenzanalyse		
Testverfahren	Funktion	Getestete Kompetenzen
Leistungstests	Sie prüfen bestimmte Kenntnisse und Fähigkeiten ab und ähneln Klassenarbeiten.	■ Fachkompetenzen
Fragebögen zur Selbsteinschätzung	Mithilfe dieser Fragebögen schätzen sich die Teilnehmer selbst ein. Dieses Testverfahren muss immer mit einem anderen Verfahren kombiniert werden, das eine Fremdeinschätzung enthält.	■ Methodenkompetenzen ■ personale Kompetenzen ■ soziale Kompetenzen
Gruppenarbeiten	Hierbei setzen sich Teilnehmer in einer Gruppe mit einer bestimmten Problemstellung auseinander. Dabei werden sie beobachtet.	■ personale Kompetenzen ■ soziale Kompetenzen
Präsentationen	Die Teilnehmer präsentieren entweder sich selbst oder bereiten eine Präsentation zu einem gestellten Thema vor.	■ Fachkompetenzen ■ Methodenkompetenzen ■ soziale Kompetenzen

Schritt 3: Ergebnisse auswerten

Die Auswertung der Ergebnisse verläuft im Allgemeinen in vier Schritten:
Zunächst wertet ein Personalmanager bzw. ein Psychologe die verschiedenen Tests aus. Dann wird ein individuelles Kompetenzprofil für den Mitarbeiter erstellt, aus dem hervorgeht, welche Kompetenzen auf welche Weise ausgeprägt sind. Anschließend wird das Kompetenzprofil gemeinsam mit dem Mitarbeiter reflektiert. Daran können Vorgesetzte, Personalmanager oder Psychologen beteiligt sein. Schließlich werden daraus geeignete Maßnahmen abgeleitet, wie beispielsweise Fortbildungsmaßnahmen oder ein Stellenwechsel.

Anwendungsbereiche der Kompetenzanalyse

Die Kompetenzanalyse dient verschiedenen Anwendungszwecken:
Personalauswahl: Für eine neu zu besetzende Stelle wird ein Kompetenzprofil erstellt und dann wird dieses mit dem Kompetenzprofil der Bewerber verglichen.
Personalentwicklung: Durch ein Kompetenzprofil wird ermittelt, an welcher Stelle im Unternehmen ein Mitarbeiter optimal eingesetzt werden kann.
Nachfolgeplanung: Das Kompetenzprofil eines ausscheidenden Mitarbeiters wird mit den Profilen potentieller Nachfolger abgeglichen, um eine möglichst reibungslose Nachfolge zu gewährleisten.

GUT ZU WISSEN

Durchführung einer Kompetenzanalyse

1. Schritt: Kompetenzen definieren (Fachkompetenzen, Methodenkompetenzen, soziale Kompetenzen, personale Kompetenzen)
2. Schritt: Testverfahren durchführen (Leistungstests, Fragebögen zur Selbsteinschätzung, Gruppenarbeiten, Präsentationen)
3. Schritt: Ergebnisse auswerten

Situation

Eugen Sajler, eine extrem erfahrene Kraft im Qualitätsmanagement des Präzisionswerkzeugherstellers Palam, geht in drei Monaten in den wohlverdienten Ruhestand. Da es extrem schwer ist, ihn zu ersetzen, entschließen Sie sich als Abteilungsleiter dazu, mithilfe einer Kompetenzanalyse für den richtigen Nachfolger zu sorgen.

Aufgaben

1 Beurteilen Sie, welche der folgenden Stellen welche Kompetenzen aus den jeweiligen Bereichen erfordert.
- **a** Teamwerker in der Produktion
- **b** Projektleiter in der Entwicklung
- **c** Kundenberater im Außendienst

2 Entwickeln Sie für zwei der Stellen aus Aufgabe 1 ein Testverfahren, das aus einer Kombination aus mindestens drei Tests besteht. Erklären Sie auch genau, auf welche Kompetenzen bzw. Kompetenzbereiche sich diese Tests beziehen sollen.

3 Entwerfen Sie passend zur Situation oben einen Entwurf für ein Bewerbungsverfahren (siehe Kapitel 7.2.2), das auf der Kompetenzanalyse beruht.

4.5.2 Leitbildkultur

Ein Leitbild beinhaltet Werte, Vorstellungen und Ziele, die ein Unternehmen unbedingt verfolgen möchte. Dabei ist es immer zukunftsorientiert und beschreibt einen Idealzustand. Ein Leitbild sollte außerdem immer sowohl eine innere Ausrichtung (Belegschaft) als auch eine äußere Ausrichtung (Kunden, Geschäftspartner, Öffentlichkeit) besitzen. Um den bindenden Charakter eines Leitbilds zu verstärken, muss es stets schriftlich formuliert sein.

Damit eine wirkliche „Leitbildkultur" entstehen kann, müssen sich alle, die im jeweiligen Unternehmen beschäftigt sind, damit identifizieren können und die Inhalte des Leitbilds nach innen und außen vertreten. Dies kann nur gelingen, wenn möglichst viele Mitarbeiter aller Hierarchiestufen an der Entstehung beteiligt sind. Außerdem ist eine Leitbildkultur auch nur unter diesen Umständen wirklich ein Motivationsinstrument. Die Identifikation mit dem Leitbild sorgt so für Identifikation mit dem Unternehmen allgemein. Und kaum ein Faktor fördert die Arbeits- und Leistungsmotivation so sehr wie die Identifikation mit dem Unternehmen, für das man tätig ist.

Grundlegende Inhalte eines Leitbilds

Es gibt keine verbindlichen Festlegungen, über den Inhalt eines Leitbildes. Es hängt von den Zeitumständen und der individuellen Unternehmenssituation ab. Trotzdem lassen sich folgende grundlegende Inhalte nennen, die es berücksichtigen sollte:

Grundlegende Inhalte eines Leitbilds	
Inhalt	**Beispiele**
Grundsätze der Mitarbeiterführung	■ Führungsstil ■ Kommunikationsgrundsätze
Verhalten der Führungskräfte gegenüber Mitarbeitern	■ Mitbestimmung ■ Personalentwicklung
Verhalten der Belegschaft untereinander	■ Umgangsformen
Verhalten gegenüber Marktpartnern	■ Umgang mit Kunden, Geschäftspartnern, Konkurrenz
Haltung gegenüber Öffentlichkeit	■ Einstellung gegenüber Bevölkerung, Staat
Einstellung zu Anliegen der Gesellschaft	■ Umwelt- und Gesundheitsschutz
Ansprüche an Produkte/Dienstleistungen	■ Innovationscharakter ■ Qualität
wirtschaftliche Zielvorstellungen	■ Marktposition ■ Stellenwert von Umsatz/Gewinn

GUT ZU WISSEN

Eine Leitbildkultur entsteht durch Identifikation möglichst aller Beschäftigten mit dem Leitbild eines Unternehmens. Diese Identifikation wird dadurch erreicht, dass möglichst viele Mitarbeiter an der Entstehung des Leitbilds beteiligt sind. Unter diesen Umständen kann eine Leitbildkultur sehr motivierend wirken.

Anforderungen an ein Leitbild

Von einem Leitbild werden gewisse Eigenschaften gefordert, die als Anforderung über den konkreten Inhalten eines Leitbilds stehen.

Eigenschaften eines Leitbilds	
Kriterium	Erklärung
Verbindlichkeit	Gültigkeit für die gesamte Belegschaft eines Unternehmens
Bedeutsamkeit	Berücksichtigung nur von wesentlichen Bestandteilen des Geschehens im Unternehmen
Wahrhaftigkeit	Orientierung aller Handlungen und Entscheidungen am Leitbild
Umsetzbarkeit	Verwirklichung aller Zielvorstellungen
Verträglichkeit	Widerspruchsfreiheit der Inhalte
Eindeutigkeit	klare Deutung der Inhalte

Aufgaben

1 Erläutern Sie, inwiefern Sie je an der Erstellung oder Überarbeitung eines Firmenleitbilds beteiligt waren oder hätten beteiligt werden können.

2 Erstellen Sie in einer Arbeitsgruppe, bestehend aus etwa fünf Personen, ein Firmenleitbild.
  - **a** Entwerfen Sie zunächst ein Firmenprofil einer fiktiven Firma aus Ihrer Branche.
  - **b** Formulieren Sie zehn Sätze, ausgehend von den grundlegenden Inhalten, die im Leitbild dieser Firma stehen könnten. Beachten Sie hierbei auch die allgemeinen inhaltlichen Anforderungen.

4.5.3 Corporate Identity

Unter dem Begriff Corporate Identity (corporation: Firma, Gesellschaft; identity: Identität) werden alle individuellen Elemente eines Unternehmenskonzepts zusammengefasst, mit dem es in Erscheinung tritt. Diese Elemente und ihre besondere Kombination machen das Unternehmen einzigartig und heben es von der Konkurrenz ab.

Wichtig dabei ist, dass das ganze Unternehmen diese Corporate Identity leben muss. Jeder Mitarbeiter muss sich damit identifizieren können und vom Sinn aller Elemente der Corporate Identity überzeugt sein. Dadurch steigt deren Motivation, für ihr Unternehmen nach innen und außen einzustehen. Gelingt das, kann eine Corporate Identity erheblich zum Unternehmenserfolg beitragen.

Die Corporate Identity eines Unternehmens umfasst verschiedene Bestandteile.

Bestandteile einer Corporate Identity		
Bestandteil	**Definition**	**Elemente**
Corporate Culture	■ Kultur/Philosophie eines Unternehmens → andere Bestandteile der Corporate Identity müssen sich daran orientieren	■ grundlegende Normen/Werte eines Unternehmens
Corporate Behavior	■ Verhaltensgrundsätze eines Unternehmens	■ Verhalten… … der Führungskräfte gegenüber Mitarbeitern … der Mitarbeiter untereinander … gegenüber Marktpartnern … gegenüber Staat/Öffentlichkeit
Corporate Communication	■ Kommunikation eines Unternehmens nach innen/außen	■ interne Kommunikation ■ Öffentlichkeitsarbeit ■ Werbemaßnahmen
Corporate Design	■ gestalterische Elemente der Identität eines Unternehmens ■ meistens visuell, vermehrt auch auditiv (hörbar)	■ Firmenlogo ■ Homepage ■ Arbeitskleidung ■ Betriebsgebäude

GUT ZU WISSEN

Elemente einer Corporate Identity

- Corporate Culture: Unternehmenskultur
- Corporate Behavior: Verhaltensgrundsätze
- Corporate Communication: Unternehmenskommunikation
- Corporate Design: Elemente der Gestaltung

Aufgaben

1 Erläutern Sie die Bestandteile der Corporate Identity Ihres jetzigen Arbeitsgebers.

2 Entwickeln Sie eine Corporate Identity, die zu dem von Ihnen entworfenen Unternehmenskonzept aus dem vorherigen Kapitel (4.5.2) passt. Berücksichtigen Sie dabei möglichst alle Bestandteile der Corporate Identity. Behalten Sie die Arbeitsgruppen bei, die in Kapitel 4.5.2 für Aufgabe 2 gebildet wurde.

4.6 Gruppenentwicklung

Da man es als Führungskraft in der heutigen Arbeitswelt eher mit Gruppen als mit einzelnen Mitarbeitern zu tun hat, rückt die Motivation von Teams zunehmend in den Vordergrund. Diese kann sich durchaus schwierig gestalten, da eine Gruppe gleichzeitig aus Individuen mit vollkommen unterschiedlichen Bedürfnissen besteht. Diese Bedürfnisse decken sich aber nur bedingt mit den Bedürfnissen, die eine Gruppe als Ganzes besitzt. Eine Führungskraft sollte also einerseits die Bedürfnisse der einzelnen Gruppenmitglieder, andererseits aber auch die Bedürfnisse des Teams als solches beachten.

Auch in diesem Fall ist es eine Grundvoraussetzung, eine Gruppe bzw. ihre Mitglieder erst einmal kennenzulernen (4.2), bevor man sie im Rahmen von Motivationsprozessen tatsächlich motivieren kann (4.3). Auch die meisten motivierenden Führungsinstrumente (4.5) sind prinzipiell genauso für Gruppen ausgelegt.

Allerdings weisen Gruppen auch Besonderheiten auf, auf die in diesem Unterkapitel eingegangen wird. Zum einen ist es eine wichtige Aufgabe von Führungskräften, die Struktur und die innere Dynamik einer Gruppe kennenzulernen. Dabei kann ihnen die Methode der Soziometrie behilflich sein (4.6.1). Zum anderen ist es wichtig zu wissen, dass Teamarbeit in gewissen Phasen verläuft (4.6.2), um die Leistung einer Gruppe richtig beurteilen zu können. Schlussendlich weisen Gruppen auch diverse besondere Strukturen auf (4.6.3), die ihre Dynamik entscheidend beeinflussen können.

4.6.1 Soziometrie

Das Konzept der Soziometrie geht auf den Arzt und Soziologen Jacob Levy Moreno (1889–1974) zurück. Bereits vor dem Zweiten Weltkrieg entwickelte er bedeutende Kernpunkte des Konzepts und entwickelte diese in den folgenden Jahrzehnten weiter. Auch heute zählt die Soziometrie immer noch zu den maßgeblichen Konzepten, die sich damit beschäftigen, wie die Arbeit in Gruppen funktioniert, und wird nach wie vor weiterentwickelt.

Dabei liegt die große Stärke der Soziometrie darin, dass sie es möglich macht, Beziehungen innerhalb einer Gruppe grafisch mit einfachen Mitteln in einem Soziogramm darzustellen. Durch solch eine Art der Visualisierung werden diese Beziehungen sehr verständlich veranschaulicht. Diese Erkenntnisse machen es möglich, Gruppen besser motivieren zu können. Bei kleineren Teams ist die Soziometrie also eine gute Option für Führungskräfte; je größer eine Gruppe allerdings wird, desto komplexer wird das soziometrische Verfahren und desto unübersichtlicher das Soziogramm. Der Prozess einer soziometrischen Untersuchung umfasst im Wesentlichen fünf Schritte.

Schritt 1: Voraussetzungen für eine soziometrische Untersuchung sicherstellen

Damit eine soziometrische Untersuchung erfolgreich durchgeführt werden kann, müssen folgende Voraussetzungen herrschen: Die wichtigste Voraussetzung ist eine überschaubare Gruppengröße von etwa fünf bis zehn Mitarbeitern. Außerdem sollten sich die Gruppenmitglieder kennen und grundsätzlich gegenseitig akzeptieren. Schließlich sollten alle Mitarbeiter das Konzept der Soziometrie kennen und annehmen.

Schritt 2: Formulierung eines geeigneten Kriteriums

Um ein Kriterium zu einem Gegenstand einer soziometrischen Untersuchung zu machen, muss es bestimmte Anforderungen erfüllen.

Zum einen muss der Untersuchungsgegenstand klar sein. Es wird also eindeutig bestimmt, ob es z. B. um Hierarchien, Rollenstrukturen oder gegenseitige Sympathien und Antipathien geht. Dann muss sich das Kriterium als geschlossene Frage mit nur zwei Antwortmöglichkeiten formulieren lassen. Schließlich muss das Kriterium absolut eindeutig sein, um Missverständnisse und Interpretationsspielräume zu vermeiden.

Schritt 3: Durchführung der Wahl und Abbildung in einer Soziomatrix

Die Durchführung der Wahl sollte folgendermaßen ablaufen. Ein Gruppenmitglied bezieht das Kriterium auf alle anderen Gruppenmitglieder und bewertet z. B. in einer Tabelle, zu welchen Gruppenmitgliedern es Sympathien oder Antipathien hegt. Dabei muss bedacht werden, ob die Ergebnisse ab diesem Schritt der Gruppe offen zur Verfügung gestellt werden oder ob die Ergebnisse lediglich einem bestimmten Personenkreis außerhalb der Gruppe zur Verfügung stehen sollen. Falls Letzteres der Fall ist, müssen die folgenden Schritte anonym durchgeführt werden.

	A	B	C	D	E	F
A		O	X	X	X	X
B	X		O	O	X	O
C	X	X		X	X	X
D	X	O	O		X	X
E	X	O	X	X		O
F	O	O	O	O	X	

M13 Beispiel für eine Soziomatrix („O" steht für Sympathie, „X" für Antipathie)

Schritt 4: Darstellung der Ergebnisse in einem Soziogramm

Die Ergebnisse der Matrix werden nun in ein Soziogramm übertragen. Dabei sollte beachtet werden, dass die Mitarbeiter, die relativ viel Zuneigung erfahren, mittig angeordnet werden. Ansonsten wird die Darstellung zu unübersichtlich.

Legende bei Soziogrammen	
Kreis oder Dreieck	Mitarbeiter
Pfeil durchgezogen/gestrichelt	einseitige Zuneigung/Abneigung
Doppelpfeil durchgezogen/gestrichelt	gegenseitige Zuneigung/Abneigung

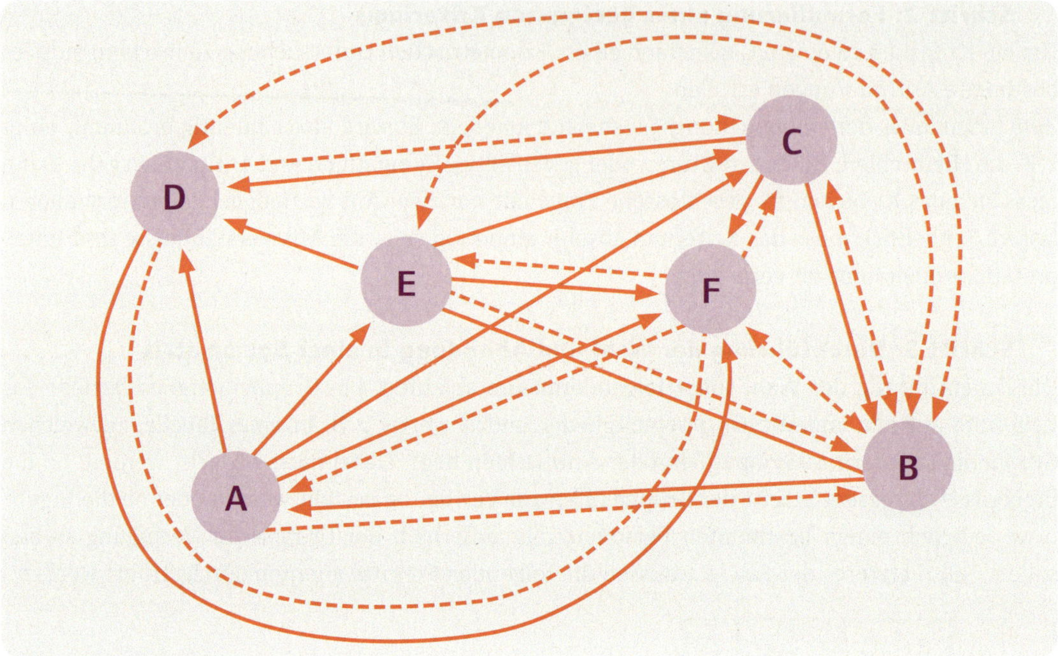

M14 Beispiel für ein Soziogramm

Schritt 5: Auswertung des Soziogramms

Die Auswertung eines Soziogramms erfolgt, indem überprüft wird, welche soziometrischen Muster vorliegen.

Soziometrische Muster	
Stars	Mitglieder, die sehr oft gewählt werden und deswegen im Zentrum stehen
Paare	zwei Mitglieder, die sich gegenseitig wählen
Dreiecke	drei Mitglieder, die sich gegenseitig wählen
Abgelehnte	Mitglieder, die selten oder gar nicht gewählt werden

GUT ZU WISSEN

Schritte einer soziometrischen Untersuchung

Schritt 1: Voraussetzungen für eine soziometrische Untersuchung sicherstellen

Schritt 2: Formulierung eines geeigneten Kriteriums

Schritt 3: Durchführung der Wahl und Abbildung in einer Soziomatrix

Schritt 4: Darstellung der Ergebnisse in einem Soziogramm

Schritt 5: Auswertung des Soziogramms

Situation

Sie sind seit einigen Wochen Leiter einer Kolonne von Zimmerleuten bei einem großen Bauunternehmer. In dieser Position haben Sie die Aufgabe, sieben Mitarbeiter möglichst effizient einzusetzen. Leider haben Sie den Eindruck gewonnen, dass die einzelnen Gesellen nicht wirklich flüssig miteinander arbeiten, außerdem stellen Sie gelegentlich einen besonders rauen Umgangston miteinander fest. Sie wollen das Konzept der Soziometrie nutzen, um die Arbeitsbedingungen innerhalb dieses Teams zu verbessern.

Aufgaben

1 Übertragen Sie das Konzept der Soziometrie auf die Situation. Arbeiten Sie hierzu in Gruppen, bestehend aus etwa vier Mitgliedern.
   - **a** Stellen Sie dar, auf welche Weise Sie Ihren Mitarbeitern dieses Konzept nahebringen würden.
   - **b** Formulieren Sie ein passendes Kriterium.
   - **c** Simulieren Sie die Schritte 3 bis 5.
   - **d** Entwerfen Sie einen Aushang für das Schwarze Brett mit geeigneten Maßnahmen, die sich aus dieser Untersuchung ableiten lassen.

4.6.2 Phasen der Teamentwicklung

Bruce Tuckman beschäftigte sich mit der Frage, ob die Teamentwicklung häufig einem bestimmten Muster folgt. Als Ergebnis seiner Arbeit veröffentlichte er ein Phasenmodell, das anfangs aus vier Phasen bestand und einige Jahre später um eine fünfte Phase erweitert wurde.
Dieses Modell setzte sich weltweit durch und gilt heute als Standard, wenn es darum geht, die Phasen der Teamentwicklung zu erklären.
Aus diesem Phasenmodell kann eine Führungskraft wertvolle Erkenntnisse darüber gewinnen, wie sie ein Team in der jeweiligen Phase motivieren kann. Denn eine Gruppe, die sich beispielsweise gerade zusammenfindet, hat andere Bedürfnisse als eine Gruppe, die sich auflöst. Jedoch ist keinesfalls gesagt, dass die Teamentwicklung grundsätzlich nach diesem Modell ablaufen muss.
Dabei können folgende Phasen unterschieden werden:

1 Forming:
   - Zusammenfinden der Mitglieder zu einer Gruppe
   - erstes Suchen nach Rolle im Team

2 Storming:
   - Auftreten von Streitpunkten bezüglich Ziel und Art der Zusammenarbeit
   - Kämpfe um Ränge und Positionen

3 Norming:
   - Einigung auf Regeln für Zusammenarbeit
   - Festlegen der Rollen
   - Entstehen eines Zusammengehörigkeitsgefühls

4 Performing:
   - zielorientiertes Arbeiten
   - hohe Leistungsorientierung
   - Akzeptanz und Wertschätzung der Gruppenmitglieder untereinander
5 Adjourning/Deforming:
   - Auflösung der Gruppe nach Erfüllung der gemeinsamen Aufgabe

GUT ZU WISSEN

Phasen der Teamentwicklung

1 Forming (Zusammenfinden)
2 Storming (Finden von Rängen/Positionen)
3 Norming (Einigen auf Regeln)
4 Performing (Arbeiten)
5 Adjourning/Deforming (Auflösen)

Situation

In den Sommerferien kehren Sie für einige Wochen in die Firma zurück, für die Sie bis zum Beginn Ihrer Ausbildung zum Techniker als Mechatroniker arbeiteten. Da zu dieser Zeit immer Personalmangel herrscht, bekommen Sie die Aufgabe, ein Team zusammenzustellen, das sich vier Wochen lang um die Instandhaltung der verschiedenen Fertigungsstraßen kümmert. Sie nehmen diese Herausforderung gerne an, schließlich möchten Sie zukünftig als Techniker ja auch eine leitende Funktion einnehmen.

Aufgaben

1 Übertragen Sie das Phasenmodell der Teambildung auf die Situation.
2 Erläutern Sie, zu welchen Schwierigkeiten es in den einzelnen Phasen kommen kann.

4.6.3 Gruppendynamische Strukturen

Je länger Mitarbeiter in einer Gruppe zusammenarbeiten, desto stärker wird die Eigendynamik, die diese Gruppe entwickelt. Es ergeben sich auf diese Weise gruppendynamische Strukturen, die das Verhalten und die Arbeitsweise in einer Gruppe mehr und mehr prägen. Um eine Gruppe entsprechend motivieren zu können, muss eine Führungskraft diese Strukturen kennen und dementsprechend reagieren.

Rollenstrukturen

Die meisten Gruppen gewinnen erstmals dadurch an Dynamik, dass sich verschiedene Rollenstrukturen herausbilden. Dabei gibt es bestimmte Rollen, die in einer Gruppe besonders oft vorkommen und sich durch bestimmte Verhaltensweisen auszeichnen. Eine Führungskraft sollte

diese Strukturen erkennen und die Rollenträger dementsprechend fördern. Es gibt bestimmte Gruppenrollen, die besonders häufig vorkommen.
Anführer: Er ist hauptverantwortlich dafür, dass die Gruppe ihr Leistungsziel erreicht und dass der Zusammenhalt innerhalb der Gruppe hergestellt wird. Außerdem spricht der Anführer für die Gruppe, insbesondere wenn es darum geht, eine Verbindung zu übergeordneten Hierarchieebenen herzustellen. Um diese Aufgaben erfüllen zu können, sollte ein Anführer durchsetzungsfähig, ausstrahlungsstark und kompetent sein.
Mitläufer: Der Mitläufer ordnet sich bereitwillig in das soziale Gefüge einer Gruppe ein und führt die ihm aufgetragenen Aufgaben aus. Eigene Impulse setzt er in aller Regel nicht.
Spezialist: Er zeichnet sich durch besonders hohe fachliche Kenntnisse und Fähigkeiten aus. Diese bringt der Spezialist stark ein, hält sich dabei jedoch oft im Hintergrund.
„schwarzes Schaf": Das „schwarze Schaf" verfolgt seine eigenen Ziele und möchte sich weder dem sozialen Gefüge einer Gruppe noch einem Leistungsziel unterordnen.
„graue Maus": Für die „graue Maus" gibt es nichts Schlimmeres, als im Mittelpunkt zu stehen. Deswegen wird sie auch oft nicht wahrgenommen.

Rollenkonflikte

Nicht immer ist es für die Gruppenmitglieder leicht, den Erwartungen an die ihnen zugedachte Rolle gerecht zu werden. Deswegen kann es zu Rollenkonflikten kommen. Rollenkonflikte sind relativ häufig destruktiv und sollten aufgrund dessen von Führungskräften unterbunden oder zumindest so aufgelöst werden, dass sie die Rollenträger nicht belasten. Für die einzelne Person kann es dabei vor allem zu zwei Arten von Konflikten kommen:
Intrarollenkonflikt: Bei einem Intrarollenkonflikt gerät ein Rollenträger aufgrund verschiedener Erwartungen, die an diese Rolle gestellt werden, in einen Konflikt. So muss ein Abteilungsleiter gleichzeitig die Vorgaben der oberen Führungsebenen beachten, aber auch den Bedürfnissen seiner Mitarbeiter gerecht werden.
Interrollenkonflikt: Hier muss der Rollenträger mehrere Rollen einnehmen, die verschiedene Erwartungen an ihn aufweisen. Dadurch kann es zu einem Interrollenkonflikt kommen. So ist es möglich, dass ein Anführer einer Gruppe gleichzeitig über das meiste Fachwissen verfügt. Wenn er sich nicht darüber im Klaren ist, welche Rolle er ausfüllen soll, besteht die Gefahr, dass er die Gruppe vollkommen dominiert.

Hackordnung

Sehr oft gibt es in Gruppen eine offizielle/formelle Organisationsstruktur. Doch beinahe genauso oft ergibt sich während des Arbeitsprozesses eine inoffizielle/informelle Organisationsstruktur, die so genannte „Hackordnung". Dieser Begriff stammt eigentlich aus der Biologie und bezieht sich auf die Organisationsstruktur unter Hühnern. Dort geht es im wahrsten Sinne des Wortes darum, wer wen hacken darf, um damit seinen Rang zu behaupten.
Dabei gerät eine etablierte Hackordnung vor allem dann in Gefahr, wenn neue Gruppenmitglieder hinzustoßen oder Rollenträger ihrer Rolle nicht gerecht werden. Eine Führungskraft sollte des-

wegen genau darauf achten, wie sich neue Gruppenmitglieder in eine etablierte Ordnung einfügen, um solche Konflikte zu vermeiden.

Groupthink/Gruppendenken

Eine andere gruppendynamische Struktur ist das Groupthink oder Gruppendenken. Dies bedeutet, dass eine Gruppe ihren Standpunkt für absolut richtig hält, auch wenn er nicht stimmt. Kritik von außerhalb der Gruppe, Einzelansichten innerhalb der Gruppe und selbst offensichtliche Vorzeichen, die gegen den eigenen Standpunkt sprechen, werden nicht mehr angenommen.
Dies liegt daran, dass eine Gruppe im Laufe eines Arbeitsprozesses eine Art „Tunnelblick" entwickelt, die sie andere Einflüsse nicht mehr wahrnehmen lässt. Außerdem ist den einzelnen Mitgliedern die Harmonie innerhalb der Gruppe so wichtig, dass abweichende Meinungen ausgeblendet werden. Solche Tendenzen muss eine Führungskraft aufspüren und bewusst Meinungen, die den gängigen Ansichten einer Gruppe widersprechen, zulassen.

GUT ZU WISSEN

Gruppendynamische Strukturen

- Gruppenrollen (Anführer, Mitläufer, Spezialist, „schwarzes Schaf", „graue Maus")
- Rollenkonflikte (Intrarollenkonflikt, Interrollenkonflikt)
- Hackordnung (inoffizielle/informelle Gruppenstruktur)
- Groupthink/Gruppendenken (Ausblendung von Einzelmeinungen und Einflüssen außerhalb der Gruppe)

→ Führungskräfte müssen Strukturen/Dynamik kontrollieren bzw. eindämmen.

Groupthink – Warum Konsens gefährlich sein kann

Haben Sie schon mal bei einem Meeting Ihre Meinung zurückgehalten? Bestimmt. Man sagt nichts, nickt den Anträgen zu, schließlich will man nicht der (ewige) Störenfried sein. Außerdem ist man seiner abweichenden Meinung vielleicht doch nicht ganz sicher, und die anderen in ihrer einhelligen Meinung sind ja auch nicht blöd. Also hält man still. Wenn alle so handeln, tritt Groupthink (Gruppendenken) ein: Eine Gruppe von intelligenten Menschen trifft idiotische Entscheidungen, weil jeder seine Meinung dem vermeintlichen Konsens anpasst.

[...]

Kennedys Schweinebucht-Invasion gilt als eines der größten Fiaskos der amerikanischen Außenpolitik. Erstaunlich ist nicht, dass die Invasion schieflief, sondern dass ein so absurder Plan überhaupt durchgezogen wurde. Sämtliche Annahmen, die für diese Invasion sprachen, waren falsch. Zum Beispiel unterschätzte man komplett die Stärke von Kubas Luftwaffe. Oder: Man rechnete damit, dass die Brigade der 1400 Exilkubaner sich im Notfall in den

Escambray-Bergen hätte verstecken können, um von dort aus einen Untergrundkrieg gegen Castro anzuzetteln. Ein Blick auf die Landkarte von Kuba hätte gezeigt, dass der Fluchtort 150 Kilometer von der Schweinebucht entfernt war und ein unüberwindbares Sumpfgebiet dazwischenlag. Und doch: Kennedy und seine Berater gehörten zu den intelligentesten Männern, die eine amerikanische Regierung je vereint hat. Was lief schief zwischen Januar und April 1961?

Psychologieprofessor Irving Janis hat viele Fiaskos studiert. Gemeinsam ist ihnen Folgendes: Mitglieder einer verschworenen Gruppe entwickeln einen „Esprit de Corps", [einen Korpsgeist] indem sie Illusionen aufbauen. Unbewusst. Eine dieser Illusionen ist der Glaube an die Unverletzbarkeit: „Wenn unser Führer (in diesem Fall Kennedy) und die Gruppe der Überzeugung sind, der Plan funktioniere, dann wird das Glück auf unserer Seite sein." Dann gibt es die Illusion der Einstimmigkeit: „Wenn alle anderen einer Meinung sind, muss meine abweichende Meinung falsch sein." Und – man will kein Spielverderber sein, der die Einmütigkeit zerstören könnte. Schließlich ist man froh, dass man zur Gruppe gehört. Vorbehalte könnten den Ausschluss von der Gruppe bedeuten.

[...]

M15 Quelle: Rolf Dobelli: Groupthink – Warum Konsens gefährlich sein kann. In: Dobelli, Rolf: Die Kunst des klaren Denkens. 52 Denkfehler, die Sie besser anderen überlassen. 2014, S.101–103.

Situation

Sie haben für die Situation auf Seite 150 ein Team gebildet. Dieses verrichtet seinen Dienst zunächst wie vorgesehen. Am Ende der ersten Woche merken Sie jedoch, dass sich manche Kollegen sehr stark in die Rolle fügen, die sich am Anfang für sie ergeben hat. Dies führt dazu, dass die Arbeitsleistung der ganzen Gruppe spürbar nachlässt. Sie wollen das nicht so hinnehmen.

Aufgaben

1 Übertragen Sie Ihr Wissen über gruppendynamische Strukturen auf die Situation.

- **a** Formulieren Sie konkrete Tipps, wie Sie als Anführer der Arbeitsgruppe die einzelnen Gruppenmitglieder in ihren Rollen optimal fördern können. Bedenken Sie dabei alle hier genannten Gruppenrollen.
- **b** Skizzieren Sie je einen Intra- und Interrollenkonflikt, der sich aus dieser Konstellation heraus ergeben könnte.
- **c** Erläutern Sie Strategien, wie die Herausbildung einer inoffiziellen Hackordnung und Fehlentwicklungen aufgrund von Groupthink vermieden werden können.

Situation

Der frischgebackene Maschinenbautechniker Mika Leander hat vor etwa drei Monate seine erste Stelle angetreten. Jedoch befindet er sich gerade in einer Sinnkrise und hat große Motivationsprobleme. Als Vorgesetzter beraten Sie ihn, wie er seine Motivation wiederfindet.

Aufgaben über das ganze Kapitel

1 Sie sind der Meinung, dass Herr Leander zunächst einmal seine eigenen Bedürfnisse kennenlernen sollte. Entwerfen Sie hierzu einen methodisch abwechslungsreichen und konkreten Plan, bei dem Sie mindestens drei Erklärungsmodelle zur Menschenkenntnis berücksichtigen.

2 Entwickeln Sie auf der Grundlage dieses Plans ein beispielhaftes Kompetenzprofil für ihn.

3 Motiviert durch diese Erkenntnisse beschließt Herr Leander, die Herausforderung, die ihm seine Stelle bietet, anzunehmen. Unterstützen Sie ihn, indem Sie ihm mithilfe zweier Motivationsmodelle Ihrer Wahl insgesamt fünf Tipps geben, wie das gelingen kann.

4 Die „Leistungsformel" kann ihm dabei helfen, das Optimum aus sich herauszuholen. Erläutern Sie ihm dieses Prinzip, so dass er es in seiner derzeitigen Situation anwenden kann.

5 Herr Leander ist nun fest davon überzeugt, dass er es schafft, sich für seine kommenden Aufgaben zu motivieren. Jedoch fragt er sich auch, ob seine zukünftigen Vorgesetzten ebenfalls ein Interesse daran haben. Nehmen Sie ihm die Angst, indem Sie ihm am Beispiel von zwei Instrumenten erklären, wie moderne Betriebe ihre Mitarbeiter mittlerweile zu motivieren versuchen.

6 Da er besonders gerne im Team arbeitet, hofft Herr Leander darauf, später eine dafür geeignete Arbeitsstelle zu gekommen. Jedoch existieren auch Vorbehalte gegen Teamarbeit. Arbeiten Sie die Vorbehalte heraus, die in M16 gegen Teamarbeit geäußert werden, und stellen Sie entsprechende Gegenargumente vergleichend gegenüber.

Gemeinsam sind wir dumm

[...] Ein Zeichen für den Teamwahn ist der anhaltende Vormarsch des Großraumbüros. Hier wird auf Zuruf geteamt. Dabei sind die Nachteile erdrückend. Selbst Mitarbeiter, die stetes Bienenstocksummen ganz gut vertragen, fühlen sich bei kreativen Aufgaben gestört. Je zurückhaltender jemand veranlagt ist, desto schlechter kann er dort arbeiten, geschweige denn Geistesblitze schleudern. Und in Großraumbüros, das hat eine Forschergruppe der Universität Stockholm herausgefunden, melden sich Mitarbeiter häufiger krank. [...]

M16 Quelle: Matthias Kaufmann: Gemeinsam sind wir dumm. In: www.spiegel.de

5 Mit Konflikten angemessen umgehen

Eine der vielfältigen Anforderungen an Führungskräfte ist die Fähigkeit, Konfliktsituationen zu erkennen und mit daraus resultierenden Konflikten angemessen umzugehen. Dazu werden zunächst geeignete Analysekriterien benötigt. Durch die Kenntnis und Anwendung geeigneter Konfliktlösungsmodelle sind die Voraussetzungen zur erfolgreichen Konfliktbewältigung gegeben. Die Entwicklung einer konstruktiven Konfliktlösungskultur wirkt sich positiv auf das Arbeitsklima und die Leistungsfähigkeit eines Betriebes aus.

Kompetenzen

- problematische Verhaltensweisen und Konflikte erkennen und unterscheiden
- Konflikte anhand von geeigneten Kriterien analysieren
- Konfliktfaktoren erkennen und minimieren
- verschiedene Konfliktlösungsmodelle kennen und anwenden
- konstruktive Konfliktkultur für den betrieblichen Alltag entwickeln

Situation

M1 Konflikte am Arbeitsplatz benötigen ein kompetentes Konfliktmanagement

Dicke Luft am Arbeitsplatz. Zwischen Hans Wohlfarth und Susanne Müller herrscht Schweigen. Die beiden würdigen sich keines Blickes, nicht einmal eine morgendliche Begrüßung zwischen den beiden ist möglich. So gut es geht, vermeiden sie ein direktes Aufeinandertreffen.

Bevor Susanne Müller in die Abteilung kam, lief es für Hans Wohlfarth beruflich wie am Schnürchen: Seit Jahren hatte er sich in seinem Arbeitsbereich einen Namen gemacht, war erfolgreich und sowohl bei seinem Vorgesetzten als auch bei seinen Kolleginnen und Kollegen für seine Arbeit und seine kollegiale Art geschätzt. Für ihn war klar, dass er in die geplante Teamleiterposition aufrücken würde. Doch es kam anders. Susanne Müller kam neu in die Abteilung: als Teamleiterin. Der längst erwartete Karrieresprung für Hans Wohlfarth blieb aus. Seitdem ignoriert er sowohl Susanne Müller wie auch ihre Anweisungen und lässt keine Gelegenheit aus, die Teamleiterin schlechtzumachen. Susanne Müller wandte sich schon an ihren Vorgesetzten, doch der verwies nur auf seine guten Erfahrungen mit Hans Wohlfarth und dass sie das „gebacken bekommen müsse". Von Hans Wohlfarth wird Susanne Müller als Führungskraft weiter ignoriert: Wichtige Fragen klärt er eine Führungsebene höher, zu den Teamsitzungen mit Susanne Müller erscheint er wegen anderer „wichtiger" Termine meist nicht.

Aufgaben

1 Erklären Sie, weshalb der Konflikt zwischen Hans Wohlfarth und Susanne Müller eskalierte.

2 Diskutieren Sie im Plenum Handlungsmöglichkeiten des Vorgesetzten von Hans Wohlfarth und Susanne Müller, um den Konflikt zu deeskalieren bzw. zu lösen.

GUT ZU WISSEN

Konflikte stören zunächst den Betriebsablauf, können aber einen Innovationsschub auslösen, wenn sie entsprechend gelöst werden. Um sie zu lösen, müssen sie als solche erkannt und analysiert werden. Dazu wird zunächst eine Begriffsdefinition gegeben sowie eine Auswahl von Kriterien (Wahrnehmung, Formen, Arten und Verläufe) zur Unterscheidung von Konflikten. Am Beispiel Mobbing wird dann ein konkreter betrieblicher Konflikt näher beleuchtet (5.1). Doch statt Konflikte zu deeskalieren, ist es besser, sie durch entsprechendes Handeln zu vermeiden (5.2). Und wenn sie doch entstehen, dann gibt es inzwischen eine Reihe von Modellen, mit denen deeskalierend auf sie eingewirkt werden kann bzw. sie positiv gelöst werden können (5.3).

5.1 Konflikte erkennen und analysieren

Für die Auseinandersetzung mit Konflikten existieren zahlreiche Typologien der unterschiedlichsten wissenschaftlichen Disziplinen, die von äußerst unterschiedlichen Erkenntnisvoraussetzungen ausgehen. Auch die zahlreichen Gesichtspunkte, nach denen Konflikte analysiert, gedeutet und bearbeitet werden, sind äußerst unterschiedlich, da es noch keine umfassende und allgemein anerkannte diesbezügliche Theorie gibt. Vielmehr überlappen sich verschiedene Typologien und Systematisierungen.

Dennoch bedarf der konstruktive Umgang mit Konflikten der Analyse anhand verschiedener Kriterien, um eine geeignete konfliktbewältigende Maßnahme auszuwählen und zu ergreifen. So gilt es zunächst zu klären, in welcher Form die Konflikte erscheinen, auf welcher sozialen Ebene sich diese abspielen, welche Konfliktarten mit welchen Konfliktparteien vorliegen und wie weit die Eskalation vorangeschritten ist.

GUT ZU WISSEN

Analysekriterien

Es existieren zahlreiche Typologien zur Auseinandersetzung mit Konflikten. Eine umfassende und allgemein anerkannte Konflikttheorie liegt noch nicht vor. Als hilfreich für die Analyse von Konflikten haben sich dennoch folgende Kriterien gezeigt:

- Erscheinungsform
- soziale Ebene bzw. Eigenschaften der Konfliktparteien
- Arten
- Verlauf

5.1.1 Der Konfliktbegriff

Die oben ausgeführte Pluralität von Konfliktbeschreibungen ermöglicht keine klare Definition. Obwohl beim Konflikt zwei sich widersprechende Positionen in einer konfrontativen Auseinandersetzung miteinander stehen, kann der Konflikt nicht grundsätzlich als negativ bewertet werden. Gelingt es zum Beispiel, im Arbeitsleben einen Konflikt konstruktiv zu bewältigen, kann ein solches „Gewitter" durchaus positive Konsequenzen haben. So fördert ein positiv bewältigter Konflikt Innovationen, löst Veränderungen aus, bringt Unterschwelliges zutage, stimuliert die Kreativität und beschleunigt die Weiterentwicklung.

Bleibt der Konflikt aber ungelöst, tritt das Gegenteil ein: Die Arbeitsfähigkeit ist reduziert, das Arbeitsklima verschlechtert sich kontinuierlich und Innovationen sowie Veränderungen werden behindert. Auf jeden Fall bieten Konflikte eine Möglichkeit, sich selbst und andere besser kennenzulernen. Ob sich ein Konflikt positiv oder negativ auswirkt, hängt davon ab, wie die Konfliktparteien ihn gestalten.

GUT ZU WISSEN

Ein Konflikt ist …

… eine Situation, in der unterschiedliche und miteinander unvereinbare Ziele, Auffassungen, Erwartungen und Ansichten aufeinandertreffen bzw. aufeinanderstoßen. Konflikte sind grundsätzlich nicht als negativ zu werten. Sie können durch eine konstruktive Konfliktbewältigung durchaus auch die Möglichkeit zur positiven Veränderung und Weiterentwicklung bieten.

Aufgaben

1 An was denken Sie, wenn Sie den Begriff „Konflikt" hören?

a Nennen Sie in einer ABC-Liste Begriffe bzw. Assoziationen, die Sie mit dem Begriff „Konflikt" verbinden.

b Ordnen Sie in einem zweiten Schritt jedem der von Ihnen notierten Begriffe zu, ob er positiv, negativ oder neutral ist. Notieren Sie Ihre Bewertung hinter den jeweiligen Begriffen.

c Beschreiben Sie die Verteilung der drei Bewertungen auf Ihre Begriffe und bestimmen Sie so, ob Sie eher positive, negative oder neutrale Assoziationen zum Begriff Konflikt haben.

2 Tauschen Sie in Partnerarbeit Ihre persönlichen Erfahrungen mit Konfliktsituationen im Alltagsleben aus. Diskutieren Sie, ob die von Ihnen geschilderten Konflikte eher positive oder eher negative Auswirkungen auf Sie und die am Konflikt Beteiligten hatten.

5.1.2 Erscheinungsformen von Konflikten

Konflikte können sich auf sehr unterschiedliche Arten entwickeln, auch wenn sie die gleiche Ursache haben und ihnen der gleiche Konfliktgegenstand zugrunde liegt. Sie treten folglich in den unterschiedlichsten Erscheinungsformen auf.

So sind Konflikte beispielsweise nicht immer offenkundig und von außen klar erkennbar. Man kann sogar davon ausgehen, dass sich selbst die Beteiligten eines Konfliktes nicht immer des Konfliktes bewusst sind.

Latente Konflikte	Manifeste Konflikte
■ Der Konflikt ist schwelend. ■ Die Beteiligten sind sich eines Konfliktes (noch) nicht bewusst, ein Ausbruch des Konfliktes ist aber sehr wahrscheinlich.	■ Der Konflikt ist ausgebrochen, offenkundig und klar erkennbar. ■ Die Beteiligten sind sich des Konfliktes bewusst.

Situation

Seit Tagen dröhnt laute Musik durch die Nachbarschaft – zum Ärger vieler. Doch bisher hat sich keiner der Nachbarn beschwert. Doch nun reicht es. Wutentbrannt klingelt der 65-jährige Rentner beim Nachbarn gegenüber: „So kann es nicht weitergehen. Ständig diese laute Musik, das Dröhnen der Bässe. Und das um diese Uhrzeit …"

Konfliktsituationen wie oben finden sich in nahezu jeder Nachbarschaft. Sei es der Lärm spielender Kinder in der Mittagspause, ein zu hoch gebauter Zaun oder zu nahe an der Grundstücksgrenze gepflanzte Bäume. Solange sich ein Nachbar an einem solchen Ärgernis zwar stört, jedoch nicht versteckt oder offen den Nachbarn konfrontiert, liegt ein latenter Konflikt vor. Streiten sich die Nachbarn z. B. offen am Gartenzaun über solche Vorkommnisse, ist der Konflikt manifest, also für Beteiligte und Dritte wahrnehmbar geworden.

GUT ZU WISSEN

Die Erscheinungsform als Unterscheidungsmerkmal

Konflikte können als latente (schwelende) oder manifeste (ausgebrochene) Konflikte erscheinen, wobei die beiden Erscheinungsformen dynamisch ineinander übergehen können. Eine zunächst latente Konfliktsituation kann sich zu einem manifesten Konflikt entwickeln.

Konflikte können als heiße oder kalte Konflikte in Erscheinung treten. Der Unterschied liegt in der Verhaltenstendenz der Konfliktparteien.

Eine weitere Unterscheidung nach der Erscheinungsform von Konflikten ist der Verhaltensstil der Konfliktparteien, aus dem sich zwei markant unterschiedliche Formen des Konfliktaustrages ergeben: heiße und kalte Konflikte. Denn nicht immer sind Konflikte spektakulär und nehmen dramatische Formen an, wie dies etwa bei heißen Konflikten der Fall ist. Konflikte können auch in einer anderen Form, der des kalten Konfliktes, auftreten.

Kalte Konflikte	Heiße Konflikte
■ Die Konfliktparteien sind tief enttäuscht, desillusioniert und frustriert. ■ Direkte Begegnungen zwischen den beteiligten Parteien finden nur wenn unbedingt nötig statt. ■ Die direkte Kommunikation zwischen den Parteien ist eingefroren oder auf ein formelles Mindestmaß begrenzt.	■ Die Parteien eines Konfliktes zeichnen sich durch eine heftige Begeisterungshaltung aus. ■ Die Parteien wollen in der direkten Kommunikation den anderen vom eigenen Standpunkt überzeugen oder ihn zur eigenen Lösung drängen. ■ Die Parteien ringen miteinander, bekämpfen und befehden sich: Angriff und Verteidigung sind klar erkennbar.

Aufgabe

1 Beschreiben Sie Beispiele für die verschiedenen Erscheinungsformen von Konflikten aus Ihrem persönlichen und betrieblichen Alltag. Benennen Sie die Häufigkeit der jeweiligen Erscheinungsform entsprechend Ihrer persönlichen Einschätzung.

Situation

Mit ihrem neuen Chef hat die Auszubildende Sabine Hermann so ihre Probleme. Seine Wutanfälle sind nicht nur bei ihr gefürchtet. Ständig steht er unter Hochdruck und beim kleinsten Fehler seiner Angestellten explodiert er lautstark. So versucht Sabine ihrem Chef möglichst aus dem Weg zu gehen. Nur keine Fehler machen, nur nicht beim Chef unangenehm auffallen, ist Sabines Devise. Als Sabine dennoch Opfer eines solchen Wutanfalls ihres Chefs wird, platzt ihr der Kragen und der Konflikt zwischen den beiden eskaliert. Selbst im Büro nebenan kann man die beiden lautstark streiten hören.

Aufgabe

1 Analysieren Sie die geschilderte Situation auf die Erscheinungsformen von Konflikten hin und benennen Sie die vorliegenden Konflikterscheinungsformen.

5.1.3 Konfliktwahrnehmung

Ein weiteres mögliches Unterscheidungsmerkmal von Konflikten ist die soziale Ebene, auf der sich Konflikte abspielen und wahrgenommen werden können. Maßgeblich für diese Unterscheidung sind die an einem Konflikt beteiligten Personen. Demnach kann man bei der Wahrnehmung von Konflikten zwischen intrapersonalen und interpersonalen Konflikten unterscheiden.

Die soziale Ebene von Konflikten

GUT ZU WISSEN

Intrapersonale Konflikte	Interpersonale Konflikte
■ spielen sich in einer Person ab ■ liegen vor, wenn eine Person mit sich selbst kämpft, weil sie eine Entscheidung treffen muss oder nicht weiß, was gerade wirklich wichtig ist ■ sind nicht unbedingt von außen wahrnehmbar	■ liegen vor, wenn zwei oder mehrere Personen nicht miteinander klarkommen ■ sind von außen wahrnehmbar

Bei Konflikten auf der sozialen Ebene sind die an einem Konflikt beteiligten Personen nicht immer auch die allein betroffenen Personen. So sind beispielsweise die Kinder bei einem Konflikt, den ihre Eltern miteinander austragen, durchaus betroffen – allerding sind nur ihre Eltern am Konflikt beteiligt.

Intrapersonale Konflikte

Steht eine Person vor einer Entscheidung und muss zwischen verschiedenen Alternativen wählen, so spricht man von einem intrapersonalen Konflikt. Diese intrapersonalen Konflikte, die sich innerhalb einer Person abspielen, kann man weiter unterteilen. Eine mögliche Unterteilung von intrapersonalen Konflikten nimmt der Sozialpsychologe Kurt Lewin vor.

In der psychologischen Einteilung seiner „Feldtheorie" analysiert Lewin die Kräfte, die auf eine Person widersprüchlich einwirken, um ihr Verhalten erklären und vorhersagen zu können. Die Hauptannahme der „Feldtheorie" besagt dabei, dass Menschen sich zu manchen Dingen hingezogen fühlen und von anderen abgestoßen werden. Durch dieses Aufeinandertreffen von anziehenden (positive Valenz-Anziehung) und abstoßenden (negative Valenz-Abstoßung) Kräften kommen Menschen in einen Zwiespalt, der eine schnelle Entscheidung verhindert. Auf der Basis dieser Annahmen unterscheidet Lewin drei mögliche innere Konflikte.

Die verschiedenen Arten intrapersoneller Konflikte nach Lewin

- **Annäherungskonflikt („Appetanzkonflikt")**
  Eine Person muss sich zwischen zwei Zielen, die sie für gleich erstrebenswert hält, entscheiden.

Situation *Appetanzkonflikt*

Ein firmenintern als Nachfolger des Abteilungsleiters gehandelter aufstrebender Arbeitnehmer bekommt vom Konkurrenzunternehmen ein gutdotiertes Jobangebot.

- **Vermeidungskonflikt („Aversionskonflikt")**
  Eine Person muss sich zwischen zwei negativen Dingen entscheiden.

Situation *Aversionskonflikt*

Eine Büroangestellte verzweifelt ob ihres unaufgeräumten Schreibtisches – verzichtet jedoch darauf, ihn aufzuräumen, da sie keine Überstunden machen und pünktlich nach Hause zu ihrer Familie möchte. Das Chaos auf ihrem Schreibtisch kostet sie jedoch am nächsten Tag viel Zeit, um Akten und Schriftstücke zu suchen.

- **Annäherungsvermeidungskonflikt („Appetanz-Aversionskonflikt")**
  Eine Person steht vor einer Entscheidung, die sowohl Gutes als auch Schlechtes mit sich bringt.

Situation *Appetanz-Aversionskonflikt*

Eine Mitarbeiterin bekommt eine höherdotierte Position in einer anderen Stadt angeboten. Die bedeutet einerseits einen Sprung auf der Karriereleiter, andererseits aber auch den damit verbundenen Umzug in eine andere Stadt.

Interpersonale Konflikte

Als interpersonal bezeichnet man alle Konflikte, in die zwei oder mehrere Personen oder auch Gruppen involviert sind. Diese interpersonalen Konflikte lassen sich in weitere drei Kategorien unterteilen.

- **Konflikte zwischen Einzelpersonen:** Sie ergeben sich zumeist durch personelle Faktoren wie die Persönlichkeitsstruktur von Menschen.

Situation *Konflikt zwischen Einzelpersonen*

Die neu eingestellte Mitarbeiterin kann ihren altgedienten Kollegen einfach nicht „riechen". Sie geraten regelmäßig bezüglich ihrer verschiedenen Arbeitsauffassungen aneinander.

- **Konflikte zwischen einer Einzelperson und einer Gruppe:** Sie ergeben sich durch personelle und strukturelle Faktoren.

Situation *Konflikt Einzelperson und Gruppe*

Zusätzlich zum Aufgabenbereich in seiner Abteilung arbeitet ein verdienter Mitarbeiter auch in einem Projektteam mit. Sein hoher Drang zur Selbstdarstellung und sein immenses Redebedürfnis in Teamsitzungen geht allen anderen Teammitgliedern gewaltig auf die Nerven. Immer häufiger geraten die Teammitglieder in heftige und unschöne Konfliktsituationen.

- **Konflikte in und zwischen Gruppen:** Sie ergeben sich häufig aus veränderten strukturellen Bedingungen.

Situation *Konflikt in und zwischen Gruppen*

Seit der firmeninternen Umstrukturierung geraten immer wieder die „Kaufleute" und die „Techniker" des Unternehmens aufgrund ihrer doch unterschiedlichen Denkstile aneinander. Die Techniker fühlen sich von den Kaufleuten bevormundet im Arbeitsprozess, die Kaufleute reden von ineffizientem Arbeiten der Techniker.

GUT ZU WISSEN

Die soziale Ebene von Konflikten als ein Untersuchungsmerkmal

Konflikte können nach ihrer sozialen Ebene unterschieden werden:

- Intrapersonale Konflikte können als Appetanzkonflikt, Aversionskonflikt und als Appetanz-Aversionskonflikt auftauchen.
- Interpersonale Konflikte können als Konflikte zwischen Einzelpersonen, zwischen Einzelpersonen und Gruppen und in und zwischen Gruppen auftreten.

Nicht immer sind alle von einem Konflikt Betroffenen auch die an diesem Konflikt Beteiligten.

Aufgaben

1 Beschreiben Sie Beispiele für intrapersonale und interpersonale Konflikte aus Ihrem Alltag. Analysieren Sie in einem zweiten Schritt die soziale Ebene der gefundenen Konflikte.

2 Ordnen Sie die folgenden interpersonalen Konflikte den verschiedenen Kategorien zu:

Situation

I Ein Unternehmen wird umstrukturiert und zwei bisher unabhängige Abteilungen werden zusammengelegt. Auch die Versetzungen einzelner Mitarbeiter in andere Zweigstellen des Unternehmens stehen an. Notwendigerweise werden auch Aufgaben neu verteilt. Es kommt zu Unruhe und Missmut in den betroffenen Abteilungen.

II Aufgrund der bevorstehenden Umstrukturierungen des Unternehmens und der daraus resultierenden Versetzungen und Entlassungen einzelner Mitarbeiter führt der Betriebsrat mit dem Geschäftsführer hitzige Verhandlungen.

III Zwei Mitarbeiter einer Abteilung bewerben sich um eine neu zu besetzende Stelle, für die beide sich als besonders qualifiziert halten. Jedoch haben beide grundsätzlich verschiedene Auffassungen, z. B. in Sachen Pünktlichkeit und Arbeitsmoral.

5.1.4 Konfliktarten

Jeder Konflikt ist anders – doch meist liegt eine Unvereinbarkeit von Bedürfnissen, Motiven, Werten oder Zielen vor. Auch Statusfragen, Machtansprüche oder Verteilungsverhältnisse verursachen häufig Konflikte. Um Konflikte besser erkennen zu können, werden unter dem Gesichtspunkt der Gemeinsamkeit zahlreiche verschiedene Konfliktarten klassifiziert. Folgende fünf Konfliktarten treten gehäuft auf und lassen sich wie folgt unterscheiden.

Konfliktart	Konfliktbeschreibung
Beurteilungs-/Wahrnehmungskonflikte	Es besteht Einigkeit über ein Ziel, aber nicht über den Weg, wie dieses Ziel zu erreichen ist.
Zielkonflikte	Es werden zwei Ziele verfolgt, die schlecht oder gar nicht vereinbar sind.
Rollenkonflikte	Personen sind sich über ihre Rollen nicht im Klaren und können so die an sie gestellten Erwartungen nicht erfüllen oder sie haben das Gefühl, diesen nicht gerecht zu werden.
Verteilungskonflikte	Personen bekommen nicht die Mittel oder haben nicht die Ressourcen (z. B. Gehalt, Fortbildung etc.), auf die sie glauben einen Anspruch zu haben.
Beziehungskonflikte	Sie entstehen durch divergierende Wertvorstellungen, Bedürfnisse, Einstellungen und Verhaltensweisen.

Ein Konflikt besteht zumeist aus mehreren zusammenhängenden Aspekten und lässt sich nur in den wenigsten Konfliktsituationen auf nur eine einzige Konfliktart reduzieren. Zumeist überlagern sich verschiedene Konfliktarten und kumulieren zu einem Konflikt.

GUT ZU WISSEN

Konfliktarten

Konflikte lassen sich in verschiedene Konfliktarten klassifizieren. Die wesentlichen Konfliktarten sind:

- Beurteilungs-/Wahrnehmungskonflikte
- Zielkonflikte
- Rollenkonflikte
- Verteilungskonflikte
- Beziehungskonflikte

Darüber hinaus lassen sich zahlreiche weitere Konfliktarten wie etwa Wertekonflikte, Informationskonflikte, Generationenkonflikte etc. klassifizieren.

Eine häufig auftretende und durchaus relevante Konfliktart stellt der Generationenkonflikt in der Arbeitswelt dar. Als problematisch stellen sich beim Aufeinandertreffen der verschiedenen Generationen im beruflichen Alltag gerade die divergierenden Bedürfnisse der Arbeitnehmer und die altersbedingt unterschiedliche Auffassung von Arbeitsmoral heraus. Auch sprechen die verschiedenen Generationen eine unterschiedliche Sprache, so dass es zwischen der Generation der Babyboomer, der Generation X und der Generation Y schon mal krachen kann.

Expertin gibt Tipps für den Job-Alltag: Alter Hase trifft schlauen Fuchs

In vielen Firmen arbeiten zurzeit vier Generationen zusammen. Alte Hasen müssen sich mit schlauen Füchsen arrangieren. Das birgt Konfliktstoff.

Um welche Art von Konflikten kann es sich dabei handeln? Diese vier Generationen sind unter sehr verschiedenen Rahmenbedingungen aufgewachsen und wurden von entsprechend unterschiedlichen Werten und Erwartungen geprägt. Besonders stark fällt der Unterschied zwischen der Wirtschaftswunder-Generation, den „alten Hasen", und der jungen Generation Y, den „schlauen Füchsen" – auch als so genannte „high potentials" in Unternehmen begehrt – auf. Aber auch die Generation der leistungsorientierten „Babyboomer" mit dem Überstunden-Gen, welche derzeit in Unternehmen dominiert und diese auch im Wesentlichen trägt, hat häufig Akzeptanz-Probleme mit der legeren Gelassenheit, mit der die jüngeren Generationen ihre Arbeitseinstellung vertreten.

Wie sollte ein Unternehmen damit umgehen? Diese Konflikte sind nur beherrschbar, wenn der Geschäftsleitung und den Führungskräften bewusst ist, was diese sehr unterschiedlichen

Generationen prägte, welche Einstellung zur Arbeit sie jeweils mitbringen, was sie erwarten und in welcher Form sie motiviert werden können.

[...]

Was bedeutet das konkret, was muss man als Chef tun? Indem eine Führungskraft die jeweiligen Stärken und Schwächen ihrer Mitarbeiter herausfindet, die verschiedenen Prägungen und Wertvorstellungen beachtet und gleichzeitig eine unterschiedliche Arbeitseinstellung und anderes Generationen-Verhalten akzeptiert und nicht ständig dagegen anzukämpfen versucht.

M2 Quelle: Petra Hoffmann: Expertin gibt Tipps für den Job-Alltag: Alter Hase trifft schlauen Fuchs. In: www.swp.de

Aufgaben

1 Beschreiben Sie zu jeder in der Tabelle auf Seite 163 aufgeführten wesentlichen Konfliktart ein Beispiel aus Ihrer eigenen Erfahrungswelt.

2 Diskutieren Sie in Partnerarbeit über Ihre Beispiele und die Zuordnung zu der jeweiligen Konfliktart.

3 Lesen Sie den Text M2 oben und lösen Sie folgende Aufgabe:

a Erarbeiten Sie anhand des Textes verschiedene Möglichkeiten, mit der generationsbedingten Unterschiedlichkeit der Mitarbeiter am Arbeitsplatz umzugehen, und erklären Sie dabei, wie diese Unterschiedlichkeit positiv genutzt werden kann.

b Entwickeln Sie darüber hinaus weitere konkrete Maßnahmen, die ein Vorgesetzter für ein gutes Miteinander unter den Mitarbeitern unterschiedlicher Generationen ergreifen sollte.

5.1.5 Konfliktverläufe: Das Eskalationsmodell

Der österreichische Konfliktforscher Friedrich Glasl entwickelte mit der Konflikteskalation ein neunstufiges Modell, um Konflikte zu analysieren und in einem zweiten Schritt daraus angemessene Deeskalations- oder Lösungsstrategien zu ergreifen. Ausgangspunkt des Modells ist der beobachtbare Ablauf von unterschiedlichen Konflikten in Stufen.

Es ist davon auszugehen, dass die Konfliktbeteiligten nicht immer auf derselben Eskalationsstufe agieren. So ist es durchaus denkbar, dass sich einer der Konfliktbeteiligten auf einer höheren Konfliktstufe befindet. Auch handelt es sich bei der Abfolge der einzelnen Stufen um einen idealtypischen Verlauf, der nicht notwendigerweise immer so abläuft bzw. eingehalten werden muss. Auch das Überspringen einzelner Stufen hin zu einer höheren Eskalationsebene ist durchaus denkbar in Konflikten.

Im Rahmen seines Eskalationsmodells setzt sich Friedrich Glasl hauptsächlich mit Konflikten in Organisationen auseinander. Dennoch kann das Eskalationsmodell auch auf alle anderen Konflikte angewendet werden, um diese zu analysieren und angemessene Lösungsstrategien zu ergreifen. Ist jedoch ein Konflikt nach diesem Eskalationsmodell zu weit fortgeschritten, hilft nur noch ein Eingreifen von außen. Die Konfliktbeteiligten sind zu einer Konfliktlösung nicht mehr imstande.

Eskalationsstufen nach Glasl	Beschreibung
1. Stufe: Verhärtung	Spannungen; Standpunkte prallen aufeinander, doch noch keine starren Parteien
2. Stufe: Debatte, Polemik	Schwarz-Weiß-Denken und gegenseitige Abwertung setzt ein
3. Stufe: Taten statt Worte	Schaffung von Fakten; Drohgebärden; Misstrauen; Es kristallisieren sich Rollen heraus; Empathieverlust
4. Stufe: Images und Koalitionen	Klischees und Stereotype werden gebildet; Rekrutierung von Anhängern und Verbündeten
5. Stufe: Gesichtsverlust	öffentliche und direkte Angriffe auf die Integrität des anderen: Er soll sein Gesicht, seine moralische Glaubwürdigkeit verlieren.
6. Stufe: Drohstrategie und Erpressung	Drohung und Gegendrohung erfolgen; Erpressungsversuche durch Androhen von Sanktionen und Demonstrieren des Sanktionspotenzials
7. Stufe: Begrenzte Vernichtungsschläge	Der Gegner wird nicht mehr als Mensch gesehen; es setzen begrenzte Vernichtungsschläge ein; eigene Schäden der Auseinandersetzung werden als Gewinn gesehen, wenn der dadurch verursachte Schaden beim Gegner größer ist.
8. Stufe: Zersplitterung, totale Zerstörung	Lahmlegen des Gegners durch das Zerstören von wichtigen Systemfaktoren und Abschneiden von Unterstützungswegen
9. Stufe: Gemeinsam in den Abgrund	Die Vernichtung des Gegners wird zum obersten Ziel, das selbst um den Preis der Selbstvernichtung erreicht werden soll.

Eskalationsschwellen

Im Eskalationsmodell werden die neun treppenförmig angeordneten Eskalationsstufen wiederrum in drei Ebenen bzw. Schwellen unterteilt:

Schwelle I („Win-Win"): Das Eskalationsmodell ordnet der ersten Schwelle die Stufen „1. Verhärtung", „2. Polarisierung und Debatte" und „3. Taten statt Worte" zu. Glasl geht davon aus, dass auf dieser Ebene eine Konfliktlösung bzw. eine Einigung noch möglich ist, so dass beide Konfliktparteien als Gewinner aus der Situation hervorgehen können. Noch befindet sich der Konflikt auf der Sachebene.

Schwelle II („Win-Lose"): Der zweiten Schwelle werden die Stufen „4. Image/Koalition", „5. Gesichtsverlust" und „6. Drohstrategien" zugeordnet. Auf dieser zweiten Ebene ist eine Konfliktlösung ohne eine professionelle Prozessbegleitung nicht mehr zu bewältigen, da der Konflikt bereits auf die Beziehungsebene gerutscht ist. Eine Deeskalation ist jedoch immer noch möglich, beispielsweise durch eine Moderation, Prozessbegleitung oder Mediation.

Schwelle III („Lose-Lose"): Aus der dritten Schwelle können die beiden Konfliktparteien nur noch als Verlierer hervorgehen. Die zugeordneten Stufen „7. Begrenzte Vernichtungsschläge", „8. Zersplitterung" und „9. Gemeinsam in den Abgrund" zeigen dies auf. Grundsätzlich gilt für diese Schwelle die Annahme, dass die beiden Konfliktparteien ohne Eingriffe von außen zu keiner Lösung mehr imstande sind. Eine denkbare Konfliktlösungsstrategie ist für diese Stufen etwa ein Schiedsverfahren oder ein gerichtliches Verfahren.

GUT ZU WISSEN

Eskalationsstufen und -schwellen nach Glasl

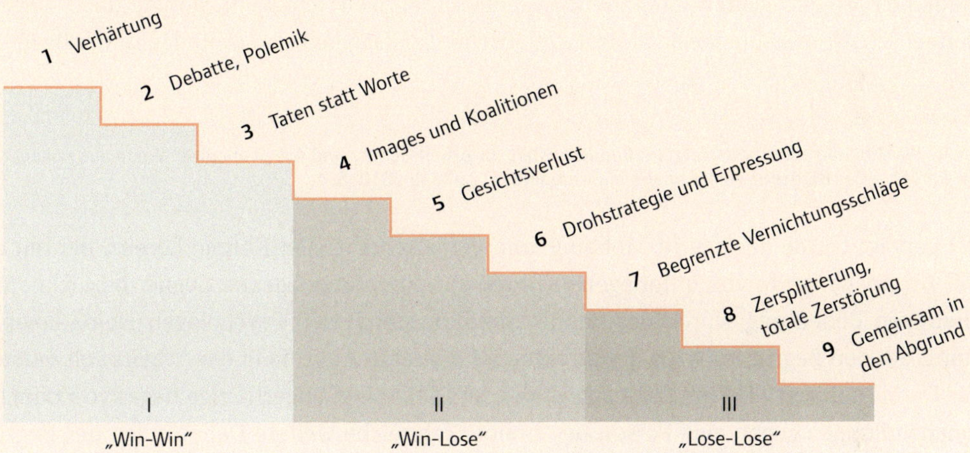

Aufgaben

1 Erläutern Sie die Problematik der Konflikteskalation. Benennen Sie mögliche Eskalationszeitpunkte gemäß des Modells nach Glasl.

2 Beurteilen Sie die Gefährlichkeit einer Konflikteskalation und setzen Sie sich mit der Notwendigkeit der Vermeidung von Konflikteskalation auseinander.

3 Stellen Sie dar, welche Möglichkeiten zur Konfliktdeeskalation es jeweils auf den drei Ebenen des Eskalationsmodells gibt.

5.1.6 Konkrete Konflikte in der Arbeitswelt: Mobbing

Ungelöste und unbearbeitete Konflikte in der Arbeitswelt können von einer Verhärtung der Fronten zur Eskalation und im extremen Fall bis hin zu Mobbing führen. Dies bleibt nicht folgenlos, wie die Situationsbeschreibung auf Seite 168 zeigt:

Psychokrieg am Arbeitsplatz

Vier Wände. Keine Fenster. Fünf leer geräumte Schreibtische – keine Akten, keine Bildschirme, keine Schreibutensilien, keine Bücher, gar nichts. An den Schreibtischen sitzen fünf Männer. Sie blicken starr geradeaus. Sie reden nicht, weil Redeverbot herrscht. Sie laufen nicht herum, weil das nicht erlaubt ist. Sie telefonieren nicht, weil es keine Telefone gibt. Sie sitzen einfach da. Sie waren einmal unentbehrlich für ihre Firma. Heute sind sie überflüssig. Warum kündigt man ihnen nicht? Weil es in Japan undenkbar ist, einem Firmenangehörigen zu kündigen. Deshalb sitzen sie nun hier. Kaltgestellt abseits der Gemeinschaft. Die Geschäftsführung wartet geduldig auf ihre Kündigung. Einige reichen sie nach ein paar Tagen ein. Andere halten schweigend und zur Untätigkeit verdammt Monate durch. Viel länger schafft es kaum jemand – trotz asiatischer Duldsamkeit und weiterlaufender Bezüge …

M3 Quelle: Psychokrieg am Arbeitsplatz. In: Bundesanstalt für Arbeitsschutz und Arbeitsmedizin: Wenn aus Kollegen Feinde werden – Der Ratgeber zum Umgang mit Mobbing. 6. Auflage 2010, S. 4.

Zuerst geprägt wurde der Begriff Mobbing vom Verhaltensforscher Konrad Lorenz, der mit dem Begriff Gruppenangriffe von unterlegenen Tieren auf einen überlegenen Gegner bezeichnete. In der heutigen Bedeutung wurde der Begriff Mobbing durch den Psychologen Heinz Leymann bekannt, der den Begriff in Bezug auf direkte und indirekte Angriffe in der Arbeitswelt versteht. Seiner Definition liegt die Annahme zugrunde, dass Mobbing längerfristige negative Kommunikationshandlungen gegen eine Person beschreibt. Zahlreiche weitere Definitionen des Begriffes Mobbing versuchen dem Phänomen, welches noch vor einigen Jahren als Modewort belächelt wurde, gerecht zu werden. Mittlerweile wird jedoch die Existenz dieses Phänomens nicht mehr in Abrede gestellt.

GUT ZU WISSEN

Definition des Begriffs Mobbing

Mobbing ist ein Geschehensprozess in der Arbeitswelt, in dem destruktive Handlungen unterschiedlicher Art wiederholt und über einen längeren Zeitraum gegen Einzelne vorgenommen werden, welche von den Betroffenen als eine Beeinträchtigung und Verletzung ihrer Person empfunden werden und dessen ungebremster Verlauf für die Betroffenen grundsätzlich dazu führt, dass ihre psychische Befindlichkeit und Gesundheit zunehmend beeinträchtigt werden, ihre Isolation und Ausgrenzung am Arbeitsplatz zunehmen, dagegen die Chancen auf eine zufriedenstellende Lösung schwinden und der regelmäßig im Verlust ihres bisherigen beruflichen Wirkbereichs endet.

M4 Quelle: Axel Esser / Martin Wolmerath: Mobbing – Der Ratgeber für Betroffene und ihre Interessenvertretung. 6., aktualisierte Auflage. 2005, S. 22.

Doch auch wenn Mobbing wie im Beispiel als Mittel der Personalpolitik eingesetzt wird, hat Mobbing nicht nur für die Betroffenen (krank, arbeitslos ...), sondern auch für die Unternehmen (Krankheitskosten, Arbeitsklima ...), in denen gemobbt wird, und für die Volkswirtschaft (Arbeitskräfteverlust, Krankheitskosten ...) weitreichende Folgen, die es zu verhindern gilt.

In der Bundesrepublik sind laut einer 2013 durchgeführten repräsentativen empirischen Studie des Bündnisses gegen Cybermobbing 28 Prozent der Befragten schon einmal Opfer von Mobbing geworden. Die Umfrage ließ Angaben in allen Lebensbereichen zu. Das Arbeitsumfeld liegt danach mit 72 Prozent weit vorn. In ihr tritt Mobbing in allen hierarchischen Ebenen auf: Das Phänomen ist klassen- und grenzenlos. Dass es keinen Bereich unserer Gesellschaft gibt, der als „mobbingfrei" gelten kann, zeigen auch die hohen Angaben von Vorfällen in anderen Bereichen. Mobbing trifft Menschen unabhängig von Alter, Herkunft, Geschlecht, Bildungsstand, beruflicher Situation und Hierarchieebene. Mobbinghandlungen können also jeden treffen.

Formen, Akteure und Handlungen

■ **Bossing (von oben nach unten)**

Bei Mobbinghandlungen auf der vertikalen Beziehungsebene, also von Vorgesetzten gegen Mitarbeiter, spricht man von Bossing.

■ **Mobbing (von gleich zu gleich)**

Mobbinghandlungen, die auf der horizontalen Beziehungsebene stattfinden, d. h., die von Kollege zu Kollege stattfinden, nennt man Mobbing.
Der Begriff Bullying wird für Mobbinghandlungen verwendet, die unter Schülern auftreten.

M5 Mobbing auf allen Hierarchieebenen

■ **Staffing (von unten nach oben)**

Mobbinghandlungen, die auf der Beziehungsebene von unten nach oben stattfinden, d. h., wenn Mitarbeiter ihre Vorgesetzten mobben, bezeichnet man als Staffing.

Als mobbende Personen haben sich bei Befragungen unter Mobbingbetroffenen sowohl Vorgesetzte als auch Kollegen herausgestellt, die in verschiedenen Konstellationen allein oder gemeinsam Mobbinghandlungen vollziehen.
Anders als bei den von Mobbing Betroffenen zeigt sich ein genaueres Bild vom typischen Mobber: so ist der typische Mobber männlich, Vorgesetzter und zwischen 35 und 54 Jahre alt.

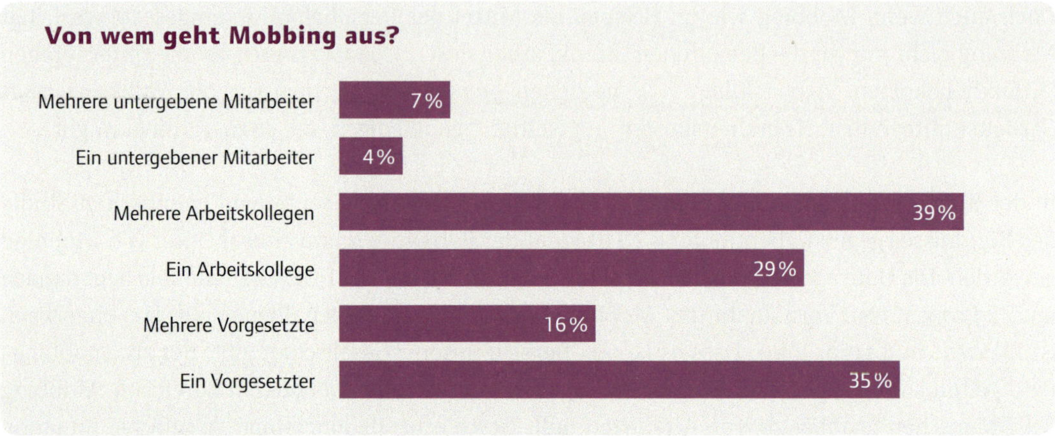

M6 Verteilung von Mobbingfällen nach Hierarchieebenen, von denen das Mobbing ausging. Mehrfachnennung war möglich. Quelle: Schneider, Christoph; Leest, Uwe; Katzer, Catarina; Jäger, Reinhold S.: Mobbing und Cybermobbing bei Erwachsenen. Eine empirische Bestandsaufnahme in Deutschland. 2014, S. 25. In: www.buendnis-gegen-cybermobbing.de

GUT ZU WISSEN

Formen und Akteure

Eine Studie zeigt: Mobbing findet zum überwiegenden Teil (72 %) im Arbeitsumfeld statt. Je nach Akteur kann dort Mobbing in Bossing, Mobbing und Staffing unterschieden werden. Jedoch findet Mobbing auch im privaten Umfeld statt. Allerdings sind die Grenzen zwischen den Bereichen Arbeitsumfeld und privates Umfeld oft fließend. 28 % sind nach der Studie bereits Opfer gewesen, was zeigt: Mobbing kann in seinen verschiedenen Formen jeden überall treffen.

Situation

Da verschwinden von der Festplatte eines besonders fleißigen Mitarbeiters immer mal wieder besonders wichtige Dateien und Arbeitsergebnisse, es kursieren Gerüchte über einzelne Mitarbeiter und Kollegen, Unwahrheiten werden über die neue Auszubildende verbreitet. Da werden verschimmelte Lebensmittel in fremden Schreibtischschubladen versteckt, da verstummen Gespräche, wenn ein bestimmter Mitarbeiter den Pausenraum betritt. Mitarbeitern werden plötzlich nutzlose und unlösbare Aufgaben erteilt, Arbeitsleistung älterer Arbeitnehmer in Frage gestellt oder gar Arbeitsmaterial unterschlagen.

Was die Situation oben schildert, bestätigen Befragungen und Untersuchungen: Mobbing hat viele Gesichter. Nachdem ursprünglich 45 Mobbinghandlungen von dem Mobbing-Forscher Heinz Leymann benannt wurden, wird heute von mehr als 100 Mobbinghandlungen ausgegangen, die der Erfassung und Identifikation von Mobbing dienen.

Typische Mobbinghandlungen treten laut einer repräsentativen Befragung unter Mobbing-Betroffenen in folgender Häufigkeit auf:

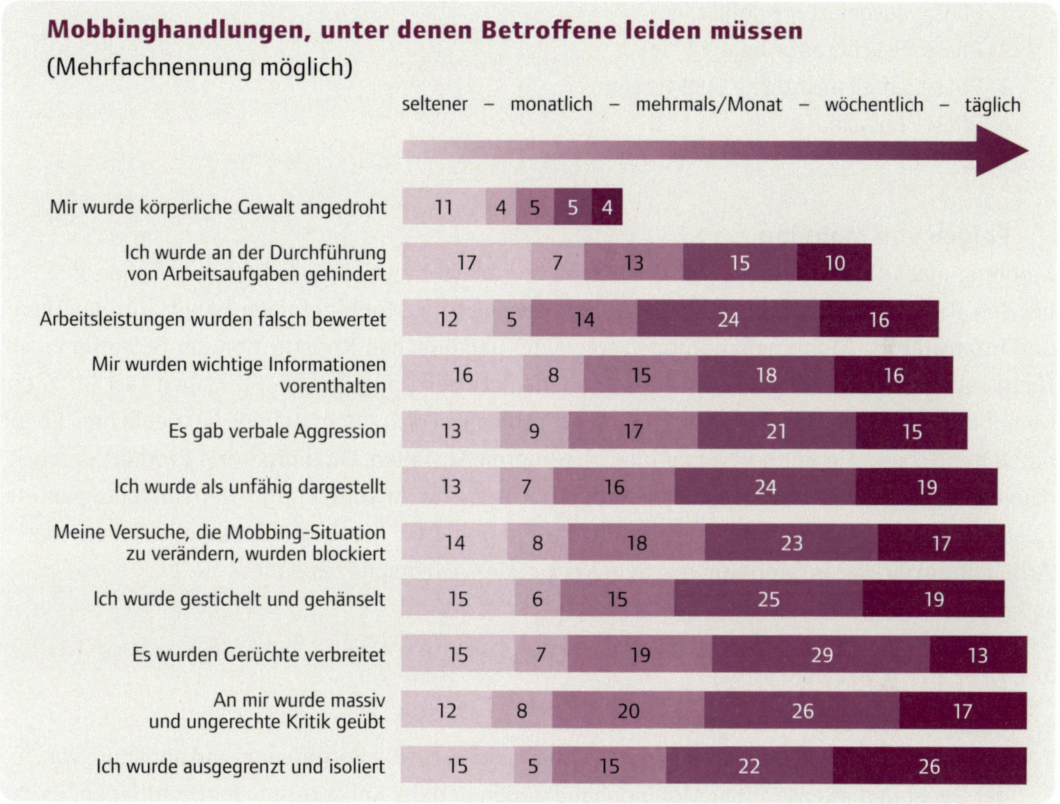

M7 Häufigkeiten und Formen des Mobbings. Quelle: Schneider, Christoph; Leest, Uwe; Katzer, Catarina; Jäger, Reinhold S.: Mobbing und Cybermobbing bei Erwachsenen. Eine empirische Bestandsaufnahme in Deutschland. 2014, S. 26. In: www.buendnis-gegen-cybermobbing.de

Phasenverlauf

In der Regel läuft Mobbing in vier aufeinanderfolgenden Phasen ab. In Phase 1 entsteht zunächst ein Konflikt, der ungelöst bleibt. Es kommt zu ersten Angriffen und Schuldzuweisungen. Gekennzeichnet von beginnendem Psychoterror gerät in Phase 2 der eigentliche Konflikt in den Hintergrund. Die Betroffenen werden zur Zielscheibe systematischer Schikanen, Ausgrenzungen und Isolation. Die gemobbte Person ist in Phase 3 von den Schikanen stark verunsichert und macht Fehler. Diese werden durch erste arbeitsrechtliche Sanktionen wie Abmahnung, Versetzung oder Androhung von Kündigung geahndet. Die gemobbte Person reagiert in Phase 4 mit Kündigung oder wird gekündigt.

GUT ZU WISSEN

Phasenverlauf bei Mobbing

1. Phase: ausgelöster Konflikt
2. Phase: Psychoterror beginnt
3. Phase: arbeitsrechtliche Sanktionen
4. Phase: Ausschluss

Folgen von Mobbing

Mobbing macht krank und ist teuer. Mobbing verursacht zweifellos Schäden auf allen Ebenen: bei den Betroffenen und den Betrieben. Das Ausmaß der Mobbingfolgen hängt von der Dauer und Intensität der Mobbinghandlungen sowie der persönlichen Konstitution der Betroffenen ab. Nicht selten macht der Psychoterror am Arbeitsplatz auf Dauer krank. So klagen fast 90 % der Gemobbten über psychische und physische Probleme. Doch auch auf der betrieblichen Ebene entstehen Schäden in Form von krankheitsbedingten Ausfällen, Qualitäts- und Produktionsrückgängen, Produktionsstörungen, Versetzungen, Kosten für Aushilfskräfte, Neueinstellungen etc. Kosten im Sozialsystem entstehen durch die Krankheiten der Betroffenen oder durch deren Arbeitslosigkeit, wenn Mobbing mit dem Verlust des Arbeitsplatzes endet.

GUT ZU WISSEN

Folgen und Gegenmaßnahmen

Die psychischen und physischen Folgen von Mobbing für die Betroffenen sind abhängig von der Dauer und Intensität der Mobbinghandlungen und der Konstitution der Betroffenen. Es entstehen jedoch nicht nur Schäden auf der Seite der Betroffenen, sondern auch in den Betrieben, was zu nicht unerheblichen volkswirtschaftlichen Schäden führt. Ebenso werden die Sozialsysteme belastet. Frühzeitiges Ansprechen des Problems sowie Inanspruchnahme von inner- und außerbetrieblicher Unterstützung sind geeignete Gegenmaßnahmen.

Mobbing passiert nicht einfach, ist kein Zufall, sondern wird verursacht. Es gilt zunächst, von Seiten der Betriebe Präventionsmaßnahmen gegen Mobbing zu ergreifen und für ein gutes und damit mobbingfeindliches Arbeits- und Betriebsklima, etwa durch Anti-Mobbing-Dienstvereinbarungen, zu sorgen. Für die persönlich Betroffenen von Mobbing gilt es, sich inner- und außerhalb des Betriebes nach möglicher Hilfe umzuschauen. Von Mobbing Betroffene können auf drei Ebenen Gegenmaßnahmen ergreifen:

1 **Maßnahmen allein durch die Betroffenen**

- sofortiges, direktes Wehren gegen die unmittelbaren Mobbinghandlungen
- direkter Ausspracheversuch mit Person, die mobbt
- eigentliche Konfliktursache erkennen und kompromissbereite Lösungen anbieten
- Mobbinghandlungen dokumentieren: Situation wird so noch einmal reflektiert und für sich selbst und Dritte (Arzt, Betriebsrat, Richter …) wird eine „objektivere" Beurteilung möglich
- eigene Leistung in einem Tagesprotokoll festhalten
- eigene Gesundheit und Selbstwertgefühl erhalten: Stressabbau (Entspannungstechniken, Sport), Hobbys und persönliche Beziehungen außerhalb des Betriebes pflegen, Reisen machen etc.
- Auszeit nehmen: z. B. Urlaub, Kur, Fortbildungen oder bei Extrembelastung Krankschreibung

2 **Inanspruchnahme von innerbetrieblicher Unterstützung**

- Kollegen oder Kolleginnen, eventuell Vorgesetzter
- betriebliche und berufliche Institutionen: z. B. Personal-/Betriebsrat, eventuell Geschäftsführung, Berufsverbände

3 **Inanspruchnahme von außerbetrieblicher Unterstützung**

- rechtliche und persönliche Beratung, gegebenenfalls von Gewerkschaft, Coach, Arzt, Psychologe, Selbsthilfegruppen …

Aufgaben

1 Stellen Sie dar, welche Merkmale gegeben sein müssen, damit man von Mobbing sprechen kann.
2 Stellen Sie den Unterschied zwischen einem Konflikt und Mobbing dar.
3 Betrachten Sie die Karikatur M5 (Seite 169) und beschreiben Sie die dort dargestellten Hierarchieebenen von Mobbing und wie jeweils gemobbt wird.
4 Recherchieren Sie im Internet die 45 Mobbinghandlungen nach Heinz Leymann, die zur Identifikation von Mobbing dienen, und diskutieren Sie im Plenum über die aufgelisteten Mobbinghandlungen, insbesondere über jene, die für Sie erstaunlich bzw. unerwartet sind.
5 Beschreiben Sie mögliche Vorgehensweisen für Betroffene von Mobbinghandlungen.

5.2 Konflikten vorbeugen

5.2.1 Konfliktursachen kennen

In der Konfliktanalyse stellt sich durchaus auch berechtigterweise die Frage nach den Ursachen für Konflikte. Diesbezüglich gibt es unterschiedliche Erklärungsansätze.

Während die strukturelle Theorie die Ursachen, die außerhalb von Personen existieren, für die Entstehung von Konflikten verantwortlich macht, sieht die personale Theorie das individuelle Verhalten, die subjektiven Einstellungen und Persönlichkeitsstrukturen als Ursachen für die Entstehung von Konflikten.

Strukturelle Faktoren als Konfliktursache	Personelle Faktoren als Konfliktursache
■ Konkurrenzkampf um knappe materielle Güter ■ unzureichende Funktionsumschreibungen von Aufgaben, Kompetenzen und Verantwortlichkeiten von Mitarbeitern ■ unklare Kompetenzregelungen ■ ungenaue Vorschriften ■ Organisationsprobleme	■ individuelles Konfliktverhalten ■ subjektive Einstellungen ■ Persönlichkeitsstruktur ■ Kommunikationsweise und -verhalten

Gemäß der strukturellen Theorie sind die Ursachen, die zu einem Konflikt führen, also außerhalb von Personen zu sehen. Gerade Faktoren wie beispielsweise Veränderungsprozesse, die mit Reorganisation zusammenhängen, sind ernstzunehmende strukturelle Konfliktfaktoren. Ebenso konfliktträchtig sind Konkurrenzkämpfe um Positionen, etwa nach einer Firmenfusion oder einer Firmenübernahme. Auch alle unklaren und ungenauen Regelungen und Vorschriften können sich im Berufsleben zu Konfliktfaktoren herausbilden.

Aus anfänglich strukturellen Konfliktursachen entwickeln sich jedoch nicht selten im weiteren Verlauf personelle Konflikte. Man kann also sagen, dass strukturelle Konflikte „personalisiert“ werden. Beispielsweise kann aus den beiden aussichtsreichen Bewerbern um eine neu zu besetzende Stelle und einem zunächst strukturellen Konflikt durchaus im Verlauf des Bewerbungsverfahrens auch ein Konflikt mit personellen Konfliktfaktoren werden.

Gerade in Unternehmen vollzieht sich also eine solche Verlagerung und Konflikte werden auf der zwischenmenschlichen Ebene weitergeführt. Der weitere Verlauf solcher personalisierten Konflikte ist dabei so unterschiedlich wie das individuelle, durch Sozialisation erlernte Konfliktverhalten von Menschen. In kontroversen Situationen zeigen sich nicht nur in der betrieblichen Realität tatsächlich unterschiedliche Konflikttypen, die nach bestimmten Mustern handeln: Während z. B. der eine Mitarbeiter sofort und direkt Konflikte anspricht, sitzt der andere Mitarbeiter zunächst das Problem aus und wartet auf eine passende Gelegenheit für eine Aussprache.

GUT ZU WISSEN

Konfliktursachen

Konflikte können verschiedene Ursachen haben:

- strukturelle Ursachen
- personelle Ursachen

Zumeist bedingen sich strukturelle und personelle Faktoren gegenseitig und sind in Abhängigkeit und nicht isoliert voneinander zu sehen.

Aufgabe

1 Setzen sie sich mit der Fragestellung auseinander, ob strukturelle und personelle Konflikte grundsätzlich vermieden werden können.

5.2.2 Konfliktursachen strukturell und personell minimieren

Wenn zwischen Menschen Konflikte ausbrechen, kann dies durch personelle Ursachen wie etwa Antipathie oder andere Werte verursacht werden. Es gibt aber auch durchaus Konflikte, die sich mit personellen Konfliktursachen nicht erklären lassen, sondern die sich vielmehr auf strukturelle Konfliktursachen wie den Kampf um knappe Ressourcen oder unklare Regelungen und Vorschriften zurückführen lassen.

Strukturelle Konfliktursachen sind sehr komplex und im Gegensatz zu personellen Konfliktursachen meist nur schwer zu bewerkstelligen. Sie erfordern meist eine Neuausrichtung oder Neugestaltung in einem System bzw. einem Unternehmen und erfordern somit vor allem das Handeln der Unternehmensführung.

Die Minimierung von strukturellen Konfliktursachen kann grundsätzlich aber nur gelingen, wenn etwa unzureichend formulierte Funktionsumschreibungen von Aufgaben, Kompetenzen und Verantwortlichkeiten von Mitarbeitern korrigiert bzw. umformuliert werden, um Kompetenzstreitigkeiten zwischen den Betroffenen zu vermeiden. Weiter sind strukturelle Veränderungen, wie etwa der Umgang mit Unsicherheiten und Unklarheiten, erforderlich, die von der Unternehmensführung auch gewollt sein müssen. Ohne eine inhaltliche Neuausrichtung, ein Projekt- und Change-Management kann ein erforderlicher Veränderungsprozess nicht erreicht werden. Um also eine Minimierung von strukturellen Konfliktursachen zu erzielen, ist es unabdingbar, ein erfolgreiches Führungs- bzw. Managementkonzept zu installieren (Kapitel 6.9.7 Management-by-Techniken).

Generell ist aber auch hier die transparente und offene Kommunikation als Chance zu sehen, strukturelle Konfliktursachen zu minimieren; beispielsweise wenn Strukturen verändert, Prozesse vereinfacht und materielle Ressourcen (Arbeitsplätze, Gehälter ...) gerechter verteilt werden sollen.

GUT ZU WISSEN

Minimierung von Konfliktursachen

Die Minimierung von strukturellen Konfliktursachen erfordert strukturelle Veränderungen und ist gleichzeitig immer auch der Startschuss für ein neues Denken und einen Wandel in einem Unternehmen, welcher nur gelingen kann, wenn die Unternehmensführung dies auch mitträgt.

Grundsätzlich ist es für die Konfliktbewältigung entscheidend, Konfliktursachen zu erkennen. Da die meisten Konflikte jedoch aus komplexen, miteinander verwobenen Faktoren bestehen, ist es zumeist nicht möglich, die alleinige monokausale Ursache eines Konfliktes exakt zu bestimmen. So sind sowohl strukturelle als auch personelle Faktoren als Quelle und Ursache von Konflikten zu berücksichtigen, da diese sich gegenseitig bedingen und in vielen Fällen gleichzeitig auftreten.

Sowohl im Falle von strukturellen als auch im Falle von personalisierten Konfliktursachen spielt bei deren Minimierung die grundsätzliche Verhaltensweise der Konfliktparteien eine entscheidende Rolle.
Der amerikanische Psychologe Kenneth W. Thomas unterscheidet in Anlehnung an das Verhaltensgitter von Blake/Mouton (siehe Kapitel 6.9.2) beispielsweise fünf verschiedene Verhaltensweisen in Konfliktsituationen bzw. Konfliktlösungsstile. Dieses sogenannte Thomas-Modell zeigt einerseits das Ausmaß, in dem sich eine Konfliktpartei bei der Konfliktlösung an den eigenen Interessen orientiert, und andererseits das Ausmaß, in dem sich eine Konfliktpartei bei der Konfliktlösung an den Interessen der gegnerischen Partei orientiert.
Konfliktlösungsstile

GUT ZU WISSEN

Konfliktlösungsstile

1 Vermeidung: Beide Konfliktseiten verlieren.
2 Durchsetzen: Ich bekomme alles, die andere Konfliktseite bekommt nichts.
3 Nachgeben: Die andere Konfliktseite bekommt alles, ich gehe leer aus.
4 Kompromiss: Beide Konfliktseiten gewinnen und verlieren etwas.
5 Kooperation: Beide beteiligten Seiten gewinnen.

Geht es also um die nachhaltige Minimierung von personellen Konfliktursachen, so stellt der Konfliktlösungsstil der Kooperation die wohl geeignetste, wenn auch aufwändigste Möglichkeit dar. Denn es erfolgt bei der Suche nach dem Konsens eine Orientierung an den eigenen Interessen, aber auch an den Interessen des Konfliktpartners.

Die Minimierung von personellen Konfliktursachen ist immer auch Arbeit an den persönlichen und zwischenmenschlichen Aspekten der Konfliktparteien. Eine veritable Grundlage für diese personelle Minimierung von Konfliktursachen und eine damit verbundene erfolgreiche und konfliktarme Kommunikation ist sicherlich die positive Grundeinstellung nach Thomas Harris.

Konstruktive Grundhaltung

Zusammen mit Eric Berne entwickelte Thomas Harris das Modell der Transaktionsanalyse (siehe Kapitel 3.2.2), zu dem neben den Grundannahmen und den verschiedenen Ich-Zuständen auch die von Harris entwickelten vier Lebensanschauungen bzw. Grundhaltungen gehören. Abhängig davon, was ein Mensch in seiner Kindheit erlebt hat, verinnerlicht er eine dieser vier in Kapitel 3.2.2 näher beschriebenen Grundeinstellungen. Doch situationsgebunden kann ein Mensch auch in verschiedenen Bereichen, wie z. B. in der Firma oder in der Familie, unterschiedliche Grundhaltungen zeigen. Das Ziel ist: ich bin o. k. – du bist o. k.
Diese konstruktive Grundhaltung ist dabei geprägt von grundlegendem Respekt und getragen von Akzeptanz und Toleranz. Auf der Basis der konstruktiven Grundhaltung können natürlich nicht pauschal alle Konflikte vermieden werden, jedoch wird durch diese Grundhaltung eine symmetrische Kommunikation auf Augenhöhe möglich. Missverständnisse, Kommunikationsstörungen und Verstimmungen können so direkt angesprochen werden, bevor eine weitere Eskalation der Situation eintritt. Dazu gehört es zuvorderst sich seiner eigenen Grundhaltung bewusst zu werden, um gegebenenfalls seinen Kommunikationsstil bzw. seine Grundhaltung zu ändern.

GUT ZU WISSEN

Konstruktive Grundhaltung

Die Minimierung von personellen Konfliktursachen ist immer verbunden mit der Persönlichkeit und den zwischenmenschlichen Aspekten der Konfliktparteien. Deshalb kann beispielsweise die konstruktive Grundhaltung (siehe Kapitel 3.2.2) positiv zur personellen Minimierung von Konfliktursachen beitragen.
Ein Allheilmittel gegen die Entstehung von Konflikten ist sie allerdings nicht, sie kann jedoch als Denkanstoß in Betracht gezogen werden.

Reframing

Eine weitere Möglichkeit, um Konflikte personell zu minimieren, ist neben der konstruktiven Grundhaltung eines Menschen die Methode des Reframings.

Situation

Trotz mehrfacher Erinnerung an diesen äußerst wichtigen Termin sind Sie erneut von Ihrem Arbeitskollegen versetzt worden. Fast dreißig Minuten haben Sie auf ihn gewartet. Und wieder hat er sich bei Ihnen nicht einmal entschuldigt.

In der Situation oben kann ein Reframing, eine Neubewertung des Verhaltens, konfliktmindernd wirken. Reframing ist eine Methode der Systemischen Psychotherapie und des Neurolinguistischen Programmierens. Es geht von den Grundannahmen aus, dass jedes Verhalten in irgendeinem Kontext sinnvoll ist, jedem Verhalten eine Bedeutung zugeschrieben wird und sich hinter jedem Verhalten eine positive Absicht verbirgt. Methodisch wird so vorgegangen, dass Verhaltensweisen, Situationen, Geschehnisse, menschliche Denkmuster oder Erwartungen umgedeutet werden und ihnen so eine völlig andere Bedeutung oder ein anderer Sinn zugewiesen wird. Dies geschieht, indem man diese positiv umdeutet oder versucht in einem anderen Kontext zu sehen. So können neue Vorstellungen und Deutungsmöglichkeiten entstehen, die es den Beteiligten ermöglichen, besser damit umzugehen.

Ist das Glas halb voll oder halb leer? Auf den ersten Blick wird bei diesem Beispiel das Gleiche beschrieben. Doch nur scheinbar, denn im ersten Fall wird ein positiver und im zweiten Fall ein negativer Rahmen gesetzt. Ein Reframing hat dann stattgefunden, wenn der Betrachter von der einen zur anderen Sichtweise kommt, also ein neuer Rahmen gesetzt wird.

M8 Halb voll oder halb leer? Das bestimmt der Kontext bzw. die Interpretation

Die Redewendung „Scherben bringen Glück" ist ein Beispiel für ein solches Reframing. In dieser Umdeutung steckt zunächst ein zu Bruch gegangenes Glas, welches aber nicht als Missgeschick bzw. Unglück interpretiert wird, sondern durch das Setzen eines neuen Frames positiv bewertet wird.

Der entstandene Schaden wird nicht beklagt, sondern als Glück umgedeutet und mit einem neuen, positiven Sinn versehen. So wird das Unglück durch das Zerbrechen eines Gegenstandes umgedeutet zu Glück. Beim Reframing geht es allerdings nicht darum, jede Situation bzw. alles Negative in Positives umzudeuten. Wut, Trauer und andere negative Gefühle gehören zu unserem alltäglichen Leben. Sie grundsätzlich zu unterdrücken wäre kontraproduktiv und schädlich. Vielmehr gilt es deshalb, zuerst bewusst wahrzunehmen, was man in einer bestimmten Situation empfindet und wahrnimmt, um dann gegebenenfalls eine Umdeutung vorzunehmen.
Grundsätzlich werden beim Reframing zwei Arten unterschieden:

Kontext-Reframing

Für ein negativ bewertetes Verhalten etc. wird ein neuer oder anderer Kontext gesucht, in dem das Verhalten positiv gesehen wird. Ist beispielsweise eine Person nicht in der Lage, an einer Sache dranzubleiben, wird ein Kontext gesucht, in der diese Eigenschaft positiv ist. Das wäre zum Beispiel ein Kontext, bei dem Flexibilität und Spontanität gefragt sind.

Inhalts-Reframing

Für ein negatives Verhalten etc. wird eine neue, positive Bedeutung gesucht. Beispielsweise das Ärgernis einer Mutter, dass die fast schon erwachsenen Kinder in die Küche einfallen und den Kühlschrank plündern, um gemeinsam zu kochen, jedoch nach dem in ihrer Küche gekochten Abendessen ihr Geschirr nicht wegräumen. Beim Bedeutungs-Reframing kann dies dahingehend umgewertet werden, dass dies ein Zeichen dafür ist, dass die Kinder noch immer gerne nach Hause kommen und das gemeinsame Kochen und Essen genießen.

GUT ZU WISSEN

Reframing

Reframing ist eine Methode, die durch eine andere Kontextualisierung oder Interpretation auf eine Änderung des Blickwinkels abzielt und damit auch zur Minimierung von personellen Konfliktursachen dienlich ist.

Das Reframing kann dann nutzbringend sein, wenn die bisherige persönliche Reaktion auf eine Situation unverhältnismäßig ist und das Leben unverhältnismäßig schwer macht. Es geht also nicht darum, sich selbst zu manipulieren und alles Negative umzudeuten, sondern vielmehr darum, immer wiederkehrende Konfliktsituationen neu zu sehen und neu zu bewerten, um so konfliktminimierend zu agieren.

Situation

Ein Mitarbeiter bittet seinen Chef um eine Gehaltserhöhung. Im Gespräch trifft er allerdings nur auf Ablehnung und erntet ganz unvermittelt harsche Kritik an seiner Arbeitsleistung.

Aufgaben

1. Beschreiben Sie gemäß der von Harris dargestellten Grundhaltungen, wie der betroffene Mitarbeiter auf die Ablehnung seiner Anfrage reagieren könnte und welche Grundhaltung er dabei jeweils einnimmt.
2. Stellen Sie dar, welcher Konfliktstil nach Thomas in der geschilderten Situation Ihrer Meinung nach am geeignetsten ist, um das Anliegen des Mitarbeiters umzusetzen.
3. Benennen Sie fünf Situationen aus Ihrem privaten oder betrieblichen Alltag, die Ihnen das Leben unverhältnismäßig schwer machen. „Reframen" Sie diese, indem Sie diesen Situationen neue Bedeutungen zuschreiben oder in einen anderen Kontext setzen.

5.3 Konfliktlösungsmodelle anwenden

5.3.1 Konfliktgespräche führen

Im betrieblichen Alltag gehörte es zu den Aufgaben eines Vorgesetzten, verschiedenste Gespräche mit Mitarbeitern zu führen. So gilt es neben Feedback, Beurteilungs- und Kritikgesprächen auch Konfliktgespräche zu führen. Geht es beim Kritikgespräch um das konkrete Ansprechen von momentanen Leistungsmängeln oder um einmalige Verhaltensfehler, so geht es beim Konfliktgespräch um ein gravierendes und immer wiederkehrendes Fehlverhalten eines Mitarbeiters, welches es zu thematisieren gilt. Bevor ein Gespräch stattfindet, ist deshalb zu analysieren, ob tatsächlich ein Konfliktgespräch ansteht sowie eine Konfliktanalyse.

Gesprächstechniken im Konfliktgespräch

Mithilfe geeigneter Gesprächstechniken können solche Konfliktgespräche im Rahmen eines Konfliktmanagements erfolgreich und konstruktiv ablaufen. Folgende Techniken könnte ein Vorgesetzter in dieser Reihenfolge anwenden:

- zunächst Aktives Zuhören (Position, Interesse des Mitarbeiters erfahren)
- Paraphrasieren und Spiegeln (sicherstellen, die Mitarbeiterposition verstanden zu haben)
- Feedback, wie Verhalten bzw. Leistung des Mitarbeiters wahrgenommen wird
- nicht bewertende Gegenüberstellung der Interessen, Positionen und Verhaltensweisen (gemeinsame Sichtweise auf Konflikt ermöglichen; auf Metaebene gehen, um Distanz zu negativen Konfliktgefühlen [Angst, Aggression] zu bekommen)
- zuerst Mitarbeiter um Lösungsvorschläge bitten (gemeinsame Basis und Kompromissbereitschaft erkennen, Offenheit für verschiedene Lösungswege)
- Gemeinsamkeiten darin festhalten und entsprechende eigene Lösung unterbreiten (Basis für Zukunft schaffen)
- eventuell Bedenkzeit und/oder zweites Gespräch anbieten (kein Überrumpelungsgefühl erzeugen)
- Gesprächsergebnis gegenseitig bestätigen (Verbindlichkeit herstellen)

Als Führungskraft liegt gerade auch in diesen Konfliktgesprächen mit Mitarbeitern eine Chance, ein aktives und erfolgreiches Konfliktmanagement zu betreiben. Dennoch empfinden viele Führungskräfte es als eine der unangenehmsten Aufgaben, einem Mitarbeiter mitzuteilen, dass sie mit dessen Leistungen oder Verhalten nicht zufrieden sind.

GUT ZU WISSEN

Konfliktgespräche

Konfliktgespräche thematisieren nicht ein einzelnes Fehlverhalten, sondern grundsätzlich im Widerspruch liegende Positionen. Mittels verschiedener Kommunikationstechniken wie Aktives Zuhören, Feedbackgeben und Paraphrasieren können diese gelingen und bieten so die Chance, konfliktvorbeugend zu handeln.

Konfliktgespräche mit der Sandwichmethode führen

Eine weitere Möglichkeit, um ein Konfliktgespräch konstruktiv zu gestalten, ist die Sandwichmethode. Dabei wird die Kritik bzw. die negative Rückmeldung jeweils zwischen Lob versteckt.

1 positiver Einstieg:
freundlicher, wohlwollender Beginn

2 negative Rückmeldung:
Äußerung von konkreter Kritik

3 positiver Abschluss:
Würdigung, Anerkennung

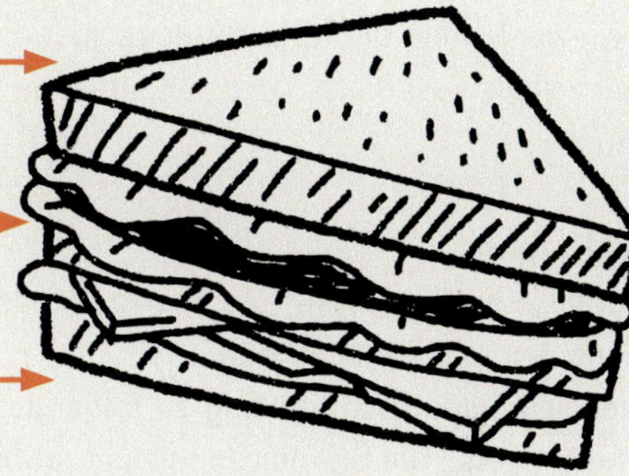

M9 Sandwichmethode: Kritik wird zwischen Lob platziert

Damit soll ein ausgewogenes Feedback gegeben werden, das es dem Mitarbeiter leichter macht, die Kritik zu akzeptieren, und der Führungskraft es einfacher, die Kritik zu äußern. Durch den positiven Abschluss des Gesprächs wird eine positive, motivierende Grundlage für die weitere Zusammenarbeit gelegt.

Allerdings können diese Vorteile der Sandwichmethode leicht ins Gegenteil kippen. Das Lob kann einerseits der Kritik die Wirkung nehmen, andererseits selbst unglaubwürdig werden, wenn der Mitarbeiter das Gefühl hat, dass nicht wegen der wahrgenommen Leistung gelobt wird, sondern wegen eines methodischen Vorgehens. Insbesondere der positive Abschluss kann dadurch seine gedachte Wirkung verlieren. Lob kann durch die Sandwichmethode auch grundsätzlich für den Mitarbeiter ambivalent werden, weil bei jedem Lob die latente Gefahr besteht, dass es in Kritik umkippen könnte.

GUT ZU WISSEN

Sandwichmethode

Die Sandwichmethode ist eine einfach anzuwendende Kommunikationstechnik, bei der es darum geht, über einen positiven Gesprächseinstieg eine gute Gesprächsatmosphäre zu schaffen. Diese macht es dem Gegenüber möglich, die anschließend geäußerte Kritik leichter aufzunehmen und durch die abschließenden lobenden Worte sein Gesicht zu wahren. Dieser methodische Einsatz von Lob kann jedoch dazu führen, dass das Lob seine positive Wirkung verliert und ambivalent wahrgenommen wird.

Situation

Einer Ihrer Mitarbeiter, mit dessen Arbeitsleistung Sie äußerst zufrieden sind, kommt des Öfteren zu spät zur Arbeit sowie zu Konferenzen und Besprechungen. Als Vorgesetzter haben Sie schon mehrfach versucht, dieses störende Verhalten auch im Interesse der anderen Mitarbeiter anzusprechen, die unter dem Zuspätkommen leiden müssen – doch an der Situation hat sich bisher nichts geändert. Nach wie vor kommt der Mitarbeiter zu spät. Erste Beschwerden über den zu spät kommenden Mitarbeiter zeigen, dass dieser latente Konflikt im Rahmen eines Konfliktgespräches angesprochen werden muss.

Aufgaben

1 Formulieren Sie das auf die obenstehende Situation passende Konfliktgespräch unter Anwendung der Sandwichmethode.

2 Nehmen Sie kritisch Stellung zu folgender Aussage der Autoren Douglas Stone, Bruce Patton, Sheila Heen: „Die Übermittlung einer problematischen Botschaft ist wie das Werfen einer Handgranate. Ob mit Zuckerguß überzogen, ob hart oder sanft geworfen, eine Handgranate wird auf jeden Fall Schaden anrichten."

3 „Vergessen Sie die Sandwichmethode" – so lautet die Überschrift eines Artikels zum Einsatz der Sandwichmethode in Kritik- und Konfliktgesprächen. Formulieren Sie mögliche Kritik an dieser Methode.

5.3.2 Konflikte beilegen durch Konfliktmoderation

Konflikte in Organisationen kosten viel Geld. Laut Untersuchungen zum volkswirtschaftlichen Schaden, der durch Konflikte am Arbeitsplatz verursacht wird, verbringen Führungskräfte bis zu 50 Prozent ihrer wöchentlichen Arbeitszeit mit der Bewältigung von Konflikten oder deren Folgen. Weiter hat sich gezeigt, dass 10 bis 15 Prozent der gesamten Arbeitszeit in jedem Unternehmen für Konfliktbewältigung aufgewendet werden. Nach Schätzungen des Berufsgenossenschaftlichen Arbeitsmedizinischen Dienstes verursachen Konflikte am Arbeitsplatz einen volkswirtschaftlichen Schaden in Höhe von etwa 180 Milliarden Euro jährlich.
Grund genug, vor Konflikten nicht zu kapitulieren und zu flüchten. Vielmehr sollte man sich Konflikten stellen und ihre Beilegung anstreben.
Die Konfliktmoderation ist eine Möglichkeit zur Klärung von Konflikten im betrieblichen und auch privaten Alltag. Die Konfliktmoderation versteht sich dabei als „Hilfe zur Selbsthilfe" und strebt eine Beziehungs- und Konfliktklärung als Ziel zwischen den beteiligten Personen an. Aufgabe des Moderators ist es, die Beteiligten handlungsfähig zu machen. Er sagt nicht, was falsch oder richtig ist, sondern hilft den Beteiligten dabei, eine Lösung für ihren Konflikt selbst zu finden und gegebenenfalls eine Vereinbarung zu treffen. Die Rolle des Moderators kann dabei durch eine betriebsinterne Person oder durch eine außenstehende Person besetzt werden.
Dabei gelten für eine Konfliktmoderation explizite Rahmenbedingungen, die durchaus als Gelingensfaktoren für eine solche Moderation vorausgesetzt werden.

Rahmenbedingungen

- **Ganzheitsprinzip**
  Alle Betroffenen werden in den Prozess miteinbezogen: Die Bereitschaft aller, sich auf den Prozess und die Arbeit mit dem Moderator einzulassen, ist eine unabdingbare Voraussetzung für einen erfolgreichen Verlauf.
- **Prinzip der Prozessbereitschaft**
  Die Betroffenen haben das Bewusstsein, dass die Konfliktbewältigung ein Prozess ist.
- **Prinzip der Neutralität**
  Der Moderator darf nicht parteiisch sein und genießt das Vertrauen aller am Moderationsprozess beteiligter Personen.

Obwohl jede Konfliktmoderation einmalig und nur schwer mit anderen Konfliktsituationen zu vergleichen ist, lässt sich nach Josef W. Seifert eine Konfliktmoderation analog zu seinen „Six-Steps" einer Business-Moderation strukturieren.

Schritte der Konfliktmoderation

1. Schritt: einsteigen
Der organisatorische Rahmen wird geklärt. Ein Zugang zur Konfliktsituation und zu den Beteiligten wird gesucht.

2. Schritt: sammeln
Die individuellen Sichtweisen der Beteiligten werden gesammelt und hinterfragt, um einen Überblick über die Themen der Konfliktsituation zu bekommen.

3. Schritt: auswählen
Das Thema mit dem größten Konfliktpotential wird ausgewählt.

4. Schritt: bearbeiten
Konträre Sicht- und Erlebensweisen der Beteiligten werden anerkannt – mit dem Ziel der „Heilung von Beziehungsstrukturen".

5. Schritt: planen
Abklopfen der bearbeiteten Themen im Hinblick auf zu treffende Vereinbarungen.

6. Schritt: abschließen
Abschließend wird der gemeinsame Prozess reflektiert und gewürdigt.

Im Verlauf der Konfliktmoderation achtet der Moderator darauf, dass die Positionen beider Seiten in einem ausgewogenen Verhältnis behandelt werden. Die Konfliktmoderation, die durchaus auch Gefühle wie Wut, Zorn und Frustration thematisiert, folgt dabei dem Grundsatz: „Offenheit muss aufrichtig sein, nicht schön." Der Moderator sorgt durch seine Gesprächsführung für Transparenz der Situation aus verschiedenen Perspektiven und aktiviert die Beteiligten eine gemeinsame Konfliktlösung zu erarbeiten. Dabei wird davon ausgegangen, dass die Gemeinsamkeiten der Konfliktparteien an Zielen, Normen und Entscheidungsregeln so groß ist, dass eine Konsensfähigkeit grundsätzlich gegeben ist. Es werden also nicht grundsätzliche Ziele oder Vorgaben verhandelt, sondern es wird darum gerungen, über welchen Weg diese am besten zu erreichen sind. Deshalb ist Konfliktmoderation vor allem dann sinnvoll, wenn sich ein Konflikt auf einer niederen Eskalationsstufe befindet, das heißt nach dem Eskalationsmodell von Glasl bis maximal Stufe drei. Die Moderation ist besonders geeignet, wenn es sich nicht um einen Beziehungskonflikt handelt, sondern sich ein Konflikt auf der Sach- und Inhaltsebene bewegt. Zum Beispiel wenn unterschiedliche Arbeitsstile zwischen Abteilungen in einem gemeinsamen Projekt zu Spannungen führen.

GUT ZU WISSEN

Konfliktmoderation

Die Konfliktmoderation stellt ein fokussiertes und wirksames Verfahren der Konfliktklärung dar und eignet sich zur Lösung von Konflikten auf niederer Stufe:

- am Arbeitsplatz
- im privaten Umfeld

Der Erfolg einer Konfliktmoderation steht und fällt mit der Bereitschaft der Betroffenen, sich dem Konflikt zu stellen, und deren ernsthaftem Interesse an einer gemeinsamen Konfliktlösung. Sind die Betroffenen jedoch nicht bereit, sich auf den Prozess und die Arbeit mit dem Konfliktmoderator einzulassen, so gerät die Moderation an ihre Grenzen.

Aufgaben

1 Stellen Sie unter Zuhilfenahme des Eskalationsmodells nach Glasl dar, auf welcher Eskalationsstufe eine Konfliktmoderation Ihrer Meinung nach erfolgversprechend eingesetzt werden kann. Gehen Sie dabei auch auf die notwendigen Rahmenbedingungen ein.

Situation

Sie werden von einem befreundeten Abteilungsleiter bezüglich der aus seiner Sicht gescheiterten Konfliktmoderation in seiner Abteilung um Ihre Sichtweise gebeten.

Abteilungsleiter: „Tja, ich denke, die Konfliktmoderation ist völlig an die Wand gefahren. Was ist denn schon rausgekommen? Wir haben nicht einmal eine abschließende Lösung für unseren Konflikt vereinbart."

2 Nehmen Sie Stellung zum angeblichen Scheitern des Prozesses.

3 Beschreiben Sie die Rolle des Konfliktmoderators und spezifizieren Sie diese Rolle durch konkrete Anforderungen, die an einen Konfliktmoderator gestellt werden.

4 Erläutern Sie die Voraussetzungen für den Einsatz eines außenstehenden oder betriebsinternen Konfliktmoderators im Rahmen einer betrieblichen Konfliktmoderation. Nennen Sie jeweils Argumente für und gegen eine externe bzw. interne Konfliktmoderation.

5.3.3 Konflikte beilegen durch Mediation

Eine weitere Möglichkeit, Beziehungen zu klären, mit Konflikten umzugehen und diese beizulegen, ist die Mediation. Streit in der Abteilung, unter Kollegen, Konflikte zwischen Vorgesetzten und Mitarbeitern sowie Mobbing sind unter anderem Anwendungsbereiche für Mediation im betrieblichen Alltag. Doch grundsätzlich eignet sich Mediation auch bei Streitigkeiten zwischen Nachbarn oder etwa in Erbschaftsangelegenheiten, also für jeden Konflikt zwischen Menschen, die mithilfe eines Mediators eine einvernehmliche Beilegung ihres Konflikts anstreben. Während bei der Konfliktmoderation die Konfliktparteien im Bewusstsein ihrer Differenzen einen gemeinsamen Lösungsweg für ein gemeinsames Ziel suchen, wird bei der Mediation zwischen zwei festgefahrenen, gegensätzlichen Positionen verhandelt, um so eine gemeinsame Lösung für die Beilegung des Konflikts zu erreichen, wodurch die Konfliktparteien wieder handlungsfähig werden. Deshalb ist die Mediation für Konflikte mit höherer Intensität geeignet. In Glasls Modell wären das die Eskalationsstufen 3–7. Hat ein Konflikt die beiden höchsten Eskalationsstufen (8–9) erreicht, scheitert auch eine Mediation und der Konflikt kann nur noch durch eine übergeordnete Machtinstanz entschieden werden.

Rechtliche Grundlagen

In Abgrenzung zu anderen Konfliktlösungsmodellen geht es bei einem Mediationsverfahren um die außergerichtliche Konfliktlösung unter den Betroffenen mithilfe eines oder mehrerer Mediatoren, also um eine transparente Suche nach einer Problemlösung, die bei den Betroffenen auf eine maximale Akzeptanz stößt. Das entsprechende Gesetz zur Förderung der Mediation und anderer Verfahren der außergerichtlichen Konfliktbeilegung ist am 26. 07. 2012 in Kraft getreten, womit in Deutschland eine einheitliche Rechtssituation geschaffen worden ist.

GUT ZU WISSEN

MediationsG § 1

§ 1 Begriffsbestimmungen

(1) Mediation ist ein vertrauliches und strukturiertes Verfahren, bei dem Parteien mithilfe eines oder mehrerer Mediatoren freiwillig und eigenverantwortlich eine einvernehmliche Beilegung ihres Konflikts anstreben.

(2) Ein Mediator ist eine unabhängige und neutrale Person ohne Entscheidungsbefugnis, die die Parteien durch die Mediation führt.

Das in Deutschland geltende Mediationsgesetz legt nur Grundsätzliches zum Bereich der Mediation fest. So wird zunächst der Begriff der Mediation und des Mediators bestimmt, um die Mediation von anderen Konfliktlösungsverfahren abzugrenzen. Das Gesetz verzichtet auf eine exakt vorgeschriebene Verfahrensordnung für ein Mediationsverfahren, um den Beteiligten einen möglichst weiten Gestaltungsspielraum bei der Durchführung einer Mediation zu ermöglichen. Mediationsverfahren laufen durchaus unterschiedlich ab – es zeigt sich dennoch häufig ein strukturierter, in fünf verschiedene Phasen unterteilter Ablauf:

GUT ZU WISSEN

Ablauf einer Mediation

Phase 1: Vorgespräche, Vereinbarungen zum Verfahren
Phase 2: Bestandsaufnahme, Ermittlung der regelungsbedürftigen Themen
Phase 3: Bearbeiten der Konfliktfelder, Suche nach den Interessen hinter den Positionen
Phase 4: Aufspannen des Lösungsraums, Lösungsalternativen erarbeiten und bewerten
Phase 5: Gestaltungsphase, Beschreibung der Lösung, Abschluss der Mediation

Die Mediation ist ein strukturiertes Verfahren, welches in der Regel mit einem ersten Vorgespräch mit den beteiligten Personen und der Vereinbarung zum weiteren Vorgehen der Mediation beginnt. In der folgenden Phase geht es darum, die regelungsbedürftigen Themen zu ermitteln und den beteiligten Parteien die Gelegenheit zu geben, ihre persönlichen Sichtweisen darzustellen. Nun gilt es in der dritten Phase die Konfliktfelder zu bearbeiten. Die versteckten Hintergründe des Konfliktes mit den verborgenen Interessen werden ermittelt und offengelegt, was zu gegenseitigem Verständnis führt. Der Moderator unterstützt dabei während des Mediationsverfahrens mit Fragen und Formulierungshilfen. Gemeinsam werden verschiedene Lösungsalternativen erarbeitet und nach gemeinsam festgelegten Kriterien bewertet. Abschließend einigen sich die Beteiligten mit dem Mediator auf eine passende und einvernehmliche Verhandlungslösung, welche als Abschluss des Mediationsverfahrens schriftlich – als rechtsverbindlicher Vertrag – fixiert wird.

GUT ZU WISSEN

Aufgabe und Grenzen der Mediation

Die Mediation stellt eine schnelle und kostengünstige Alternative zu langwierigen Gerichtsverfahren dar.

Mediation als Methode der Konfliktbeilegung ist besonders geeignet für Streitigkeiten auf mittlerem Eskalationsniveau rund um: Arbeit, Verkehr, Erbrecht, Vertragsrecht, Nachbarschaftsstreit.

Allerdings gerät die Mediation dort an ihre Grenzen, wo das Interesse an der einvernehmlichen Beilegung eines Konflikts nicht durch beide Konfliktparteien getragen wird und es an der Bereitschaft zu Offenheit und Empathie fehlt.

Sand im Getriebe

[...] Ein Kollege mittleren Alters, emotional, musisch begabt und aufgeschlossen, nahm Arbeitsabläufe nicht ganz so genau, für ihn zählte das Ergebnis. Die erfahrene Kollegin, Anfang sechzig, war das genaue Gegenteil: äußerst korrekt und pingelig. Die Antipathie zwischen den beiden war vorprogrammiert. Dennoch mussten sie nicht nur in der gleichen Abteilung eines mittelständischen Dienstleisters arbeiten, sondern sich obendrein noch im Urlaub gegenseitig vertreten. [...] Es kam zu Auseinandersetzungen und sogar zu gegenseitigen Beschimpfungen. Der Konflikt schwelte über Jahre und belastete alle Mitarbeiter der Abteilung.

Der damalige Vorgesetzte hielt es mit Blick auf den baldigen Ruhestand der älteren Kollegin für das Beste, die Situation einfach „auszusitzen". Aber selbst nachdem diese die Abteilung verlassen hatte, kehrte keine Ruhe ein. Im Laufe der Zeit hatten sich in der Abteilung zwei Lager gebildet, das Arbeitsklima war nachhaltig vergiftet. Der kreative Kollege war allmählich zum Außenseiter geworden. Von den Querelen emotional stark belastet, entwickelte er psychosomatische Beschwerden und wurde immer häufiger krank.

Einige Zeit später übernahm ein neuer Leiter die Abteilung. Dieser wollte den Konflikt lösen. Als er scheiterte, entschied er sich für eine Mediation. [...] Die gesamte Abteilung sollte sich zu einem eintägigen Workshop außerhalb des Betriebes treffen.

In einem Vorgespräch mit dem vom Kleinkrieg zermürbten Mitarbeiter erklärte sich dieser zur Teilnahme bereit. Seine Bedingung war aber, dass die alten Vorfälle nicht wieder hervorgeholt und „aufgearbeitet" würden. Im anschließenden Abteilungstreffen wurden dann gemeinsam die Ziele für den Workshop festgelegt: Es sollten feste Arbeitsabläufe abgestimmt, endlich verbindliche Absprachen getroffen und das Miteinander verbessert werden. Der Vorbehalt der Mitarbeiter war dennoch groß.

Zu Beginn des Workshops einigten sich alle Anwesenden zunächst auf mehrere Verhaltensregeln für die gemeinsame Arbeit an diesem Tag: Keine persönlichen Angriffe, keine Schlammschlacht, keine „alten Kamellen" und das Recht eines jeden, nicht auf Fragen antworten zu müssen. „Meine Aufgabe bestand dann hauptsächlich darin, den Angriffs- und Abwehrcharakter der Beiträge abzufangen, die Motivationslagen der Teilnehmer herauszuarbeiten und den anderen verständlich zu machen", erklärt Ann Junk. „Am Ende jeder kurzen Schilderung stand eine konkrete Vereinbarung darüber, wie zukünftig verfahren werden sollte." Die Vereinbarungen wurden protokolliert, um den Teilnehmern für das zukünftige Handeln Sicherheit zu geben. Schon zu diesem Zeitpunkt wurde spürbar, dass ein Klimawechsel stattgefunden hatte. Die Ängste, es könne ein großes „Hauen und Stechen" stattfinden, waren gebannt. Anstatt alte Vorwürfe gegeneinander zu wiederholen, arbeiteten alle Beteiligten gemeinsam an besseren Bedingungen für die zukünftige Zusammenarbeit. Nach einem gemeinsamen Mittagessen [...] konnten die weniger heiklen Probleme bei verschiedenen Arbeitsabläufen ohne größere Schwierigkeiten geklärt werden.

Das Arbeitsklima konnte durch diesen vergleichsweise geringen Aufwand für das Unternehmen wesentlich verbessert werden. […]
Nach rund drei Monaten wird ein Nachtreffen stattfinden, um zu überprüfen, ob die Absprachen umgesetzt wurden und wo gegebenenfalls nachgebessert werden muss. […]

M10 Quelle: Petra Sandvoß: Sand im Getriebe. In: www.hamburger-wirtschaft.de

Aufgaben

1 Stellen Sie dar, in welchen Fällen sich eine Konfliktbeilegung aus Ihrer Sicht durch Mediation empfiehlt? Gehen Sie dabei auch auf Konfliktsituationen ein, in denen Sie auf andere Konfliktlösungsmethoden zurückgreifen würden.

2 Beschreiben Sie die bei den beteiligten Parteien notwendigen Grundvoraussetzungen im Falle einer Mediation.

3 Lesen Sie den Text „Sand im Getriebe“. Geben Sie wieder, welche Phasen eines Mediationsverfahrens Sie erkennen können. Benennen Sie die einzelnen Phasen der Konfliktmediation.

5.3.4 Konflikte lösen ohne Verlierende: Das Gordon-Modell

Der Psychologe Thomas Gordon hat bereits in den 1970er Jahren die große Bedeutung der Kommunikation und gewaltfreien Konfliktlösung erkannt und entwickelte mit dem Gordon-Modell die Anleitung für ein harmonisches Leben bzw. ein Kommunikationsmodell zur Lösung von Konflikten. Ziel seines Kommunikationsmodells zur Konfliktlösung ist es, Beziehungen zu verbessern und Konflikte gewaltlos und ohne Verlierende vor allem mithilfe einer veränderten Kommunikation zu lösen. Thomas Gordon geht davon aus, dass man Konfliktgespräche so lenken kann, dass man zu einer Lösung kommt, die für beide Seiten akzeptabel ist.

GUT ZU WISSEN

Gordons zentrale Kategorien

Das Gordon-Modell ist ein ganzheitliches Kommunikationsmodell, welches auf dem personenbezogenen Ansatz von Carl Rogers (siehe Kapitel 3.3.4 Aktives Zuhören) beruht. Gordon benennt fünf zentrale Kategorien als Werkzeuge einer Gesprächsführung, die zur Lösung von Konflikten beitragen:

- Aktives Zuhören
- Ich-Botschaften
- Umschalten
- niederlagelose Konfliktlösung
- Verhaltensfenster

Diese Kategorienliste ist nicht als eine starr einzuhaltende Abfolge für die Gesprächsführung gedacht, sondern ihre Elemente sind als Werkzeuge je nach Situation einzusetzen, zwischen denen man hin und her wechseln kann.

Aktives Zuhören

Das empathische Aktive Zuhören hat als Ziel, das Gegenüber zu verstehen und dessen Gesagtes so zu reflektieren, dass das Gegenüber die Möglichkeit hat, das eigene Problem zu erkennen oder gar besser zu verstehen, um letztlich so selbst eine Lösung für das Problem zu finden (siehe Kapitel 3.3.4).

Ich-Botschaften

Ein weiteres zentrales Werkzeug für ein Konfliktgespräch oder eine missverständliche Kommunikation im Zusammenhang mit Aktivem Zuhören ist das Senden von Ich-Botschaften, durch welche der Sender etwas über das eigene Befinden mitteilt. Dies geschieht sachlich, neutral und ohne jegliche Schuldzuweisung (siehe Kapitel 3.3.3).

Umschalten

Der Wechsel zwischen dem aktiven Zuhören und dem Senden von Ich-Botschaften – das Umschalten – ist eine Möglichkeit, dass das Gegenüber das Problem erkennt und eventuell sogar als sein eigenes anerkennt.

Niederlagelose Konfliktlösung

Um einen Konflikt kreativ und konstruktiv zu lösen, ist es ratsam, dass eine „Win-Win"-Situation, also eine niederlagelose Methode der Konfliktlösung, angestrebt wird, bei der die Lösung für beide Seiten akzeptabel ist. Pluspunkt dieser Methode ist es, dass Machtkämpfe ausgeschaltet werden.

Bei der Anwendung der „niederlagenlosen" Methode empfiehlt Gordon eine Vorgehensweise in folgenden sechs Schritten:

1. Schritt: Konflikt identifizieren und definieren
2. Schritt: mögliche Alternativlösungen entwickeln
3. Schritt: Alternativlösungen kritisch bewerten
4. Schritt: beste annehmbare Lösung wählen
5. Schritt: Wege zur Ausführung der Lösung ausarbeiten
6. Schritt: Lösung später überprüfen

Das Verhaltensfenster

Vor der Lösung eines Konfliktes ist es notwendig, diesen Konflikt einzuordnen und zu beurteilen. Es gilt festzustellen, auf welcher Seite das Problem liegt.

Hilfreich zur Beurteilung eines Problems ist die Vorstellung, dass alle Verhaltensweisen eines Menschen durch ein zweigeteiltes Fenster betrachtet werden können. Alle inakzeptablen Verhaltensweisen des Gegenübers werden durch das untere, die akzeptablen Verhaltensweisen durch das obere Verhaltensfenster betrachtet. Dazwischen liegt eine problemfreie Zone, in der niemand ein Problem mit einem Verhalten hat. Je nach Fenster sieht der Lösungsansatz anders aus.

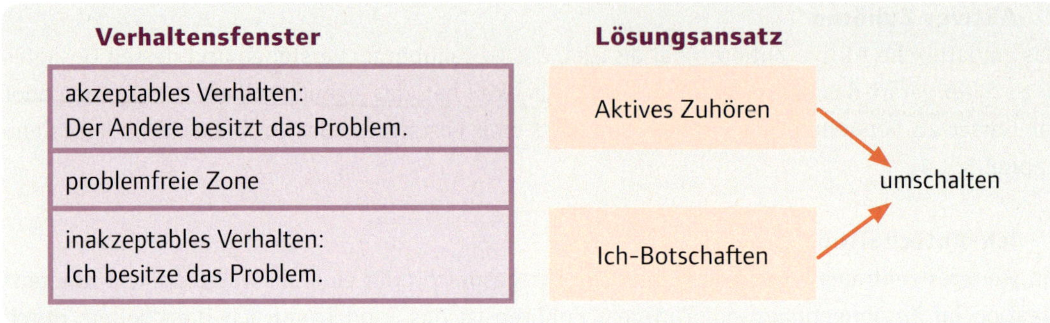

M11 Das Verhaltensfenster

Ist ein Verhalten für den Beobachtenden akzeptabel, aber für das Gegenüber nicht, dann liegt das Problem beim Gegenüber und der Lösungsansatz ist „Aktives Zuhören". Im umgekehrten Fall, wenn ein Verhalten beim Beobachtenden ein Problem auslöst, ist der Lösungsansatz, Ich-Botschaften darüber zu senden, so dass das Problem des Beobachtenden dem Gegenüber bewusst wird.

Kommunikationssperren nach Thomas Gordon

Nach Thomas Gordon ist eine Kommunikationssperre eine Art der Kommunikation, die dazu führt, dass sich der Kommunikationspartner nicht akzeptiert fühlt. Durch diese Kommunikationssperren entsteht eine destruktive Gesprächssituation, die es zu vermeiden gilt, um Konflikte gewaltlos und ohne Verlierenden zu lösen. Es gilt also, solche Kommunikationssperren zu erkennen und zu vermeiden. Gordon führt folgende auf:

GUT ZU WISSEN

Kommunikationssperren

- befehlen, anordnen, auffordern, verlangen, verbieten
- verpflichten, überreden, warnen, zur Vorsicht mahnen
- bitten, flehen, wünschen, hoffen
- Ratschläge geben, Vorschläge machen
- kritisieren, verdammen, abwerten, moralisieren, urteilen
- anerkennen, loben, belohnen, beruhigen, zustimmen, unterstützen
- informieren, interpretieren

Thomas Gordon hatte mit seinem Gordon-Modell ursprünglich die Intention, die Kommunikation zwischen Eltern und Kindern zu verbessern und eine Anleitung für ein harmonisches Leben zu geben.

Grundsätzlich lässt sich das Modell jedoch auch erfolgreich auf jegliche Kommunikations- und Konfliktsituation aus den Bereichen des Arbeitslebens, des Bildungswesens und der Persönlichkeitsentwicklung anwenden.

Jedoch kann das Modell keine Gelingensgarantie zur Konfliktlösung geben, da die Menschen in ihren kommunikations- und Verhaltensweisen doch höchst unterschiedlich sind. Auch gilt es, die postulierten Kommunikationswerkzeuge einzuüben und zu verinnerlichen, um das Gordon-Modell einsetzen zu können. Letztlich ähnelt das Gordon-Modell dem Konzept der Gewaltfreien Kommunikation nach Marshall Rosenberg, setzt es doch ähnliche Elemente ein.

Situation

In Ihrem Betrieb kommt es aufgrund der anstehenden Urlaubsplanung für die kommenden Sommerferien zu einem Konflikt unter Ihren Angestellten. Wie schon in den Vorjahren möchte Frau Müller ihren Haupturlaub wegen ihrer schulpflichtigen Kinder in den ersten Augustwochen nehmen. Diesen Zeitpunkt hat auch Herr Schmidt eingetragen, denn er hat für diesen Zeitraum schon lange im Voraus einen günstigen Flug bekommen.

Aufgaben

1 Erklären Sie, warum durch eine herkömmliche Problemlösung durch den Vorgesetzen der beiden Angestellten sehr wahrscheinlich keine „Win-win"-Situation herbeigeführt wird.
2 Entwerfen Sie anhand der Gordon-Methode eine mögliche Vorgehensweise für ein klärendes Gespräch mit Herrn Schmidt und Frau Müller, aus der eine „Win-win"-Situation für die beiden resultiert.
3 Benennen Sie mögliche Werkzeuge des Zuhörens, die eine gelingende Kommunikation ermöglichen, und formulieren Sie Kommunikationssperren nach dem Gordon-Modell um.

5.3.5 Konflikte konstruktiv lösen: Das Harvard-Konzept

Das Harvard-Konzept wurde vom Harvard Negotiation Project der Harvard-Universität entwickelt. Das Harvard-Verhandlungsprinzip erlaubt auch bei schwierigen Verhandlungen noch ein positives Verhandlungsergebnis zu erzielen. So gelang es mit Hilfe des Harvard-Konzepts 1978 durch die Vermittlung des US-Präsidenten Jimmy Carter, den bahnbrechenden Friedensvertrag von Camp David zwischen Israel und Ägypten auszuhandeln. Damit hat sich das Harvard-Konzept als Prinzip der vermehrten Optionen auch in der Welt der großen Politik etabliert. Das dahinterstehende Prinzip der konstruktiven und friedlichen Einigung in Konfliktsituationen stellten der amerikanische Rechtswissenschaftler Roger Fisher und William L. Ury in ihrem 1981 erschienenen Buch „Getting to Yes" einem breiteren Publikum vor. Ziel des Harvard-Konzeptes ist es, die Sach- und Beziehungsebene zu trennen, Interessen auszugleichen und Entscheidungsalternativen unter Verwendung neutraler Beurteilungskriterien zu suchen, um so einen Gewinn für alle Beteiligten, ein „Win-win"-Ergebnis zu schaffen.

Jeder von uns verhandelt, und zwar in vielfältiger Art und Weise: um die ersehnte Gehaltserhöhung, die Fernbedienung des Fernsehers, um das Ziel des Sommerurlaubs der Familie, den Rabatt beim Kauf neuer Kleidung etc. Jeder verhandelt tagtäglich mit anderen über etwas, um schnellstmöglich eine Lösung zu erzielen – die Welt, in der wir uns bewegen, ist ein Verhandlungstisch. Auch zur Lösung von Konflikten wird verhandelt, falls diese noch nicht zu sehr eskaliert sind. Das Harvard-Konzept setzt dabei auf vier grundlegende Prinzipien.

Die grundlegenden Prinzipien des Harvard-Konzepts

1 **Menschen und Sachprobleme werden getrennt voneinander behandelt**

- Menschen sind emotionale Wesen, die Beziehungen zueinander eingehen. Im Falle eines Konfliktes sollten Emotionen nicht mit dem Problem verwoben werden.
- Die Klärung des Problems setzt eine störungsfreie Beziehung voraus.
- Hilfreich sind dazu Begrüßungsrituale, Höflichkeitsformeln im Gespräch etc.

2 **Konzentration auf wechselseitige Interessen (Bedürfnisse), statt auf Positionen (Entscheidungen)**

- Interessen und Positionen unterscheiden sich voneinander. Werden die den Positionen zugrundeliegenden Interessen nicht offengelegt, wird die Verhandlung erschwert.
- Entscheidend ist es, Gemeinsamkeiten im Gespräch herauszufiltern, um die Verhandlung für beide Parteien erfolgreich zu gestalten.
- Hilfreich sind dazu offene Fragen: Warum? Wozu?

3 **Entwicklung von mehreren Entscheidungsoptionen**

- Die Suche nach der „richtigen" Lösung ist ein Prozess, der oftmals die Kreativität behindert. Deshalb gilt es, nach möglichen Lösungen zu suchen, die erst später bewertet werden.
- Hilfreich ist es, sich mit den Interessen der Gegenseite zu befassen.

4 **Aufstellung objektiver Entscheidungskriterien**

- Objektive und faire Kriterien sind eine gute Entscheidungshilfe, da sie nicht abhängig von subjektiven Interessen der Parteien sind.
- Hilfreich sind dazu Expertenmeinung, Gutachten etc.

GUT ZU WISSEN

Harvard-Konzept

Das wichtigste Kriterium des Harvard-Konzepts ist es, im Falle einer Konfliktsituation nicht zu feilschen und keinen Kampf um gegensätzliche Positionen (Entscheidungen, Wertungen) zu führen, sondern die eigenen Interessen (Bedürfnisse) offenzulegen und so durch einen Interessenabgleich eine gemeinsame Übereinkunft zu treffen. Damit weist das Harvard-Konzept durchaus Parallelen zur Gewaltfreien Kommunikation nach Marshall Rosenberg auf, beruht es doch auf denselben Prinzipien.

Die Anwendung des Konzeptes im Ernstfall bedarf der eingehenden Übung und Auseinandersetzung mit den geforderten Prämissen. So erscheint die Anwendung der Grundregeln leicht, jedoch erweist sich die konsequente Umsetzung als komplexes Unterfangen.

Situation I

Zwei Schwestern streiten sich um eine Zitrone. Jede der Schwestern will die Zitrone unbedingt haben. Nach langem Streit teilen sie mürrisch die Zitrone …

Nach dem Harvard-Verhandlungsprinzip, dessen Zweck es ist, sachgerecht und interessensgeleitet zu verhandeln, hätten die Schwestern nicht nach dem schnellen Kompromiss gesucht und die Zitrone in zwei Hälften geteilt. Vielmehr wäre zunächst die Klärung der wechselseitigen Interessen erfolgt. So hätten die Schwestern schnell festgestellt, dass die konstruktive Lösung ihres Konfliktes möglich ist und dass so jede bekommt, was sie will.

Situation II

… Dann fragt die eine Schwester die andere, was sie denn jetzt mit ihrer Zitronenhälfte machen wolle. Da antwortet diese: „Ich brauche die Schale zum Kuchenbacken." Da staunt die andere: „Ich wollte den Saft für meinen Tee."

Hält sich die Gegenseite nicht an die Regeln der Methode des sachbezogenen Verhandelns des Harvard-Prinzips, bietet sich die Anwendung des „Verhandlungs-Judos" an. Die Gegenseite wird hier zu Kritik und Ratschlägen bezüglich der eigenen Vorstellungen eingeladen. Wie beim Kampfsport „Judo" wird nicht zurückgeschlagen, sondern hinter die Position der Gegenseite geschaut. Die Entwickler des Harvard-Prinzips schlagen bei Nichteinhalten der Regeln weiter vor, einen unabhängigen Dritten bzw. eine dritte Partei hinzuzuziehen. Bei der Anwendung von üblen Verhandlungstricks sollten diese sofort zum Thema gemacht werden und keine Angriffe gestartet werden.
Die nachfolgende Geschichte zeigt ein Win-win-Ergebnis für einen scheinbar unlösbaren Konflikt. Doch weil er auf der Sachebene bleibt und alle Konfliktparteien an einer positiven Lösung interessiert sind, können am Ende alle Interessen befriedigt werden.

Die 17 Kamele

Vor Jahren starb ein reicher Mann im Orient. Seinen Söhnen hinterließ er 17 Kamele. In seinem Testament verfügte er, wie sie aufgeteilt werden sollten: Der älteste Sohn solle die Hälfte der Kamele, der zweitälteste ein Drittel und der jüngste solle ein Neuntel der Kamele erhalten. Die Söhne saßen am Lagerfeuer und beratschlagten, wie sie den Willen des Vaters umsetzen sollten.
Als sie nicht mehr weiterwussten, riefen sie einen weisen alten Mann um Hilfe. Der Weise kam schon bald auf seinem Kamel angeritten und sprach: „Ich gebe euch mein Kamel, dann habt ihr 18." Die drei Brüder schauten sich an und verstanden nicht. Der alte Mann fuhr fort: „Nun bekommt der Älteste von euch neun, der Zweitälteste sechs und der Jüngste zwei Kamele." Eines blieb übrig: Und so ritt er fort auf seinem Kamel.

M12 Die Geschichte eignet sich auch gut für das sogenannte Storytalking (siehe Kapitel 1.4.4)

Aufgaben

1 Stellen Sie die vier grundlegenden Prinzipien des Harvard-Konzepts visualisiert dar.

2 Bilden Sie Gruppen. Schildern Sie in der Gruppe abwechselnd je einen Konflikt aus Ihrem beruflichen Alltag. Wenden Sie als Zuhörer dabei die Methode des Aktiven Zuhörens an.

3 Unterscheiden Sie im Anschluss an die einzelnen geschilderten Konfliktsituationen gemeinsam die jeweils vorliegenden Ebenen der Sachlage, der Emotionen und der Interessen.

Situation

Zwei Männer, die im Lesesaal einer Bibliothek sitzen, geraten über die Frage, ob das Fenster geöffnet werden soll oder nicht, in eine Auseinandersetzung. Während der eine möchte, dass das Fenster offen bleiben soll, will der andere, dass das Fenster geschlossen werden soll.

4 Wenden Sie auf den geschilderten Konflikt das Harvard-Konzept an.
   a Entwerfen Sie für diese Situation den Verlauf der konstruktiven und friedlichen Einigung in dieser Situationen mit einem „Win-win"-Ergebnis.
   b Stellen Sie unter Anwendung des Verhandlungs-Judos dar, wie damit umgegangen werden kann, wenn eine Partei die Grundregeln nicht beachtet.

5 Vergleichen Sie das tatsächliche und das etwaige Verhandlungsergebnis nach dem Harvard-Konzept. Benennen Sie etwaige Unterschiede.

Aufgaben über das ganze Kapitel

Situation

Im Kfz-Betrieb UlmCars muss die Position des Werkstattleiters neu besetzt werden. Es liegen hierfür zwei unternehmensinterne Bewerbungen vor.

Der Kfz-Meister Thomas Paoli, der auch privat einen guten Kontakt zur Geschäftsführung des Betriebs pflegt, bei den Mitarbeitern aber unbeliebt ist und als fachlich wenig kompetent gilt, hat sich ebenso beworben wie der Kfz-Meister Peter Mayer, der durch seine fachliche Kompetenz und seine Hilfsbereitschaft bei den Mitarbeitern äußerst beliebt und angesehen ist. Die Geschäftsleitung entscheidet sich für Herrn Paoli und informiert die Belegschaft von UlmCars im Rahmen einer Werkstattbesprechung.

Bereits in der Werkstattbesprechung kommt Unruhe unter den Mitarbeiter ob dieser Entscheidung auf. Nach Beendigung der Besprechung taucht eine Abordnung bei der Geschäftsleitung auf und fordert die Umbesetzung der Position der Werkstattleitung durch Herrn Mayer.

Herr Paoli, der dies auch mitbekommt, vermutet dahinter eine Einflussnahme des abgelehnten Herrn Mayer. Er beschließt, von nun an nicht mehr mit Herrn Mayer zusammenzuarbeiten, meidet ihn, wo es nur geht, gibt Informationen nicht mehr an ihn weiter.

Dieses veränderte Verhalten des neuen Werkstattleiters ihm gegenüber bemerkt Herr Mayer und sucht das Gespräch. Doch Herr Paoli verweigert dies, beschwert sich jedoch bei der Geschäftsleitung. Die Geschäftsleitung, die grundsätzlich hinter dem neuen Werkstattleiter steht, ermahnt Herrn Mayer, die Entscheidung zu akzeptieren und sich kooperativ zu verhalten …

Aufgaben

1 Analysieren Sie die Konfliktsituation anhand von geeigneten Analysekriterien:
   a Bestimmen Sie die Auslöser dieses Konfliktes.
   b Stellen Sie Art und Form des Konfliktes dar.
   c Benennen und erläutern Sie, auf welcher Stufe des Konfliktverlaufs sich der Konflikt befindet.

2 Erarbeiten Sie ein konstruktives Konfliktlösungsgespräch mit den am Konflikt beteiligten Personen unter Verwendung einer Ihnen bekannten Konfliktlösungsmethode.

3 Beurteilen Sie die Bedeutung von Konfliktlösungen im Berufsalltag hinsichtlich der Arbeitsproduktivität der einzelnen Mitarbeiter.

Mobbing gibt es bei uns nicht

Fast 20 Jahre lang arbeitet Erika Seidler* als Büroangestellte für eine große Krankenversicherung. Intern wechselt sie die Stelle – und damit auch den Chef. Gut erinnert sie sich noch daran, wie der Vorgesetzte das erste Mal scheinbar grundlos ausflippt. „Was Sie sich hier leisten, ist eine Unverschämtheit! Sie stehen beim Kaffeekochen in der Küche neben der Maschine und gucken dem Kaffee dabei zu, wie er durchläuft, Frau Seidler. Das wird Konsequenzen haben!“, empört sich der Mann. Zunächst lacht Seidler über den Vorfall. Denn sie hat sich nichts zu Schulden kommen lassen. Immerhin bringt sie sich ihren Kaffee jeden Morgen im Thermobecher von zu Hause mit. Im Büro hat sie noch nie einen Kaffee gekocht. Doch das Lachen vergeht der 46-Jährigen schnell. Denn rasch folgt der nächste Vorfall. Seidler bekommt die Anweisung, im Büro für mehr Übersicht zu sorgen. Sie soll die Aktenordner von hinten links in die Regale vorne rechts umsortieren. Doch als der Chef am nächsten Morgen das Resultat begutachtet, ist er alles andere als zufrieden. Seidler muss alle Akten wieder zurück in die alten Regale schaffen. Unsinnige Arbeitsaufträge wie dieser bestimmen fortan ihren Arbeitsalltag. Die alleinerziehende Mutter wird zum Mobbingopfer.

[...]

Erika Seidler wird über ein Jahr lang von ihrem Chef drangsaliert. Seidler hält durch. Als alleinerziehende Mutter ist sie auf den Job angewiesen. Aber spurlos gehen die Schikanen nicht an ihr vorüber. [...] Dann stellt sich ein Pfeifton in ihren Ohren ein – ein Tinitus, unter dem sie noch bis heute leidet. Seidler will Urlaub machen, ausspannen zusammen mit ihrem Kind. Doch den Antrag auf Urlaub genehmigt der Chef nicht. Zum Ohrenpfeifen gesellen sich Kopfschmerzen. Die Büroangestellte geht zum Arzt. Der stellt ein Burn-out infolge von monatelangem Mobbing fest, schreibt sie erst einmal krank und schickt sie zu einer Psychologin.

[...]

Erika Seidler informiert ihren Arbeitgeber darüber, dass sie mehrere Wochen krankgeschrieben ist. Doch statt Genesungswünschen erhält sie eine Vorladung des Medizinischen Dienstes der Krankenversicherung (MDK). Der Chef vermutet, Seidler simuliere nur. [...]

M13 Quelle: Karin Flothmann: Mobbing gibt es bei uns nicht. In: www.zeit.de, *Name von der Redaktion geändert.

Aufgaben

1 Definieren Sie den Begriff „Mobbing“. Beurteilen Sie, ob in der geschilderten Situation – ausgehend von Ihrer Definition – von Mobbing gesprochen werden kann.

2 Mobbing läuft in der Regel in verschiedenen aufeinanderfolgenden Phasen ab.

a Beschreiben Sie zunächst den klassischen Mobbingverlauf.

b Benennen Sie in einem zweiten Schritt die in der geschilderten konkreten Situation bereits durchlaufenen Phasen.

3 Mobbing „funktioniert“ in alle hierarchischen Richtungen. Stellen Sie dar, auf welchen Hierarchieebenen Mobbing wie auftritt.

4 Anders als bei den Mobbingopfern ist das Profil der Mobber schärfer umrissen. Beschreiben Sie die typischen Merkmale eines Mobbers.

5 Für Betroffene ist es nicht einfach, den Teufelskreislauf Mobbing aus eigener Kraft zu durchbrechen. Erläutern Sie das mögliche weitere Vorgehen der Betroffenen. Skizzieren Sie, was die Betroffene im oben genannten Text tun könnte.

6 Sich selbst und andere führen

Um als Führungskraft sich selbst wie auch seine Mitarbeiter führen zu können, wird neben fachlicher vor allem personale und soziale Kompetenz benötigt. Dazu gehören die Vorbildfunktion und die situativ angepasste Umsetzung der eigenen Kommunikations-, Motivations-, und Konfliktfähigkeiten im Umgang mit den Mitarbeitern. Je nach Unternehmensphilosophie wird dabei auf entsprechende Führungsmodelle und -konzepte zurückgegriffen.

Kompetenzen

- Grundlagen des Führens beschreiben
- Kompetenzprofile für Führungskräfte erstellen
- Führungsstile reflektieren
- Funktionen der Führung wahrnehmen und hinterfragen
- Mitarbeiter beurteilen und Arbeitszeugnisse erstellen
- Organisationsstrukturen und Unternehmensphilosophien verstehen und eigene entwickeln
- Führungsmodelle und aktuelle Führungskonzepte beschreiben und vergleichen

Situation

M1 Annalisa Minetti bei den Paralympics 2012 in London.
Die blinde Läuferin kann ihre Wettbewerbe nur in Begleitung machen.

Annalisa Minetti ist ein blindes Multitalent:

- mehrere Paralympics- und WM-Teilnahmen
- Weltrekord über 1500 m
- Bronzemedaille über 1500 m bei Paralympics 2012
- Miss Italia, Kategorie Beine (1997)
- italienische Volkssängerin
- Mutter

GUT ZU WISSEN

Aus den Grundlagen (6.1) über Führung und den Anforderungen an eine Führungskraft lassen sich allgemeine und positionsspezifische Kompetenzprofile (6.2) ableiten. Mit welchem Führungsstil (6.3) die Führungsfunktionen (6.4) erfüllt werden, zeigt sich bezüglich der personenbezogenen Führung in der Personalentwicklung (6.5.) und -beurteilung (6.6), im sachbezogenen Management in den Organisationsstrukturen (6.7). Theoretisch zusammengefasst und verbunden wird dies alles in einer Unternehmens- und Führungsphilosophie (6.8). Diese kann mit verschiedenen Modellen (6.9) analysiert und entwickelt werden. Führungskonzepte (6.9) zeigen schließlich instrumentelle Möglichkeiten für den operativen Bereich auf.

Aufgaben

1 Waren Sie schon einmal auf die Führung durch einen Mitmenschen angewiesen? Haben Sie selbst in bestimmten Situationen Führung übernommen? Stellen Sie Ihre Erfahrungen dazu aus den Bereichen Beruf, Familie und Freizeit in einem Cluster dar.

2 Analysieren Sie im Plenum zur Thematik „Sich selbst und andere führen“ beide Personen auf dem Bild.

3 Hatten Sie bisher überwiegend positive oder negative Erfahrungen mit Führungskräften in Ihrem Berufsleben? Beschreiben Sie dem Plenum eine exemplarische Situation aus Ihrem beruflichen Alltag.

4 Beschreiben Sie in einem Satz, was Sie unter Führung verstehen.

6.1 Grundlagen der Führung

Die menschliche Arbeit und damit auch die Führungsaufgaben haben sich in der Vergangenheit immer wieder verändert und gegenwärtig der heutigen globalen Welt angepasst. Im 21. Jahrhundert befinden wir uns in einer Zeit der Informations- und Kommunikationstechnik, die immer schnelllebiger wird. Zeitdruck, Flexibilität und ständiger Wandel sind Schlagwörter, welche das heutige Arbeitsleben einer Leistungs- und Industriegesellschaft prägen.
Aufgrund dieser Arbeitsbedingungen und der dazu stetig steigenden Ansprüche der Mitarbeiter an ihre Vorgesetzten wird Führung immer anspruchsvoller.

M2 Führung beginnt bei sich selbst

GUT ZU WISSEN

Was ist Führung?
Führung ist steuerndes oder richtungsweisendes Handeln, um eine Zielvorstellung zu verwirklichen. Sie nimmt methodisch bedacht, geplant und kontrolliert Einfluss auf andere und deren künftige Kompetenzgestaltung unter gleichzeitiger Legitimierung der leitenden Interessen. Idealerweise beherrscht Führung die Kunst, andere Menschen für die gesetzten Ziele zu begeistern und mit auf den Weg der Erfüllung dieser Ziele zu nehmen, um einen gemeinsamen Erfolg zu erreichen. Im Betrieb ist Führung die beabsichtigte und zielorientierte Verhaltensbeeinflussung von Mitarbeitern zur Erreichung der Unternehmensziele.

6.1.1 Unternehmerische Leitungsaufgabe

Die Leitungs- bzw. Führungsaufgaben in einem Unternehmen lassen sich in die zwei Bereiche Führung und Management unterscheiden:

GUT ZU WISSEN

Führung	Management
meist personenbezogene Führungsaufgaben: ■ Vorbildfunktion von Führungskraft ■ Kommunikation mit den Hierarchieebenen ■ Interaktion zwischen Hierarchieebenen	meist sachliche Führungsaufgaben: ■ systematischer und organisatorischer Teil der Leitungsaufgabe

Neben den personen- und sachbezogenen Führungsaufgaben nutzen einige Führungskräfte ihre Position aus, um Mitarbeiter durch unlautere Methoden, wie gezielte Fehlinformationen, zu beeinflussen. Die Führungskraft unternimmt dies meist zum eigenen Vorteil. Dieses Verhalten ist weder der Führung noch dem Management zuzuordnen. Man spricht hierbei von Manipulation.

Führungsebenen

Vereinfacht dargestellt, lassen sich in jedem Unternehmen hierarchische Führungs- oder Managementebenen einteilen.

GUT ZU WISSEN

Führungsebenen, Sandwichposition und Bedeutung von Fach- und Führungswissen

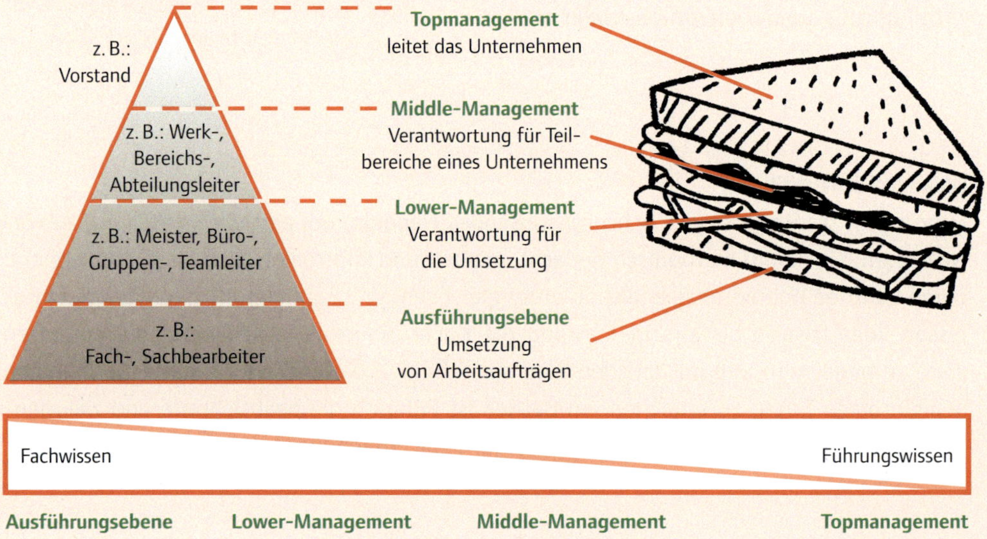

Führungskräfte des Middle- und Lower-Managements sind die sogenannten Sandwich-Führungskräfte, da sie dem Druck der immer größer werdenden Anforderungen und Erwartungen von oben und unten standhalten müssen. Erschwerend kommt die Tatsache hinzu, dass viele Unternehmen in den vergangenen Jahren durch Umstrukturierungs- und Einsparungsmaßnahmen Hierarchien abgebaut und das mittlere Management gestrafft haben. Dadurch ergeben sich für diese Führungskräfte ein immer größer werdender Verantwortungsbereich sowie ein immer weiter anwachsendes Aufgabenspektrum. Täglich wird neben guter Mitarbeiterführung auch höchste fachliche Kompetenz erwartet. Um diesen Herausforderungen über Jahre hinweg gerecht zu werden und dabei dem großen Druck standzuhalten, ist es unerlässlich, sich immer wieder aufs Neue ausgiebig mit der Thematik „Sich selbst und andere führen“ auseinanderzusetzen.

GUT ZU WISSEN

Problemfelder einer Führungskraft in der heutigen Zeit

- Wandel von Gesellschaft, Wirtschaft, Technik
- Änderung der Einstellung zur Arbeit
- höhere Anforderungen an Vorgesetzte
- größer werdende Verantwortungs- und Tätigkeitsfelder
- gestiegener Leistungsdruck
- gestiegener Kosten- und Einsparungsdruck

6.1.2 Direkte und indirekte Führung

In Abwandlung des Kommunikationsaxioms von Watzlawick könnte man sagen „Man kann nicht nicht führen", so dass direkte und indirekte Führung eigentlich immer stattfindet. Die Auswirkungen und Möglichkeiten indirekter Führung werden jedoch häufig unterschätzt, obwohl alle, insbesondere jedoch leitende Führungskräfte hier über beträchtliche Handlungsmöglichkeiten verfügen.

Direkte Führung: Hier wird das Mitarbeiterverhalten unmittelbar durch das Zusammenwirken von Vorgesetzten und Mitarbeitern geprägt. Die wechselseitige Einflussnahme zwischen Führendem und Geführten erfolgt dabei z. B. durch:

- Gespräche und aktive Kommunikation
- schriftliche Informationen
- Anweisungen
- konstruktives Feedback
- Vorbildwirkung des Verhaltens
- Setzung von individuellen Zielen
- Übertragung von Verantwortung

Indirekte Führung: Hier wird das Mitarbeiterverhalten durch arbeitsorganisatorische Maßnahmen und personenunabhängige Zieldefinitionen beeinflusst. Je größer das Unternehmen oder die Organisation, desto weniger haben einzelne Führungskräfte im mittleren oder niederen Management Einfluss auf den Bereich der indirekten Führung. In der Regel sind von der Unternehmensführung und dem Personalmanagement bereits die inhaltlichen und organisatorischen Rahmenbedingungen festgelegt. So zum Beispiel:

- Unternehmensphilosophie
- Unternehmensstrategie
- Organisationsstruktur
- Umsatz- und Gewinnerwartung

GUT ZU WISSEN

Direkte Führung: Beeinflussung des Mitarbeiterverhaltens durch unmittelbaren Austausch zwischen Führendem und Geführtem.

Indirekte Führung: Beeinflussung des Mitarbeiterverhaltens durch Festlegung von Organisationsstruktur, Prozessabläufen und Erfolgszielen.

Aufgaben

1 „Nur wenige Führungskräfte sehen ein, dass sie letztendlich nur eine Person führen müssen. Diese Person sind sie selbst." Beschreiben und interpretieren Sie das Bild (M2) im Zusammenhang mit diesem Zitat von Peter F. Drucker (amerikanischer Managementexperte).

2 Geben Sie den Unterschied zwischen Führung und Management wieder.

3 Erläutern Sie den Unterschied zwischen indirekter und direkter Führung anhand von je einem Praxisbeispiel aus Ihrem aktuellen bzw. bisherigen Arbeitsalltag.

4 Entwerfen Sie in Kleingruppen ein eigenes Beispiel zu „Manipulation der Mitarbeiter durch die Führungskraft" und tragen Sie dies im Anschluss als Rollenspiel im Plenum vor.

6.2 Kompetenzprofil einer Führungskraft

6.2.1 Anforderungen an eine Führungskraft

Fachwissen und Absatzerfolge allein reichen nicht aus, um erfolgreich zu führen. Führungsarbeit wird, wie unter 6.1 aufgezeigt, immer komplexer. Somit wird auch das Kompetenzprofil einer modernen Führungskraft anspruchsvoller. Diesen Ansprüchen kann eine Führungskraft nicht immer vollständig gerecht werden. Die Vielzahl der Kompetenzen, welche von einer Führungskraft idealerweise erwartet werden, lassen sich in die vier Kategorien der Handlungskompetenz einteilen:

Sozialkompetenz	Persönlichkeitskompetenz
■ Teamfähigkeit/Kooperationsfähigkeit ■ Kommunikationsfähigkeit ■ Konfliktfähigkeit ■ Empathiefähigkeit ■ Fähigkeit, Vertrauen zu schaffen ■ Durchsetzungsvermögen ■ Prozesssteuerungsfähigkeit ■ Mitarbeiterinformation und -beteiligung	■ ganzheitliches Denkvermögen ■ Verantwortungs- und Leistungsbereitschaft ■ Eigenverantwortung und Selbstkontrolle ■ Stressresistenz ■ Risikobereitschaft ■ Loyalität und Integrität ■ Entscheidungsfreude ■ Moderationskompetenz ■ Konsequenz und Flexibilität
Methodenkompetenz	**Fachkompetenz**
■ Analysefähigkeit ■ Zielvereinbarungstechniken ■ Managementtechniken (z. B. Projektmanagement) ■ Qualitätsmanagementfähigkeit ■ Zielkontrolle ■ Veränderungsfähigkeit	■ Fachwissen im Aufgabengebiet ■ betriebswirtschaftliche Grundkenntnisse ■ EDV-Grundkenntnisse ■ Sprachkenntnisse

Nur wer als Führungskraft vorbildliche Eigenschaften hat, kann dies auch von seinen Mitarbeitern erwarten. Selbstverständlich kann nicht jede Führungskraft alle vier Kompetenzbereiche des Anforderungsprofils gleich gut erfüllen. So legt jedes Unternehmen, je nach Unternehmenssituation (Gründungsphase, Expansion, Krise), Organisationsstruktur (6.7) und Unternehmensphilosophie (6.8) unterschiedliche Schwerpunkte.

Ein besonderes Augenmerk sollte jede Führungskraft dabei auf die Generation Y (23–35 Jährige) legen und die Ergebnisse der folgenden Studie beim eigenen Führungsverhalten berücksichtigen. Die Hamburg Media School stellte Menschen dieser Alterskohorte im September 2014 die Frage: „Was erwarten Sie konkret von einer guten Führungskraft? Bitte setzen Sie die folgenden Aussagen in eine Rangfolge nach Ihrer Wichtigkeit."

Ranking der Erwartungen an die Führungskräfte

Abbildung: Mittelwerte; n = 1,037; (1 = am wichtigsten; 9 = am neuntwichtigsten)

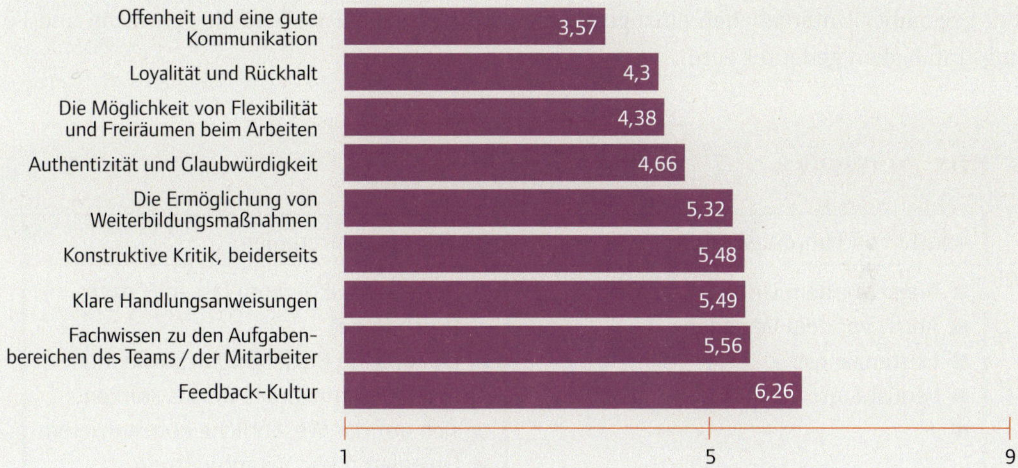

M3 Quelle: Hamburg Media School. In: www.hamburgmediaschool.com

Wie in Kapitel 4.1.2 dargelegt, ist es für eine Führungskraft von zentraler Bedeutung, die Ziele und Bedürfnisse der Generation Y zu kennen, um diese nicht nur geeignet zu motivieren, sondern effektiv führen zu können. Die Grafik oben zeigt, dass Offenheit und Kommunikation, zusammen mit Authentizität und Loyalität bei der Erwartungshaltung dieser Mitarbeitergeneration sehr wichtig sind. Die am dritthäufigsten genannte Erwartungshaltung von Flexibilität und Freiräumen am Arbeitsplatz ist ein wichtiges Ergebnis für die Art und Weise der Führung (6.3). Betrachtet man alle Mitarbeitergenerationen, zeigt die Praxis, dass eine erfolgreiche Führungskraft vor allem folgende vier grundlegende Kriterien erfüllen muss, welche dann durch weitere ausgewählte Sozial- und Persönlichkeitskompetenzen sowie durch positionsspezifische Methoden- und Fachkompetenzen ergänzt werden: Menschenkenntnis, Vertrauenswürdigkeit, positive Grundeinstellung zu jedem Mitarbeiter und Empathie.

GUT ZU WISSEN

Grundlegende Kompetenzen einer Führungskraft

Eine Führungskraft benötigt eine positionsspezifisch ausgeprägte Handlungskompetenz (Sozial-, Personal-, Methoden- und Fachkompetenz). Besonders wichtig für jede Führungskraft sind folgende vier Kriterien:

- Menschenkenntnis
- Vertrauenswürdigkeit
- positive Grundeinstellung zu jedem Mitarbeiter
- Empathie

6.2.2 Führungsängste

Nicht nur andere Menschen, sondern zuallererst sich selbst zu führen, gehört ebenso zur Führungsaufgabe. Nicht wenige Führungskräfte leiden unter Versagens- oder Existenzängsten, finden in ihrer Führungsposition jedoch meist weder Mut noch Zeit noch Ansprechpartner, um sich damit auseinanderzusetzen und Bewältigungsstrategien zu entwickeln. Angst in Führungskreisen oder gegenüber Untergebenen einzugestehen, wird vermieden, weil sie als Schwäche und Führungsunfähigkeit gedeutet wird.

GUT ZU WISSEN

Ängste von Führungskräften	Bewältigungsstrategien
■ Angst vor dem Unbekannten ■ Angst vor dem Versagen ■ Existenzangst ■ Verlustangst ■ …	■ professionell beraten lassen (Coach, Psychologe) ■ persönliche Beziehungen sowie Interessen außerhalb des Berufs stärken ■ sich auf das Wesentliche konzentrieren ■ Delegieren von Verantwortung ■ Sicherheit gewinnen bei wichtigen Terminen durch intensivere fachliche und mentale Vorbereitung ■ gezieltes Medien- und Präsentationstraining ■ klare eigene Haltung bilden und pflegen ■ …

Situation

Sie sind in Ihrem Bereich Teamleiter von 12 Mitarbeitern und wissen, dass von Ihnen als Führungskraft vorbildliches Verhalten erwartet wird.

Aufgaben

1 a Benennen Sie mindestens drei Eigenschaften, auf die Sie in der oben beschriebenen Situation besonderen Wert legen würden.

b Ergänzen Sie Ihre Liste, indem Sie mindestens fünf weitere Merkmale benennen, die Ihrer Meinung nach für eine Führungskraft unerlässlich sind, und entwickeln Sie so ein eigenes konkretes Anforderungsprofil.

c Entwerfen Sie Ihr eigenes Kompetenzprofil. Zeichnen Sie dazu nach folgendem Muster eine Tabelle und tragen sie die von Ihnen genannten Eigenschaften aus Aufgabe 1a) und b) als Kompetenzprofile in der linken Spalte ein. Kreuzen Sie nun an, wie Sie glauben, dass die jeweilige Kompetenz bei Ihnen ausgeprägt ist.

Kompetenzprofil (Eigenschaften)	Sehr stark ausgeprägt	Stark ausgeprägt	Normal ausgeprägt	Weniger stark ausgeprägt
z. B. Teamfähigkeit		×		
(…)				

d Entwerfen Sie in Partnerarbeit Lösungsansätze, wie Führungskräfte nicht optimal ausgeprägte Führungseigenschaften erwerben oder verbessern können.

2 Nehmen Sie kritisch Stellung zu folgendem Zitat: „Ich lasse doch nicht die Affen den Zoo regieren." So Frank Bormann, ehemaliger Chef der amerikanischen Fluggesellschaft Eastern Airlines, zu Forderungen nach einer stärkeren Beteiligung der Arbeitnehmer an Führungsaufgaben Mitte der 1980er Jahre.

3 Betrachten Sie die Grafik M3 auf Seite 203.

a Analysieren Sie die Ergebnisse im Hinblick auf das Kompetenzprofil einer Führungskraft und die Konsequenzen für ihr Führungsverhalten.

b Erläutern Sie anhand der Grafik die Bedeutung der vier Basiskriterien, die auf Seite 203 unten erwähnt werden.

c Diskutieren Sie Ihre Ergebnisse aus 3a und 3b im Plenum und bringen Sie dabei Ihre Praxiserfahrungen mit ein.

d Formulieren Sie im Plenum eine Definition für das Wort „Führungsqualität".

Situation

In Kürze treten Sie eine Stelle als Teamleiter (Lower-Management) in einem mittelständischen Unternehmen an.

4 a Begründen Sie schriftlich, wovor Sie in dieser Position am meisten Respekt hätten. Prüfen Sie dabei, inwieweit die oben erwähnten Ängste von Führungskräften auch die Ihren wären.

b Tauschen Sie sich anschließend in Partnerarbeit darüber aus und entwickeln Sie jeweils Lösungsansätze zur Bewältigung Ihrer jeweiligen potentiellen Sorgen.

6.3 Führungsstile

Was für ein Typ von Führungskraft will ich sein? Diese Frage sollte sich jede Führungskraft stellen, um bewusster zu agieren, ihre Schwachstellen zu beseitigen und einen eigenen Führungsstil entwickeln zu können.
Unter einem Führungsstil versteht man die Art und Weise, in der ein Vorgesetzter die ihm unterstellten Mitarbeiter führt, um bei ihnen ein zielorientiertes Arbeitsverhalten zu erreichen.

6.3.1 Eindimensionale Führungsstile

Den garantiert richtigen und erfolgreichen Führungsstil gibt es nicht. In der Theorie werden eindimensionale Führungsstile in autoritär, patriarchisch, beratend etc. klassifiziert. In der betrieblichen Praxis ist eine solche Klassifizierung kritisch zu sehen, da ein Stil nie in „Reinform" vorkommt. Dennoch ist es von elementarer Bedeutung sich diese unterschiedlichen Führungstypologien zu vergegenwärtigen, um im beruflichen Alltag situationsangemessen agieren zu können. Robert Tannenbaum und Warren H. Schmidt unterschieden 1958 in der Harvard Business Review die Führungsstile in sieben Stufen, vom autoritären bis zum demokratischen beziehungsweise delegativen Führungsstil. Auf dieser Einteilung basiert die folgende aktualisierte Klassifizierung:

GUT ZU WISSEN

Eindimensionale Führungsstile

Autoritärer Führungsstil — Kooperativer Führungsstil

Entscheidungsspielraum des Vorgesetzten

Entscheidungsspielraum der Mitarbeiter

autoritär	patriarchalisch	beratend	konsultativ	partizipativ	delegativ	
Vorgesetzter entscheidet und ordnet an.	Vorgesetzter entscheidet, ist aber bemüht, seine Mitarbeiter von seiner Entscheidung zu überzeugen.	Vorgesetzter entscheidet, gestattet jedoch Fragen und beantwortet sie, um mehr Akzeptanz zu erreichen.	Vorgesetzter informiert über beabsichtigte Entscheidungen und räumt den Mitarbeitern Möglichkeiten ein, ihre Meinung zu äußern, so dass er diese in seine Entscheidung mit einbeziehen kann.	Gruppe entwickelt Vorschläge. Aus den gemeinsam gefundenen und akzeptierten Problemlösungen entscheidet sich der Vorgesetzte für die von ihm favorisierte.	Die Gruppe entscheidet, nachdem der Vorgesetzte das Problem und die Grenzen des Entscheidungsspielraums aufgezeigt hat.	Die Gruppe entscheidet; der Vorgesetzte fungiert als Koordinator.

6.3.2 Mehrdimensionales Führen als situativer Ansatz

Mehrdimensionale Führungsstile hingegen berücksichtigen, dass sich das Führungsverhalten immer wieder an neue Situationen anpassen muss. Dazu gehört folgender Ansatz: Das situative Führen (angepasster Führungsstil) wird den unterschiedlichen Einflüssen, die auf eine Führungskraft einwirken, gerecht. Verschiedene Situationen und Gelegenheiten erfordern unterschiedliche Führungsstile und Verhaltensweisen. Drei Kriterien üben dabei besonderen Einfluss aus:

Unternehmensbereich

Produktion: Hier ist eher ein autoritärer, anweisender Führungsstil üblich, da Aufgaben termingerecht und auftrags- oder seriengemäß umgesetzt werden müssen.

Forschung- und Entwicklung: Hier ist es notwendig, mehr Freiheiten einzuräumen, damit sich neue Ideen entwickeln können.

Unternehmenssituation

Krisen: Hier müssen oftmals schnelle und zum Teil auch unpopuläre Maßnahmen getroffen werden, so dass eine breite Beteiligung der Mitarbeiter weniger möglich ist.

Wachstumsphase: Eine Beteiligung der Mitarbeiter ist von Nutzen, weil Spielraum für Neuentwicklungen besteht und so das Potential einer Vielzahl von Entwicklungsvorschlägen gewinnbringend abgeschöpft werden kann.

Berufliche Kompetenz

Kompetenter Mitarbeiter: Er kann seine Aufgaben am effektivsten erfüllen, wenn er seine Arbeit frei gestalten darf.

„Unreifer" Mitarbeiter: Wer nur wenige Kenntnisse und Fähigkeiten besitzt, muss stärker angeleitet werden, um seine Aufgaben bewältigen zu können.

Ebenso berücksichtigt das situative Führen, dass ein Teamleiter unterschiedlichste Individuen mit verschiedensten Persönlichkeiten als Mitarbeiter führt. Jeder Mitarbeiter benötigt einen etwas anderen Führungsstil, um sein Potential optimal zu entfalten.

GUT ZU WISSEN

Situatives Führen

Die Führungskraft passt ihr Führungsverhalten so an, dass es den Anforderungen einer bestimmten Situation gerecht wird. Das Führungsverhalten greift dabei auf vier Dimensionen zurück.

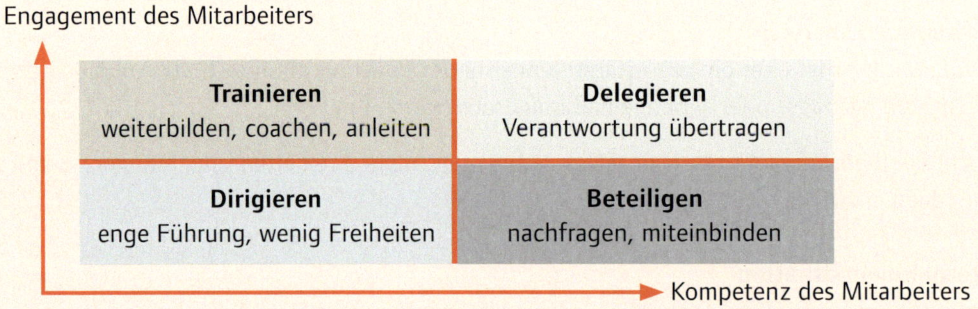

Aufgaben

1 Peter Brandl (Unternehmer und Autor): „Mangel an Autorität wird gerne mit Kumpelart kompensiert. [...] Machtdistanz darf nicht zu groß sein, sonst sagt der andere nichts. Aber auch nicht zu klein, da nehmen die Leute Sie nicht ernst."

a Setzen Sie sich mit der Aussage von Peter Brandl auseinander und ziehen Sie daraus Rückschlüsse auf einen geeigneten Führungsstil.

b Peter Brandl sieht in der richtigen „Machtdistanz" zwischen Führungskraft und Mitarbeiter den Schlüssel zu einer gewinnbringenden Kommunikation. Überlegen Sie sich je ein typisches Beispiel für zu große und zu geringe Machtdistanz zwischen Führungskraft und Mitarbeiter.

2 Eindimensionale Führungsstile

a Beim eindimensionalen Führungsstil gibt es Stiltypen von autoritär bis delegativ. Benennen und erklären Sie die entscheidende Einflussgröße, welche die Führungsstile unterscheidet.

b Wählen Sie einen eindimensionalen Führungsstil und beschreiben Sie diesen anhand eines Praxisbeispiels. Gehen Sie dabei vor allem auf den Umgang des Vorgesetzten mit seinen Mitarbeitern ein.

3 Skizzieren Sie ein Szenario, in welchem Sie situativ entscheiden, welchen Führungsstil Sie in der von Ihnen beschriebenen Situation anwenden. Erläutern Sie Ihre Entscheidungen.

6.4 Führungsfunktionen

Zu den Grundaufgaben der Führung gehören Lokomotion und Kohäsion. Je nach Aufgabe und Erwartungshaltung muss eine Führungskraft eine der beiden Aufgaben stärker bedienen.

Lokomotion: Das Sachziel der Gruppe muss erreicht werden. Hierbei steht der Leistungsaspekt im Vordergrund (z. B.: Vorgesetzter als Experte, Planer, Koordinator, Prüfer ...). Das Sachziel lässt sich durch Verhaltensmuster realisieren, wie zum Beispiel Eigeninitiative, Zeitmanagement sowie die Bereitstellung aller relevanten Informationen (Daten, Fakten, Kenntnisse) und Ressourcen. Dies kann eine situationsangepasste Veränderung des eigenen Verhaltens oder eine Veränderung der Situation durch die Führungskraft erfordern.

Kohäsion: Der Zusammenhalt der Gruppe – welche aus vielen Individuen besteht – muss herbeigeführt bzw. aufrechterhalten werden. Hierbei steht der Beziehungsaspekt im Vordergrund (z. B.: Vorgesetzter als Zuhörer, Vermittler, Kollege, Helfer …). Vertrauensvolle Arbeitsatmosphäre schafft man durch Verhaltensmuster wie zum Beispiel: Empathiefähigkeit, Einbeziehung der Mitarbeiter in die Entscheidungsfindung, Aufgeschlossenheit und Kontaktfreudigkeit, Interesse für Erwartungen und Wünsche der Mitarbeiter, Berücksichtigung von Mitarbeiterinteressen, Forderung von gegenseitiger Akzeptanz.

GUT ZU WISSEN

Lokomotion	Kohäsion
Beeinflussung der Mitarbeiter, um das Sachziel zu erreichen	Bilden oder Aufrechterhalten des Zusammenhalts einer Mitarbeitergruppe

Sachorientiertes und personenorientiertes Führungsverhalten

Sachorientiertes und personenorientiertes Führungsverhalten sind zwei Führungsrichtungen, welche nicht völlig unabhängig voneinander zu sehen sind, denn bei der situativen Führung wirken das sach- und personenbezogene Führungsverhalten zusammen. In der Praxis ist diejenige Führungskraft erfolgreich, die auf Mitarbeiter zwar den erforderlichen Leistungsdruck ausübt, aber trotzdem von ihnen geschätzt wird.

Sachaufgaben	Personalaufgaben
■ Zielvereinbarungen treffen ■ planen und realisieren ■ organisieren/koordinieren → dient vor allem der Lokomotionsfunktion	■ Anwerben von Mitarbeitern ■ Einsatzgebiet der Mitarbeiter ■ Motivieren der Mitarbeiter ■ Arbeitsplatzgestaltung ■ Beurteilen der Mitarbeiter ■ Fördern der Mitarbeiter → dient vor allem der Kohäsionsfunktion

Mischformen sind in der Praxis die Regel

Führung heißt nicht nur Einfluss auf Mitarbeiter auszuüben, welcher sie veranlasst die erwarteten Beiträge zur Erreichung der Unternehmensziele zu erbringen (Leistungsaspekt), sondern auch, dass man in der Lage ist, Bedingungen zu schaffen, die es den Mitarbeitern ermöglichen,

ihre persönlichen Ziele zu realisieren. Denn die Zufriedenheit am Arbeitsplatz trägt entscheidend zu einer Steigerung des Leistungswillens bei (Zufriedenheitsaspekt).
Die Herausforderung hierbei ist die Zusammenführung beider Aspekte. Aus Gründen der Motivationstheorie, aber auch aus ethisch-sozialen Verpflichtungen eines Unternehmens, seine Mitarbeiter nicht nur als Wirtschaftsgut, sondern als Individuen mit eigenen Zielen, Motiven und Erwartungen zu sehen, sollte von Führungskräften deshalb immer ausgeglichenes, sachorientiertes und personenorientiertes Führungsverhalten bevorzugt werden.

Aufgaben

1 Benennen Sie zehn Verhaltensweisen von Vorgesetzten. Tauschen Sie in Partnerarbeit die Listen und ordnen Sie den Aussagen jeweils sach- bzw. personenorientiertes Führungsverhalten zu.

2 Erläutern Sie, warum aus Gründen der Leistungsmotivation (siehe Kapitel 4.4) der Leistungs-, Beziehungs- und Zufriedenheitsaspekt immer gemeinsam berücksichtigt werden müssen.

3 Stellen Sie in Partnerarbeit in Form eines Schaubildes die wichtigsten Informationen zu „Führungsfunktionen" dar. Präsentieren Sie Ihre Visualisierung im Plenum.

6.5 Personalentwicklung

6.5.1 Fort- und Weiterbildung

In Deutschland besuchen jährlich nur knapp 40 Prozent der Mitarbeiter eine Fortbildung, während es beispielsweise in den skandinavischen Ländern ungefähr 80 Prozent sind. Ein Grund dafür ist, dass hierzulande immer noch viele Unternehmensführer einer modernen Fortbildungsmentalität eher kritisch gegenüberstehen und immer wieder folgende Sorgen äußern:

- Verlust von Arbeitszeit
- Die Qualifikation durch Fort- und Weiterbildung verbessert die Optionen des Mitarbeiters auf dem Arbeitsmarkt, so dass ein Stellenwechsel wahrscheinlicher wird und die Konkurrenz von Fort- und Weiterbildung profitieren könnte.

Diese Besorgnis teilen nach Ergebnissen des Marktforschungsinstituts Forrest Research 62 Prozent der deutschen Geschäftsführer.
Doch wird in Zukunft die Förderung von Mitarbeitern für Unternehmen immer mehr an Bedeutung gewinnen. Der demografische Wandel, neue Medien sowie die zunehmende Technologisierung in der globalen Welt erfordern vom Arbeitnehmer ein lebenslanges Lernen.
Gezielte und persönliche Unterstützung bei Fort- und Weiterbildungsmaßnahmen ermöglicht den Unternehmen nicht nur eine motivierte und aktuell geschulte Arbeitskraft, sondern bildet ganz entgegen der Sorgen einiger Betriebsleiter die Grundlage für eine langfristige Bindung des Mitarbeiters an das Unternehmen. Bei den Fort- und Weiterbildungsangeboten wird grundsätzlich in Anpassungs- und Aufstiegsfortbildungen unterschieden.

GUT ZU WISSEN

Fort- und Weiterbildung

Bedeutung für die Gesellschaft	Bedeutung für den Einzelnen
Fortschreitende technische Entwicklung, Innovationstempo und veränderte Märkte (Globalisierung) machen eine ständige Fort- und Weiterbildung notwendig, da berufliche Bildung in einem rohstoffarmen Land wie Deutschland die absolute Schlüsselrolle einnimmt.	▪ Erhaltung und Anpassung der beruflichen Handlungsfähigkeit ▪ beruflicher Aufstieg ▪ Erhaltung des Arbeitsplatzes ▪ Gründung einer eigenen betrieblichen Existenz

6.5.2 Zielvereinbarungen

Neben der Förderung im Bereich von Weiterbildungsmaßnahmen sollte bei der Personalentwicklung immer individuell und zielorientiert kommuniziert werden. Eine Führungskraft sollte immer mit konkreten Zielen planen, denn Ziele geben Orientierung. Diese sachlichen Zielaspekte werden jedoch nur ihre Wirkung entfalten, wenn von Seiten der Führungskraft den Mitarbeitern Anerkennung zuteilwird (siehe Kapitel 3.4.3 Zielvereinbarungsgespräch).

6.5.3 Anerkennung und Lob

Die Klage „Der Chef lobt mich nie!" deutet auf einen Mangel an Kommunikations- und Sozialkompetenz beim jeweiligen Vorgesetzten hin, da es ihm nicht gelingt, dem Mitarbeiter ein anerkennendes Feedback zu geben. Eine StepStone-Umfrage unter Fach- und Führungskräften aus dem Jahr 2013 ergab Folgendes:

„Wird in deutschen Büros zu wenig gelobt?"
56 % sehnen sich nach mehr Anerkennung. 42 % werden nur selten gelobt und wünschen mehr Anerkennung.
25 % sind zufrieden und werden regelmäßig gelobt.
16 % empfinden ihre Arbeit als angemessen anerkannt.
14 % erfahren keine Wertschätzung. 3 % macht fehlendes Lob nichts aus.

M4 Befragungsergebnis, wie Mitarbeiter Anerkennung von Vorgesetzten wahrnehmen und beurteilen. Quelle: Wird in deutschen Büros zu wenig gelobt? In: www.stepstone.de

Damit ein anerkennendes Feedback auch entsprechend wahrgenommen wird, sollte die Führungskraft dabei Folgendes berücksichtigen:

GUT ZU WISSEN

Richtig loben

- zeitnahes Lob
- beobachtbares Verhalten loben
- langfristige Leistungen würdigen
- ausgezeichnete Leistungen oder Verhaltensweisen anerkennen
- auf Augenhöhe loben
- junge Mitarbeiter häufiger loben
- Mitarbeiter in Krisenzeiten häufiger loben

Aufgaben

1 Anpassungs- und Aufstiegsfortbildung sind unterschiedliche Arten der Fortbildung.
   a Erklären Sie den Unterschied und benennen Sie je drei Anpassungs- und Aufstiegsfortbildungsmöglichkeiten.
   b Welche Art von Fort- oder Weiterbildung absolvieren Sie momentan? Begründen Sie weshalb Sie sich dazu entschlossen haben.

2 Erläutern Sie, was die SMART-Kriterien für eine Zielformulierung bedeuten. Berücksichtigen Sie bei der Bearbeitung der Aufgaben die Inhalte aus Kapitel 3.4.3.
   a Stellen Sie die SMART-Kriterien in visualisierter Form dar.
   b Beschreiben Sie ein Ziel, das den SMART-Kriterien in vollem Umfang entspricht.
   c Erklären Sie, weshalb für eine aktive Personalentwicklung Fortbildungsmaßnahmen und Zielformulierungen nach dem SMART-Prinzip nicht ausreichen. Beziehen Sie bei der Beantwortung die Erkenntnisse aus M4 mit ein.

3 „Nutzen Sie jede Möglichkeit, denen, die es verdienen, den Rücken zu stärken. Lob tut gut. Je konkreter, desto besser." Jack Welch, Manager, u. a. 20 Jahre CEO bei General Electric.
   Setzten Sie sich mit der Aussage von Jack Welch auseinander.

4 Entwickeln Sie in Kleingruppen je eine konkrete betriebliche Alltagssituation zum Thema „Richtig loben".
   a Gestalten Sie einen Dialog mit mindestens zehn Wortwechseln zu Ihrem Beispiel zwischen der Führungskraft und Ihrem Mitarbeiter.
   b Stellen Sie Ihren Dialog als Rollenspiel im Plenum dar.

6.6 Personalbeurteilung

6.6.1 Funktionen und Form

Die Personalbeurteilung stellt eine wichtige und verantwortungsvolle Aufgabe dar. Planmäßig und systematisch durchgeführt dient sie als Führungsinstrument, zur Personalentwicklung, zum Personaleinsatz, als Motivator für die Mitarbeiter und kann die Grundlage einer gerechten Vergütung darstellen. Solche Beurteilungen finden meist in regelmäßigen Zeitabständen statt.

GUT ZU WISSEN

Personalbeurteilung

<table>
<tr><th rowspan="2">Beurteilungs- und Mitarbeitergespräche</th><th colspan="2">Arten von Arbeitszeugnissen</th></tr>
<tr><td>nach Anlass</td><td>nach Inhalt</td></tr>
<tr><td>■ Mitarbeiterjahresgespräche
■ Anerkennungsgespräche
■ Fehlzeitengespräche
■ Coaching-Gespräche
■ Kritik-Gespräche
■ Zielvereinbarungsgespräche
■ Gehaltsverhandlungen
■ Feedbackgespräch
■ Fördergespräch
■ ...</td><td>■ Arbeitszeugnis (bei Beschäftigungsende)
■ Zwischenzeugnis (anlassbedingt während eines Beschäftigungsverhältnisses, z. B. Wechsel des Vorgesetzten)
■ Ausbildungszeugnis (bei Ausbildungsende)</td><td>■ Einfaches Arbeitszeugnis (listet nur ausgeübte Tätigkeiten und Beschäftigungsdauer)
■ Qualifiziertes Arbeitszeugnis (beurteilt zusätzlich die Leistung und das Verhalten)</td></tr>
</table>

6.6.2 Beurteilungs- und Mitarbeitergespräche

Der zeitliche Aufwand – Vorbereitung, Durchführung und Dokumentation – für eine regelmäßige Personalbeurteilung schafft durch ihre oben erwähnten Multifunktionen viele positive Effekte. Insbesondere die Mitarbeiterzufriedenheit kann damit bei regelmäßiger und entsprechend wertschätzender Durchführung verbessert werden.

<table>
<tr><th colspan="2">Ablauf eines Personalbeurteilungsgesprächs</th></tr>
<tr><td>Eröffnung</td><td>■ Begrüßung und Frage zum Befinden des Mitarbeiters
■ Information zum Gesprächsziel und Gesprächsverlauf</td></tr>
<tr><td>Einstieg</td><td>Benennen des Tätigkeitsfeldes des Mitarbeiters, Wertschätzung seines Beitrags zum Betriebserfolg und Hinweis auf Besonderheiten solcher Beurteilungsgespräche</td></tr>
<tr><td colspan="2">Überleitung: Nachfrage, wie Mitarbeiter seine Arbeit im vergangenen Jahr erlebte</td></tr>
<tr><td>emotionaler Rückblick</td><td>■ Eindrücke und Erlebnisse des Mitarbeiters
■ gegebenenfalls Hinweise auf bisher der Führungskraft unbekannte Sachverhalte</td></tr>
<tr><td>Beurteilung</td><td>■ Besprechung der Leistungskriterien
■ Leistungsbewertung durch den Vorgesetzten anhand von exemplarischen Verhaltensbeispielen</td></tr>
</table>

Ablauf eines Personalbeurteilungsgesprächs	
Überleitung: Nachfrage, in welchen Punkten der Mitarbeiter die Beurteilung nachvollzieht	
Selbsteinschätzung	Emotionale Reaktion des Mitarbeiters auf die Bewertung und seine eigene Einschätzung mit der Aufforderung, eigene Stärken und Schwächen zu benennen. Vorgesetzter zeigt durch aktives Zuhören Aufmerksamkeit und stellt gegebenenfalls Zwischenfragen.
Abweichungsanalyse	■ Unterschiedliche Auffassungen sollen herausgearbeitet werden, um anschließend die Ursachen zu ergründen. ■ Fazit der Führungskraft, ob und inwiefern sich das Urteil aufgrund der gewonnenen Informationen verändert.
Perspektivgespräch	■ Themenwechsel: Allgemeine Arbeitszufriedenheit und berufliche Entwicklung bzw. Zukunftsvorstellungen. ■ Zielvereinbarungen und Erwartungen für die nächste Beurteilungsperiode schriftlich festhalten.
Abschluss	Ergebniszusammenfassung – Ausblick – Verabschiedung

Inhaltlich gesehen dienen solche Mitarbeitergespräche dazu, mit jedem Mitarbeiter den „Spielraum“ abzustecken und an den Unternehmenszielen auszurichten, damit alle optimal zum Unternehmenserfolg beitragen können. Dabei ist die Information, wie Mitarbeiter zum Erfolg beitragen können, das zentrale Moment. Nur dann können sich die Mitarbeiter auch aktiv gestaltend miteinbringen. Beim Gespräch und bei Personalbeurteilungen wie auch im alltäglichen Umgang miteinander ist der Respekt, wie Herzberg (siehe Kapitel 4.3.2) schon lange aufgezeigt hat, das wichtigste Element. Denn die wichtigsten Motivationsfaktoren für Mitarbeiter sind vor dem Grundgehalt auf Rang sechs immer noch: (1) Respekt und Anerkennung, (2) Work-Life-Balance, (3) Art der Arbeit, (4) Kollegen/-innen und (5) Qualität der Führung.

Der respektvolle Umgang im Beurteilungs- und Mitarbeitergespräch meint nicht nur das Verhalten, sondern auch die Einstellung den Mitarbeitern gegenüber. Dieses wird sich bei der intrinsischen Motivation (siehe Kapitel 4.3.2) der Mitarbeiter niederschlagen.

GUT ZU WISSEN

Beurteilungsgespräche

- klar und strukturiert aufgebaut
- beruhen auf gemeinsam vereinbarten Kriterien
- individuell auf den Mitarbeiter abgestimmt
- enthalten Entwicklungskomponenten
- finden in einer angenehmen Atmosphäre statt
- halten Zielvereinbarungen schriftlich fest

6.6.3 Arbeitszeugnisse

Es wird zwischen einfachem und qualifiziertem Arbeitszeugnis unterschieden. Das qualifizierte Arbeitszeugnis ist auf Verlangen des Arbeitnehmers zu erstellen und muss eine klare und verständliche Formulierung aufweisen. Es ist eine Gesamtbeurteilung des Arbeitnehmers zu erstellen. Dabei ist auf eine wohlwollende Formulierung zu achten. Nichtsdestotrotz muss das Zeugnis der Wahrheit entsprechen. Bedeutsame Vorkommnisse, auch wenn sie für den Arbeitnehmer nachteilig sind, sollten aufgenommen werden. Doch dürfen dabei einmalige Vorfälle, welche für den Arbeitnehmer untypisch sind, nicht enthalten sein.
Das Gleiche gilt auch für ein Ausbildungs- oder Zwischenzeugnis. Während das Ausbildungszeugnis verpflichtend zum Ende einer Ausbildung erstellt werden muss, ist das Zwischenzeugnis ein Arbeitszeugnis, welches während eines Beschäftigungsverhältnisses ausgestellt wird. Jeder Arbeitnehmer kann grundsätzlich von seinem Arbeitgeber ein Zwischenzeugnis verlangen, wenn er dafür einen triftigen Grund angeben kann. Der einzige Unterschied zum Arbeitszeugnis am Ende einer Beschäftigung ist, dass das Zwischenzeugnis in der Gegenwartsform formuliert wird und kein Beendigungsdatum enthält, da das Beschäftigungsverhältnis weiterbesteht.

Anforderungen an ein Zeugnis

Das einfache Arbeitszeugnis	Das qualifizierte Arbeitszeugnis
■ Vorname, Name, Geburtsdatum, Wohnadresse ■ Art und Dauer der Tätigkeit bzw. Beschäftigung	■ Vorname, Name, Geburtsdatum, Wohnadresse ■ Art und Dauer der Tätigkeit/Beschäftigung ■ Leistung und Verhalten im Arbeitsverhältnis

Pflicht zur Zeugniserteilung (§ 630 – BGB)

Bei der Beendigung eines dauernden Dienstverhältnisses kann der Verpflichtete von dem anderen Teil ein schriftliches Zeugnis über das Dienstverhältnis und dessen Dauer fordern. Das Zeugnis ist auf Verlangen auf die Leistungen und die Führung im Dienst zu erstrecken …

Kennzeichen [§ 109 (2) GewO]

Das Zeugnis muss klar und verständlich formuliert sein. Es darf keine Merkmale oder Formulierungen enthalten, die den Zweck haben, eine andere als aus der äußeren Form oder aus dem Wortlaut ersichtliche Aussage über den Arbeitnehmer zu treffen.

Einem Arbeitgeber ist es folglich untersagt, Arbeitszeugnisse mit versteckten Merkmalen oder Formulierungen zu versehen. Also zum Beispiel mit Kugelschreiber einen kurzen, senkrechten Strich links von der Unterschrift zu ziehen, der aussieht wie ein „Ausrutscher“, doch bedeuten soll: Mitglied einer Gewerkschaft.

Wahrheit und Wohlwollenspflicht

„Als Bewerbungsunterlage des Arbeitnehmers und Entscheidungsgrundlage für die Personalauswahl künftiger Arbeitgeber muss das Zeugnis inhaltlich wahr und zugleich von verständigem Wohlwollen gegenüber dem Arbeitnehmer getragen sein und darf dessen weiteres Fortkommen nicht ungerechtfertigt erschweren [...]“, so das Bundesarbeitsgericht in einem Urteil vom 10. 05. 2015. In diesem Spannungsverhältnis steht jedes Arbeitszeugnis. Dabei muss im Einzelfall geprüft werden, ob eine konkrete Formulierung inhaltlich wahr und von verständigem Wohlwollen gegenüber dem Arbeitnehmer getragen ist. Das gelingt den Konfliktparteien nicht immer allein. Etwa 30 000-mal im Jahr wird in Deutschland ein Streit um Arbeitszeugnisse vor Gericht ausgetragen. In der Praxis haben sich verschiedene „wohlwollende“ Formulierungen für Arbeitszeugnisse etabliert, deren Interpretation durch die Arbeitgeber man kennen sollte. Hier einige Beispiele:

Formulierungsbeispiele für Leistungsbewertungen	
... hat die übertragenen Arbeiten stets zu unserer vollsten Zufriedenheit erledigt ...	sehr gut
... hat die übertragenen Arbeiten stets zu unserer vollen Zufriedenheit erledigt ...	gut
... hat die übertragenen Arbeiten zu unserer vollen Zufriedenheit erledigt ...	befriedigend
... hat die übertragenen Arbeiten zu unserer Zufriedenheit erledigt ...	ausreichend
... hat die übertragenen Arbeiten im Großen und Ganzen zu unserer Zufriedenheit erledigt ...	mangelhaft
... hat sich bemüht, die übertragenen Arbeiten zu unserer Zufriedenheit zu erledigen ...	ungenügend

Formulierungsbeispiele für Verhaltensbeurteilungen	
... hat sich stets um gute Verbesserungsvorschläge bemüht ...	Besserwisser
... war mit Interesse bei der Sache ...	erbrachte keine guten Leistungen
... trug durch seine Geselligkeit zur Verbesserung des Betriebsklimas bei ...	trank öfters Alkohol am Arbeitsplatz
... ist wegen seiner Pünktlichkeit ein gutes Vorbild ...	außer Pünktlichkeit war er ein Totalausfall
... zeigte für seine Arbeit Verständnis ...	hat wenig geleistet

GUT ZU WISSEN

Anforderungen an Arbeitszeugnisse

Der Mitarbeiter hat ein Recht auf ein Arbeitszeugnis, das klar und verständlich sowie sowohl wahr als auch wohlwollend formuliert sein muss.

Situation

Der Informatiker Joachim Höflacher, 28 Jahre, arbeitet seit einem knappen Jahr in Ihrer Abteilung und glänzt durch hervorragende Arbeitsleistungen. Seine Unpünktlichkeit sowie sein herablassender Umgangston gegenüber den anderen Abteilungsmitgliedern haben ihn im Team sehr schnell unbeliebt werden lassen. Ansonsten verhält er sich vorbildlich am Arbeitsplatz.

Aufgaben

1 Für Sie steht als Teamleiter das erste Personalbeurteilungsgespräch mit Herr Höflacher (siehe Situation oben) an. Gestalten Sie in Einzelarbeit einen Dialog mit mindestens zehn Wortwechseln und orientieren Sie sich dabei an dem Ablauf eines Personalgesprächs. Überlegen Sie dabei, wie Sie das Gespräch führen sollten, damit die Mitarbeiterzufriedenheit in Ihrer Abteilung wieder steigt.

2 Vergleichen Sie Ihre Ergebnisse mit einem Partner und überarbeiten Sie gegebenenfalls Ihren Dialog.

3 Stellen Sie anschließend einen Ihrer beiden Dialoge mit Ihrem Partner als Rollenspiel im Plenum dar.

4 Listen Sie Verhalten, Tätigkeiten und Leistung eines Arbeitnehmers. Tauschen Sie Ihre Notizen mit jemandem im Plenum und formulieren Sie daraus ein qualifiziertes Arbeitszeugnis.

6.7 Organisationsstrukturen

Grundsätzlich strebt ein Unternehmen nach einer möglichst effizienten Organisation. Führungskräfte gestalten die Organisation in den Abteilungen und sind für eine transparente Kommunikation von oben nach unten und von unten nach oben verantwortlich.

Ein Unternehmen, welches mittels Menschen und Sachmitteln (z. B. Maschinen) wirtschaftet, muss sinnvoll in Teilaufgaben gegliedert werden, damit Unternehmensziele optimal erreicht werden. Hierbei spricht man von der Organisation eines Unternehmens. Solche Organisationsstrukturen regelt die Ablauforganisation, welche den dynamischen Arbeitsprozess berücksichtigt, aber auch die statische Aufbauorganisation, welche das Unternehmen in organisatorische Einheiten teilt.

GUT ZU WISSEN

Einflussgrößen auf Organisationsstrukturen

- Arbeitsteilung
- Wirtschaftlichkeit
- Rationalisierung
- Organisation und Überwachung

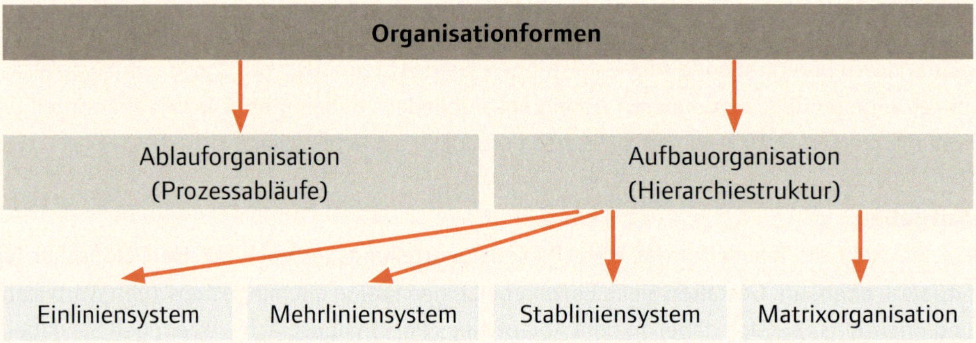

Ablauforganisation

In jedem Unternehmen gibt es bestimmte Grundprozesse, welche Ablauforganisation genannt werden. Jedes Unternehmen kauft Waren bzw. Leistungen ein, erstellt daraus seine Produkte bzw. Leistungen und verkauft diese daraufhin. Alle anderen Prozesse, wie z. B. Buchhaltung, Personalverwaltung, Marketing etc., sind lediglich Hilfsprozesse dieses Hauptprozesses.

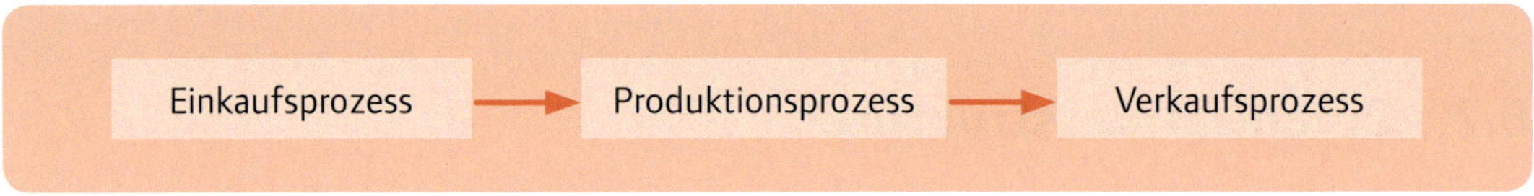

M5 Darstellung einer stark reduzierten Ablauforganisation

Es geht um eine effektive Durchführung dieser betrieblichen Grundprozesse. Durchlaufzeiten sollen so kurz wie möglich sein, Kapazitäten sollen optimal ausgelastet werden.

Aufbauorganisation

Sie ist die Struktur der Über-, Unter- und Nebenordnung von Unternehmensteilen. Die vier wichtigsten Organisationssysteme sind:

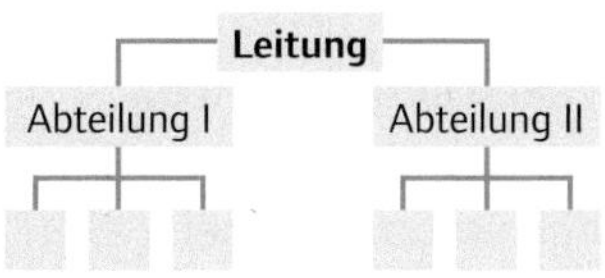

Einliniensystem

Eine untergeordnete Stelle erhält nur von einer einzigen Stelle Weisungen. Beim Einliniensystem verstärken sich die Nachteile mit zunehmender Betriebsgröße. Deshalb eignet es sich in der reinen Form nur für kleinere Betriebe.

+	–
+ straffe, übersichtliche Organisation + eindeutige Dienstwege und Verantwortungsbereiche + kein Kompetenzgerangel + gute Kontrollmöglichkeiten für die Vorgesetzten	– starre, zum Teil lange Dienstwege – Informationsverfälschung auf langen Dienstwegen – starke Belastung der Vorgesetzen, weil alle Informationen und Entscheidungen von ihm bearbeitet werden müssen – Motivationsverlust bei den untergeordneten Stellen

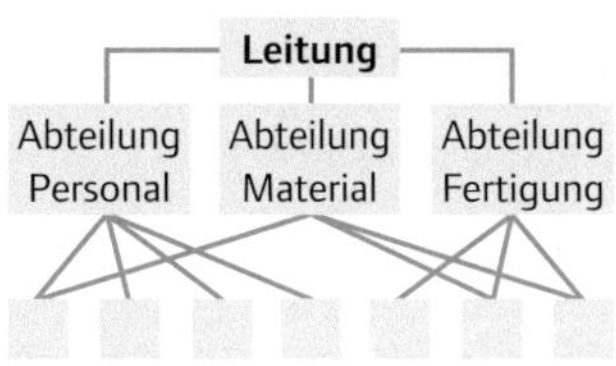

Mehrliniensystem

Mehrere Leitungsstellen können hier einer untergeordneten Stelle Weisungen erteilen. Trotz der vielen Nachteile wird das Mehrliniensystem bei mittleren und größeren Unternehmen auf den oberen Führungsebenen eingesetzt. Dort ist die Komplexität der Aufgaben so groß, dass nur noch ein Team von Spezialisten diese Führungsaufgaben bewältigen kann.

+	–
+ Möglichkeit der Spezialisierung in Funktionsbereichen + kurze Dienstwege, + Motivation der Mitarbeiter + besseres Betriebsklima	– unübersichtliche Organisation – schlechte Kontrolle – keine klaren Kompetenzabgrenzungen und Verantwortungsbereiche – Verunsicherung der untergeordneten Stellen durch unterschiedliche Weisungszuständigkeiten – Koordinationsprobleme zwischen den Funktionsbereichen

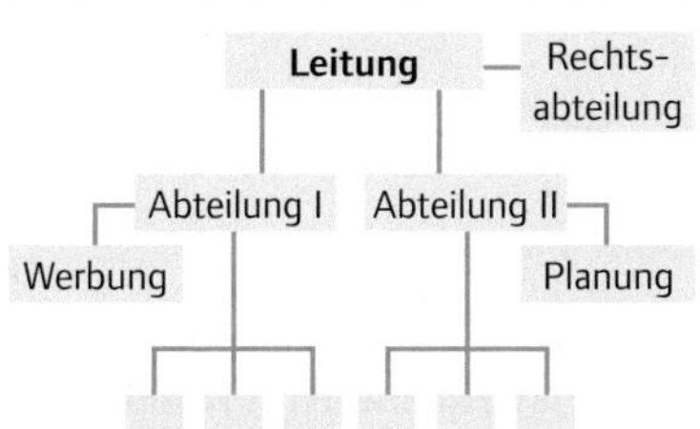

Stabliniensystem

Den Leitungsstellen werden zur Unterstützung Stabstellen zugeordnet. In mittleren und größeren Unternehmen wird aufgrund der Entlastung von Führungskräften das Stabliniensystem oft dem Einliniensystem vorgezogen. Auch bei der Polizei oder dem Militär ist diese Organisationsform weit verbreitet.

+	–
+ Entlastung der Leitungsstellen + Qualitätssteigerung durch Vor-/Zuarbeitung der Stabstellen	– Frustration des Stabes wegen fehlender direkter Entscheidungskompetenz – informelle Abhängigkeiten der Leitungsstellen von ihren Stabstellen

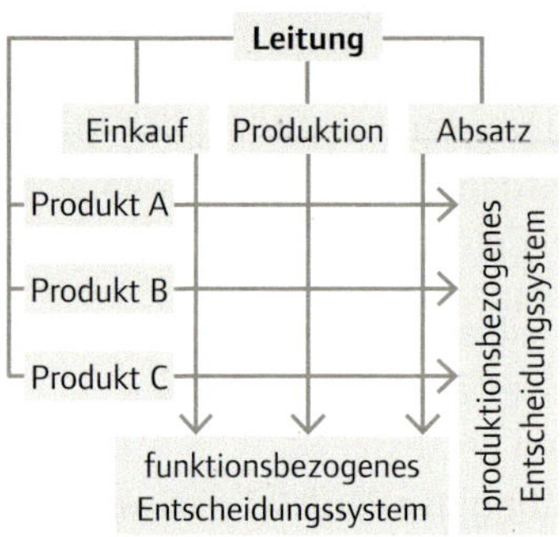

Matrixorganisation
Teamarbeit zwischen unterschiedlichen Leitungsstellen, welche zu Kompetenzkreuzungen führt und systematische Regelungen erfordert. Die Matrixorganisation empfiehlt sich vor allem bei großen international agierenden Unternehmen, die sich in rasch ändernden Umweltbedingungen behaupten müssen und sich dabei in komplexe, jedoch abgrenzbarere Teilbereiche untergliedern lassen. Diese Organisationsform findet man vor allem in projektorientierten Branchen wie dem Bauwesen, der Fahrzeugentwicklung und bei Profitcentern.

+	−
+ Teamentscheidungen	− großer Kommunikationsbedarf
+ fördert kooperative Unternehmenskultur	− aufwändige Kompetenzabgrenzung
+ Entscheidungsfindung zwischen spezialisierten Mitarbeitern (Kompetenz)	− schwer nachvollziehbare Entscheidungsprozesse
+ Entlastung der Leitungsspitze	− oftmals Kompromisslösungen

M6 Darstellung unterschiedlicher Aufbauorganisationen mit Grundschema, Erklärung, Vor- und Nachteilen

Aufgaben

1 Ein Unternehmen besteht aus den Produktbereichen (Kraftfahrzeuge, Nutzfahrzeuge, Schiffsbau) und den Funktionsbereichen (Forschung, Produktion, Einkauf, Verkauf).

- **a** Welche Leitungsgliederung würden Sie empfehlen? Begründen Sie Ihre Entscheidung.
- **b** Skizzieren Sie das gewählte Organisationssystem.
- **c** Informieren Sie sich über die Leitungsgliederung Ihres aktuellen bzw. vorherigen Unternehmens und beurteilen Sie, ob diese Gliederungsform gut gewählt ist.

6.8 Unternehmens- und Führungsphilosophie

6.8.1 Unternehmensphilosophie als Orientierungsrahmen

Ein aktueller Einblick in die deutsche Unternehmenskultur laut einer repräsentativen Umfrage vom Juli 2014 der Bertelsmann Stiftung und dem GfK Verein zeigt:

- Positiv wird gesehen, dass oftmals Freiräume geschaffen und eigenverantwortliches Arbeiten gefördert wird.
- Ein Drittel gibt an, in wichtige Entscheidungen miteinbezogen zu werden.
- Nicht ganz die Hälfte gibt an, gelegentlich um Rat gefragt zu werden.
- Beim Vorgesetzten Gehör zu finden und anerkannt zu werden ist für die Arbeitnehmer am wichtigsten, um Vertrauen zum Chef aufzubauen.
- Als größte Vertrauenskiller wirken Bestrafung, die Weitergabe von Druck und Drohungen.
- Beschäftigte mit einem niedrigen Bildungsabschluss fühlen sich öfter benachteiligt als Arbeitnehmer mit höheren Bildungsabschlüssen.

Solche Untersuchungen geben wichtige Hinweise für das Formulieren oder Aktualisieren einer Unternehmensphilosophie. Zwar wird die Unternehmensphilosophie von der Leitung festgelegt, doch sie wird umso mehr gelebt, je mehr die Mitarbeiter bei ihrer Entstehung und Fortschreibung eingebunden werden. Eine festgelegte und gelebte Unternehmensphilosophie gibt den Mitarbeitern Orientierung und Handlungssicherheit. Zur Prägung einer solchen Unternehmensphilosophie erfolgt zum Teil auch eine nach außen sichtbare und symbolische Vereinheitlichung (Kleidung, Rituale, Umgangsformen, Sprache etc.). Meist weniger nach außen sichtbar sind die festgelegten oder gewohnten internen Grundsätze, Normen, Verhaltensrichtlinien und Verbote. Auf die Frage „Wie wollen wir führen und wie soll geführt werden?" liefern meistens die Unternehmensleitbilder (siehe Kapitel 4.5.2) eine Antwort für alle Führungskräfte. Doch ist neben der Leitbildorientierung vor allem die eigene Führungsphilosophie entscheidend bei der erfolgreichen Bewältigung von Führungsaufgaben.
Unternehmensleitbilder, Verhaltensgrundsätze oder Führungsrichtlinien bieten Möglichkeiten, die Unternehmensphilosophie festzuschreiben.

Bei den Inhalten sollte man sich an folgenden Fragestellungen orientieren:
- Wer sind wir? (Identität und Ziele)
- Wem nutzen wir? (Markt, Kunden, Zielgruppen)
- Wie wollen wir zusammenarbeiten? (Führungsgrundsätze und Art der Zusammenarbeit)

Unternehmens- und Führungsphilosophien sollten wie folgt formuliert sein:
- aussagekräftig
- kurz und prägnant
- sachlich, treffend und zukunftsweisend
- einheitlich

GUT ZU WISSEN

Bei Leitbildern, Grundsätzen oder Richtlinien in Unternehmen sind nicht die Form, sondern Inhalt und Entstehungsprozess entscheidend. Sie werden umso mehr in ihrer Funktion als Handlungsorientierung akzeptiert und benutzt, je mehr beim Entstehungsprozess alle Mitarbeiter bzw. ihre Vertreter einbezogen wurden.

Wenn man mit seinem Mitarbeiter oder seinem Vorgesetzten auf Kriegsfuß steht, begleiten einen diese Probleme auch am Feierabend, am Wochenende, vielleicht sogar bis in die Träume.
Deshalb ist eine angemessene, einheitliche Führungsphilosophie unerlässlich. Denn unterschiedliche Auffassungen zwischen Führungskräften stellen ein Konfliktpotential dar und können nur durch einen einheitlichen Grundsatz harmonisiert werden.
Auch wenn der Einfluss einer Führungskraft des Middle- oder Lower-Managements auf die gesamte Unternehmensphilosophie nur begrenzt ist, so ist der Einfluss auf die Atmosphäre in der eigenen Abteilung oder im eigenen Team doch erheblich, wenn nicht sogar entscheidend.

6.8.2 Zentrale Punkte einer motivierenden Führungsphilosophie

Folgende drei Führungsgrundsätze beziehen sich auf das Verhältnis zwischen Führungskraft und ihren Mitarbeitern und sollten beispielhaft vorgelebt und eingefordert werden:

Klarheit

Wer seine Aufgaben und Ziele kennt, kann entsprechend danach handeln. In großen Unternehmen mit vielen Hierarchiestufen kommt es regelmäßig zu einem Stille-Post-Effekt. *„Aber Herr Traub hat doch gesagt, ich soll …"*, und Herr Traub hat von seinem Chef wieder eine andere Information erhalten usw.

Absolute Klarheit in der Führung verhindert unsaubere Ergebnisse sowie Unsicherheit bei den Mitarbeitern. Was für Führungskräfte gilt, muss auch für Mitarbeiter gelten. Falls der Mitarbeiter etwas nicht verstanden hat, sollte er seine Führungskraft fragen können, ohne Angst haben zu müssen, als nervig abgestempelt zu werden. Ebenso wichtig ist, dass die Führungskraft Diskussion zulässt (direkte Kommunikation), auch wenn Dinge anders gesehen werden.

Wertschätzung

Es ist die Aufgabe einer Führungskraft, ihre Mitarbeiter zu motivieren und sowohl ihre fachliche als auch persönliche Weiterentwicklung zu fördern. Eine gute Führungskraft erfüllt eine Vorbildfunktion gegenüber den Mitarbeitern. Bei einem wertschätzenden Führungsstil haben die Mitarbeiter keine Angst vor Fehlern. Wer Angst vor Fehlern hat, entscheidet nichts selbst und hinterfragt jeden einzelnen Handgriff. Wem Fehler zugestanden werden, erhält die Möglichkeit, daran zu wachsen, und die Freiheit, Dinge auszuprobieren. Wer als Führungskraft weiß, was seinen einzelnen Mitarbeitern besonders wichtig ist, kann deren Verhalten in bestimmten Situationen besser verstehen und Aufgaben gezielt verteilen.

M7 Wertschätzung

Dieses Gefühl des Verstandenwerdens in Kombination mit der Wertschätzung positiver Leistungen und Ergebnisse durch Anerkennung und Lob ist einer der Hauptmotivatoren für Mitarbeiter.

Vertrauen

Zu viel Kontrolle ist nicht nur für die Mitarbeiter demotivierend („Der Chef traut mir nichts zu"), sondern kostet die Führungskraft auch zu viel Zeit. Es geht aber auch nicht um eine „Ist-mir-egal-Haltung". Die Führungskraft sollte sich für die Arbeit der Mitarbeiter und deren Ergebnisse aktiv interessieren, gemäß dem Leitsatz: So viel Kontrolle wie nötig, so viel Vertrauen wie möglich.

Alle drei Führungsgrundsätze haben eine wertschätzende und respektvolle Haltung zwischen Führungskraft und Mitarbeitern gemeinsam. Ideal wäre es, wenn sich die Unternehmensphilosophie und somit alle Führungskräfte und Mitarbeiter diesen Grundsätzen verschreiben würden.

GUT ZU WISSEN

Unternehmensphilosophie

Die Unternehmensphilosophie basiert auf der historischen Entwicklung, dem Geschäftszweck des Unternehmens sowie dem Menschenbild und den Wertvorstellungen der obersten Führungsebene. Sie dient dem Zweck, allen Mitarbeitern eine gemeinsame Einstellung und Handlungsorientierung zu bieten. Meistens ist die Unternehmensphilosophie in den Unternehmensleitbildern bzw. Unternehmensgrundsätzen festgeschrieben. Je nach Auffassung oder Organisationsstruktur werden aus ihr auch Verhaltensgrundsätze oder Führungsrichtlinien formuliert, die eine klare, wertschätzende und vertrauensvolle Führung erleichtern.

Aufgaben

1 Sie sind Mitglied einer Projektgruppe zur Erstellung eines aktuellen Unternehmensleitbildes. Setzen Sie sich in Kleingruppen mit folgenden Aufgaben auseinander:
- **a** Stellen Sie dar, wie sich idealerweise eine solche Projektgruppe zusammensetzten sollte und in welchem Gremium über Leitbildgrundsätze entschieden werden soll.
- **b** Ihre Projektgruppe ist für den Bereich „Führungsverhalten und Umgang mit Mitarbeitern" verantwortlich. Formulieren Sie konkret drei Leitbildgrundsätze, welche Ihrer Meinung nach zu einer guten Unternehmensphilosophie beitragen könnten.
- **c** Stellen Sie die unterschiedlichen Ergebnisse der Kleingruppen im Plenum vor und einigen Sie sich durch ein demokratisches Verfahren auf drei Leitbildgrundsätze, dessen Aussagen alle mittragen können.

6.9 Führungsmodelle und Führungskonzepte

Dieses Unterkapitel beschäftigt sich mit den wichtigsten Führungsmodellen und Führungskonzepten.

Modelle: Sie betrachten Führung eher als Ganzes und treffen keine detaillierten Aussagen über einzelne Elemente. Die drei hier vorgestellten Modelle unterscheiden sich darin, aus wie vielen Blickwinkeln sie Führung betrachten. Die Theorie X / Theorie Y (6.9.1) beschäftigt sich ausschließlich mit dem Aspekt, welche gegensätzlichen Einstellungen Führungskräfte zu ihren Mitarbeitern haben können. Das Verhaltensgitter (6.9.2) nimmt dagegen eine Unterscheidung in Aufgabenorientierung und Beziehungsorientierung vor. Das Reifegradmodell (6.9.3) fügt diesen beiden Dimensionen noch die Dimension des Reifegrads des Mitarbeiters hinzu.

Konzepte: Im Gegensatz zu Modellen beschäftigen sich Konzepte oft nur mit einzelnen Elementen des Führens. Dabei steht bei den Konzepten Coaching (6.9.4) und Mentoring (6.9.5) der

Mitarbeiter mit seinen Bedürfnissen im Vordergrund. Die Organisationsaufstellung (6.9.6) untersucht hingegen Beziehungen innerhalb eines Unternehmens und daraus resultierende Probleme, während die Management-by-Techniken (6.9.7) verstärkt das Handeln der Führungskraft im Blick haben.

Sowohl Führungsmodelle als auch Führungskonzepte vereinen vieles, was vor allem die ersten Unterkapitel isoliert behandelt haben, beispielsweise das Kompetenzprofil einer Führungskraft (6.2), Führungstypologien und Führungsstile (6.3), Führungsfunktionen (6.4) und Personalentwicklung (6.5).

Führungsmodelle können eine sehr gute Hilfestellung sein, um die erste Zeit als Führungskraft zu „überstehen", sich zu einer individuellen Führungspersönlichkeit zu entwickeln oder sein Handeln immer wieder zu reflektieren. Führungskonzepte sind relativ stark dem Zeitgeist unterworfen, weshalb immer wieder neue Konzepte entwickelt werden, die die Handlungsinstrumente der Führungskraft erweitern und sie dadurch weiterentwickeln.

6.9.1 Theorie X und Theorie Y nach McGregor

Die Theorie X und die Theorie Y gehen auf Douglas McGregor (1906–1964) zurück. Mit diesen beiden Theorien entwarf er zwei vollkommen gegensätzliche Philosophien über Mitarbeiterführung. Man kann davon ausgehen, dass jede Führungskraft irgendwo im Spannungsfeld zwischen Theorie X und Theorie Y agiert. Dabei machte McGregor stets klar, dass er Anhänger der Theorie Y ist.

Das Modell der Theorie X und der Theorie Y entstand schon Anfang der 1960er Jahre und ist somit von den Führungsmodellen, die heute eine gewisse Relevanz haben, vermutlich das älteste. Allerdings gibt dieses Modell nur eine Grundeinstellung der Führungskraft gegenüber ihren Mitarbeitern vor. Deswegen kann es nicht als umfassendes Führungsmodell dienen, sondern bietet lediglich eine Orientierung, mit welcher Grundhaltung geführt werden will. Doch genau diese weitgehende gegenseitige Ausschließung der beiden Theorien wurde schon früh kritisiert. So passt McGregors Intention, alle Mitarbeiter nach der Theorie Y zu führen, nicht immer, da beispielsweise auch der Reifegrad eines Mitarbeiters (6.9.3) eine Rolle spielt. Die Theorie X und die Theorie Y gehen von vollkommen unterschiedlichen Menschenbildern aus:

Menschenbilder nach Theorie X und Theorie Y		
	Theorie X	Theorie Y
Motivationsstruktur	■ extrinsisch	■ intrinsisch
Einstellung zur Arbeit	■ widerwillig ■ lustlos ■ faul	■ leistungsbereit ■ engagiert ■ verantwortungsbewusst
Bedürfnisse	■ Sicherheit ■ Ruhe	■ Selbstverwirklichung ■ Selbstbestimmung

	Theorie X	Theorie Y
notwendiges Führungsverhalten	■ detailliertes Vorgeben und Anleiten von Arbeitsschritten ■ Kontrolle ■ Bestrafung ■ „harte Hand"	■ Vorgeben von organisatorischen Rahmenbedingungen ■ Schaffen von Freiräumen zur Entfaltung innerhalb dieses Rahmens ■ Gruppen-/Projektarbeit

Kreislauf nach Theorie X und Theorie Y

Das Führungsverhalten nach Theorie X und Theorie Y resultiert jeweils in einer selbsterfüllenden Prophezeiung. Das bedeutet, die Einstellung und das daraus resultierende Verhalten einer Führungskraft ihren Mitarbeitern gegenüber führt dazu, dass sich diese Mitarbeiter entsprechend dieser Einstellung verhalten. So geraten Führungskraft und Mitarbeiter in einen sich ständig wiederholenden Kreislauf. Dabei verstärken sich die Einstellung der Führungskraft und das Verhalten der Mitarbeiter gegenseitig immer mehr.

GUT ZU WISSEN

Theorie X und Theorie Y als sich selbst verstärkende Kreisläufe

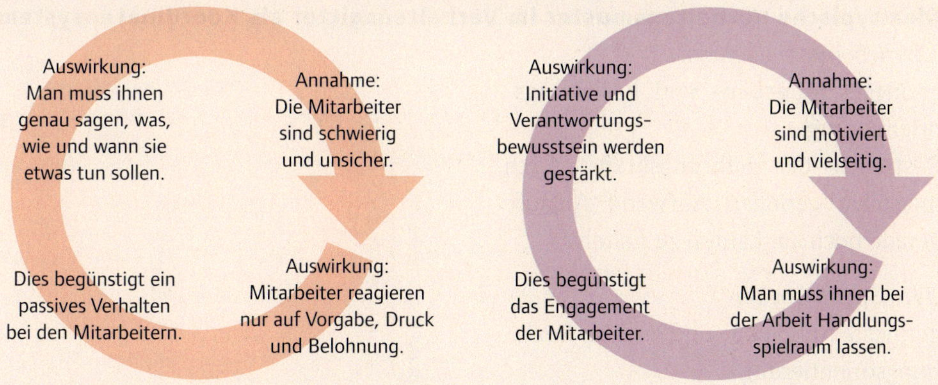

Aufgaben

1 Analysieren Sie, ob Ihre bisherigen Chefs eher nach Theorie X oder nach Theorie Y geführt haben.

2 McGregors Führungsmodell unterscheidet zwischen Führung nach Theorie X und Führung nach Theorie Y.

   a Erläutern Sie, was Sie als Führungskraft aus der Theorie X und der Theorie Y lernen können.

   b Begründen Sie, ob Sie Ihr Führungsverhalten eher nach der Theorie X oder nach der Theorie Y ausrichten würden.

c Setzen Sie sich mit der Frage auseinander, ob die wirtschaftliche Situation einer Firma das Führungsverhalten laut Modell Theorie X und Theorie Y beeinflussen kann.

d Erläutern Sie Möglichkeiten, wie eine Führungskraft aus dem „Teufelskreis" der Theorie X herausgeraten kann.

6.9.2 Verhaltensgitter

Robert Blake (1918–2004) und Jane Mouton (1930–1987) entwickelten gemeinsam das Verhaltensgitter. Es umfasst die Dimensionen Aufgabenorientierung (Sachorientierung) und Beziehungsorientierung (Menschenorientierung), die in einem zweidimensionalen Koordinatensystem dargestellt werden. Dabei wird auf beiden Achsen je eine neunstufige Skala aufgetragen.
Blake und Mouton schufen damit Mitte der 1960er Jahre das wohl erste anerkannte Modell, das die Tatsache berücksichtigt, dass Führung mehrdimensional ist. Damit hebt es sich eindeutig von der Theorie X und Theorie Y (6.9.1) ab. Außerdem kann man das Verhaltensgitter auf viele Aspekte des Führens übertragen, beispielsweise auf Mitarbeitermotivation, Konfliktbewältigung oder Personalentwicklung.

Als Folge der oben beschriebenen Aufteilung könnte man theoretisch 81 verschiedene Varianten an Führungsverhalten unterscheiden. Blake und Mouton betonten jedoch, dass es im Grunde nur fünf grundlegende Verhaltensmuster gibt.

Idealtypische Verhaltensmuster im Verhaltensgitter als Koordinatensystem

1,1 *(Überlebensmanagement):*
- geringste Aufgaben- und Beziehungsorientierung
- Bestreben der Führungskraft: durch möglichst geringen Aufwand Abläufe gerade noch am Laufen zu halten

1,9 *(Typ „Sozialarbeiter"):*
- geringste Aufgaben- und höchste Beziehungsorientierung
- Bestreben der Führungskraft: bei seinen Mitarbeitern möglichst beliebt zu sein

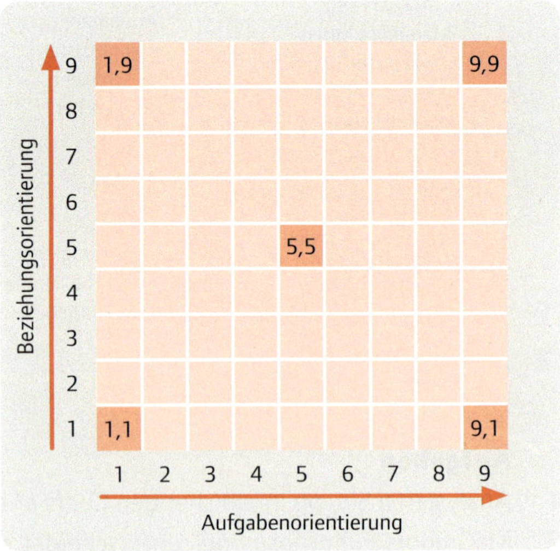

M8 Verhaltensgitter nach Blake/Mouton

9,1 *(Typ „Sklaventreiber"):*
- höchste Aufgaben- und geringste Beziehungsorientierung
- Bestreben der Führungskraft: Sachziele ohne Rücksicht auf persönliche Bedürfnisse der Mitarbeiter zu erreichen

9,9 *(Team-Management):*

- höchste Aufgaben- und Beziehungsorientierung
- Bestreben der Führungskraft: Sachziele vollkommen zu erreichen und gleichzeitig perfekt mit seinen Mitarbeitern auszukommen

5,5 *(Typ „Kompromissler")*:

- durchschnittliche Aufgaben- und Beziehungsorientierung
- Bestreben der Führungskraft: Kompromisse einzugehen, um beiden Dimensionen „irgendwie" gerecht zu werden

Blake und Mouton hielten eine Führungskraft mit dem Verhaltensmuster 9,9 für die perfekte Führungspersönlichkeit. Allerdings ist es unrealistisch, diesen Anspruch an eine Führungskraft zu haben.

Was zeichnet Ihrer Meinung nach einen idealen Chef aus?
(Bis zu 5 Antworten möglich – Angaben in Prozent)

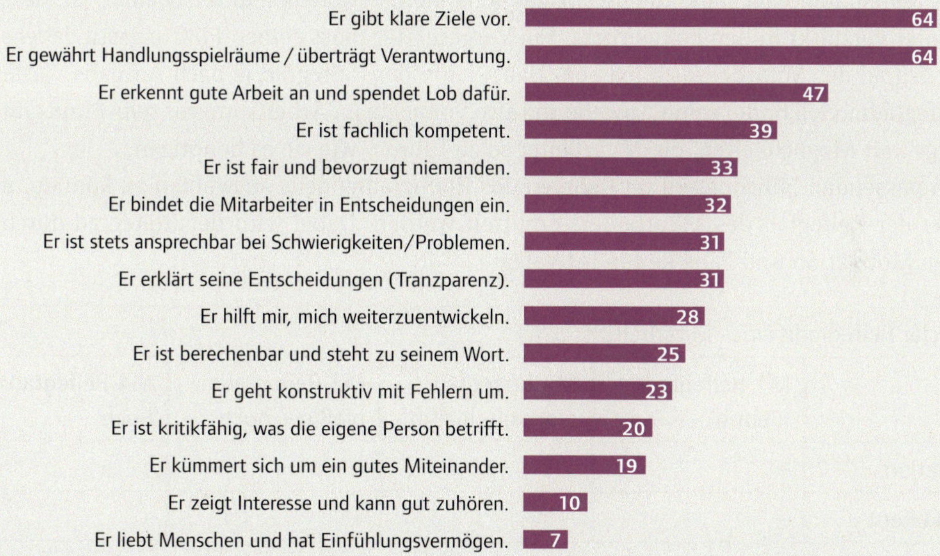

M9 Erwartungen an einen idealen Chef. Quelle: BEIGROUP GmbH, 2012. In: static.bei-training.com

GUT ZU WISSEN

Grundlegende Verhaltensmuster nach dem Verhaltensgitter

Das Verhaltensgitter ordnet das Führungsverhalten nach den beiden Ausprägungen Sach- und Menschenorientierung. Dabei entstehen folgende idealtypische Verhaltensmuster:

1,1: Überlebensmanagement
9,1: Typ „Sklaventreiber"
1,9: Typ „Sozialarbeiter"
9,9: Team-Management
5,5: Typ „Kompromissler"

Aufgaben

1 Setzen Sie das Verhaltensgitter in Beziehung zu Ihrer persönlichen Situation.
   a Vergleichen Sie Ihren derzeitigen Vorgesetzten mit den fünf grundlegenden Verhaltensmustern.
   b Erläutern Sie weitere „grundlegende Verhaltensmuster" und geben Sie ihnen möglichst bezeichnende Namen.

2 Mithilfe des Verhaltensgitters lässt sich ein idealer Chef beschreiben.
   a Beschreiben Sie Ihren idealen Chef und benennen Sie dabei fünf Eigenschaften aus M9, die er unbedingt haben müsste.
   b Ordnen Sie Ihren idealen Chef im Verhaltensgitter ein.
   c Bewerten Sie sich selbst bezüglich der fünf Eigenschaften aus Ihrer Lösung für 2a.

6.9.3 Reifegradmodell

Paul Hersey (1931–2012) und Kenneth Blanchard (*1939) schufen mit ihrem Reifegradmodell eine Führungstheorie, die dem Grundsatz des situativen Führens folgt.
Was das Reifegradmodell stark von den bisher behandelten Modellen unterscheidet, ist, dass der Mitarbeiter verstärkt in den Fokus rückt. Ein Vorgesetzter muss seinen Führungsstil dabei stets dem Reifegrad des Mitarbeiters anpassen. Dabei kann der Reifegrad je nach Aufgabe variieren. Das Reifegradmodell findet seine Anwendung also vor allem im Arbeitsprozess selbst und gibt der Führungskraft Möglichkeiten, die Mitarbeiter so zu führen, wie sie es benötigen.
Um den passenden Führungsstil im Rahmen des Reifegradmodells auswählen zu können, muss zunächst der Reifegrad des Mitarbeiters ermittelt werden. Dabei wird der Reifegrad durch die Faktoren Motivation und Fähigkeiten festgelegt.

Mögliche Reifegrade eines Mitarbeiters				
	M1 Reifegrad: niedrig	M2 Reifegrad: niedrig – mäßig	M3 Reifegrad: mäßig – hoch	M4 Reifegrad: hoch
Motivation	–	+	–	+
Fähigkeiten	–	–	+	+

Der so ermittelte Reifegrad wird dann in einem nächsten Schritt mit den im Verhaltensgitter (6.9.2) eingeführten Dimensionen Aufgabenorientierung und Beziehungsorientierung kombiniert. Auf diese Weise ergeben sich vier Führungsstile im Rahmen des Reifegradmodells.

GUT ZU WISSEN

Führungsstile im Reifegradmodell

Führungsstil des Vorgesetzten

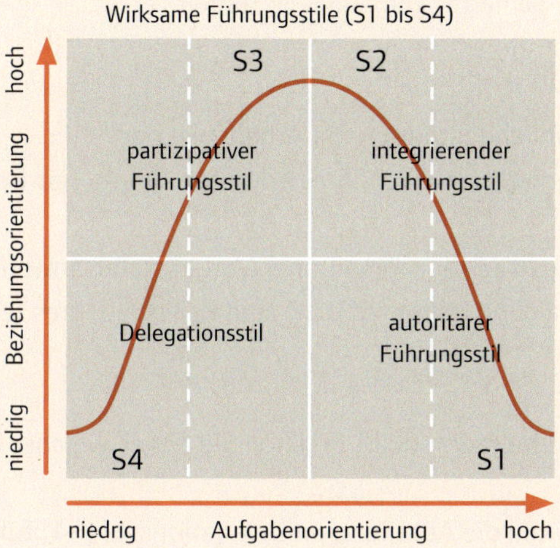

Aufgabenrelevanter Reifegrad der Mitarbeiter

reif	hoch	mittel	mittel	niedrig
	M4	M3	M2	M1

M10 Führungsstile in Verbindung mit Reifegrad nach Hersey/Blanchard

S1: autoritärer Führungsstil, geeignet bei niedrigem Reifegrad (M1):

- alleinige Planung und Kontrolle durch Führungskraft
- genaue Unterweisung der Mitarbeiter

S2: integrierender Führungsstil, geeignet bei niedrigem bis mäßigem Reifegrad (M2):

- Begründen von Aufgaben/Zielen durch Führungskraft
- gewisse Mitwirkung der Mitarbeiter bei Entscheidungsprozessen

S3: partizipativer Führungsstil, geeignet bei mäßigem bis hohem Reifegrad (M3):

- im Wesentlichen gemeinsame Entscheidungsfindung
- Stärken/Motivieren der Mitarbeiter durch Führungskraft

S4: Delegationsstil, geeignet bei hohem Reifegrad (M4):

- Entscheidungsfindung/Aufgabenerfüllung durch Mitarbeiter
- Eingreifen der Führungskraft nur in Ausnahmefällen

Ist der Reifegrad der Mitarbeiter niedrig (M1), so muss sich die Führungskraft zunächst darauf konzentrieren, dass die Mitarbeiter die Aufgaben nach genauen Anweisungen erledigen. Nimmt der Reifegrad zu (M2), muss die Führungskraft ihre Mitarbeiter zunehmend stärker in diese Prozesse einbeziehen. Führungskraft und Mitarbeiter kümmern sich dann bei weiter steigendem Reifegrad (M3) mehr und mehr gleichberechtigt um die Erfüllung der Aufgaben. Schließlich zieht sich die Führungskraft bei hohem Reifegrad der Mitarbeiter (M4) fast vollkommen zurück und greift nur noch in Ausnahmefällen ein.

Situation

In Ihrer neuen Stelle als Leiter der Konstruktionsabteilung eines traditionell geführten mittelständischen Unternehmens wird es Ihnen nicht gerade leicht gemacht. Viele der Technischen Produktdesigner sind schon jenseits der Fünfzig und haben keine Lust mehr, sich in die neuesten CAD-Programme einzuarbeiten. „Hat doch auch bisher gut funktioniert …" Allerdings haben Sie vom Geschäftsführer die Aufgabe bekommen, die Abteilung effizienter als Ihr kumpelhafter Vorgänger zu führen.

Aufgaben

1 Wenden Sie das Reifegradmodell auf Ihre persönliche Situation am Arbeitsplatz an.
   - **a** Erklären Sie, wie sich Ihr persönlicher Reifegrad bezüglich Ihres erlernten Berufs seit Beendigung Ihrer Ausbildung geändert hat.
   - **b** Untersuchen Sie, welchen der vier Führungsstile Ihr momentaner Vorgesetzter anwendet, und erläutern Sie, ob dieser zu Ihrem persönlichen Reifegrad bzw. zum Reifegrad Ihres Teams passt.

2 Versetzen Sie sich in die Situation oben.
   - **a** Analysieren Sie die Situation mithilfe des Reifegradmodells. Erklären Sie dabei, welcher Reifegrad in der Abteilung wohl vorherrscht.
   - **b** Beurteilen Sie, welche Schritte nötig wären, um die Abteilung im Delegationsstil (S4) führen zu können.

6.9.4 Coaching

Coaching als Führungskonzept ist in den USA seit den 1960ern und in Deutschland seit den 1980ern ein Begriff. Um die Jahrtausendwende herum erlebte Coaching im Unternehmensbereich praktisch einen weltweiten Boom, der bis heute anhält. Dabei nennt man denjenigen, der das Coaching durchführt, Coach, und denjenigen, der das Coaching in Anspruch nimmt, Coachee. Nachdem Coaching ursprünglich den Führungspersonen in Unternehmen vorbehalten war, wird dieses Konzept nun auch von Mitgliedern des Lower-Managements und der Basis zunehmend in Anspruch genommen. In jedem Fall geht es darum, dass durch Beratung und Unterstützung die individuelle Leistungsfähigkeit verbessert werden soll.

Trotz des großen Zulaufs reißt die Kritik am Konzept „Coaching" nicht ab. Zum einen liegt das daran, dass der Begriff „Coach" nicht geschützt ist und jeder diese Tätigkeit ausüben kann. Das äußert sich auch in einer Vielzahl an Einrichtungen, die eine Coaching-Ausbildung mit jeweils eigenen Anforderungen anbieten. Ebenso sind viele Coaching-Konzepte wissenschaftlich nicht fundiert. Um einen kompetenten Coach zu finden, ist es deswegen hilfreich, sich das jeweilige Konzept und die Referenzen genauer zu betrachten.

Anlässe und Gründe für ein Coaching

Die Anlässe und Gründe für ein Coaching können sehr unterschiedlich sein. Meistens geht es dabei um den Ausbau von sozialen und persönlichen Kompetenzen sowie die Aneignung von Führungskompetenzen. So kann Coaching auch beim Abbau von Blockaden in Bezug auf Leistung, Kreativität und Motivation hilfreich sein, zur Bewältigung von beruflichen Krisen sowie der Konfliktbewältigung. Ein Coaching-Prozess kann auch langfristiger angelegt sein und zur Gestaltung der Karriere- und Lebensplanung dienen.

Kompetenzen eines Coaches

Eine zentrale Rolle spielen die Kompetenzen eines Coaches, die wegen eines fehlenden einheitlichen Ausbildungsstandards jeweils individuell überprüft werden müssen.

Kompetenzen eines Coaches		
Fachliche Kompetenzen	Persönliche Kompetenzen	Soziale Kompetenzen
■ allgemeine psychologische Kenntnisse ■ Führungswissen ■ Kommunikationstheorien und -techniken ■ Kreativitätstechniken ■ Konfliktmanagement ■ betriebswirtschaftliche Kenntnisse	■ Lebenserfahrung ■ Beratungserfahrung ■ praktische Führungserfahrung ■ Wille zur Weiterbildung ■ Vorurteilsfreiheit ■ Autorität ■ Glaubwürdigkeit ■ Diskretion	■ Empathie ■ Kontaktfähigkeit ■ Konfliktfähigkeit ■ Konfrontationsbereitschaft ■ Kritikfähigkeit

Phasen des Coaching-Prozesses

Typischerweise läuft der Coaching-Prozess in den nachfolgend aufgeführten Phasen ab, die jedoch variieren können.

Einstiegs- und Kontaktphase: Hier findet zunächst ein unverbindliches Gespräch zum gegenseitigen Kennenlernen statt. Anschließend überprüfen Coach und Coachee, ob wesentliche Voraussetzungen für das Gelingen des Coaching-Prozesses gegeben sind, beispielsweise Freiwilligkeit, Vertraulichkeit, Akzeptanz und Motivation.

Vereinbarungs- und Kontraktphase: Dabei hält man wesentliche inhaltliche Modalitäten wie Ausgangslage, Konzept und Zielvereinbarung schriftlich fest. Ebenso formulieren die Teilnehmer des Coaching-Prozesses formale Inhalte wie den Zeitrahmen und die Bezahlung.

Arbeitsphase: Nun arbeiten Coach und Coachee konkret miteinander an den gestellten Aufgaben. Man analysiert die Ausgangssituation, bearbeitet bestehende Probleme gemeinsam, arbeitet Lösungsansätze aus und plant auf dieser Basis konkrete Vorhaben.

Abschlussphase: Diese dient dazu, dass die Teilnehmer des Coachings den Prozess gemeinsam abschließen und reflektieren. Sie geben sich gegenseitig Feedback, bevor der Coach seinen Coachee dann „loslässt".

Evaluationsphase: Sie beendet den Coaching-Prozess. Ein gemeinsames Gespräch fungiert als Erfolgskontrolle und nicht als erneuter Einstieg in den Coaching-Prozess.

GUT ZU WISSEN

Coaching kann ein sehr erfolgreiches und wirksames Führungsinstrument sein, das man bei einer großen Bandbreite von Anlässen einsetzen kann. Fehlende verbindliche Standards für die Coachtätigkeit erfordern eine individuelle Prüfung bei der Coachauswahl. Das Coaching sollte in folgenden Phasen ablaufen:

- Einstieg und Kontakt
- Vereinbarung und Kontrakt
- Arbeitsphase
- Abschluss
- Evaluation

Situation

Abteilungsleiterin Sandra Roth steht erst seit einem halben Jahr in Führungsverantwortung. Sie nimmt ihre eigenen Defizite wahr und möchte sich deswegen coachen lassen, um ihre Führungskompetenzen weiterzuentwickeln.

Aufgaben

1 Ob ein Coaching sinnvoll ist, hängt von der persönlichen Situation und Haltung dazu ab.
  a Skizzieren Sie konkrete Anlässe/Gründe, aus denen ein Coaching für Sie in Frage käme.
  b Benennen Sie die Ihrer Meinung nach zehn wichtigsten Kompetenzen eines Coaches.

2 Stellen Sie sich vor, Sie würden in obiger Situation als Coach engagiert.
  a Entwickeln Sie stichpunktartig einen Ablaufplan für ein Coaching in obiger Situation und erläutern Sie diesen. Wenn es notwendig ist, können Sie dazu die Situation um weitere Angaben ergänzen.
  b Entwerfen Sie in ca. zehn Dialogwechseln eine beliebige Szene aus einer Coaching-Sitzung zwischen Sandra Roth und ihrem Coach und stellen Sie diese in einem Rollenspiel dar.

6.9.5 Mentoring

Mentoring ist ein weiteres aktuelles Führungskonzept, das im Laufe der letzten Jahre mehr und mehr an Relevanz gewinnen konnte. Grundsätzlich geht es beim Mentoring darum, dass der Mentor als erfahrener Mitarbeiter in einem Unternehmen einem weniger erfahrenen Mitarbeiter, dem Mentee, sein Wissen vermittelt. Deswegen gehören Mentor und Mentee in den allermeisten Fällen auch dem gleichen Unternehmen an. Dadurch soll sich der Mentee vor allem in beruflicher Hinsicht weiterentwickeln können.

Das Konzept des Mentorings unterscheidet sich vom Coaching insbesondere in folgenden Punkten: Ein Mentor wird nicht gesondert für seine Tätigkeit bezahlt, wird nicht speziell dafür ausgebildet und steht auch nicht in einem vertraglichen Verhältnis zum Mentee. Darin liegt aber auch eine große Gefahr des Mentoring, denn längst nicht jeder erfahrene Mitarbeiter ist für die Rolle des Mentors geeignet. Zwei Eigenschaften sind besonders wichtig: Er muss selbst über die Kom-

petenzen verfügen, die er vermitteln soll, und er muss daran interessiert sein, diese auch wirklich weiterzugeben.
Sowohl der Mentee als auch der Mentor und das Unternehmen ziehen ihre jeweiligen Vorteile aus dem Mentoring.

Vorteile durch Mentoring		
Mentee	Mentor	Unternehmen
■ Kennenlernen/Steigern des eigenen beruflichen Potentials ■ Einblick in Strukturen der Branche / des Unternehmens ■ Entwickeln von Alternativen für berufliche Karriere ■ Knüpfung eines Netzwerkes	■ Ausbau von Führungskompetenzen ■ Kennenlernen aktueller Entwicklungen der Branche ■ Reflexion der eigenen Tätigkeit ■ Erweiterung des eigenen Netzwerks	■ Rekrutierung von Führungsnachwuchs ■ Feedback zu neuen Mitarbeitern ■ Förderung der Zusammenarbeit innerhalb des Unternehmens

Formen des Mentorings

Mentoring kann in verschiedenen Formen stattfinden.
Tandem-Mentoring: Bei dieser Form arbeitet ein Mentor mit einem Mentee zusammen. Unternehmen setzen diese relativ ressourcenintensive und somit kostspielige Form des Mentorings oft ein, um einen Nachfolger für eine Führungsposition auf dessen Aufgaben vorzubereiten.
Gruppen-Mentoring: Hier arbeitet ein Mentor nicht mehr nur mit einem, sondern mit mehreren Mentees zusammen. Sinnvoll ist diese Form des Mentorings beispielsweise dann, wenn durch erhöhte Fluktuation eine ganze Gruppe von Mitarbeitern neu eingestellt und dementsprechend mit den Strukturen eines Unternehmens vertraut gemacht werden muss.
Peer Mentoring: Hier beraten sich mehrere gleichgestellte Mitglieder einer Gruppe in einem Unternehmen, beispielsweise einer Abteilung, gegenseitig. Dies macht immer dann Sinn, wenn es wichtig ist, dass sich Mitarbeiter mit ihren Kompetenzen gegenseitig ergänzen, beispielsweise bei der Zusammenstellung einer Projektgruppe.
Reverse Mentoring: Dabei handelt es sich um eine besonders innovative Form, da hier ein weniger erfahrener Mitarbeiter als Mentor und ein erfahrenerer Mitarbeiter als Mentee dient. Auf diese Weise trägt der Mentor aktuelle Entwicklungen ins Unternehmen hinein. Diese Form des Mentorings setzt jedoch die Bereitschaft der erfahreneren Mitarbeiter voraus, sonst ist es nicht erfolgsversprechend.

GUT ZU WISSEN

Beim Mentoring gibt ein Mitarbeiter sein Wissen an einen anderen Mitarbeiter weiter. Dabei ist der Mentor in aller Regel erfahrener als der Mentee. Der Mentee steigert so vor allem seine Integration und Kompetenz, der Mentor seine Reflexion und Führungskompetenz und das Unternehmen den inneren Zusammenhalt und die Kompetenz seiner Mitarbeiter. Man unterscheidet verschiedene Formen des Mentorings (Tandem-Mentoring, Gruppen-Mentoring, Peer Mentoring, Reverse Mentoring).

Situation

Metin Opak, ein typischer Vertreter der Generation Y (4.1.2) ist voller Selbstbewusstsein und möchte seine Fähigkeiten, die auf dem neuesten Stand der Entwicklung sind, gerne an seinem Arbeitsplatz als Konstrukteur unter Beweis stellen. So ist er sich sicher, dass die älteren Mitarbeiter von ihm einiges lernen können. Bei seiner ersten Arbeitsstelle in einer alteingesessenen Metallbaufirma stößt er allerdings auch auf große Skepsis. Doch er möchte ja niemand vor den Kopf stoßen und auch nicht als „Klugscheißer“ rüberkommen.

Aufgaben

1 Mentoring im Berufsleben kommt häufig vor, auch wenn es offiziell nicht so genannt wird.
 - **a** Beschreiben Sie, ob Sie bereits direkt mit dem Konzept des Mentorings in Berührung kamen.
 - **b** Beschreiben Sie Mentoring-Prozesse im weiteren Sinne, in die Sie bereits involviert waren.
 - **c** Skizzieren Sie konkrete Szenarien aus Ihrer betrieblichen Realität, in denen Mentoring Sinn machen könnte. Begründen Sie Ihre Ideen.

2 Nehmen Sie unter Bezugnahme des Mentoring-Konzepts kritisch Stellung zur Situation:
 - **a** Das von Metin Opak angedachte Reverse Mentoring scheint zunächst im Widerspruch zum eigentlichen Konzept zu stehen. Erläutern Sie, unter welchen Umständen diese Form des Mentoring trotzdem Erfolg versprechen kann und unter welchen Umständen nicht.
 - **b** Erklären Sie, wie in der geschilderten Situation die anderen Formen des Mentorings zum Einsatz kommen könnten.

6.9.6 Organisationsaufstellung

Die Organisationsaufstellung ist eine Variante systemischer Aufstellungen. Bei einer systemischen Aufstellung kann man durch räumliche Anordnung der direkt betroffenen Personen oder mithilfe von „Repräsentanten“ Beziehungen darstellen. Probleme und mögliche Lösungen werden dadurch sichtbar, dass die Teilnehmer einer systemischen Aufstellung ihre Position im Raum ändern. Die Organisationsaufstellung ist also, anders als die bereits beschriebenen Modelle und Konzepte, kein Führungskonzept in seiner ursprünglichen Form, sondern erfüllt eigentlich einen anderen Zweck, der im Folgenden dargestellt wird.

Bei einer Organisationsaufstellung geht es in erster Linie darum, Probleme in Organisationen oder Unternehmen aufzuzeigen und mögliche Lösungswege auszuarbeiten. Unternehmen setzen die

Organisationsaufstellung immer dann ein, wenn sie Beziehungen optimieren wollen. So hilft dieses Konzept zum Beispiel bei der Teamentwicklung oder der Vorbereitung von betriebsinternen Veränderungsprozessen. Oft wird die Organisationsaufstellung auch als Coaching-Instrument für Führungskräfte verwendet, die für die Konfliktlösung geschult werden sollen.
Als Führungskonzept gewinnt die Organisationsaufstellung mehr und mehr an Beliebtheit, da sie komplizierte Problemzusammenhänge relativ einfach und anschaulich darstellen kann. Dies verbessert auch die Möglichkeit, alternative Problemlösungen herauszuarbeiten. Dennoch ist dieses Konzept wissenschaftlich umstritten, da es keine einheitlich Meinung zu der Frage gibt, ob auf diese Weise wirklich Konfliktlösungen angebahnt werden können. In jedem Fall muss die Organisationsaufstellung durch einen speziell dafür geschulten Coach durchgeführt werden. Außerdem erfordert dieser Prozess eine große Offenheit und die Freiwilligkeit aller Beteiligten.
Bei einer Organisationsaufstellung unterscheidet man meistens folgende Rollen:

GUT ZU WISSEN

Rollen bei der Organisationsaufstellung	
Rolle	Funktion
Gastgeber	■ Sicherstellen organisatorischer Rahmenbedingungen ■ Moderation der Organisationsaufstellung
Fallgeber	■ Vorstellen des Anliegens ■ erstes Aufstellen von Fokus und Repräsentanten ■ Beobachten außerhalb der Aufstellung ■ Bestandteil der Aufstellung im Lösungsbild
Fokus	■ Repräsentant des Fallgebers in der Aufstellung
Repräsentanten	■ Stellvertreter von Personen im Rahmen der Aufstellung

Ablauf einer Organisationsaufstellung

Was den Ablauf einer Organisationsaufstellung betrifft, so gibt es hierzu kein allgemeingültiges Schema. Das im Folgenden beschriebene Phasenmodell findet man aber häufiger:
Im Vorfeld der Organisationsaufstellung muss der Gastgeber den Fallgeber zu seinem Problem befragen. Je mehr der Gastgeber weiß, desto erfolgversprechender ist die Organisationsaufstellung.
Anschließend wählen der Gastgeber und der Fallgeber gemeinsam die Personen aus, die dargestellt werden sollen. Danach legen sie fest, wer die ausgewählten Personen jeweils repräsentieren soll.

Nun stellen sich die Repräsentanten in einem vorher festgelegten Raum nach den Anweisungen des Fallgebers auf. Der Gastgeber wirkt dabei unterstützend mit. Für den weiteren Prozess ist auch entscheidend, in welcher Position die Repräsentanten zueinander stehen.
Jetzt erfragt der Gastgeber die spontanen Wahrnehmungen und Befindlichkeiten der Repräsentanten. Diese Angaben sind sehr wichtig, da die Repräsentanten in diesem Moment eine sehr spontane, unverfälschte Sicht auf die Situation haben und so entscheidend zur Problemlösung beitragen können.
Im verbalen Austausch zwischen Gastgeber, Fallgeber und Repräsentanten findet der Gastgeber jetzt durch Umstellen der Repräsentanten ein Lösungsbild.
Der Fallgeber tritt nun anstelle seines Fokus in das Lösungsbild ein, lässt es auf sich wirken und beendet die Aufstellung gemeinsam mit dem Gastgeber.
Schließlich sollte der Fallgeber in der Lage sein, dieses Ergebnis in die Realität umzusetzen.

GUT ZU WISSEN

Anwendung der Organisationsaufstellung

Die Organisationsaufstellung ist eine Variante der systemischen Aufstellung. Sie dient hauptsächlich dazu, ungelöste Beziehungs- und Strukturprobleme einer Organisation sichtbar zu machen und durch Umstrukturierung zu lösen.

Situation

Seinen Vorgesetzten konnte Metin Opak (siehe Situation in 6.9.6) von seinen Absichten überzeugen, doch bei den anderen Teammitgliedern eckt er total an. Das Problem besteht jedoch darin, dass keiner mit ihm über bestehende Vorbehalte spricht. Stattdessen isolieren und ignorieren sie Metin Opak mehr und mehr. Vor allem die äußerst erfahrenen Mitarbeiter Egon Butzkamm und Maurizio Agnelli scheinen hier die treibenden Kräfte zu sein. Metin Opaks Vorgesetzter Uwe Braig will das Ganze nicht mehr mit ansehen und erinnert sich, dass er in seinem letzten Seminar für Führungskräfte etwas von dem Führungsmodell der Organisationsaufstellung gehört hat. Also kontaktiert er seine damalige Seminarleiterin Gabriele Knurrhahn, die zwei Wochen später die Beteiligten zur Aufstellung „lädt“.

Aufgabe

1 Führen Sie für die Situation eine Organisationsaufstellung durch.
  - **a** Verteilen Sie die Rollen auf Grundlage der Situation und benennen Sie konkret, welche Funktionen die einzelnen Rollen erfüllen müssen.
  - **b** Erläutern Sie grundlegend den Verlauf der nun folgenden Aufstellung. Entwerfen Sie außerdem im Rahmen dieses Verlaufs eine mögliche Lösung.

6.9.7 Management-by-Techniken

Management-by-Techniken sind Führungskonzepte, die jeweils einen konkreten Aspekt des Führungsverhaltens in den Mittelpunkt stellen. Ihr Bezug zur Arbeitswelt ist meistens hoch, denn sie entstanden oft aufgrund von Anregungen aus der Berufspraxis. Dadurch sind sie für Führungskräfte relativ gut verständlich und können deswegen auch im Arbeitsalltag umgesetzt werden. Anders als die bereits vorgestellten Führungskonzepte Coaching (6.9.4), Mentoring (6.9.5) und die Organisationsaufstellung (6.9.6) steht bei den Management-by-Techniken der Arbeitsprozess verstärkt im Fokus.

Die Tatsache, dass alle Management-by-Techniken nur jeweils einen Bestandteil des Führungsprozesses berücksichtigen, bedeutet jedoch, dass es nicht möglich ist, nur auf Grundlage einer dieser Techniken zu führen. Führungskräfte müssen also variabel handeln und ihre Entscheidung von der jeweiligen Situation abhängig machen. Außerdem sind die Management-by-Techniken vor allem für mittelständische und Großbetriebe geeignet, da insbesondere dort die passenden organisatorischen Rahmenbedingungen gegeben sind.

Hier sollen nun Management-by-Techniken vorgestellt werden, die besonders wichtige Aspekte des Führungsverhaltens im Mittelpunkt haben. Sie können deswegen besonders oft eingesetzt werden.

GUT ZU WISSEN

Management-by-Techniken

- Management by Delegation: Führung durch Übertragung von Aufgaben
- Management by Objectives: Führung durch Zielvereinbarungen
- Management by Exception: Führung durch Eingreifen in Ausnahmefällen

Management by Delegation

Management by Delegation sieht als Grundausrichtung vor, dass Führung durch die Übertragung von Aufgaben und Verantwortung an die Mitarbeiter erfolgt.

Dafür müssen bestimmte Voraussetzungen gegeben sein. Zunächst müssen Aufgaben und Zuständigkeiten eindeutig beschrieben sein. Anschließend werden diese den Mitarbeitern zugeteilt, die in ihrem jeweiligen Bereich dann über Entscheidungsfreiheit verfügen. Dies setzt jedoch voraus, dass ein klares Kompetenzprofil der Mitarbeiter existiert, das es möglich macht, ihre individuellen Kenntnisse und Fähigkeiten zu berücksichtigen. Schließlich müssen die Mitarbeiter auch bereit und fähig sein, Verantwortung zu übernehmen.

Vor- und Nachteile von Management by Delegation	
Vorteile	Nachteile
■ Veränderung der Rolle der Führungskraft: Konzentration auf Führungsaufgaben statt Routinetätigkeiten ■ raschere Entscheidungsfindung ■ erhöhte Motivation der Mitarbeiter durch Übertragung von Verantwortung	■ möglicherweise Delegation von vor allem uninteressanten Aufgaben ■ Stärkung einer starren Hierarchie (Wer darf wem Aufgaben zuweisen?) ■ mangelnde Zusammenarbeit auf gleicher Hierarchieebene

Management by Objectives

Im Rahmen des Management by Objectives sind Zielvereinbarungen die Grundlage des Führens. Die Umsetzung dieser Management-by-Technik erfolgt in klar voneinander abgrenzbaren Phasen. Zunächst legen Führungskräfte und Mitarbeiter gemeinsam Ziele fest, die einer Hierarchie unterliegen, denn alle Ziele müssen sich den Oberzielen des Topmanagements unterordnen. Auf der untersten Ebene müssen Ziele operationalisierbar sein. Dies bedeutet, dass jeder Mitarbeiter weiß, welche Handlungen zur Erreichung des jeweiligen Ziels führen können.
Anschließend werden Standards definiert, anhand derer sich messen lässt, in welchem Grad das jeweilige Ziel erreicht wurde. Dazu werden Kriterien formuliert, die erreichbar, widerspruchsfrei und vom Niveau her angemessen sein müssen.
Jetzt werden Messinstrumente hinzugezogen, die die Erfüllung der Kriterien überprüfen sollen. Beispiele hierfür wären Umsatzzahlen, Kundenbewertungen oder Marktanalysen.
Am Schluss eines Zyklus findet die Erfolgskontrolle statt. Die Abweichung vom definierten Standard wird ermittelt und Ursachen für die Abweichung werden gesucht.
Danach beginnt der Zyklus von Neuem.

Vor- und Nachteile von Management by Objectives	
Vorteile	Nachteile
■ Identifikation mit Zielen durch Mitarbeiter ■ erhöhte Motivation der Mitarbeiter durch Übertragen von Verantwortung ■ Selbstkontrolle durch transparente Standards	■ Leistungsdruck für Mitarbeiter ■ nur Eignung für Arbeiten, für die sich klare Standards formulieren lassen ■ aufwändige Kontrollmaßnahmen

Management by Exception

Die Technik des Management by Exception sieht vor, dass das Führungspersonal nur in Ausnahmefällen eingreift. Auch hier erfolgt der Ablauf in Phasen:
Zu Anfang bestimmt man Messgrößen. Als Grundlage dafür dienen Daten aus Gegenwart und Vergangenheit. Auf dieser Grundlage werden dann Ziele formuliert.
Nun werden Bewertungsmaßstäbe festgelegt. Dies geschieht, indem man zunächst Kriterien formuliert und dann erlaubte Abweichungstoleranzen festlegt. Diese Toleranzen stellen dann die Grundlage für die Definition von Ausnahmefällen dar.
Anhand dieser Kriterien und Toleranzen erfolgt dann der Vergleich von Soll- und Ist-Leistung. Ist die Abweichung zwischen Soll- und Ist-Leistung normal, erfolgt die Bearbeitung durch den Mitarbeiter. Ansonsten tritt der Ausnahmefall ein und das Führungspersonal übernimmt.
Die letzte Phase ist dann das Eingreifen durch das Führungspersonal. Es legt die erforderlichen Maßnahmen fest, wobei es das Ziel verfolgt, dass die Ist-Leistung der Soll-Leistung entsprechen soll. Gegebenenfalls müssen die Ziele angepasst werden.

Vor- und Nachteile von Management by Exception	
Vorteile	**Nachteile**
■ Veränderung der Rolle der Führungskraft: Konzentration auf Führungsaufgaben statt Routinetätigkeiten ■ erhöhte Motivation der Mitarbeiter durch Übertragung von Verantwortung ■ raschere Entscheidungsfindung in Routinesituationen	■ Entdeckung von Fehlern erfolgt oft zu spät ■ nur Eignung für Arbeiten, für die sich klare Standards formulieren lassen ■ Demotivation der Mitarbeiter, wenn Soll-Leistung nicht erbracht werden kann

Situation

Die Firma Opticon plant die Einführung eines neuen, revolutionären Glases für Gleitsichtbrillen. Als Hallenleiter in der Fertigung werden Sie vom Geschäftsführer beauftragt, ein Konzept für die Produktion zu erstellen. Ihre Mitarbeiter sind selbständiges Arbeiten gewohnt. Außerdem kann man das neue Glas in Serienfertigung produzieren.

Aufgaben

1 Führen Sie in Partnerarbeit folgende Schritte durch:
- a Analysieren Sie die Situation und begründen Sie, für welches Führungskonzept der Management-by-Techniken Sie sich aufgrund der Analyse entscheiden würden.
- b Entwerfen Sie ein Führungskonzept auf Grundlage der ausgewählten Management-by-Technik.
- c Beurteilen Sie Ihr Konzept gemeinsam aus Sicht der Führungskraft und der Mitarbeiter.

Situation

Sie haben als Teamleiter an einer Fortbildung zum Thema „Sich selbst und andere führen" teilgenommen. Nun fordert Sie Ihr Vorgesetzter auf, Ihren Kollegen die wichtigsten Erkenntnisse in einem Kurzvortrag bei der monatlichen Teamleitersitzung näherzubringen. Sie entscheiden sich, dies im Rahmen einer kurzen Präsentation (ca. fünf Folien) zu tun.

Aufgaben über das ganze Kapitel

1 Erklären Sie zu Beginn Ihrer Präsentation (Situation oben) die Grundlagen der Führung und zeigen Sie dabei Ihren Kollegen den Unterschied zwischen direkter und indirekter Führung auf.

2 Stellen Sie im zweiten Teil die mehrdimensionalen Führungsstile als moderne Form der Führung dar und zeigen Sie anschließend auf, dass Führung nach ihren Funktionen unterschieden werden kann.

3 Erläutern Sie im letzten Teil je ein Führungsmodell und ein Führungskonzept, das zu einem zeitgemäßen Führungsverhalten passt.

7 Bewerbungsprozesse gestalten

Der Anfang einer erfolgreichen beruflichen Karriere beginnt mit angemessenen und aussagekräftigen Bewerbungsunterlagen, die Teil des Bewerbungsprozesses sind. In der gewandelten Arbeitswelt ist dieser Prozess für die meisten eine wiederkehrende Aufgabe. In einer Führungsposition angekommen, steht man dann oftmals selbst vor der Herausforderung, wichtige Personalentscheidungen treffen zu müssen. Dies erfordert einen zielgerichteten Umgang mit unterschiedlichen Auswahlverfahren beim Prozess der Mitarbeitergewinnung.

Kompetenzen

- unterschiedliche Bewerbungsmöglichkeiten kennen und nutzen
- Bewerbungsunterlagen erstellen und bewerten
- Personalbedarf planen
- Anforderungsprofile und Stellenbeschreibungen entwickeln
- Prozess der Mitarbeitergewinnung gestalten
- Auswahlmethoden kennen

Situation

Rebecca Maier, eine aktive Social-Media-Nutzerin, hatte nicht den geringsten Zweifel daran, dass sie eine Einladung zum Vorstellungsgespräch bekommen würde. Sie absolvierte die Prüfung zur staatlich anerkannten Technikerin, Fachrichtung Automatisierungstechnik, mit glänzenden Noten. Selbstsicher füllte Sie alleine die Onlinebewerbung im Bewerberportal ihrer Wunschfirma aus, verfasste rasch ein Anschreiben und fügte ihren Lebenslauf mit einem Lichtbild ein, das sie aus ihren aktuellen Urlaubsbildern entnommen hatte. Im letzten Schritt ergänzte sie ihre eingescannten Zeugnisse via Upload und drückte auf den Button „Absenden". Es folgte eine automatisch generierte Empfangsbestätigung des Unternehmens. Danach hörte Sie nie mehr etwas von der Firma.

M1 Erfolgreiche Bewerbungsprozesse erfordern kompetentes Engagement

Aufgaben

1 Nennen Sie mindestens vier mögliche Gründe, warum Frau Maier keine Antwort erhielt.

2 Jeder vierte Arbeitgeber hat schon einmal nach seinen Bewerbern im Internet recherchiert. Ermitteln Sie im Internet bzw. in Social Media drei Beispiele für Selbstkundgaben von Privatpersonen, die sich bei einer Bewerbung negativ auswirken könnten.

GUT ZU WISSEN

Im Bewerbungsprozess geht es darum, einen Arbeitsplatz mit dem geeignetsten Bewerber zu besetzen. Der Betrieb macht sich dabei im Vorfeld Gedanken zu Personalstruktur und Personalbedarf und entscheidet auch auf dieser Basis, auf welchem Wege die Personalbeschaffung vollzogen wird (7.2).

Der Arbeitssuchende hingegen muss sich zuerst mit seiner Persönlichkeit und seiner Situation auseinandersetzen, um eine aussagekräftige Bewerbung erstellen zu können (7.1). Der Prozess der Stellensuche sowie der Bewerbungserstellung und das anschließende Auswahlverfahren erfordern vom Bewerber die gezielte Anwendung von Kompetenzen wie Recherchieren, sich präsentieren und Körpersprache angemessen einsetzen (siehe Kapitel 2). Bei der Gestaltung der Bewerbungsunterlagen sind neben inhaltlichen Aspekten auch Gestaltungskonventionen zu beachten. Die Bedeutung der nonverbalen Kommunikation kommt insbesondere in Vorstellungsgesprächen ins Spiel.

Im digitalen Zeitalter ist es von zentraler Bedeutung, keine fragwürdigen Spuren im weltweiten Netz zu hinterlassen, da schätzungsweise jeder vierte Arbeitgeber nach seinen Bewerbern im Internet recherchiert.

7.1 Bewerbung

Der Bewerbungsprozess beginnt immer mit einer intensiven Auseinandersetzung mit der eigenen Person und ihren Fähigkeiten. Das Bewusstmachen der eigenen Stärken und Schwächen sowie das Zusammenbringen der beruflichen und privaten Vorstellungen bilden dabei die Grundlage, bevor man mit einer zielgerichteten Stellensuche beginnen kann.
Neben der klassischen Bewerbungsmethode gibt es internetbasierte Alternativen, welche immer bedeutender werden. Erreicht der Bewerbungsprozess das Vorstellungsgespräch, kommt der nonverbalen Kommunikation eine hohe Bedeutung zu.

7.1.1 Bewerbungsmöglichkeiten

Bewerben kann man sich auf verschiedenen Wegen. Jeder davon hat etwas mit *Werben* zu tun, der Werbung in eigener Sache. Vor dem Bewerben steht aber die Suche nach Bewerbungsmöglichkeiten. Folgende Recherchemöglichkeiten stehen dem Bewerber zur Verfügung.

GUT ZU WISSEN

Möglichkeiten der Stellensuche

- kommerzielle Jobbörsen
- firmeneigene Homepage
- Stellenangebote in der Tageszeitung
- Arbeitsagentur
- Initiativbewerbung
- Stellengesuch aufgeben
- Zeitarbeitsfirmen
- Networking/Kontaktpflege

Aufgaben

1 Bewerbungsmöglichkeiten entdecken:

a Beschreiben Sie die oben genannten Möglichkeiten der Stellensuche jeweils in ein bis zwei Sätzen und sammeln Sie dazu konkrete Anbieter, Homepages oder Zeitungen, welche für Ihre Branche in Frage kommen.

b Bestimmen Sie über eine aktuelle Stellenangebotsrecherche drei mögliche Stellenangebote aus Ihrer Branche, die auf Ihr gewünschtes Stellenprofil passen.

c Wählen Sie in Partnerarbeit eine Stellenanzeige aus und arbeiten Sie dazu passende Fragen für einen Telefonanruf im Vorfeld der Bewerbungsunterlagenerstellung heraus. Strukturieren Sie das geplante Telefonat und spielen Sie es im Plenum mit verteilten Rollen durch.

7.1.2 Bewerbungsprozess

Bewerbungsunterlagen

Bei der Zusammenstellung der Bewerbungsunterlagen sollte man besondere Sorgfalt walten lassen. Die häufigsten Fehler in Bewerbungsunterlagen:

- Rechtschreibfehler
- unpassende Formulierungen
- fehlende Kenntnisse über das Unternehmen
- unpassendes Foto
- Onlinebewerbung wird mit schlecht formatierten Dokumenten versandt.

Formal sollten beim Anschreiben die Schreib- und Gestaltungsregeln für die Textverarbeitung nach DIN 5008 beachtet werden. Diese enthalten beispielsweise Festlegungen zu Seitenformat, Seitenrändern, möglichen Schriftgrößen und Schriftarten sowie formale Hinweise zu Struktur und Aufbau eines Schreibens. Zum Inhalt einer jeden Bewerbung gehören das Anschreiben, der Lebenslauf und die Anlagen (Tätigkeits- und Fähigkeitsnachweise wie Abschlusszeugnisse und Arbeitszeugnisse). Ergänzt werden kann das Ganze durch ein Deckblatt und ein Motivationsschreiben, auch „dritte Seite" genannt.
Umfragen zufolge ist für fast alle Personalentscheider der Lebenslauf das entscheidende Auswahlkriterium, da sie hier auf einen Blick das Wichtigste über den Werdegang des Bewerbers erfahren. Eine tabellarische Darstellung erleichtert diesen Überblick und ist daher die übliche Form eines Lebenslaufes.

Die auf Seite 245 abgebildeten Bewerbungsunterlagen sprechen für sich. Sie sind ein Beispiel, wie man formalen Ansprüchen genügen und trotzdem eine außergewöhnliche Bewerbungsmappe mit individueller Note und ansprechendem Design gestalten kann. Beim Anschreiben wird der Empfänger namentlich genannt, um anschließend an das vorangegangene Gespräch anzuknüpfen und damit eine persönliche Verbindung herzustellen. Der weitere Verlauf ist gelungen formuliert, spricht alle wichtigen Themen an und wird vom Bewerber genutzt, um sich als sehr kompetent und zielstrebig darzustellen.
Der Lebenslauf ist in einer ansprechenden Form gestaltet und enthält alle wichtigen Daten übersichtlich aufgelistet.
Auf ein Motivationsschreiben oder eine sogenannte dritte Seite hat der Bewerber verzichtet und sich stattdessen dafür entschieden, entsprechende Formulierungen im Anschreiben unterzubringen. Dadurch wird auch vertretbar, dass es etwas länger ist als die allgemein empfohlene Beschränkung auf eine Seite. Die Bewerbung genügt so dem Anspruch, formal korrekt und inhaltlich gehaltvoll dem potentiellen Arbeitgeber auch Hinweise über die Persönlichkeit des Bewerbers zu liefern.

Reinhard Müller
Rotdornweg 138
73431 Aalen
Tel.: 07361 0870543
Mobil: 0132 6781235
E-Mail: rmue@mail-cv.de

R. Müller, Rotdornweg 138, 73431 Aalen

Werner Automotive GmbH
Herr Enderlin
Oberbettringer Straße 701
73525 Schwäbisch Gmünd

Aalen, den 26.04.2016

Bewerbung als Konstrukteur – Kennziffer: 2015/25

Sehr geehrter Herr Enderlin,

vielen Dank für das ausführliche Gespräch. Wie vereinbart bekommen Sie anbei meine Bewerbungsunterlagen.

Durch meine Ausbildung zum Technischen Zeichner bei der Firma Zeller in Aalen konnte ich bei einem expandierenden Unternehmen bereits früh Erfahrungen in Aufgabenbereichen der Konstruktion sammeln. Neben den regulären Ausbildungsinhalten lag der Schwerpunkt meiner Tätigkeiten während der Ausbildung beim Ableiten von Zeichnungen und Erstellen von Stücklisten. Des Weiteren erhielt ich differenzierte Einblicke in die Konstruktion von Anlagen, da ich ebenfalls in der Betriebsmittelkonstruktion eingesetzt wurde. Aufgrund hervorragender Leistungen konnte ich meine Ausbildungszeit auf drei Jahre verkürzen.

In den folgenden vier Jahren sammelte ich Berufserfahrung im Tätigkeitsfeld eines Technischen Zeichners und arbeitete an vielen in- und ausländischen Projekten mit, um die Expansion des Unternehmens auf den asiatischen Markt voranzutreiben. Dabei konnte ich meine Kenntnisse erfolgreich einbringen und vertiefen. Neben Kundengesprächen und termingerechter Konstruktionsfertigstellung lag mein Tätigkeitsschwerpunkt bei der Ablaufbetreuung vom Bestellvorgang bis hin zur fachgerechten Unterstützung von Monteuren beim Kunden vor Ort.

Durch die berufliche Weiterbildung zum staatlich geprüften Techniker, Fachrichtung Maschinentechnik, entschloss ich mich im Jahr 2014 mich einer neuen Herausforderung zu stellen. Im Zuge der Technikerausbildung konnte ich mein Fachwissen in den Bereichen Konstruktion, Produktplanung, Automatisierungstechnik und Fertigungstechnik vertiefen und meine persönlichen Kompetenzen sowie meine Allgemeinbildung in den Fächern Berufsbezogenes Englisch und BWL erweitern.

Durch die Erstellung meiner Technikerarbeit bei der Firma Stelo-Tec in Heubach mit der Aufgabe „Rüstzeitoptimierung an verschiedenen Laseranlagen durch Entwicklung eines flexiblen Vorrichtungskonzeptes" konnte ich meine theoretischen Kenntnisse sowie MS-Office- und CAD-Anwendungen praxisnah vertiefen. Die parallel absolvierte REFA-Weiterbildung ermöglichte mir Einblicke in das Prozessdatenmanagement und die Arbeitssystem- und Prozessgestaltung.

Sie würden mit mir einen zielstrebigen und organisationsstarken Teamplayer, der eigenständig und gewissenhaft arbeitet, dazugewinnen. Mit meinen beruflichen Erfahrungen auf dem asiatischen Markt passe ich optimal in das Anforderungsprofil Ihrer Firma und kann mein Wissen in Ihrem global agierenden Konzern gewinnbringend beisteuern. Durch meine sehr gute Auffassungsgabe bin ich in der Lage, mich schnell in neue Aufgabengebiete einzuarbeiten. Unglaublich gerne würde ich Ihr hervorragendes Team um meine Person bereichern. Für mich wäre die Stelle des Technikers in Ihrem Betrieb, mit all seinen Herausforderungen und Möglichkeiten, eine ausgezeichnete Chance, mich beruflich zu verwirklichen.

Ich würde mich sehr freuen von Ihnen bald zu hören.

Mit freundlichen Grüßen

Reinhard Müller

Reinhard Müller	**Name**
Rotdornweg 138 73431 Aalen	**Anschrift**
09.02.1991	**Geburtsdatum**
Aalen	**Geburtsort**
deutsch	**Staatsangehörigkeit**

LEBENSLAUF

	Ausbildung/Berufspraxis
Limes-Realschule Aalen Mittlerer Bildungsabschluss	09.2001 – 07.2007 07.2007
Zeller GmbH und Technische Schule Aalen Ausbildung zum Technischen Zeichner	09.2007 – 07.2010
Zeller GmbH Technischer Zeichner	08.2010 – 08.2014
Technische Schule Aalen Fachschule Technik (Maschinentechnik)	seit 09.2014
	Auszeichnung
IHK-Auszeichnung; Landesbester Technischer Zeichner	2010
	Zusatzqualifikationen
Klasse B	Führerschein
Verhandlungssicher: – Allgemeines Englisch – Technisches Englisch	Sprachen
MS-Office (Word, Excel, PowerPoint, Outlook), PlanCal nova, CATIA, Tebis, Inventor	EDV-Kenntnisse ständig in Anwendung
CAD-Schulung Virtuelles Zeichnen in 3D	2011
	Hobbys
Mountainbiken, Schwimmen, Reisen	
	Anlagenverzeichnis
Zeugnis Mittlere Reife Abschlusszeugnis Technischer Zeichner IHK-Auszeichnung Arbeitszeugnis Halbjahresinformation der Fachschule für Technik	

Aalen, den 26.04.2016

Reinhard Müller

GUT ZU WISSEN

Ansprüche an eine Bewerbung

formale	inhaltliche	Überprüfungen
■ DIN 5008 beachten ■ lückenloser Lebenslauf ■ seriöse E-Mail-Adresse ■ gewünschte Bewerbungsform einhalten	■ authentisch ■ Interessen, Motivation und Stärken herausstellen ■ keine überzogene Erwartungshaltung wecken ■ individuell und auf das jeweilige Unternehmen zugeschnitten	■ sich im Vorfeld mit dem Unternehmen auseinandersetzen ■ Bewerbung von einer zweiten Person gegenlesen lassen ■ Zusätzliche Kontrollen: – Datum und Angaben aktuell? – Adressen richtig? – Anschreiben und Lebenslauf unterschrieben? – alle Rechtschreibfehler beseitigt? – Anhänge vollständig und richtig sortiert?

Bewerbung per E-Mail

E-Mail-Bewerbungen sind schneller und preisgünstiger. Zudem muss das Unternehmen keine Unterlagen zurücksenden. Bevorzugt das Unternehmen eine Bewerbung per E-Mail, sollte man seine Bewerbungsunterlagen in einem portablen Dokumentenformat (PDF) versenden, da dies unabhängig von Textverarbeitungsprogrammen und Betriebssystemen eine originalgetreue Überlieferung garantiert. Nach Möglichkeit ist eine zusammenhängende Datei zu erstellen, wobei manche Unternehmen eine maximale Dateigröße vorgeben. In diesem Fall bietet es sich an, Bewerbungsschreiben und Anlagen zu splitten. Serien-E-Mails sind tabu. E-Mail-Bewerbungen sollten wie die klassische Variante stets individuell formuliert sein. Ebenso ist auf Empfangsbestätigungen zu verzichten, da sie nicht mit allen Programmen kompatibel sind, zusätzlichen Arbeitsaufwand für den Empfänger verursachen und unnötigerweise das Postfach blockieren.

Onlinebewerbung

Diese Variante hat sich bei den meisten Großkonzernen bereits durchgesetzt und verlangt von den Bewerbern das Ausfüllen firmeneigener Onlinebewerbungsformulare, in welche der Bewerber Schritt für Schritt seine Angaben einpflegt und am Ende seine Anlagen und Zeugnisse uploaden kann. Den Konzernen erleichtert diese Variante das Sichten der Unterlagen und ermöglicht – zumindest was die Aufbereitung der Daten angeht – die größtmögliche Vergleichbarkeit und damit eine automatische Vorabsortierung nach festgelegten Auswahlkriterien. Der Bewerber sollte dabei im Vorfeld die Firmenhomepage genauestens studieren und alle Materialien bereitlegen. Ermöglicht das Portal einen Testlauf mit fiktiven Angaben, kann so sichergestellt werden, dass alle Daten und Dokumente zur Verfügung gestellt wurden. Bei der Eingabe ist sofort die Rechtschreibung zu überprüfen, da oftmals keine Korrekturen im Nachhinein möglich sind.

Social-Media-Netzwerke

Laut Social Media Recruiting Report 2013 des Institute for Competitive Recruiting haben „65 % aller Personalmanager schon einmal eine Stelle mit Hilfe von Social-Media-Diensten besetzt". Diese Zahl zeigt, wie wichtig es für heutige Bewerber ist, auf entsprechenden Plattformen aktiv zu sein. Ein seriöses, aktuelles Profilbild, die wesentlichen Informationen zur eigenen Person und das klare Herausstellen der erworbenen Qualifikationen sollten die Selbstdarstellung prägen. Im Gegensatz zu sonstigen Gepflogenheiten in sozialen Medien ist auch hier auf Rechtschreibung und Satzbau zu achten. Das Stellen und Annehmen von Freundschaftsanfragen sollte im Hinblick auf die darin enthaltene Selbstkundgabe überprüft werden. Ebenso muss alles, was im Internet über die eigene Person enthalten ist, auf negative Auswirkungen auf die Bewerbung überprüft und gegebenenfalls gelöscht werden.

Einladung zum Vorstellungsgespräch

Zu einem Vorstellungsgespräch wird nur ein sehr enger Bewerberkreis eingeladen. In der Regel gibt das Unternehmen einen Termin vor, um dessen Verschiebung der Bewerber nur aus wichtigem Grund anfragen sollte. Doch ob der Termin nun bestätigt oder um Verlegung gebeten wird: Die Antwort sollte zeitnah erfolgen und unabhängig vom Medium weiter nach den Konventionen der Geschäftskorrespondenz geführt werden.
Beim Vorstellungsgespräch selbst kommt insbesondere die nonverbale Kommunikation sehr stark ins Spiel. Damit nicht ungewollte Signale gesendet werden, sollte die nonverbale Kommunikation sehr bewusst eingesetzt werden. Sie sollte dabei die verbale unterstreichen und somit dem Gegenüber eine natürliche Souveränität vermitteln (zur Rolle der Körpersprache siehe Kapitel 2.2.3, Seite 54 f.). Zusammen mit einer entsprechenden äußeren Erscheinung und einem angemessenen Auftreten ist dies in der Arbeitswelt oftmals mehr wert als Zeugnisse und Bescheinigungen.

Umgang mit Absagen

Wenn man eine Absage von seiner Wunschstelle erhält, kann man Stil zeigen und einen Antwortbrief schreiben oder ein Telefonat führen. In der Antwort gibt man seinem Bedauern Ausdruck, fasst noch einmal kurz zusammen, warum man gerade an dieser Stelle interessiert ist und wie man zum Erfolg des Unternehmens hätte beitragen können. Ein gut vorbereiteter Griff zum Telefon oder ein freundliches Antwortschreiben hinterlässt den Bewerber in guter Erinnerung. Eventuell ermöglicht dies doch noch den Einstieg zu einem späteren Zeitpunkt oder in einem anderen Tätigkeitsbereich des Unternehmens. Zum Beispiel wenn der Wunschkandidat abspringt oder eine andere Abteilung der Firma in den folgenden Wochen oder Monaten einen Mitarbeiter mit ähnlichem Anforderungsprofil sucht.

Aufgaben

1 Eigene Bewerbungsunterlagen erstellen.
   a Entwickeln Sie eine eigene Bewerbung (Anschreiben, Lebenslauf, ggf. Deckblatt und Motivationsschreiben) auf eine selbst gewählte und von Ihnen angestrebte Position.
   b Bestimmen Sie, welche Zeugnisse und Nachweise Sie Ihrer Bewerbung beilegen würden.
   c Entwerfen oder überprüfen Sie Ihren Auftritt in Social-Media-Netzwerken hinsichtlich der oben genannten Kriterien.

7.2 Personalwirtschaft

Die Personalwirtschaft wird häufig auch als Personalwesen bezeichnet und ist für alle mitarbeiterbezogenen Gestaltungs- und Verwaltungsaufgaben im Unternehmen verantwortlich.
Dabei sind die Bereiche der Personalplanung und Personalgewinnung für betriebliche Führungskräfte von zentraler Bedeutung für eine effektive Zusammenarbeit mit der Personalabteilung.

7.2.1 Personalplanung

Die Personalplanung ermittelt für das Unternehmen den erforderlichen Bedarf an Mitarbeitern und deren Qualifikation, um die geplanten Unternehmensziele und -aufgaben erfüllen zu können. Hierbei gilt es, vorhandene oder geplante Stellen zum richtigen Zeitpunkt mit geeigneten Arbeitnehmern zu besetzen.

Betriebliche Planungssysteme

Grundvoraussetzung bei der Personalplanung ist der Abgleich von Personalbestand und Personalbedarf unter Einbeziehung folgender Faktoren: Personalbeschaffung, Personalabbau, Personaleinsatz, Personalentwicklung. Mit der Frage: „Wie viele Mitarbeiter sind nötig, um die Unternehmensziele zu verwirklichen?“, sollte der Einsatzbedarf (Mitarbeiterzahl, welche ständig eingesetzt werden muss) und der Reservebedarf (eventuell Fehlzeiten wie Urlaub, Krankheit etc.) ermittelt werden. Diese beiden Faktoren ergeben den Bruttopersonalbedarf. Zieht man von ihm die Mitarbeiter ab, welche schon im Unternehmen sind, erhält man den Nettopersonalbedarf (Beschaffungsbedarf oder Personalüberhang).

Personalbedarf		
Einsatzbedarf	+ Reservebedarf	= Bruttopersonalbedarf
Bruttopersonalbedarf	– vorhandene Mitarbeiter	= Nettopersonalbedarf
→ Beschaffungsbedarf/Personalüberhang		

Wird Personalbedarf erkannt, ist es wichtig, die Frist in die Planung mit einzubeziehen:

Planung	Durchführung
kurzfristige Planung (max. 1 Jahr): aktuelles oder in Kürze anstehendes Projekt, aktuelle Auftragslage …	■ intern: Fortbildung, Kompaktkurse etc. ■ extern: schnelles Bewerbungsverfahren, Zeitarbeitsfirmen etc.
mittelfristige Planung (1–2 Jahre): Expansion, Großprojekte, Wirtschaftslage …	■ intern: Aufstiegsfortbildungen, Umschulungsmaßnahmen … ■ extern: Stellenausschreibung (Bewerbungsverfahren + Einarbeitungszeit)
langfristige Planung (über 2 Jahre): Unternehmensausrichtung …	■ intern: Berufliche Weiterbildung, langfristige Umschulungsmaßnahmen, Karriereplanungen ■ extern: Auszubildende, Hochschulpraktikanten, duales Studium

GUT ZU WISSEN

Ziele der Personalplanung

Ziel der Personalplanung ist es, den kurz-, den mittel- und den langfristigen Personalbedarf eines Unternehmens so zu ermitteln, dass damit potentiell stets genau die erforderlichen Mitarbeiter zur Verfügung stehen, mit denen die Ziele und Aufgaben erfüllt werden können. Kriterien hierbei sind:

- erforderliche Qualifikationen
- notwendige Anzahl
- Zeitpunkt des Bedarfs
- Ort des Einsatzes
- Berücksichtigung von wirtschaftlichen und sozialen Interessen

Für die Planung wird dabei methodisch auch auf Kompetenzanalysen, Anforderungsprofilerstellung und Stellenbeschreibungen zurückgegriffen.

Neben dem gesellschaftlichen und politischen Wertewandel haben sich auch bei der Berufswahl die Bedürfnisse geändert. Auf dem mittlerweile hart umkämpften Arbeitsmarkt um geeignete Fachkräfte müssen sich die Unternehmen die veränderten Ansprüche der Bewerber an ihren Arbeitgeber bewusst machen.

Entscheidungskriterien für Bewerber	
Früher (Top 3): ■ Ordnung ■ Sicherheit ■ körperliche Unversehrtheit	Heute (Top 3): ■ Zugehörigkeit ■ Achtung ■ Selbstverwirklichung
Früher und heute im Fokus: ■ hohes Einkommen ■ gute Aufstiegschancen ■ selbständige Tätigkeit ■ interessante Tätigkeit ■ Anerkennung	

Kompetenzanalyse

Um die Stärken sowie das Entwicklungspotential aller Bewerber bzw. Mitarbeiter zu erkennen und diese nicht nur auf die durch Zeugnisse und Bescheinigungen zertifizierten Noten und Beurteilungen zu reduzieren, bedarf es einer Kompetenzanalyse (siehe Kapitel 4.5.1). Ziel einer Kompetenzanalyse ist eine möglichst ganzheitliche Erfassung aller berufs-/stellenrelevanten Eigenschaften, Fähigkeiten und Kompetenzen eines Bewerbers.

Die Anwendungsbereiche der Kompetenzanalyse sind im Bereich der Personalplanung die Personalauswahl, Personalentwicklung und Nachfolgeplanung.

Die analysierten Kompetenzen des jeweiligen Bewerbers können dann verglichen werden mit den Qualitätsanforderungen an die entsprechende Stelle. Diese Qualitätsanforderungen werden üblicherweise festgeschrieben in Anforderungsprofilen (Was soll er mitbringen?) und Stellenbeschreibungen (Was soll er machen?).

Anforderungsprofil

Es gibt Auskunft darüber, welche Merkmale, Eigenschaften und Fähigkeiten der Bewerber konkret mitbringen sollte.

Folgende Bereiche sollte man bei der Erstellung jedes Anforderungsprofils beachten:

- fachliche Qualifikationen (Ausbildung, Berufserfahrung, Fort- und Weiterbildung)
- Beweggründe des Bewerbers, sich zu bewerben
- Sympathie: Passt er zum Team / ins Unternehmen?

Diese drei Bereiche sollten von jedem Personalentscheider nach eigenem Ermessen gewichtet werden. Doch die Quintessenz vieler Führungskräfte deutscher Unternehmen ist fast immer dieselbe: Besser einen Bewerber mit einer etwas geringeren Qualifikation oder weniger Berufserfahrung, wenn dafür die „Chemie“ stimmt, er also teamfähig ist, seine Beziehung zu den Vorgesetzten funktioniert und er die richtige Grundeinstellung zur Arbeit mitbringt.

Beispiel für ein Anforderungsprofil

<table>
<tr><td rowspan="9">Fachliche Anforderungen</td><td colspan="4">Berufsausbildung</td></tr>
<tr><td>■ notwendig</td><td colspan="3">Staatlich geprüfter Techniker (Fertigungstechnik)</td></tr>
<tr><td>■ erwünscht</td><td colspan="3">zusätzlich eine Ausbildung als Industrie-/
Zerspanungsmechaniker</td></tr>
<tr><td colspan="4">Berufspraxis</td></tr>
<tr><td>■ notwendig</td><td colspan="3">mindestens 2 Jahre</td></tr>
<tr><td>■ erwünscht</td><td colspan="3">bereits eigenständige Tätigkeitsbereiche und
Übernahme von Führungsaufgaben</td></tr>
<tr><td colspan="4">Sonstige Kenntnisse und Fertigkeiten</td></tr>
<tr><td>■ notwendig</td><td colspan="3">Führerschein Klasse B, Englisch,
PC Kenntnisse (MS Office)</td></tr>
<tr><td>■ erwünscht</td><td colspan="3">Ausbildereignung, Kenntnisse in Kommunikation,
Konfliktlösung und Teamarbeit</td></tr>
<tr><td rowspan="8">Persönliche Anforderungen</td><td colspan="4">Ausprägungsgrad</td></tr>
<tr><td></td><td>normal</td><td>hoch</td><td>sehr hoch</td></tr>
<tr><td>Mobilität</td><td>×</td><td></td><td></td></tr>
<tr><td>Mitarbeiterführung</td><td></td><td>×</td><td></td></tr>
<tr><td>Belastbarkeit</td><td>×</td><td></td><td></td></tr>
<tr><td>Vielseitigkeit</td><td></td><td>×</td><td></td></tr>
<tr><td>Selbständigkeit</td><td></td><td></td><td>×</td></tr>
<tr><td>(…)</td><td></td><td></td><td></td></tr>
<tr><td>Sonstige Anforderungen</td><td colspan="4">■ Mindest-/Höchstalter: 22–45
■ Ausschlussgründe: Risikosportarten, mangelhaftes Arbeitszeugnis …</td></tr>
</table>

Stellenbeschreibung

Stellenbeschreibungen legen hauptsächlich die Aufgaben und Kompetenzen fest, die einem Mitarbeiter zur eigenständigen Bearbeitung übertragen werden, und sind somit ein wichtiges Führungsinstrument. Dazu gehören folgende Kriterien:

- Organisationsteil: Stellenbezeichnung, Über- und Unterstellung, Stellvertretung, Stellenvergütung
- Aufgabenteil: Ziele, Aufgaben und Kompetenzen
- Kommunikationsteil: Zusammenarbeit, Gremien
- Leistungsteil (nicht immer): Beurteilungsmaßstab, Anforderungsprofil

Stellenbeschreibung	
Vorteile	Nachteile
■ klare Kompetenzregelungen ■ gezielte Koordination ■ Bezugspunkt für die Mitarbeiterbeurteilung ■ Motivation bei selbständig arbeitenden Mitarbeitern	■ großer Erstellungs- und Pflegeaufwand ■ Gefahr der Überorganisation ■ unflexible Mitarbeiter bei Aufgaben, welche nicht in die Stellenbeschreibung passen

Beispiel für eine Stellenbeschreibung

1 Unternehmensbereich:	■ Konstruktion
2 Bezeichnung der Stelle:	■ Konstrukteur
3 Der Stelleninhaber ist unterstellt:	■ Abteilungsleiter Konstruktionsbüro
4 Der Stelleninhaber ist überstellt:	■ den Technischen Zeichnern, Auszubildenden und Praktikanten
5 Der Stelleninhaber wird vertreten durch:	■ Technischen Zeichner
6 Der Stelleninhaber vertritt:	■ Abteilungsleiter Konstruktionsbüro
7 Aufgaben, Verantwortungs- und Kompetenzbereich:	■ Ermittlung von Kosten und Materialaufwand vor der Serie ■ Entwicklung neuer Produktionswege ■ Koordination der Erstmustererstellung bis zur Serienproduktionsreife ■ …
Ort, Datum:	
Stelleninhaber:	Vorgesetzter:

Aufgabe

1 Entwerfen Sie ein exemplarisches Anforderungsprofil und eine Stellenbeschreibung für Ihren Beruf.

7.2.2 Personalgewinnung

Anwerbung und Auswahl von Mitarbeitern

Während bei der Anschaffung einer Maschine umfangreiche Investitionsrechnungen durchgeführt werden, geht man bei der Auswahl von Mitarbeitern oftmals sehr viel nachlässiger vor. Egal ob eine Fehlinvestition (z. B. Maschine) oder eine Fehlbesetzung (z. B. ausgeschriebene Stelle), beides bringt negative finanzielle Auswirkungen mit sich. Der demographische Wandel und veränderte Berufsinteressen führen in Deutschland jedoch in bestimmten Wirtschaftsbranchen zu

Fachkräftemangel. In diesen Bereichen nimmt der Recruitingprozess immer mehr Zeit in Anspruch und lässt die Personalbeschaffungskosten steigen. Die Personalgewinnung hat daher die Aufgabe, die benötigten Arbeitskräfte für das Unternehmen möglichst effizient zu gewinnen. Dabei wird in drei Kategorien unterschieden:

Anreizinstrumente	Beschaffungsmethode	Kommunikationspolitik
■ materiell ■ immateriell ■ Arbeitssituation ■ Standort	■ direkt (Stellenausschreibung, Social-Media, Headhunting …) ■ indirekt (Bundesagentur für Arbeit, Personalberatung …)	■ Personalwerbung ■ Öffentlichkeitsarbeit

Eine weitere Unterscheidung kann nach interne oder externe Personalgewinnung getroffen werden:

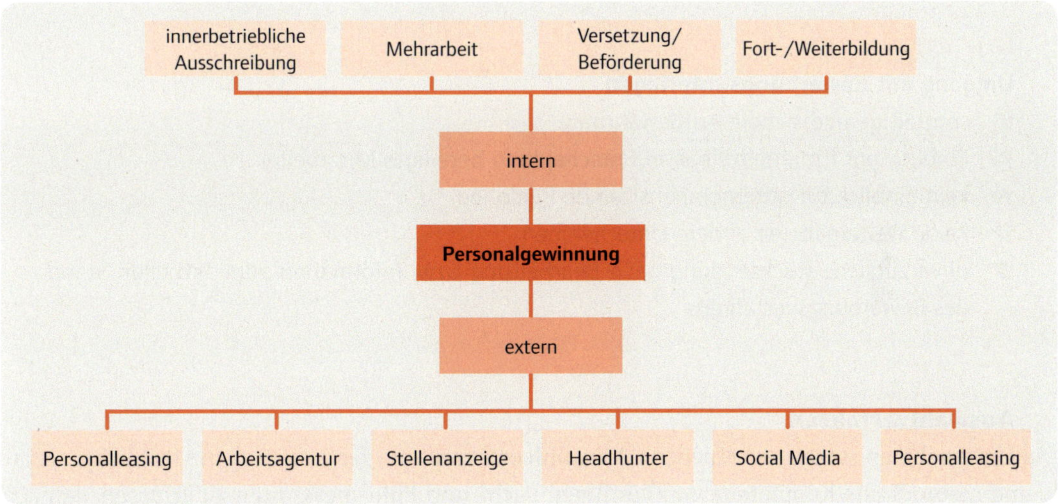

M2 Verschiedene Möglichkeiten der Personalgewinnung

Der Bewerbungsprozess

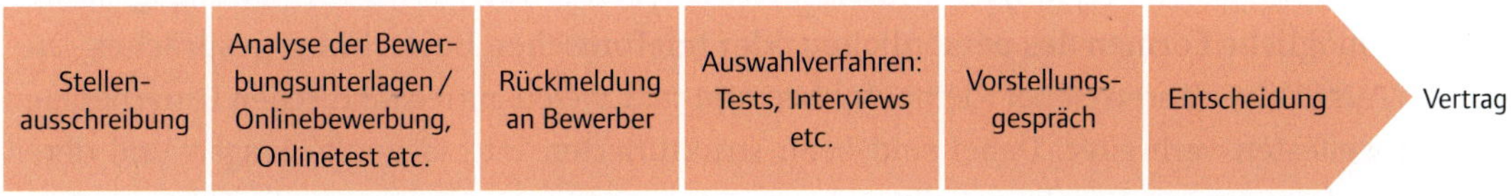

M3 Grafische Darstellung eines Bewerbungsprozesses

Stellenausschreibung

Stellenanzeigen sind in der Praxis nach wie vor ein wichtiges Instrument zur Kontaktaufnahme bzw. um zu einer Bewerbungseinreichung aufzufordern. Eine Stellenausschreibung sollte folgende Inhalte abdecken:

- Unternehmen, Branche …
- Positionsbeschreibung
- Profil/Qualifikationen des Bewerbers (Ausbildung, Berufserfahrung, Fähigkeiten …)
- wesentliche Arbeits- und Vertragsbedingungen
- Kontaktaufnahme, Bewerbungsvorgang und -unterlagen, evtl. Arbeitsprobenwunsch

Neben dem Inhalt ist die äußere Gestaltung einer Stellenausschreibung sehr wichtig, denn Größe, Farbe, Firmenlogo, Schriftgröße und Abbildungen sollten ansprechend und zielgruppengerecht das Firmenprofil widerspiegeln.

Bei Bewerbungsunterlagen handelt es sich um vertrauliche, persönliche Dokumente, die entsprechend diskret zu behandeln sind.

GUT ZU WISSEN

Umgang mit Bewerbungsunterlagen

- sorgfältige und sichere Aufbewahrung
- Einblick nur für unmittelbar an Entscheidung beteiligte Mitarbeiter
- kein Einblick für unternehmensfremde Personen
- keine Weitergabe an andere Unternehmen
- unverzügliche Rücksendung nach Bearbeitung bzw. Information zum aktuellen Stand des Bewerbungsverfahrens

Auswahlverfahren

Die Unternehmen setzen verschiedene Auswahlverfahren und Tests ein, um die fachliche, soziale und methodische Kompetenz von künftigen Fach- und Führungskräften zu erfassen. Je nach Größe und Vorliebe des Unternehmens kommen ganz unterschiedliche Verfahren zum Einsatz. Konzerne mit großen Personalabteilungen betreiben meist mehr Aufwand als kleine und mittelständische Unternehmen und setzen dabei oftmals auf externe Personalberatungen.

- **Strukturiertes Interview, halbstrukturiertes Interview oder freies Vorstellungsgespräch sind mögliche Formen des persönlichen oder telefonischen Bewerbungsgespräches:** Dieses Auswahlverfahren ist bei Kleinbetrieben und sehr vielen mittelständischen Unternehmen am weitesten verbreitet. Dabei sind beim strukturierten Interview alle Fragen und deren Reihenfolge vorgegeben, beim halbstrukturierten Interview sind nur noch die Themen, deren grobe Reihenfolge sowie die wichtigen Fragepunkte festgelegt. Das freie Vorstellungsgespräch überlässt Themen und Fragen der Gesprächsführung, die diese aus dem Gesprächsverlauf heraus entwickelt. Wird die Auswahl über strukturierte Interviews als persönliche

Bewerbungsgespräche durchgeführt, lassen sich die Kandidaten gut vergleichen und man gewinnt einen persönlichen Eindruck.
Als Arbeitgeber, Personalsachbearbeiter oder späterer Vorgesetzter sollte man immer gut vorbereitet in das Gespräch gehen. Bei halbstrukturierten Interviews und freien Vorstellungsgesprächen sollte im Vorfeld überlegt werden: Was soll gefragt, beobachtet und vom Bewerber erfahren werden? Dabei sollte der größere Gesprächsanteil ganz klar beim Bewerber liegen. Während der potentielle Arbeitgeber lediglich den Betrieb, das zukünftige Tätigkeitsfeld bzw. den Ausbildungsberuf vorstellt, dient ein Vorstellungsgespräch vor allem dazu, vom Bewerber möglichst viele Informationen zu den Themenfeldern berufliche Vorstellungen und Vorerfahrungen, Familie und Umfeld, Fähigkeiten und Kenntnisse sowie Interessen und Freizeit zu erfahren. Über allem sollte eine zwanglose Unterhaltung in freundlichem Ton stehen.

Fragen an Bewerber	
unzulässig	zulässig nur, wenn dies für Tätigkeit wichtig ist
■ Religionszugehörigkeit ■ Schwangerschaft ■ Heiratsabsicht ■ Parteizugehörigkeit ■ Gewerkschaftszugehörigkeit	■ Krankheit ■ Vorstrafen ■ Schwerbehinderung ■ bisherige Vergütungshöhe ■ Vermögensverhältnisse ■ Wettbewerbsverbote

Der Bewerber sollte bestens vorbereitet in ein solches Gespräch gehen. Der Zeitaufwand ist vergleichbar mit dem der Erstellung einer schriftlichen Bewerbung. Die intensive Auseinandersetzung mit der eigenen Persönlichkeit im Vorfeld sowie mit dem potentiellen Arbeitgeber sind selbstverständlich, um in diesem Gespräch überzeugend und selbstbewusst auftreten zu können.
Doch gerade bei Fragen zum sozialen Umfeld, zur Lebenssituation sowie zur Lebensplanung und -führung sollte man beim Vorstellungsgespräch beachten, welche Fragen gestellt werden dürfen und welche nicht. Bei zulässigen Fragen muss der Bewerber wahrheitsgemäß antworten, während er bei unzulässigen Fragen ein „Recht auf Lüge" hat. Zu den Sonderfällen gehören die Vermögensverhältnisse (bei leitenden Angestellten zulässig) und Wettbewerbsverbote (Offenbarungspflicht des Bewerbers).

- **Assessment-Center als Einzel-, Gruppen- oder Online-Assessment:** Das Assessment-Center ist eine Kombination aus verschiedenen Leistungstests, Interviews, Planspielen und Gesprächen zur Personalauslese. Zu den realitätsnahen und stellenspezifischen Aufgabenstellungen gehören beispielsweise: Interview, Gruppendiskussionen, Rollenspiele, Einzel- und Gruppenpräsentationen, Fallstudien, Organisationsaufgaben und Postkorbübung. Es gibt sowohl das Einzel- als auch das Gruppen-Assessment, bei dem ein oder mehrere Bewerber gleichzeitig von mehreren Beobachtern über 1–3 Tagen beurteilt werden.

Bei Bewerbungsverfahren setzt mittlerweile jedes zweite deutsche Unternehmen auf sogenannte Assessment-Center. Der Nutzen wird neuerdings von vielen Experten infrage gestellt, da diese Form der Personalauswahl viel Zeit beansprucht und dabei wenig objektiv ist.
Der Bewerber muss bei diesem anstrengenden Verfahren teilweise mehrere Tage lang Einzel- und Gruppeninterviews durchlaufen, an Gruppendiskussionen teilnehmen und Rollenspiele durchführen. Eine besonders beliebte Form des Assessment-Centers ist die Postkorbübung: Hier müssen die Bewerber viele Arbeitsaufträge abarbeiten und anschließend erklären, warum sie Aufgabe X zuerst erledigt haben und nicht etwa Aufgabe Y. Ebenso sind Entscheidungen unter Zeitdruck zu treffen, bei denen zum Beispiel abgewogen werden muss, ob ein Meeting mit dem Chef, dem Telefonat mit den kranken Kindern vorgezogen werden soll. Die Postkorbübung möchte die berufliche Wirklichkeit mit dem Bewerber simulieren. Hierzulande stürzen sich viele Unternehmen vor allem auf Diskussionsrunden und Rollenspiele und lassen dabei außer Acht, dass ein Assessment-Center auch Leistungstests beinhaltet. Dies führt dazu, dass Assessment-Center oftmals nicht mehr als teure und zeitintensive Kommunikationsrunden ohne Erkenntnisgewinn sind.

- **Die ABC-Analyse sortiert die Bewerber nach folgenden Kriterien:**
  A = Bewerber, die alle geforderten Qualifikationen und Anforderungen erfüllen
  B = Bewerber, die nicht alle geforderten Qualifikationen und Anforderungen erfüllen, die aber für andere Positionen oder die Bewerberdatei infrage kommen
  C = Bewerber, die nicht in Frage kommen und eine Absage erhalten
  Kommt es zum Vorstellungsgespräch, kann dies fortgeführt werden, indem man während des Gesprächs vorstrukturierte Bewerberfähigkeiten analysiert. Zum Beispiel Ausdruck, Leistung und Sozialverhalten.
- **Tests können als Charakter-/Persönlichkeitstests, Intelligenztests oder Konzentrations- und Leistungstests durchgeführt werden.** Tests finden vor allem bei mittelständischen Unternehmen und Großkonzernen Anwendung, wenn viele Bewerber auf einen Arbeitsplatz oder einen Ausbildungsplatz zu erwarten sind, um dadurch eine dem Test entsprechende Vorauswahl treffen zu können.
- **Spezielle Auswahlverfahren sind beispielsweise Schreibproben (graphologische Gutachten) oder Arbeitsproben.** Spezielle Verfahren werden je nach Tätigkeitsfeld und Unternehmensphilosophie gewählt, zum Beispiel Arbeitsproben bei Auszubildenden oder Facharbeitern.

Aufgaben

1 Jack Welch, einer der erfolgreichsten Manager weltweit, u. a. 20 Jahre CEO bei General Electric, vertrat die Ansicht: *„Eine bewährte Faustformel besagt: Stelle niemanden ein, für den die zu besetzende Position das Ende der Fahnenstange ist!"*

- **a** Erläutern Sie, was man laut Jack Welch bei der Personalgewinnung beachten sollte.
- **b** Nach welchem Bewerbungsverfahren lässt sich diese Vorgabe Ihrer Meinung nach in Ihrem aktuellen bzw. letzten Unternehmen am besten umsetzen?

Situation

Sie haben als Teamleiter die Möglichkeit, von zwei intern frisch ausgelernten Gesellen und einer externen Bewerbung einen für ihr Team auszuwählen. Sie kennen die beiden internen Kandidaten lediglich vom Sehen und müssen innerhalb einer Woche eine Entscheidung treffen. Wie wählen Sie den Geeigneten aus?

2 **a** Entscheiden Sie sich für ein Auswahlverfahren, erklären Sie dies und begründen Sie, weshalb Sie dieses Verfahren bevorzugen.

b Am Ende entschließen Sie sich, ein persönliches Bewerbungsgespräch durchzuführen. Sie wählen nun zwischen einem freien Gespräch, einem strukturierten oder einem halbstrukturierten Interview aus und entwerfen Ihre Gesprächsvorbereitung auf einem übersichtlichen Konzeptblatt, um dies als Leitfaden mit ins Gespräch zu nehmen.

c Führen Sie in verteilten Rollen ein Vorstellungsgespräch (Teamleiter und Personalchef mit dem externen Bewerber) als Rollenspiel vor. Bauen Sie jeweils drei Fehler von Seiten des Gesellen (Bewerbers) und des Teamleiters bzw. Personalchefs ein. Das Plenum versucht die Fehler herauszufinden und gibt ein Feedback zum Gesprächsverhalten.

3 Übertragen Sie folgende Tabelle in ein Textverarbeitungsprogramm und benennen Sie jeweils die Vor- und Nachteile der beiden Beschaffungswege, indem Sie die Tabelle ausfüllen.

Personalbeschaffung		
	Interne Beschaffungswege	Externe Beschaffungswege
Vorteile		
Nachteile		

4 Nennen Sie Akquisitionsinstrumente (Möglichkeiten zur Anwerbung) für eine externe Stellenausschreibung.

Wie die Generation Y den Arbeitsmarkt revolutionieren wird

Sie wünschen sich Jobs, die es noch nicht gibt: Die heute 20- bis 30-Jährigen werden mit ihrem Blick auf die Welt den Arbeitsmarkt revolutionieren. Wenn die Unternehmen nicht umdenken, haben sie bald ein Personalproblem. […]

Die Bewerbungsgespräche der Zukunft werden anders verlaufen. Arrogante Bemerkungen wie „Warum sollten wir bitte ausgerechnet *Sie* in unserem Unternehmen einstellen?" können nach hinten losgehen. Denn bis 2030 sinkt die Zahl der Deutschen im erwerbsfähigen Alter – je nach Studie – um bis zu sechs Millionen. Ein Fachkräftemangel droht, warnt die Wirtschaft. Die gut ausgebildeten Vertreter der Generation Y können mutig(er) auftreten als ihre Eltern und Großeltern. Sie können keck Gegenfragen stellen: „Warum bitte sollte ich bei Ihnen anfangen? Was bieten Sie mir, was die Konkurrenz nicht hat?"

Die Macht der Arbeitgeber bröckelt, langsam, aber stetig. Aus dem Arbeitgeber-Arbeitsmarkt wird mehr und mehr ein Arbeitnehmer-Arbeitsmarkt. [...]

Nicht geschimpft ist schon gelobt – mit diesem Motto werden Führungskräfte in der Zukunft scheitern. Die Alten in den Chefsesseln müssen umdenken, wenn die jungen Hippen anrücken. Ein autoritärer Führungsstil mit Einweg-Kommunikation wird sich dann fatal auswirken. Die Chefs müssen so gecoacht werden, dass sie mitarbeiterorientiert führen können. Der Mensch steht im Mittelpunkt.

Chefs müssen ihre Mitarbeiter viel stärker wertschätzen und aufrichtig mögen: „Die Generation Y liebt den Like-Button bei Facebook. Viele junge Leute sind sehr begeisterungsfähig, posten Fotos, hoffen auf Feedback, geben anderen Feedback. Damit sind sie aufgewachsen. Und dieses Feedback erwarten sie auch im Job", sagt der Berliner Wirtschaftswissenschaftler Martin Klaffke. [...] Die heute 20- bis 30-Jährigen wurden von ihren Eltern meist gehätschelt. Sie sind „Premium-Kunden", so Klaffke – und wollen auch als solche von ihrem Arbeitgeber behandelt werden.

[...]

Unternehmer müssen sich attraktiver präsentieren. Müssen jung und innovativ wirken, ohne dabei anbiedernd zu sein.

[...]

Viele Unternehmen bieten zwar mittlerweile Online-Bewerbungen an, aber hat der Bewerber dann erst mal ein Onlineformular ausgefüllt, hört er in vielen Fällen häufig nichts. Manchmal gibt es nicht mal eine Eingangsbestätigung, manchmal hört man erst fünf Monate später wieder etwas. So etwas lässt sich die Generation Y nicht bieten. Sie will's persönlich, sie ist ja Premium. Höflich soll es sein, freundlich, zuckersüß, neudeutsch heißt das „candidate relationship management".

[...]

Die Loyalität zur eigenen Firma ist eine „just-in-time-Loyalität", wie es Klaffke nennt. Das heißt: Wenn die Firma sie mies behandelt, werden sie ihr schneller untreu, als etwa ihre Eltern es gewagt hätten. [...]

M4 Quelle: Tobias Fülbeck: Wie die Generation Y den Arbeitsmarkt revolutionieren wird. In: http://www.huffingtonpost.de

Aufgaben über das ganze Kapitel

1. Arbeiten Sie heraus, was Sie als zukünftige Führungskraft unternehmen können, um sich im Kampf um Fachkräfte am Arbeitsmarkt behaupten zu können? Erklären Sie dabei, was dies für die Unternehmen bei der Mitarbeitergewinnung bedeutet.
2. Setzen Sie sich damit auseinander, wie man die Generation Y erfolgreich führen könnte.
3. Skizzieren Sie, wie ein Bewerber der Generation Y im Bewerbungsgespräch die typischen Haltungen seiner Generation als nutzbringend für das Unternehmen darstellen könnte.

8 Prüfungsanforderungen verstehen und bewältigen

Die wirkliche berufliche Handlungskompetenz und vor allem die Kompetenz in betrieblicher Kommunikation zeigen sich in den alltäglichen beruflichen Herausforderungen. Die in diesem Buch vermittelten Inhalte und Themen bilden nur die Grundlage für kompetentes Handeln. Welche Grundlagen jemand erworben hat, wird am Ende der schulischen Ausbildung durch eine schriftliche Prüfung festgestellt. Damit ein zu Prüfender sein tatsächliches Potential und seine Fähigkeiten, Fertigkeiten und Kenntnisse zeigen kann, muss er auch die Kompetenz besitzen, zu verstehen, was die Aufgabenstellung genau von ihm erwartet bzw. fordert. Dies ist eine vom eigentlichen Inhalt der betrieblichen Kommunikation losgelöste Kompetenz.

Kompetenzen

- Ziele und Anforderungen einer Prüfung kennen
- Anforderungsbereiche differenzieren
- Operatoren kennen und verstehen
- konkrete Prüfungssituation bewältigen

8.1 Ziele und Anforderungen an eine Prüfung

Jedes Bundesland hat eine eigene Prüfungsordnung, die jeweils wieder unterschiedlichen Aktualisierungen unterliegen. Wir beziehen uns hier deshalb beispielhaft auf die Situation in Baden-Württemberg zur Zeit der Erstellung dieses Bandes. Es ist daher unerlässlich, dass sich der Prüfling über seine aktuellen und spezifischen Prüfungsanforderungen bei seiner Prüfungsstelle nochmals selbst informiert.

Im Fach Betriebliche Kommunikation der Fachschulen in allen Fachrichtungen erfolgt der Nachweis dieser geforderten Kenntnisse im Rahmen einer 120-minütigen schriftlichen Prüfung.

Die Prüfung im Fach Betriebliche Kommunikation setzt sich in der Regel aus mehreren (3–4) Aufgaben zu den Handlungseinheiten der Schuljahre 1 und 2 zusammen. Die einzelnen – meist fallbezogenen oder materialgebundenen – Aufgaben sind dabei durch einen thematischen Zusammenhang definiert und können in Teilaufgaben gegliedert sein.

Um das Leistungsniveau der Absolventinnen und Absolventen der Fachschule möglichst differenziert zu erfassen, werden fachliche Aufgabenstellungen in allen drei Anforderungsbereichen (8.2) gestellt.

Weiter werden bei der Bewertung der Leistung in der Abschlussprüfung der Fachschule im Fach Betriebliche Kommunikation auch Inhalt, Aufbau, Rechtschreibung und die äußere Form berücksichtigt. Dies ergibt sich aus der im Bildungsplan formulierten Anforderung an die Fachschülerinnen und Fachschüler, die deutsche Sprache in Wort und Schrift sicher zu beherrschen.

8.2 Operatoren kennen und verstehen

Eine Prüfungsaufgabe kann nur dann erfolgreich gelöst werden, wenn verstanden wird, welche Anforderungen gestellt werden. Hierzu sind in jeder Aufgabenstellung die sogenannten Operatoren wichtige Schlüsselwörter. Operatoren sind handlungsinitiierende Arbeitsanweisungen in Form von Verben, die die Tätigkeiten definieren, die bei der Bearbeitung von Aufgaben durchgeführt werden sollen. Die Operatoren lassen sich nach ihrem Anforderungsniveau in drei Bereiche einteilen:

Der Anforderungsbereich I umfasst vor allem Reproduktionsleistungen und das Wiedergeben und Beschreiben von Sachverhalten aus einem abgegrenzten Gebiet sowie die Verwendung eingeübter Arbeitstechniken und Methoden

Der Anforderungsbereich II umfasst das selbstständige Auswählen, Ordnen, Bearbeiten, Erklären und Darstellen bekannter Sachverhalte sowie den Transfer bekannter Inhalte und Methoden auf andere Sachverhalte.

Der Anforderungsbereich III umfasst einen bewussten und reflektierten Umgang mit neuen Erkenntnissen und Problemstellungen sowie den angewandten Methoden, um zu eigenständigen Begründungen, Folgerungen, Lösungen usw. zu gelangen.

Die drei beschriebenen Anforderungsbereiche steigern sich im Komplexitätsgrad, d. h., die Problemlösung des Anforderungsbereichs III setzt immer auch die Kompetenz für die Reproduktions- und Transferleistungen der Anforderungsbereiche I und II voraus bzw. bei Anforderungsbereich II die Fähigkeit zur Reproduktion von Anforderungsbereich I.

GUT ZU WISSEN

Anforderungsbereiche in Aufgabenstellungen

Anforderungsbereich I: Reproduktion: wissen und kennen

Anforderungsbereich II: Transfer: anwenden und übertragen

Anforderungsbereich III: Problemlösung: urteilen, bewerten und entwickeln

Die Operatoren lassen sich nicht immer eindeutig nur einem Anforderungsbereich zuordnen bzw. nicht trennscharf voneinander abgrenzen. Eine Konkretisierung der Operatoren ergibt sich jedoch im Rahmen der jeweiligen Aufgabenstellung. Die wichtigsten Operatoren, die im vorliegenden Buch „Betriebliche Kommunikation – kompetent handeln" zur Anwendung kommen, finden Sie in der nachfolgenden Tabelle.

Anforderungsbereich I

Operator	Anforderung
beschreiben	genaue, eingehende, sachliche, auf Erklärung und Wertung verzichtende strukturierte und fachsprachlich richtige Darstellung von Sachverhalten, Zusammenhängen, Personen, Situationen, Vorgängen usw.
(be-)nennen	Elemente, Sachverhalte, Begriffe, Daten ohne Erläuterungen aufzählen
bestimmen	etwas (z. B. Ursachen, Motive, Ziele) prägnant, akzentuiert und kriterienbezogen feststellen
darstellen, darlegen	Zusammenhänge, Probleme usw. unter einer bestimmten Fragestellung sachbezogen ausführen; Strukturen, Situationen usw. objektiv und gegebenenfalls fachsprachlich abbilden
formulieren	ein Ergebnis, einen Standpunkt, einen Eindruck usw. knapp, präzise, pointiert – zumeist mit eigenen Worten – zum Ausdruck bringen
zeigen, aufzeigen	Situationen, Zusammenhänge, Vorgänge, Texte etc. sachbezogen, teils deskriptiv, teils analytisch darlegen, verdeutlichend herausstellen
zusammenfassen, wiedergeben	sachbezogene, strukturierte, komprimierte, auf Wesentliches ausgerichtete Wiedergabe von Texten bzw. einzelner Textaspekte, Methoden, Strukturen, Abläufe etc.

Anforderungsbereich II

Operator	Anforderung
analysieren, untersuchen	wichtige Bestandteile oder Eigenschaften auf eine bestimmte Fragestellung hin herausarbeiten
skizzieren	Sachverhalte, Strukturen, Persönlichkeitsbilder, Handlungen, Ergebnisse usw. auf das Wesentliche reduzieren und diese übersichtlich darstellen
begründen	Positionen, Auffassungen, Urteile usw. kausal bestimmen, argumentativ herleiten und stützen
charakterisieren	Sachverhalte, Vorgänge, Personen usw. in ihren spezifischen Eigenheiten pointiert darstellen; etwas unter leitenden Gesichtspunkten kennzeichnen, gewichtend Wesentliches hervorheben
einordnen	Einzelnes aspekt- und kriterienorientiert in einen Gesamtzusammenhang stellen
gliedern, strukturieren, ordnen	ein vorgegebenes Ganzes unter bestimmten Aspekten strukturieren und systematisierend, in gleichordnender und/oder hierarchisierender Form, in seinen Teilen darstellen
erklären	einen Sachverhalt in einen Begründungszusammenhang stellen; etwas kausal schlussfolgernd herleiten
erläutern	einen Sachverhalt veranschaulichen, verdeutlichen; etwas einsichtig machen
herausarbeiten	Strukturen, Leitgedanken, Strategien usw., ggf. unter bestimmten Aspekten, auf Wesentliches konzentriert herausheben
klären	Verhaltensweisen, Positionen, Situationen usw. differenziert betrachten, ergründen, verdeutlichen; ggf. Lösungen erarbeiten
vergleichen	Gemeinsames und Unterschiedliches herausarbeiten und gegenüberstellen; gewichtend ein Ergebnis formulieren
ermitteln	einen Zusammenhang oder eine Lösung finden und das Ergebnis formulieren
übertragen	einen bekannten Sachverhalt oder eine bekannte Methode auf etwas Neues beziehen

Anforderungsbereich III

Operator	Anforderung
beurteilen/bewerten	zu einem Sachverhalt ein selbstständiges Urteil unter Verwendung von Fachwissen und Fachmethoden formulieren und begründen
diskutieren	sich argumentativ mit einem Thema, einer Frage, einem Problem befassen; freiere, offenere Variante des methodisch und strukturell stärker festgelegten „Erörterns"
erörtern	sich mit einem Thema kritisch, differenziert und argumentativ befassen; in schlussfolgernder Abwägung des Für und Wider unter Berücksichtigung unterschiedlicher Perspektiven ein begründetes Urteil fällen; lineare oder dialektische Grundstruktur (Pro-Kontra-Argumentation); Operatoren des Erörterns sind: sich auseinandersetzen, Stellung nehmen, diskutieren, kommentieren, (über-)prüfen, (be-)werten, (be-)urteilen
kommentieren	einen Sachverhalt kritisch erläutern und bewerten
(über-)prüfen	etwas, z. B. eine Argumentation, Auffassung, ein Ergebnis usw., auf seine Schlüssigkeit, Gültigkeit, Berechtigung hin kriterienorientiert betrachten und bewerten
sich auseinander-setzen	sich mit einem Thema kritisch, differenziert, argumentativ und urteilend befassen; lineare wie auch dialektische Struktur: offenes, sich verzweigendes, auf die Breite des thematischen Spektrums ausgerichtetes Erörtern, das Sachverhalte skizziert, Ursachen und Folgen reflektiert
Stellung nehmen	sich zu einer Fragestellung argumentativ, fazitorientiert und urteilend positionieren
entwickeln, entwerfen	Lösungen für komplexe Aufgaben erarbeiten

8.3 Prüfung

8.3.1 Ganzheitlich lernen

Situation

Luise Breitinger sitzt in der dritten Reihe des Hörsaales der Universität Ulm. Mit ihren 53 Jahren ist sie deutlich älter als ihre Kommilitonen. „Nachdem meine beiden Kinder nun aus dem Haus sind, bin endlich ich dran. Es war schon immer mein Traum, zu studieren, und nun setze ich diesen Traum um," so erläutert Luise Breitinger im Gespräch ihre Motivation. „Obwohl meine Schulzeit doch schon so lange zurückliegt, freue ich mich darauf, Neues zu lernen."

Aufgaben

1 Beschreiben Sie den Ablauf des Lernprozesses.

2 Nachdem sich Luise Breitinger an der Uni eingeschrieben hat, stellt sie fest, dass sie zuhause noch keinen geeigneten Arbeitsplatz zum Lernen hat. Sie überlegt sich, wie sie wohl am besten ihren neuen Arbeitsplatz einrichten sollte.
Erläutern Sie, wie ein geeigneter Arbeitsplatz gestaltet sein sollte.

3 Nach einem anstrengenden Tag an der Uni mit dem Besuch von Vorlesungen und Seminaren, Bücherlesen und dem Austausch mit den Kommilitonen in der Lerngruppe kommt Luise Breitinger erschöpft nach Hause. Zusammen mit ihrem Mann gönnt sich Luise Breitinger nach einem leckeren Abendessen noch ein gutes Glas Rotwein.
Ist dies empfehlenswert? Legen Sie dar, warum Alkohol und Lernen keine gute Kombination sind.

4 Erfolgreiches Lernen und auch Arbeiten benötigt ein Zeitmanagement. Erläutern Sie eine Ihnen bekannte Zeitmanagementmethode anhand eines konkreten Beispiels aus Ihrem Alltag.

5 „Was Hänschen nicht lernt, lernt Hans nimmermehr."
Kann man auch noch im Alter Neues lernen? Erläutern Sie das Zitat und nehmen Sie Stellung.

8.3.2 Referate und Präsentationen durchführen

Powerpoint-Präsentationen

Das beste Schlafmittel dieser Erde ist nicht apothekenpflichtig. Man muss es schlucken, sobald man eine Kongresshalle betritt, sich an einen Konferenztisch setzt oder nicht schnell genug flieht, wenn ein Vertriebler zu einem Vortrag ausholt. Dieses Schlafmittel lässt Gedanken erstarren, verwandelt Säle in Schlafsäle und macht lebendige Gesichter zu Masken. Sein Name ist – PowerPoint.

In der Computer-Steinzeit mag diese Präsentationstechnik die Zuhörer überrascht haben wie die Eingeborenen ein großer Vogel namens Flugzeug. Doch heute fällt PowerPoint unter das Betäubungsmittelgesetz, zumindest in der Form, wie es die meisten verabreichen.

PowerPoint ist zur Krücke für Redner geworden, die sich ihren Text nicht merken können. Satz für Satz hangeln sie sich an ihren Folien entlang und bleiben dabei so blass, dass ihre bunten Präsentationen zunächst interessant wirken – aber nur für 30 Sekunden, bis die ersten Zuhörer schnarchen.

Was tut ein guter Redner? Er überrascht sein Publikum. Was tut ein Mr. PowerPoint? Er hält, im wahrsten Sinne, einen erschöpfenden Vortrag. Weil er zu viel gewinnen will, würde Jean de La Fontaine sagen, verliert er alles. Er hat mehr Folien als Verstand und serviert genau das, was das Publikum befürchtet hat: einen trockenen Faktensalat. Statt seine Zuhörer mitzureißen, statt sie mit Emotionen zu packen, tritt er als Vorleser seiner Folien auf.

Solche Folien-Folter grenzt an Körperverletzung. Auf diese Weise will man nicht informiert werden, erst recht lässt sich so niemand für eine Sache gewinnen. Der Magnet, an dem neues Wissen hängen bleibt, ist das Interesse der Zuhörer. Und das will geweckt sein, nicht eingeschläfert.

Versuchen Sie mal wieder einen folienfreien Vortrag. Stellen Sie sich selbst in den Mittelpunkt, nicht die Technik. Gestikulieren Sie, provozieren Sie, flüstern Sie, knurren Sie, tanzen Sie, jonglieren Sie einen Gegenstand, suchen Sie den Dialog mit Ihren Zuhörern. Seien Sie ein Mensch unter Menschen, ein lebendiges Wesen.

Wer Emotionen wecken will, muss Emotionen zeigen. Wer Ansehen gewinnen will, muss selbst von vielen Augen angesehen werden (statt nur seine Folien). Auf diese Weise können Sie Ihr Publikum überraschen, mitreißen und wach halten. Power ja – aber bitte vom Redner!

MT Quelle: Martin Wehrle: Powerpoint-Präsentationen. In: www.zeit.de

Aufgaben

1 Fassen Sie in eigenen Worten, aber dennoch in vollständigen Sätzen, die wesentlichen Kernaussagen des vorliegenden Textes zusammen.

2 Entspricht die Aussage des Textes Ihren Erfahrungen mit Powerpoint-Präsentationen? Nehmen Sie Stellung.

3 Arbeiten Sie die Elemente und die Struktur einer gelungenen Powerpoint-Präsentation heraus. Gehen Sie dabei auch auf die Gewichtung der einzelnen Elemente ein.

4 Entwerfen Sie einen „Leitfaden“ (eine A4-Seite, Hochformat) für eine gelungene „folienfreie“ Präsentation im Rahmen des Faches Betriebliche Kommunikation der Fachschule für Technik. Beziehen Sie – unter Beachtung des Textes – alle Bereiche, die dabei eine Rolle spielen, ein.

5 Für Ihre Präsentation der Technikerarbeit planen Sie auch einige Visualisierungen. Erläutern Sie, an welchen Stellen eine Visualisierung welche Funktion hat und vonnöten ist.

6 „Ein Bild sagt mehr als tausend Worte.“ Überprüfen Sie die Richtigkeit dieses Zitates und begründen Sie Ihre Meinung.

8.3.3 Motivationsprozesse darstellen und erklären

Könnte, müsste, wollte

Joggen gehen, Mama anrufen, Müll rausbringen – das sind die kleinen Ziele. Die großen: heiraten, Haus kaufen, Kinder kriegen. Ob im Beruf oder im Privatleben, der Mensch liebt es, sich Pflichten aufzuerlegen, Masterpläne zu entwickeln und Zukunftsszenarien zu entwerfen. Nichts will er dem Zufall überlassen; dennoch führt gerade der oft Regie. Für die oberste Richtschnur ihres Handelns halten viele von uns das hedonistische Prinzip: „Vermeide das Schmerzvolle, suche das Angenehme!" Oder sind sie doch insgeheim auf Leistung, Macht und Anerkennung aus?

Am Anfang aller Motivationspsychologie steht die einfache Frage: „Warum tut jemand das, was er tut?" Und wie alle einfachen Fragen ist sie schwer zu beantworten. Klar ist: In jedem von uns schlummern viele Bedürfnisse. Und oft stehen sie in Konkurrenz zueinander. Einkaufen oder fernsehen? Sparen oder Urlaub machen? Treu sein oder fremdgehen? Mal will der Kopf nicht, was das Herz befiehlt – mal umgekehrt.

Wie lässt sich dieses Chaos ordnen? Seit Jahrzehnten erstellen Psychologen umfangreiche Listen menschlicher Motive, teils mit buchhalterischer Akribie. [...] „Das Studium solcher Listen macht schnell klar, dass es kaum möglich sein dürfte, sie abschließend zu begründen", urteilt der Psychologe Heinz Heckhausen [...]. Allzu beliebig seien derartige Inventare. [...] Lässt sich die Zahl der menschlichen Triebe überhaupt exakt bestimmen?

Auf drei grundlegende Motive haben sich Forscher mittlerweile geeinigt: Leistung, Macht und Anschluss. Sie bilden den kleinsten gemeinsamen Nenner der Bedürfnisinventare. Machtmotivierte wollen sich anderen Menschen überlegen fühlen. Leistungsmotivierte sich selbst perfektionieren, und Anschlussmotovierte wollen lieben und geliebt werden. Wie man diese Menschen glücklich macht? Dem Machtmenschen muss man sagen: „Du bist der Chef." Dem Leistungsmenschen: „Du bist gut." Dem Anschlussmotivierten: „Ich mag dich!" [...]

M2 Quelle: Nikolas Westerhoff: Könnte, müsste, wollte. In: Gehirn und Geist. 10. Ausgabe, 2009, S. 20–24.

Aufgaben

1 In dem Artikel werden drei grundlegende Motive des Menschen festgestellt. Erläutern Sie anhand von jeweils einem Beispiel, woran ein Chef erkennen kann, ob ein Mitarbeiter durch Leistung, Macht oder Anschluss motiviert ist.

2 Die bekannteste Motivliste ist die „Bedürfnishierarchie" des amerikanischen Psychologen Abraham Maslow.

  a Arbeiten Sie konkrete Beispiele heraus, wie Betriebe auf allen Stufen der Bedürfnishierarchie nach Maslow Anreize für ihre Mitarbeiter schaffen können.

  b Gegenüber seiner Theorie gibt es aber Vorbehalte. Stellen Sie mindestens einen zentralen Schwachpunkt der „Bedürfnispyramide" dar. Erläutern Sie, wie Führungskräfte diese Theorie dennoch sinnvoll im Umgang mit ihren Mitarbeitern einsetzen können.

3 Intrinsisch motivierte Menschen können in einen „Flow" geraten. Beschreiben Sie anhand eines konkreten Beispiels aus Ihrem Leben, was man unter einem „Flow" versteht. Gehen Sie auch auf die Bedingungen ein, die die Entstehung eines „Flows" bei der Arbeit begünstigen.

4 In Anlehnung an den Begriff „Burn-out" ist seit ein paar Jahren die Bezeichnung „Bore-out" populär geworden, die eine permanente Unterforderung am Arbeitsplatz bedeutet. Erläutern Sie unter Berücksichtigung des Zwei-Faktoren-Modells von Frederick Herzberg, warum eine Unterforderung am Arbeitsplatz zu einem Motivations- und Leistungsproblem werden kann.

8.3.4 Mit Konflikten angemessen umgehen

Situation

Zunächst fing alles ganz harmlos an. Roberto Pizzicas Chef verdonnerte ihn zu Aufgaben, die sonst keiner übernehmen wollte. Es folgte hier ein fieser Kommentar in der Abteilungskonferenz, da eine unberechtigte Kritik an seiner Arbeitsleistung. Immer war der Vorgesetzte der Ausgangspunkt der Schikanen. Roberto Pizzica versuchte zunächst gelassen auf die ersten Vorfälle zu reagieren. Doch nach mehr als drei Monaten Psychoterror durch seinen Vorgesetzten sucht er unter seinen Kollegen Verbündete. Es kommt zur Eskalation, als der Chef zugetragen bekommt, dass sein Mitarbeiter Stimmung gegen ihn macht und ihn des Mobbings beschuldigt …

Aufgaben

1 Benennen und erläutern Sie das im Text beschriebene Phänomen.

2 Wie Roberto Pizzica versuchen viele Betroffene, die Schikanen zunächst auszusitzen. Welche Strategie würden Sie Betroffenen empfehlen. Erstellen Sie Tipps für Betroffene.

3 Schildern Sie mögliche Folgen von Mobbing für die Betroffenen und deren Betrieb.

4 Formulieren Sie, welche Faktoren zu Mobbing in der Arbeitswelt führen können. Gehen Sie dabei auf personelle und strukturelle Faktoren von Konfliktursachen ein.

5 Nach einem gescheiterten Konfliktgespräch mit seinem Chef will sich Roberto Pizzica über verschiedene Konfliktlösungsmodelle informieren. Er spricht Sie auf das Thema an.

   a Welches Konfliktlösungsmodell bietet sich aus Ihrer Sicht zur Lösung seines Problems an? Begründen Sie Ihre Entscheidung und erläutern Sie das von Ihnen ausgewählte Modell.

   b Erarbeiten Sie anhand des ausgewählten Modells ein Konfliktlösungsgespräch (maximal eine A4-Seite) zwischen Roberto Pizzica und seinem Chef. Beziehen Sie dabei die Regeln zur optimalen Gesprächsführung ein.

Sachwortverzeichnis

Textquellenverzeichnis

Kapitel 2: Präsentieren

S. 36 M1 Praesentarium: Deutschland beamt sich gegen die Wand. Pressemitteilung zum Publikumeter 2012. Hamburg 12. 06. 2012.

S. 60 M11 Vogel, Rüdiger: Gute Präsentationen sind ganz einfach – 5 Prinzipien. In: http://www.marketing-boerse.de/Fachartikel/details/1511-Gute-Praesentationen-sind-ganz-einfach-%96-5-Prinzipen/51420 [Stand: 26. 11. 2015].

Kapitel 3: Kommunikation

S. 62 M1 Loriot: Das Ei. In: Loriot: Szenen einer Ehe in Wort und Bild. Copyright © 1983, 2005 Diogenes Verlag AG Zürich, S. 23 f.

S. 82/83 M8 Wright, Karen: Die schwierige Kunst des Kritisierens: „Wasch mir den Pelz …" Übersetzt von Heiko Ernst. In: Psychologie heute 4. Ausgabe 2014, S. 32–37.

S. 102/103 M11 Römer, Anke: Beruflich nach Babylon. In: Psychologie heute 12. Ausgabe 2009, S. 46 ff.

S. 105/106 M12 Klepsch, Rüdiger: Büroalltag: Herr Müller, kommen Sie mal bitte … In: www.spiegel.de/karriere/berufsleben/buero-alltag-herr-mueller-kommen-sie-mal-bitte-a-744480.html [Stand: 26. 11. 2015].

Kapitel 4: Motivieren

S. 111/112 M3 Bund, Kerstin: Wir sind jung … In: www.zeit.de/2014/10/generation-y-glueck-geld [Stand: 26. 11. 2015].

S. 123 M7 Werte auf der Limbic Map nach: Häusel, Hans-Georg: Die wissenschaftliche Fundierung des Limbic® Ansatzes. www.nymphenburg.de/tl_files/pdf/121129%20Wiss%20Fundierung%20Limbic-Ansatz.pdf [Stand: 26. 11. 2015].

S. 128 M9 Vašek, Thomas: Die Trennung von Arbeit und Leben ist Bullshit. In: http://www.spiegel.de/karriere/berufsleben/zwischenruf-von-thomas-vasek-work-life-balance-ist-bullshit-a-930711.html [Stand: 26. 11. 2015].

S. 152/153 M15 Dobelli, Rolf: Groupthink – Warum Konsens gefährlich sein kann. In: Dobelli, Rolf: Die Kunst des klaren Denkens. 52 Denkfehler, die Sie besser anderen überlassen, 6. Auflage. Hanser. München 2014, S. 101–103.

S. 154 M5 Kaufmann, Matthias: Gemeinsam sind wir dumm. In: www.spiegel.de/karriere/berufsleben/teamwork-warum-teamarbeit-blind-und-faul-macht-a-998842.html [Stand: 26. 11. 2015].

Kapitel 5: Konflikte

S. 164/165 M2 Hoffmann, Petra: Expertin gibt Tipps für den Job-Alltag: Alter Hase trifft schlauen Fuchs. In: www.swp.de/ulm/nachrichten/wirtschaft/Expertin-gibt-Tipps-fuer-den-Job-Alltag-Alter-Hase-trifft-schlauen-Fuchs;art4325,3124701 [Stand: 26. 11. 2015].

S. 168 M3 Psychokrieg am Arbeitsplatz. In: Bundesanstalt für Arbeitsschutz und Arbeitsmedizin: Wenn aus Kollegen Feinde werden – Der Ratgeber zum Umgang mit Mobbing. 6. Auflage. Dortmund 2010, S. 4.

S. 168 M4 Begriffsdefinition Mobbing. In: Esser, Axel / Wolmerath, Martin: Mobbing – Der Ratgeber für Betroffene und ihre Interessenvertretung. 6., aktualisierte Auflage. Bund-Verlag. Frankfurt a. Main 2005, S. 22.

S. 170 M6 Grafikdaten nach: Schneider, Christoph / Leest, Uwe / Katzer, Catarina / Jäger, Reinhold S.: Mobbing und Cybermobbing bei Erwachsenen. Eine empirische Bestandsaufnahme in Deutschland. Karlsruhe 2014, S. 25. In: www.buendnis-gegen-cybermobbing.de/mobbingstudie/Studie_Mobbing_Cybermobbing_Erwachsene.pdf [Stand: 26. 11. 2015].

S. 171 M7 Grafikdaten nach: Schneider, Christoph / Leest, Uwe / Katzer, Catarina / Jäger, Reinhold S.: Mobbing und Cybermobbing bei Erwachsenen. Eine empirische Bestandsaufnahme in Deutschland. Karlsruhe 2014, S. 26. In: www.buendnis-gegen-cybermobbing.de/mobbingstudie/Studie_Mobbing_Cybermobbing_Erwachsene.pdf [Stand: 26. 11. 2015].

S. 187/188 M10 Sandvoß, Petra: Sand im Getriebe. In: www.hamburger-wirtschaft.de/html/hw2005/artikel/19_recht_fairplay/11-56_getriebe.html [Stand: 26. 11. 2015].

S. 195 M13 Flothmann, Karin: Mobbing gibt es bei uns nicht. In: www.zeit.de/karriere/beruf/2012-08/mobbing-fall-beispiel [Stand: 26. 11. 2015].

Kapitel 6: Sich selbst und andere führen

S. 203 M3 Grafikdaten nach: Hamburg Media School, Forschungsprojekt „Was wird aus den ‚Digital Natives'?" des Think-Tank-Journalismus' (Leitung: Michael Haller), Umfragestudie 10. Oktober 2014: Was die Digital Natives von Führungskräften erwarten. In: http://www.hamburgmediaschool.com/forschung/think-tank-journalismus/aktuelle-studie/ [Stand: 26. 11. 2015].

S. 211 M4 Tabellendaten nach: StepStone: Wird in deutschen Büros zu wenig gelobt? Stepstone Deutschland GmbH. Düsseldorf 2013. In: http://www.stepstone.de/Karriere-Bewerbungstipps/wird-in-deutschen-bueros-zu-wenig-gelobt.cfm [Stand: 26. 11. 2015].

S. 227 M9 Grafikdaten nach: BEITRAINING: Der ideale Chef – Wie sollte er sein? Befragung 2012. BEIGROUP GmbH. Nürnberg 2012. In: http://static.bei-training.com/files/div/der-ideale-chef-v01.pdf [Stand: 26. 11. 2015].

Kapitel 7: Bewerbung

S. 257/258 M4 Fülbeck, Tobias: Wie die Generation Y den Arbeitsmarkt revolutionieren wird. In: http://www.huffingtonpost.de/2014/02/10/arbeit-zukunft-generation-y_n_4745593.html [Stand: 26. 11. 2015].

Kapitel 8: Prüfung

S. 264/265 M1 Wehrle, Martin: Powerpoint-Präsentationen. In: http://www.zeit.de/2011/08/ C-Powerpoint [Stand: 16. 11. 2015].

S. 266 M2 Westerhoff, Nikolas: Könnte, müsste, wollte. In: Gehirn & Geist. 10. Ausgabe 2009, S. 20–24.

Bildquellenverzeichnis

S. 10 shutterstock/Jones, Glen
S. 11 Mair, Jörg: München
S. 12 Mair, Jörg: München
S. 19 Synapticon GmbH, Berlin/NeuroNation Gehirntraining/Mäcke, Felix
S. 36 Fotolia/Popov, Andrey
S. 47 Fotolia/trueffelpix
S. 50 Wiedenroth, Götz, www.wiedenroth-karikatur.de
S. 53.1 Fotolia/pathdoc
S. 53/2 Fotolia/Ulaschchyk, Ihar
S. 56/1 Corbis Germany
S. 56/2 Agentur Bridgeman
S. 57 Tessmann, Dorina: Berlin
S. 62 Aus: Loriot: Szenen einer Ehe, © 1983, 2005 Diogenes Verlag AG, Zürich
S. 67.1 © Schulz von Thun, Friedemann
S. 72 © Schulz von Thun, Friedemann
S. 101 1–4 aus: Julia Grosse, Judith Reker: Versteh mich nicht falsch! Gesten weltweit. Das Handbuch. Bierke Verlag, 2010; Fotos: Bong-Kil Grosse, Florian
S. 108 Corbis RM/© Bozi, Tibor/Corbis
S. 109 © 2015 Gallup Inc., Washington D.C.
S. 113 action press/Courtesy Everett Collection
S. 116 sciencephotolibrary/Eth-Bibliothek ZÃ¼rich
S. 123 2–3 Henkel AG & Co. KGaA (Werbeaktion 2010/2011)
S. 130 Interfoto/Granger: NYC
S. 156 Fotolia/Photographee.eu
S. 169 Pitter, Klaus: Wien, klaus.pitter@chello.at
S. 178 Fotolia/lassedesignen
S. 181 shutterstock/hchjjl
S. 198 Picture Alliance/dpa
S. 199 Tessmann, Dorina: Berlin
S. 200 shutterstock/hchjjl
S. 222 Toonpool/Karsten Schley Cartoons
S. 242 clipdealer/kebox
S. 245 Fotolia/westfotos.de